PHYSIOLOGIE UND PATHOLOGIE DER LEBER

NACH IHREM HEUTIGEN STANDE

MIT EINEM ANHANG ÜBER DAS UROBILIN

VON

PROFESSOR Dr. F. FISCHLER

**MIT 9 ABBILDUNGEN IM TEXT
UND AUF EINER TAFEL**

SPRINGER-VERLAG BERLIN HEIDELBERG GMBH
1916

ISBN 978-3-662-35571-8   ISBN 978-3-662-36400-0 (eBook)
DOI 10.1007/978-3-662-36400-0

Vorwort.

Im Juli 1914 lag die vorstehende Mitteilung druckfertig vor. Aus äußeren Gründen hatte ich mich auf eine mehr skizzenhafte Form der Bearbeitung beschränkt, zumal ich der Ansicht bin, daß auch eine umfänglichere Behandlung des Stoffes für die gezogenen Schlüsse nicht bindender geworden wäre, ich auch wesentlich meinen Standpunkt präzisieren wollte. Da kam der Krieg und mit ihm eine völlig andere Aufgabe für mich wie für jeden. Eine Pause in meiner bisherigen Tätigkeit gestattet mir jetzt die Herausgabe und ich zögere nicht damit, wenn es mir auch jetzt nicht möglich ist, ergänzend und bessernd nochmals an die Arbeit heranzugehen. Sie erscheint also genau so, wie ich sie vor jetzt mehr als anderthalb Jahren fertiggestellt habe. Möge sie auch in dieser Zeit willkommen sein, wo das rein praktische Bedürfnis so sehr überwiegen muß, baut sich doch die Praxis wirklich nutzbringend nur auf die bestbegründeten theoretischen Grundlagen auf. Physiologie und Pathologie der Leber sind noch in den theoretischen Kinderschuhen, und wenn ich auch gewiß nicht meinen darf, mit diesen Beiträgen dieses Maß wesentlich zu verändern, so mag doch manchem dieser kurze Versuch einer Zusammenfassung unseres heutigen Wissens in diesem Gebiete nicht unwillkommen sein.

Den Anhang füge ich an, weil ich oft auf diese Arbeit zurückkomme, die im Buchhandel nicht zu erhalten ist.

Heidelberg, März 1916.

Fischler.

Inhalt.

Erstes Kapitel.

Einführung in die Fragestellung der Leberphysiologie und Leberpathologie.

Wenn sich heute jemand daran macht, unsere Kenntnisse über die Leberphysiologie und Leberpathologie auch nur in ihren einfachsten Grundformen darzustellen, so ist dies ein äußerst schwieriges Unternehmen.

Die enorme Ausdehnung des Gebietes ist an sich schon ein gewaltiges Hindernis, da weite Strecken davon, ja vielleicht sogar seine Hauptpunkte noch nicht genügend erkannt sind und über die Bedeutung des Bekannten noch manche Unsicherheit besteht. Die größte Schwierigkeit liegt meines Erachtens aber in der noch viel unvollkommeneren Erkenntnis der Zusammenhänge der Lebensvorgänge der Leber mit jenen anderer Organe. Wir wissen nur wenig über die Einflüsse, denen die Leber von dieser Seite unterworfen ist, und fast nichts über die Beeinflussung, welche sie selbst auf gewiß fast alle Organe und Körperregionen ausübt, allgemeiner ausgedrückt also über die Organkorrelationen der Leber[1].

Bei dieser Sachlage muß eine Darstellung der physiologischen und pathologischen Vorgänge der Leber ungewöhnlichen Schwierigkeiten begegnen. Notwendig kann sie nur der Versuch einer Vollausdeutung sein und wird möglicherweise in wesentlichen Punkten noch Umänderungen erfahren müssen.

Obwohl eine solche Einschränkung heute noch für sehr viele Gebiete der Medizin entsprechend ihrem Ausbau Geltung hat, so mag sie doch hier vorweg betont sein, sonst wäre der Vorwurf einer verfrühten oder zu gewagten Zusammenfassung des Stoffes nicht leicht von der Hand zu weisen.

Allerdings steht den erwähnten Bedenken die Notwendigkeit einer Ordnung und Sichtung des gewaltig angewachsenen Tatsachenmaterials unseres Gebietes gegenüber. Eine Durchführung muß unter möglichst allgemeinen und weiten Gesichtspunkten geschehen, wenn sie eine Übersicht ermöglichen soll, von der zu erwarten ist, daß sie unter Gestattung von An- und Ausbau dauernd brauchbar bleibe. Aber auch eine mehr vorläufige Fassung unserer Kenntnisse über das Verhalten der Leber unter physiologischen und pathologischen Bedingungen wäre nicht wertlos. Darum sei der Versuch gewagt.

Fragen wir nach den letzten Gründen all der erwähnten Schwierigkeiten, so beruhen sie vornehmlich auf zwei Ursachen: Einmal ist jedes Experiment an der Leber schon rein anatomisch besonders erschwert, manches trotz nötigster Forderung unausführbar, worunter die experimentelle Bearbeitung Not gelitten hat; weiter aber ist von der Klinik zum Ausbau der klinischen Pathologie des Organes relativ wenig beigesteuert worden. In beidem liegt aber weder für die eine, noch für die andere dieser Disziplinen ein Vorwurf, sondern die Tatsachen an sich sind der deutlichste Ausdruck der bestehenden Schwierigkeiten.

Zwar weichen die Auffassungen über die Mitbeteiligung der Leber an verschiedenen Erkrankungen, resp. die Zurückführung einer ganzen Reihe von Beschwerden auf Störungen der Leberfunktion in der Ärzteschaft verschiedener Nationen nicht unerheblich voneinander ab und englische Ärzte sind damit viel freigiebiger, als deutsche. Auch die Franzosen übertreffen uns hierin. Ich bin überzeugt, daß die Kollegen der beiden Nachbarnationen an sich ganz recht haben, stelle mich aber einstweilen auf den zurückhaltenden Standpunkt der deutschen Ärzteschaft, weil die exakte Begründung der Annahme einer bestimmten krankhaften Störung der Leberfunktion noch immer recht schwierig ist.

Allerdings hat sich in der Beurteilung einer Mitbeteiligung der Leber an Krankheiten eine bedeutende Wandlung vollzogen, seitdem man der Urobilinurie und der Urobilinogenurie einen größeren diagnostischen Wert beimißt, als dies früher geschah und in ihr den allgemeinsten Ausdruck einer Störung der Leberfunktion sehen gelernt hat. Um die Erkenntnis dieser Dinge haben sich in neuerer Zeit ja viele Autoren bemüht und nachdrücklichst auch i c h   s e l b s t [2] mit dem Erfolge, daß die entwickelten und experimentell gestützten Grundlehren von der ausschlaggebenden Bedeutung der Regulierung des Urobilinstoffwechsels durch die Leber heute allgemein anerkannt sind.

Doch zeigt auch dieses wertvolle diagnostische Hilfsmittel nur an, daß das Leberparenchym Not gelitten hat, läßt aber über den Grad der Schädigung keine absoluten, sondern nur erfahrungsmäßig zu erfassende und sehr vorsichtig zu verwertende Schlüsse zu.

Sonst stehen uns für die Annahme von Veränderungen der Leber, ihrer Kapsel und ihrer Gefäße nur die üblichen Kriterien der Klinik zu Gebote. Weitaus die Hauptrolle spielt hierbei die Palpation, die aber eine ungewöhnliche Übung und Erfahrung voraussetzt, falls sie zu wirklich bindenden Diagnosen führen soll. Die enge Begrenzung der Perkussionsresultate sei nur gestreift, und an die Vieldeutigkeit der Leber- und Steinkoliken nur erinnert. Einzig der Ikterus schien bis vor kurzem das klassische Zeichen sicherer Lebererkrankung, sei es in ihren Gallenwegen oder in ihrem Parenchym. Aber auch dieses Gebiet ist nach den neueren Forschungen von Whipple und Hooper[3] und von Mc Nee[4] revisionsbedürftig.

Wenn man so im Fluge nur einige Hauptpunkte der Leberpathologie vorbeigehen läßt, so fehlt uns unmittelbar etwas, wir sind unbefriedigt, wir fragen nach mehr..

Da taucht das schwere Bild der akuten gelben Leberatrophie auf mit seinem tiefen Ikterus, seinen zerebralen Reiz- und Lähmungserscheinungen, mit den eigentümlichen Veränderungen des Harns und mit seinem infausten Ausgang und wir erkennen, blitzartig beleuchtet, vermeintliche Zusammenhänge. Aber wir können sie noch nicht festhalten, ja wir verstehen sie nicht annähernd. So viele Beobachtungen sich dabei darbieten, ebensoviele Rätsel sind auch vorhanden und es bleibt eigentlich nur die Tatsache, daß ein gewisser Grad von Parenchymschwund des Lebergewebes unvereinbar ist mit einem Fortbestand des Lebens. Aber wir wissen nichts über die Ursache der Gewebseinschmelzung, nichts über die dafür notwendige Geschwindigkeit ihres Fortschreitens, nichts über die gebildeten toxischen Komponenten, ja wir wissen nicht einmal, ob es die Funktionsunterdrückung der Leber ist, welche den Fortbestand des Lebens bedroht, oder rein die Bildung toxischer Zerfallsprodukte des Lebergewebes selbst, oder endlich die Zusammenwirkung beider Faktoren. Ja, auch der so seltene Heilausgang dieser wichtigen Lebererkrankung zeigt uns nicht viel. Trotz eines meist enormen Parenchymverlustes als Resultat der Erkrankung können die erkrankt gewesenen Individuen gesunden und offenbar wieder völlig leistungsfähig werden[5, 6]. Ja von anderen, oft noch viel weitergehenden Gewebseinschmelzungen, wie sie langsam die atrophische Lebercirrhose (Laënnec) hervorbringt, leiten wir mit großer Bestimmtheit ab, daß ein verhältnismäßig sehr geringer Teil von funktionierendem Lebergewebe die Hauptfunktionen der Leber lange Zeit so leisten kann, daß eine Bedrohung des Lebens nicht resultiert. Wir dürfen sogar sagen, daß noch geringere Reste von Lebergewebe, wie wir sie gelegentlich bei Obduktionen von Lebercirrhotikern finden, genügen würden, die Leberfunktionen noch leidlich aufrecht zu erhalten, weil diese Cirrhotiker der Portalstauung, also der Schwierigkeit der Blutstrompassage, nicht aber einer Funktionsinsuffizienz des Leberparenchyms zum Opfer fallen. Ob das mechanische Hindernis dabei ganz allein maßgebend ist, sei noch dahingestellt.

Nach diesen Feststellungen der Klinik und Pathologie dürfen wir sagen, daß zu einer genügenden Funktionsausübung der Leber verhältnismäßig geringe Mengen Parenchym gehören und es bei seinem Verluste offenbar sehr auf die Geschwindigkeit, sicher auch auf die Art und Weise seiner Einschmelzung für etwaige deletäre Folgen ankommen muß.

Diese Erfahrungen stehen in vollkommener Analogie zu sonstigen klinischen Beobachtungen, wobei nur an die Schrumpfniere oder an myokarditisch veränderte Herzen erinnert sei. Bleiben wir aber einen Augenblick bei diesen beiden Beispielen stehen, so muß allerdings auffallen, um wieviel leichter bei ihnen die klinische Erkenntnis auch nur geringer derartiger Störungen ist, als eine ebenso frühe und ebenso sichere Erkennung solcher Vorgänge bei der Leber. Wiederum ergibt sich daraus klar die unmittelbare Bestätigung für die große Schwierigkeit einer Anstellung klinischer Beobachtungen über Lebererkrankungen.

Solche Feststellungen, welche soeben nur ganz kurz exemplifiziert wurden, machen wir in der Leberpathologie aber auf Schritt und Tritt. Von ihr dürfen wir daher bei dem heutigen Stande unserer klinischen Beobachtungsmöglichkeiten keine allzu großen Erwartungen für eine wesentliche Förderung unseres Gebietes hegen, womit wir von selbst auf die experimentelle Seite verwiesen werden, ohne dabei die Klinik im mindesten einer Vernachlässigung aussetzen zu wollen.

Ein Durchmustern der experimentellen Möglichkeiten zeigt uns aber ebenfalls die großen Schwierigkeiten, welche einer Erkennung der Leberfunktionen und ihrer Störungen entgegenstehen.

Vielleicht am wenigsten gilt dies für das Studium der äußeren Sekretion der Leber, der Galle, wie die Technik der Gallenfistelanlegung und die Studien über die Beeinflussung der Gallensekretion zeigen. Von abschließenden Ergebnissen, namentlich was auch menschliche Verhältnisse betrifft, sind wir dabei aber noch weit entfernt. Doch ist zu hoffen, daß das reiche Material, was die Chirurgen davon in die Hände bekommen, nach dieser Richtung unsere Kenntnisse bald weiter vervollständigt, daß aber auch das vergleichende physiologische Studium dahin wirkt, ich nenne hier nur den Namen Olof Hamarsten[7].

Die Gallenbereitung stellt aber nur einen sehr kleinen Teil der Leberfunktion dar. Weitaus die Hauptsache liegt in den Blutumsetzungen, also in der inneren Sekretion des Organes. Für das Studium solcher Vorgänge sind die Wege im allgemeinen ja vorgezeichnet. Indessen die Nachweismethoden, die für innersekretorische Tätigkeiten sonst zu Gebote stehen, versagen bei der Leber völlig.

So ist eine wirklich vollkommene Ausschaltung des Organes für experimentell verwertbare Daten bis jetzt unausführbar, da sie bisher stets in zu kurzem Intervall zum Tode führte. Überdies sollte ein noch so geringer Rest von übrigbleibendem Gewebe nach den Erfahrungen, die man bei der Pankreasexstirpation gemacht hat, zu äußerster Zurückhaltung in der Verwertung der Ergebnisse mahnen.

Weiter ist zu sagen, daß weder die Injektion von Leberpreßsaft[8] (Grund), noch von Leberbrei, noch die intensive Verfütterung des Organes zu ungewöhnlichen Erscheinungen geführt hat. Damit sind die üblichen Methoden der Prüfung innersekretorischer Funktionen aber erschöpft.

Eine weitere experimentelle Klippe, die auch durch die Erfindungsgabe Claude Bernards[9] nur für Momente vermeidbar wird, liegt in der Schwierigkeit der zweckmäßigen Gewinnung von Lebervenen- und Portalblut. Vergegenwärtigen wir uns kurz Bernards Verfahren, so sieht man, daß es nur für das sterbende Tier Geltung hat. Denn man muß nach ihm das Tier auf eine sehr rasche Art und Weise töten und unterbindet unmittelbar danach die Portalvene nahe am Leberhilus und die Vena cava inferior oberhalb der Einmündung der Nierenvenen. Darauf wird behutsam durch einen Schlitz im Zwerchfell die Brusthöhle eröffnet und die Vena cava inferior jetzt oberhalb des Zwerchfells ligiert. Das Lebervenen- und Portalblut gewinnt man durch Öffnung der Venen organwärts von der Unterbindung. Ausdrücklich gestattet Cl. Bernard nur die Anwendung eines ganz geringen Druckes auf die Leber zur Gewinnung des Blutes, sonst läge die Gefahr einer Vermischung ihrer Stromkreisgebiete nahe. Aus dem gleichen Grunde wird auch der anfängliche Einschnitt in die Bauchwand zur Ligierung der Vena portae klein gemacht, damit keine Druckschwankungen entstehen können. Erst nach der Ligierung der Portalvene darf der Schnitt erweitert werden.

Mit Hilfe dieser Versuchsanordnung ist Cl. Bernard zwar eine der schönsten Feststellungen geglückt, die wir über die Leberfunktion besitzen, worauf ich noch ausführlich zurückzukommen haben werde; betrachten wir aber die Methode auf ihre Leistungsfähigkeit, so wird man zugeben müssen, daß sie nach Zahl und Ausdehnung des Gebietes eine rasche und natürliche Begrenzung erfahren wird. Noch immer fehlt eine Methode, die wiederholte oder Dauerbeobachtungen am Blute direkt vor und hinter der Leber zu gleicher Zeit gestattet, woraus sich uns Schlüsse auf seine Veränderung durch die Lebertätigkeit ergeben könnten.

London[10] hat ganz kürzlich im Verein mit Dobrowolskaja eine Methodik angegeben, welche allerdings nur für das Portalblut die Frage zu lösen verspricht.

Ich werde alsbald selbst über beide Punkte ausführliche Vorschläge machen.

Einstweilen müssen wir aber noch zugestehen, daß wir dauernd große Hindernisse bei dem Experiment an der Leber finden. So gestattet der enorme Blutreichtum des Organes die partielle Abtragung verschiedener Stücke zum successiven anatomischen und chemischen Studium nur ausnahmsweise, und die Überwindung der Blutung mit rein mechanischen Mitteln ist recht schwer. Die Anwendung von chemischen Mitteln, wie Adrenalin, Eisenchlorid u. dgl. verbietet sich aber oft durch das Experiment an sich, überdies sind sie auch nie recht wirksam. Die Thermokauterisation ist gewiß nicht gleichgültig, da sie zur Resorption veränderter Produkte führen kann. Über die Anwendung von CO_2-Schnee fehlen mir persönliche Erfahrungen. Gelatinetampons sind gut wirksam, aber eine gefährliche Infektionsquelle und vom Standpunkt der Resorptionsmöglichkeit unerwünschter Produkte ebenfalls beanstandbar.

So bleibt heute eigentlich nur die so viel geübte Methode der Arbeit am überlebenden Organe, um zu experimentellen Resultaten zu kommen.

Der unermüdlichen Arbeit Embdens[11] und seiner Mitarbeiter verdanken wir nicht allein eine höchst exakte Ausbildung der Methodik der Leberdurchblutung, sondern auch eine große Reihe der wichtigsten Erkenntnisse über Oxydations-, Reduktions-, Spaltungs- und Synthesevorgänge einer Menge chemischer Körper bei ihrer Durchpassage durch die Leber.

Diese Art der Untersuchung hat unleugbar ihre großen Vorzüge. Man kann beim Bekanntsein von Blutmenge und Lebergewicht annähernd quantitativ arbeiten; man hat die Möglichkeit successiver Beimischung der zu untersuchenden Substanz und damit in gewisser Beziehung eine Nachahmung der Resorption aus dem Darme; der Einfluß der Temperatur ist gegeben und die Durchströmungsgeschwindigkeit in gewissen Grenzen variabel, so daß sich eine Reihe Veränderungen leicht im Experiment durchführen lassen, welche die Schlüsse aus den gewonnenen Resultaten zu prüfen gestatten. Etwas unheimlich ist aber stets dabei die mögliche Mitwirkung von Bakterien und unbewiesen ist, daß die Vorgänge an der überlebenden Leber notwendig dieselben sind, wie sie im Tierkörper stattfinden. Es fehlen dem Studium des überlebenden Organes die so überaus wichtigen Einwirkungen und Kontrollen des Nervensystems, weiter auch die normalen Voraussetzungen für die Resorptions- und Assimilationsvorgänge, kurz für die Austauschbedingungen, die den Stoffwechsel ausmachen. Weiter ist die Art der Beimischung der aus dem Darme resorbierten Anteile zum Blute wohl sicher eine andere, als die einer einfachen Zufügung, wie sie das Experiment nur ermöglicht. Die geringsten Schwankungen in allen diesen hier nur sehr teilweise angeführten schwer einhaltbaren Versuchsbedingungen können aber ganz ungewöhnliche Beeinflussungen ausüben und schon die Anwendung verschiedener Blutarten verdient eine prinzipielle Erwägung.

All dies ist mir[12] von meinen Experimenten an der überlebenden Niere überaus geläufig. Es verlohnt, einen Moment dabei zu verweilen, um Beispiele dieser Art hier zu geben.

Unter einer recht großen Anzahl — die Vorversuche mit ein-
gerechnet — von Versuchen sind mir nur zweimal ganz befriedigende
Resultate einer Synthese von Fett aus oleinsaurem Natron und Glyzerin
in der überlebenden Niere geglückt. Man darf dafür offenbar nur das
Blut desselben Tieres benützen und es nur wenig mit isotonischer NaCl-
Lösung verdünnen. Die Zufügung der Grundsubstanzen muß ebenfalls
in isotonischer Lösung und sehr allmählich geschehen. Man muß ungeheuer rasch arbeiten, da die Niere nur für Momente nicht durchströmt
sein darf. Äußerst geschulte Assistenz und minutiöse Vorbereitung des
ganzen Experimentes ist eine Vorbedingung. Nur so waren Resultate
zu erhalten. Die innerhalb von $3^1/_2$ Stunden durch den Ureter ab-
gelaufenen klaren hellgelben Flüssigkeitsmengen, welche, wie wir sofort
sehen werden, nur von einer Hälfte einer Kaninchenniere stammte,
betrugen fast 12 ccm, woraus sich eine erhebliche Wirksamkeit der
Durchströmung ergibt. Wie oft die Blutmenge zirkuliert hat, läßt sich
bei der angewendeten Versuchsanordnung nicht sagen. Im Blute waren
gegen Ende des Experimentes zahlreiche Bakterien feststellbar, trotz
sorgfältigster Arbeit. Um Anhaltspunkte dafür zu haben, ob die anderen
äußeren Einflüsse nicht ausschlaggebend mitwirken, wurde ein Ast der
sich unmittelbar am Hilus zu zwei etwa gleichstarken Ästen teilenden
Nierenarterie abgebunden und damit nur die eine Hälfte der Niere weg-
sam gelassen. Auch in den anderen Experimenten ging ich so vor. So
gelang es, beide Hälften in vielen Beziehungen ganz den gleichen äußeren
Verhältnissen (Temperatur, Zeit etc.) auszusetzen. Der Unterschied in
ihnen war nun in dem angeführten Versuch ein enormer. Die durchströmte Seite zeigte zahlreiche fettig umgewandelte Nierenepithelien
und auch etwas Fett in den Glomerulis. Das Fett befand sich in granulärer Anordnung, worauf nach J. Arnold[13] ein ausschlaggebendes
Gewicht für die Annahme der Vitalität eines Zellvorganges zu legen
ist. Die Granula zeigten die typischen Reaktionen auf Fett mit
Sudan III-Färbung und Osmiumschwärzung in schönster Weise. Die
undurchströmte Seite erschien vollkommen normal, ohne Fettgehalt
und ohne Veränderung des Epithels der Glomeruli und Schleifen.
Gleichzeitig war damit der Zustand des Organes im Anfang des Versuches gegeben.

Ein anderes Mal hatte ich fast denselben Erfolg, ein drittes Mal
eine Andeutung davon, sonst aber nicht, trotz sorgsam gewahrter gleicher
Versuchsbedingungen.

Diese Beispiele mögen die ungewöhnlichen Schwierigkeiten dartun,
welche man bei Anstellung von Versuchen am überlebenden Organe
zu überwinden hat, um zu verwertbaren Resultaten zu kommen,
Schwierigkeiten, die nur durch die größte Sorgfalt beseitigt werden
können, die sich in minutiöser Weise auch auf die Apparatur, Tem-

peratur und Druckregulierung u. dgl. beziehen muß und durch den von W. Hoffmann[14] konstruierten Apparat in meinen Versuchen den Verhältnissen der Kaninchenniere speziell angepaßt worden war.

Es wäre aber zu weit gegangen, wie dies geschehen ist, im Durchblutungsversuch des überlebenden Organes nur Fermentwirkungen zu sehen und die Resultate gleichzusetzen den Digestionen mit Organbreien. Daß fermentative Vorgänge besonders gut dabei ablaufen, ist nicht zweifelhaft, aber ebenso unzweifelhaft sind auch weitergehende dabei, solche, die wir einstweilen nicht anders, als Lebensvorgänge bezeichnen können.

Immerhin dürfte bei Erwägung der vorgebrachten Gesichtspunkte die wirklich brauchbare Ausbeute für die **Erkenntnis des notwendigen Ablaufes normaler und pathologischer Vorgänge in der Leber** bei der Arbeit am überlebenden Organ nicht allzu reich sein und man muß sich ernstlich fragen, wie man sonst weiterkommen kann.

Man muß es um so mehr, als das Interesse der heutigen Medizin in konzentriertester Weise auf Vorgänge der inneren Sekretion gerichtet ist und wir in der großen Leber eine gewaltige derartige Tätigkeit vermuten müssen. Man durchforscht ja heute alle Drüsen, große, kleine, ja fast vergessene, um ihre Sekretionsprodukte und wechselseitigen Beeinflussungen chemisch und biologisch vollkommen zu erkennen und dadurch ihre Funktion weiter zu klären. Diese Bestrebungen knüpfen sich an das Studium des Adrenalins und man darf sagen, daß die Erreichung des Zieles für die Nebenniere in nicht allzu weiten Fernen steht, wodurch weiter fast alle innersekretorischen Vorgänge eine Vertiefung ihrer Erkenntnis erfuhren, zumal sich auch therapeutische Konsequenzen ergaben. Nur bei der Leber ist es still geblieben mit solchen Erfahrungen.

Soll man darum etwa annehmen, daß dem Organe innersekretorische Funktionen fehlen? Gewiß nicht! Wir sahen schon, daß die reine Überlegung dagegen spricht und wir schließen daraus, daß wir eben an einem anderen Punkte einsetzen müssen und den ganzen Begriff viel weiter fassen müssen, um die wahren Beziehungen der Leber kennen zu lernen. Denn offenbar sind sie nicht, oder nur in verschwindendem Maße, in ganz spezifischen inneren Sekretionsprodukten zu suchen, sondern wohl mehr in Umänderungen und Umarbeitung zugeführten Ernährungs-Materiales.

Von jeher ist nämlich den Ärzten die eigentümliche Lagerung des Organes dem ganzen Verdauungstraktus gegenüber aufgefallen.

Dieses sichtbare Verknüpftsein damit, die notwendige Durchpassage des Blutes des gesamten Verdauungstractus und der Milz durch sie, ist bis zu einem gewissen Grade sogar schon beim Fötus zu finden, da der Ductus venosus Arantii doch ein relativ nur enges direktes Verbindungsstück der Nabelvene mit dem Kreislauf unter Umgehung der Leber darstellt, während weitaus die Hauptmasse des Blutes auch bei ihm durch die Leber ihren Lauf nehmen muß. Man stellt sich meist die direkte Verbindung als die wesentliche vor, de facto ist das Verhältnis ein umgekehrtes. Zieht man dabei noch die relativ viel bedeutendere Größe des fötalen Organes in Betracht, so wird die Möglichkeit, daß Stoffe, welche quasi ohne Leberkontrolle in den Kreislauf eintreten, wenn sie nicht sofort daraus verschwinden, bei nächster Gelegenheit mit der allgemeinen Zirkulation eben doch noch in die Leber gelangen, eine sehr viel größere sein als beim Erwachsenen, wenn bei diesem Stoffe unter Umgehung der Leber im Kreislauf zirkulieren. Man darf sich daher wohl vorstellen, daß sowohl beim Fötus wie beim Erwachsenen die Leber eine Art Kontrollstation für die Zusammensetzung des mit Nahrungsstoffen beladenen Blutes bei seinem Eintritt in den Körper darstellt. Ja, es erscheint nicht unwahrscheinlich, daß gewisse Schwangerschaftstoxikosen einer relativen Insuffizienz dieses Mechanismus beim Fötus ihre Entstehung verdanken, da man auch eine Reziprozität solcher Vorgänge annehmen darf, wenn eine Andeutung dieser Gedanken hier gestattet ist.

Aus den sorgsam gewahrten Zirkulationsverhältnissen ergibt sich meines Erachtens der deutlichste Hinweis auf eine unlösbare Verknüpfung der Leber mit dem Verdauungstractus, also auch mit den Verdauungsvorgängen, deren Existenz zwar allgemein angenommen wird, über deren Begründung und Ablauf die Vorstellungen aber noch keineswegs allgemein gültige sind.

Unsere Überlegungen gipfeln also darin, daß wir eine klare Beziehung der Leber mit der Verdauungstätigkeit anerkennen müssen. Folglich müssen weitere Beobachtungen von diesem Punkte ihren Ausgang nehmen.

Zuerst muß man sich fragen, wie weit diese Beziehungen stets gewahrt sind, und dann, ob ihre Lösung oder Durchbrechung geeignet ist, uns besondere Hinweise zu geben.

Von der Abgeschlossenheit des Portalkreislaufes überzeugen uns am besten die pathologischen Beobachtungen, welche sich bei einer Unwegsamkeit oder Erschwerung der Blutstrompassage in der Leber oder dem Stamm der Pfortader ergeben.

Die vollständige Pfortaderthrombose führt, wenn sie rasch eintritt, in kurzer Zeit beim Menschen und den höheren Tieren unter dem Bilde schwerster Stase des Magen-Darmtractus zum Tode, dessen Ursache damit allerdings noch nicht völlig erklärt ist, worauf auch Whipple's[15] neuere Arbeiten hinweisen. Bei der Obduktion findet man blutigseröse Exsudationen ins Peritoneum, blauschwarze Farbe des ganzen Verdauungstractus, schwere Magen-Darmblutungen, enorme Anschwellung der Milz und aller Venen, Blutungen ins subseröse Gewebe. Alle

diese Erscheinungen sind aber streng auf das Gebiet der Abdominal-
höhle lokalisiert, nirgends besteht ein Übergreifen auf andere Gebiete.
Selbst in der Nähe der geringen venösen Anastomosen am untersten
Abschnitt des Ösophagus und an den Venae haemorrhoidales pflegen
bei akuter Thrombose wenigstens beim Hunde (menschliche Fälle
standen mir zur Untersuchung nicht zu Gebote) keine besonderen Ge-
fäßschwellungen oder Blutungen in der Umgebung aufzutreten. Man
wird zugeben, daß in alledem ein weitgehender Beweis für die Abgeschlossenheit des Portalblutkreislaufes besteht.

In gleichem Sinne spricht die Entwickelung des Hydrops ascites
bei Cirrhose oder langsamer unvollständiger Pfortaderverlegung. Er beschränkt sich vollkommen auf das erschwerte Strömungsgebiet. Aber
hier sehen wir jeden möglichen anderen Weg in der Ausbildung der
natürlichen oder zufälligen, mitunter auch der absichtlich hervor-
gerufenen (Talmasche Operation) Gefäßanastomosen enorm ausgenützt,
woraus sich weiter eine Beweisführung für die Abgeschlossenheit des
Pfortaderstromgebietes ergibt, da ja normalerweise diese Wege nicht
benützt werden.

Diese Feststellungen gelten aber nur für den Menschen und die
höheren Tiere. Schon bei den Vögeln finden wir eine Durchbrechung
des Prinzips des abgeschlossenen Pfortadersystemes durch die Anordnung
der Vena Jacobsonii, wodurch eine Anastomose des Pfortaderkreislaufes
mit der Vena cava inf. besteht.

Unwillkürlich drängt sich bei einer derartigen Betrachtung die
Frage nach dem Sinn und Zweck dieses Prinzipes auf. Obwohl teleologi-
sche Fragestellungen zurzeit in den naturwissenschaftlich-medizinischen
Wissenschaften nicht beliebt sind und auch sehr genauer Erwägungen
bedürfen, so sind sie mitunter heuristisch von ausschlaggebendem Werte
und sollten daher berücksichtigt werden.

Mit aller wünschenswerten Sicherheit dürfen wir annehmen, daß
dem Abschluß des Leber-Pfortadergebietes eine ganz überwiegend funktionelle Seite zugrunde liegt. Denn da der Magen-Darmtractus ein nur
sehr kleines und auf gewisse Stoffe beschränktes spezielles Resorptions-
system hat, nämlich das Chyluslymphsystem, müssen wir in den Blutgefäßen, die ihn umspinnen, die eigentlichen Abfuhrwege für den weitaus überwiegenden Teil der resorbierten Produkte sehen.

Die Leber muß aber damit um so mehr verknüpft werden, als die
Pfortader, worin dieses Blut sich sammelt, trotz ihres venösen Charakters
für sie die anatomische Anordnung eines funktionierenden Hauptgefäßes
hat, ähnlich z. B. wie die Nierenarterie für die Niere.

Die nächste Station, in der also Umsetzungen der resorbierten Bestandteile zu erwarten sind, ist die Leber.

Leider ist es bei dem heutigen Stand unseres Wissens noch nicht möglich, die Verdauungsprodukte alle als chemische Individuen zu verfolgen. Gerade für die wichtigsten Substanzen, die Eiweißspältlinge, fehlt ein genauer Einblick in ihre qualitativen, vornehmlich aber ihre quantitativen Umsetzungen, wodurch allein die wirklichen Gesetzmäßigkeiten in ihrer Relation zur Leber auffindbar würden.

Damit wird eigentlich zugestanden, daß unser Problem für eine exakt wissenschaftliche Begründung noch nicht reif ist und sich nur Hinweise dafür im Laufe dieser Besprechung ergeben können. Unmöglich dürfen wir aber aus diesem Grunde davon abstehen, wenn irgend die Absicht vorhanden ist, weiterkommen zu wollen. Leidet doch die ganze Eiweißchemie, soweit sie sich an physiologische Probleme macht, unter demselben Vorwurf, und was hat sie nicht schon alles erreicht, ich nenne nur zwei Namen, E. Fischer[16] und A. Kossel[17]. Weiter muß man bedenken, daß unserer totalen Unkenntnis des Leberanteiles für das Gebiet der Eiweißresorption immerhin eine beträchtliche Erkenntnis dieser Vorgänge für die Klasse der Kohlehydrate gegenübersteht, woraus die Vermutung, daß die Leber an allen Umsetzungen wesentlichen Anteil hat, eine erhebliche Bestärkung erfahren muß. In allen diesen Dingen stehen wir aber überall am Anfang, namentlich aber in der Erkenntnis des Anteiles der Leber an den durch die Resorption bedingten intermediären und Endumsetzungen.

Eine besondere Erwägung verdient daher die Frage, ob der Mangel eines abgeschlossenen Pfortaderprinzips der Leber uns unmittelbare Unterschiede des Stoffwechsels zweier so differenzierter Individuen zu machen gestattet, mit anderen Worten, ob wir gewisse prinzipielle Unterschiede des Stoffwechsels der Vögel z. B. und Säuger etwa darauf beziehen dürfen.

Es wäre dies erlaubt, wenn der Mangel des Pfortaderprinzips den wesentlichsten Unterschied dieser beiden Tierklassen darstellte. Aber je mehr Verschiedenheiten im Stoffwechsel schon einander sehr nahe stehender Tiere von der vergleichenden Physiologie aufgedeckt werden, desto weniger werden wir einige prinzipielle Abweichungen der beiden großen Tierordnungen auf die Abgeschlossenheit oder offene Verbindung des Portalkreislaufs mit dem allgemeinen Körperkreislauf in einfacher Weise beziehen dürfen, ohne daß man solche Hinweise ganz aus den Augen verlieren soll. Ich werde daher an entsprechender Stelle (Fett, Harnsäure) darauf zurückkommen.

Viel sicherer bekommen wir eine Antwort auf unsere Frage, wenn es uns gelingt den abgeschlossenen Portalkreislauf bei damit begabten Geschöpfen zu durchbrechen.

Von diesem Punkte aus habe ich daher eine Untersuchung in größerem Maße angestrebt, zumal da die Möglichkeit dazu seit den Experimenten

v. Ecks[18] vorlag, der erstmals den kühnen Gedanken einer Gefäßanastomose zwischen Vena portae und Vena cava inf. zur Beseitigung der Gefahren der Pfortaderthrombose faßte und auch ausführte.

Eine solche Versuchsanordnung setzt uns instand, eine Antwort auf obige Frage zu erhalten. Theoretisch sind wir damit sogar in der Lage, die Veränderungen, welche die einzelnen Nahrungsbestandteile nach ihrer Resorption bei der Leberpassage erleiden, zu erfahren. Wir brauchen nur Versuche am Hungertiere damit zu machen und nichts weiter als die zu untersuchende Substanz zu verfüttern. Die Unterschiede vor und nach Anlegung der Portalgefäßableitung in den allgemeinen Kreislauf werden uns mit großer Bestimmtheit den Leberanteil daran ergeben. Welche Schwierigkeiten in praxi dabei erwachsen und wie sie zu überwinden sind, wird später von mir besprochen werden, wenn solche Versuche zur Sprache kommen.

Allein nicht nur praktische Schwierigkeiten sind zu beseitigen, es gilt auch noch einige theoretische Bedenken zu würdigen. Sie bestehen darin, daß die Vena portae nicht die einzige Blutversorgung der Leber darstellt, da die Art. hepatica noch vorhanden ist. Mit diesem zweiten Stromgebiet könnten resorbierte Anteile wieder in die Leber gelangen und dort im Laufe vieler Zirkulationen ihre entsprechenden Umänderungen erfahren. Mit großer Bestimmtheit darf man für normale Verhältnisse annehmen, daß für die aus der Abgeschlossenheit des Pfortadersystems resultierenden Bedingtheiten der Resorption das Vorhandensein des Blutstromes der Arteria hepatica belanglos ist. Wäre dies nicht der Fall, so hätte die ganze Anlage gar keinen Sinn, wenigstens nicht in unserer Interpretation, und nur diese steht zur Diskussion, unbeschadet aller sonstigen gewiß noch vorhandenen und damit verknüpften Möglichkeiten, die sich uns erst allmählich enthüllen werden.

Man darf weiterhin mit einem sehr hohen Grade von Wahrscheinlichkeit annehmen, daß Umsetzungen, welche auf die Leber spezifisch lokalisiert sind, dort auch sehr rasch ablaufen oder wenigstens fixiert werden und ferner, daß Resorptionsanteile, welche die Leber normalerweise unaufgehalten passieren können, eine weitere Verwendung an anderen Körperstellen finden, was wir von der Dextrose ja mit aller Bestimmtheit wissen, weiter, daß sie in einer für den Körper unschädlichen Weise zirkulieren.

Wollen wir aber durch gleichzeitig mitausgeführte Unterbindung der Art. hepat. eine möglichst vollkommene Ableitung des Blutstromes von der Leber bewirken, so tritt in wenig Stunden bis Tagen der Tod des Tieres unabwendbar ein und macht genauere Untersuchungen daher unmöglich. Die gleichzeitige oder auch successive Anlegung einer Eckschen Fistel und Leberarterienunterbindung kommt praktisch einer vollkommenen Ausschaltung der Leber gleich und diese ist mit dem

Leben unvereinbar. Daher muß man sich einstweilen mit der Portalblutableitung allein begnügen und den Blutzufluß der Art. hepat. stets noch mit in Rechnung stellen.

Diese Überlegungen sind es, welche in höherem oder geringerem Grade gegen eine funktionell vollkommen wirksame Ableitung des Portalvenenblutes in den allgemeinen Kreislauf verwertet werden können.

Tatsächlich erreicht man mit Anlegung der Porta-Cava-Anastomose nur eine partielle Ausschaltung der Leberfunktion, denn der Anteil von Substanzen mit, kurz gesagt, spezifischer Leberaffinität, der im Stromkreis der Art. hepat. nach seiner Resorption in die Leber gelangt, wird nach den soeben dargelegten Überlegungen auch dort festgehalten oder umgesetzt werden. Es gilt also, sich eine Vorstellung über die Größe dieser Vorgänge zu verschaffen, um eine endgültige Beurteilung zu ermöglichen.

Noch sind wir nicht imstande, sie in quantitativer Weise zu entwickeln, und es dürfte auch sehr schwer sein, dahin zu kommen, wie eine kurze Überlegung der vielen dabei zu berücksichtigenden Abhängigkeitsverhältnisse zeigen wird.

Zunächst ist die Menge dieser Substanzen abhängig von ihrer Konzentration im Blute, von der Weite des Gefäßkalibers der Art. hep. und der Geschwindigkeit der Blutströmung darin. Die Konzentration im Blute aber ist abhängig von der Geschwindigkeit der Resorption, d. h. vom Funktionszustand des Magen-Darmtractus, von der Menge der dargebotenen Substanz und von der Zeit, die dafür zu Gebote steht, weiter von ihrer Veränderlichkeit oder Unveränderlichkeit im Blute und in den Geweben, und endlich von ihrer Ausscheidungsfähigkeit aus verschiedenen Organen. Ich führe diese einzelnen Faktoren nur an, um eine Vorstellung über die Kompliziertheit des ganzen Vorganges zu geben.

Den Einfluß der Resorption eines im Blute und den Geweben ganz unveränderlichen Körpers, sowie seine Ausscheidung einmal stets gleichartig vorausgesetzt, sowie die Art der Absorption in der Leber als momentan, haben wir nur mit der Verdünnung im Blute selbst und mit der Blutstrommenge zu rechnen, welche die Leber passiert.

In dieser Betrachtung wird es weniger schwierig, zu sagen, daß eine Substanz wegen des sehr kleinen Anteiles des Stromgebietes der Art. hepat. am Gesamtstromgebiet des Körpers und bei der Verdünnung, die sie darin erfährt, nur im Verlaufe sehr zahlreicher Zirkulationen auf dem Wege der Art. hepat. wieder entfernbar sein wird. Eine dauernde oder auch nur intermittierend erfolgende Resorption wird bei Porta-Cava-Anastomose also eine Anhäufung hepatotroper Substanzen im Blute notwendig zur Folge haben. Hierfür haben wir ganz sichere Beispiele an dem beim Eckschen Fistelhund stets nachweisbaren Gehalt

des Urins an Urobilin und Urobilinogen, die im Hundeurin sonst nicht
oder nur sehr schwer auftreten. Diese beiden Substanzen werden, wie
wir noch genauer hören werden, nach ihrer Resorption aus dem Darm
auf dem Blutwege der Leber zugeführt und von ihr stets so völlig absorbiert, daß sie normalerweise nicht über das Organ hinaus ins Blut
des Gesamtkörpers gelangen können. Bei der Portalableitung des Blutes
ist dieser Mechanismus aber durchbrochen, sie gelangen deshalb in den
Gesamtstromkreis und können dann von den Nieren ausgeschieden
werden. Daher zeigen Hunde mit E c k scher Fistel regelmäßig Urobilinurie.

Unsere Vorstellungen bewegen sich also nicht auf dem Boden
von Hypothesen, sondern haben experimentell belegten Grund unter
den Füßen und die geäußerten theoretischen Bedenken können daher
die angestellten Überlegungen nicht prinzipiell gefährden.

Für die Frage der Wirksamkeit funktioneller Ausschaltung der
Leber auf den Gesamtorganismus mittelst der Portalvenenableitung sind
aber weiter noch eine Reihe von Giftwirkungen per os zu nennen,
die unter diesen Voraussetzungen gegenüber normalen Tieren ganz
andere sind. Die Leber bildet normalerweise für gewisse Gifte eine
Grenze, die nicht ohne weiteres überschritten wird. Nach Anlegung
der Porta-Cava-Anastomose fehlt dieses Hindernis für die Giftwirkung
und sie tritt dann unmittelbar ein.

Diese Betrachtungen leiten von selbst zur Frage der Toxicität
resorbierter Substanzen hin, die im Darme entstehen und von der Leber
unschädlich gemacht werden sollen, wodurch an sich Störungen gesetzt
werden könnten, die gänzlich unabhängig von der Tätigkeit der Leber
bei Assimilation und Nahrungsumsatz wären. Es wäre zu erwarten,
daß bei stetiger normaler Einwirkung solcher Produkte, wie sie vor
allem durch die Fäulnis entstehen, die Möglichkeit ihrer Schädlichkeit
beim Verluste der Abgeschlossenheit des Portalkreislaufes auf den
Körper sofort gegeben wäre, wenn die Leber tatsächlich eine wesentliche Funktion bei ihrer Unschädlichmachung hätte. Nach meiner Ansicht ist es noch nicht bewiesen, daß die toxischen Produkte, welche
normaliter im Darme gebildet werden, in größerem Umfange überhaupt resorbiert werden. Es ist kein Zweifel an ihrer Bildung, aber
sicher schützt sich der Gesamtorganismus ganz überwiegend gegen ihre
Wirkung durch Nichtresorption. Man stelle sich auch nur einmal die
fabelhafte Arbeit vor, die dem Körper erwächst, wenn er dauernd von
einer stets wechselnden Menge von Eiweißfäulnisprodukten überschwemmt
wird unter der Voraussetzung, daß die Resorption nur eine quantitative
Bedingtheit hat, d. h. direkt proportional ist der vorhandenen Menge.
Eine so einfache Bedingtheit scheint mir ausgeschlossen. Man steht
da äußerst verwickelten Problemen gegenüber, von deren Erkenntnis
wir noch weit entfernt sind. Namentlich ist die Leberarbeit dabei aber

noch nicht zu übersehen. Denn Tiere mit Eckscher Fistel, also mit erheblicher Ausschaltung funktioneller Leberarbeit, können lange Zeit vollkommen wohl bleiben, trotzdem in der ganzen Zeit bedeutende Fäulnisvorgänge im Darme ablaufen. Eine Erklärung dieser unerwarteten Ergebnisse des Experimentes kann meines Erachtens darin gesucht werden, daß bisher zu vorwiegend die Wirkung fremder Substanzen betont wurde, ohne daß man sich über Grenzen und Mischungsverhältnisse der normalen Resorption klar ist. Tiere mit Eckscher Fistel bleiben nur unter ganz bestimmten Ernährungsverhältnissen gesund, und es ist sicher, daß die Fäulnisvorgänge für den Eintritt von Störungen gleichgültig sind. Also quantitative Verhältnisse normaler Resorptionsbestandteile, nicht qualitative Änderungen sind hier zu nennen. Man hat zu sehr das Qualitative betont und sucht darin die Hauptwirkungen, wodurch allein kein genügendes Bild der außerordentlich mannigfaltigen Variationsmöglichkeiten der gesetzten Störungen gegeben ist. Man muß auch die quantitativen Wirkungen, die Veränderung der Mischungsverhältnisse, vielleicht ganz normaler Resorptionsprodukte mit in Rechnung stellen, worauf ich ausführlich zurückzukommen haben werde.

In Summa darf man also sagen, daß vollgültige Beweise für die Wirksamkeit der funktionellen Beeinträchtigung der Leber durch die Ableitung des Portalvenenblutes vorhanden sind. Die geäußerten Bedenken sollen dabei gewiß nie außer acht gelassen werden und man muß bestrebt sein, sie immer und immer wieder zu prüfen.

Leichter ist es, Einwänden zu begegnen, die darauf basieren, daß nicht selten kleinere Blutgefäße bei der Anlegung der Porta-Cava-anastomose leberwärts von der Unterbindung stehen bleiben. Dagegen hilft nur saubere Technik. Auch die Verhütung von Verwachsungen und die Möglichkeit der Ausbildung neuer Gefäßbahnen ist bis zu einem gewissen Grade damit vermeidbar, worauf bei der Technik zurückzukommen sein wird.

Endlich muß noch ein Einwand erwähnt werden, der in der Möglichkeit einer Beimischung von Leberanteilen durch das Lymphgefäßsystem erwächst. Man darf nicht vergessen, daß die Chylusgefäße mit ihrer Sammlung im Ductus thoracicus, der ja im Gebiete der oberen Hohlvene einmündet, auch Bahnen aus der Leber erhalten. Die meisten Stoffe im Chylus marschieren allerdings schon vom Beginn ihrer Resorption an getrennte Wege von den Produkten, die auf dem Blutweg zur Resorption gelangen, und sie können sich, wenn überhaupt, erst jenseits der Leber miteinander vermischen.

Das auffälligste Produkt, welches die Chylusgefäße führen, ist das Fett, doch handelt es sich nicht darum allein, albuminöse Anteile sind sicher mit dabei, auch Zucker. Dieser stammt aber nach den Experimenten Cl. Bernards[19] aus den Lymphgefäßen der Leber, die sich ja in ihn ergießen. Wir sind noch weit entfernt davon, den Sinn der Einrichtung des Chylusgefäßsystems zu kennen, weshalb wir auch nicht einfach sagen können, daß der Unterschied zwischen dem Resorptionsmodus der Chylus- und Blutbahnen auf der Wasserlöslichkeit oder Fettlöslichkeit beruhe. Nach dieser lange gültig gewesenen Vorstellung passiert alles Fettlösliche auf dem Lymphweg, alles Wasserlösliche auf dem Blutweg. Das ist unrichtig, da sicher mit dem Blut ein recht großer Teil von Fett resorbiert wird, worauf zurückzukommen sein wird. Es genügt, zu wissen, daß das Chylusgefäßsystem schon seiner normalen Beschaffenheit nach nicht in der Lage ist, das Prinzip der Abgeschlossenheit des Pfortadersystems zu gefährden, sonst wäre dies ja stets der Fall. Am klarsten beweist dies die Tatsache, daß wir nichts von einem vikariierenden Eintreten des Lymphsystems bei Pfortaderblutstromerschwerung wissen, und somit ist die funktionelle Leberausschaltung durch Portalvenenblutableitung auch nicht durch das Lymphsystem gefährdet. Ferner habe ich bei Tieren, die sehr lange Zeit — bis zu zwei Jahren — Ecksche Fisteln hatten, auch keine Atrophie des Lymphgefäßsystems des Magen-Darmtractus gesehen. Aus alledem resultiert eine große Unabhängigkeit beider Systeme voneinander, die für unsere Fragestellung nur wünschenswert ist.

Überblickt man noch einmal zusammenfassend alle diese Erwägungen, so geht daraus hervor, daß das Problem einer Funktionsstörung der Leber mit Hilfe der Portalblutableitung wohl angreifbar ist, daß wir es aber mit äußerst komplexen Vorgängen zu tun haben werden, die wegen der großen praktischen Schwierigkeiten noch besonderer Aufmerksamkeit bedürfen. Ich bin nicht in der Lage, die damit angeschnittenen Gebiete auch nur annähernd zu umgrenzen. Nur Stichproben sind sozusagen möglich und von ihnen aus vorsorgliche Schlußfolgerungen.

Ganz besonders möchte ich hervorheben, daß die gewählten Gesichtspunkte weit davon entfernt sind, auch nur annähernd erschöpfend für die geplante Untersuchung zu sein. Sie scheinen mir aber deshalb so wichtig, weil sich in ihrem Verfolg notwendig neue und davon verschiedene Fragestellungen ergeben müssen, welche einen weiteren Einblick in die Leberfunktionen gestatten. Das sei mit dem „Anschneiden der Gebiete" zum Ausdruck gebracht.

Man muß sich ganz klar darüber sein, daß mit Hilfe der partiellen Leberfunktionsausschaltung nur ein kleiner Ausschnitt aus ihrer Gesamttätigkeit erhalten wird. Es kommt mir aber darauf an, ihre Darstellung wenigstens in den Grundformen versuchsweise anzustreben.

Über diesen Punkt wäre an sich sicher sehr viel mehr zu sagen, als was ich über die Bedeutung des abgeschlossenen Pfortaderprinzips soeben vorgebracht habe. Aber man weiß eben nur sehr wenig davon, daher muß ich kurz sein. Was man aber weiß, wird sich im Laufe dieser Besprechungen erst ergeben, weshalb ich auch eine Einteilung des Stoffes nicht nach den Ergebnissen der Versuche der partiellen Leberfunktionsausschaltung machen kann, sondern viel umfassender ausholen muß.

Eine Anlehnung an die Betrachtung des stofflichen Umsatzes, wie er sich durch das Studium des Energiebedarfes differenziert hat, scheint mir die beste Form dafür, und es sei daher das Verhältnis der Leber zu den drei großen organischen Nahrungsklassen, den Kohlehydraten, Fetten und Eiweißstoffen zu skizzieren versucht, woraus man ein Bild für ihre Inanspruchnahme bei der Verdauungstätigkeit gewinnen kann, sowie auch über die intermediären Stoffumsetzungen. Ergänzende Betrachtungen über die äußere Sekretion sollen folgen, weiter über einige Spezialfunktionen.

Auf Grund eines solchen Materiales wird sich ein Aufschluß über die Funktion und die Stellung der Leber im Körperhaushalt wenigstens in Umrissen gewinnen lassen und damit auch eine Einsicht in ihre innersekretorische Wirksamkeit.

Bevor ich in diese Besprechungen eintrete, sei aber des Methodischen gedacht, da ein großer Teil der Vorarbeiten der Ausbildung der Technik und der Ausschaltung ihrer Gefahren galt. Eine Schilderung der Technik, wie ich sie heute übe, sei darum vorausgeschickt mit einer gleichzeitigen Betrachtung der unmittelbaren Wirkungen auf das Organ und den sich daran knüpfenden Überlegungen.

Zweites Kapitel.

Methodisches zur funktionellen Änderung der Lebertätigkeit (Leberunter- und Leberüberfunktion).

Wir hörten im vorhergehenden Kapitel, daß v. Eck, ein baltischer Chirurg, zuerst den Gedanken faßte, die deletären Folgen der Pfortaderthrombose durch Ableitung des Blutstromes unterhalb der Verstopfung in das Gebiet der Vena cava zu verhüten und ihn auch zur Ausführung brachte.

Die experimentelle Verwertung durch Weiterausbildung der Methode verdanken wir aber hauptsächlich Pawlow[20], dem großen Meister in der Auffindung und Vervollkommnung operativer Maßnahmen zum Studium des Ablaufes der Lebensvorgänge in ihren feinsten Äußerungen.

In der Anordnung der Gefäßnaht hielt er sich an v. Ecks Vorschriften. Für die Herstellung der Anastomose schlug er aber durch Konstruktion eines scherenartigen Instrumentes neue Wege ein. Es besteht aus zwei feinen Messerchen, die an ihrem einen Ende je in einen langen dünnen Silberdraht auslaufen, am anderen Ende aber durch eine Art Gelenk verbunden werden können. Die Drähte, die angelötet sind, dienen dazu, nach Anlegung der hinteren Wand der Anastomosenstelle jeweils für die Strecke der beabsichtigten Anastomose in das Lumen des Gefäßes eingeführt zu werden. Die Einführung der spitzen feinen Drähte verursacht keine starke Blutung aus den Gefäßen und ihre Enden ragen unten aus dem Operationsgebiet heraus. Ihre Biegsamkeit und Feinheit gestattet die Vernähung der Venenwände zu einer vorderen oberen Wand, der künftigen Anastomosenstelle, ohne allzu große Schwierigkeiten. Nur oben und unten muß aus dem Wandgebiet der Anastomosenstelle soviel Raum ausgespart bleiben, daß die beiden Messerchen nach ihrer gelenkigen Verbindung zur Schere an den Silberdrähten hinein und durchgezogen werden können. Hierbei werden die Gefäßwände durchschnitten und die Anastomose hergestellt. Vor dem eigentlichen Durchschneiden müssen aber vorsorglich eine Reihe von Seidenfäden oben und unten im Gebiet der Anastomosenstelle gelegt werden, damit durch ihre Knüpfung die im Moment des Durchschneidens erfolgende starke Blutung beherrscht werden kann. Es ist klar, daß man dazu sehr geschulter Assistenz bedarf, und daß die vielen Fäden bei der durch die Blutung fast momentan eintretenden Unübersichtlichkeit des Operationsfeldes leicht verwirrt oder unvollständig geknüpft werden könnten. Auch der Blutverlust ist bei der ohnehin schweren und lange dauernden Operation nicht gleichgültig; endlich ist Pawlow mit seinen Anastomoseninstrumenten oft unzufrieden gewesen, da die Drähte an der Verlötungsstelle leicht abbrachen u. dgl. mehr.

Die Überwindung aller dieser Schwierigkeiten kann eine technisch so feine Hand, wie die Pawlows durchführen, sie stehen aber einer allgemeinen Einführung der Methode hinderlich im Wege.

Tatsächlich ist auch eine relativ lange Zeit vergangen, bis man sich allgemein an das Studium der Porta-Cava-Anastomose gemacht hat, weil ihre operative Ausführung zu schwierig war.

Als ich 1909 vor die Notwendigkeit versetzt war, die Fistel anzulegen, konnte sie mir niemand vormachen und auch das Instrumentarium fehlte.

Nach reiflicher Überlegung der Methode Pawlows waren mir ihre Schwierigkeiten sehr klar und ich versuchte, sie zu umgehen. Vor allem das Instrumentarium wegen der dadurch bedingten Blutung. Die Schere war durch ein Instrument zu ersetzen, das bei kleinstem Raumumfang in besonderem Maße Biegsamkeit und Festigkeit besitzen mußte. Es schwebte mir vor allem die Giglische Drahtsäge vor, die einen Ersatz geben konnte, natürlich nur bei sehr viel dünnerem Kaliber, als wie man sie gewöhnlich zum Gebrauch hat. Aber Metall hat bei dieser Dünne nicht die genügende Festigkeit und bei größerer Dicke nicht die geforderte Biegsamkeit. Sie mußte vollkommen sein. Haare erwiesen sich als viel brauchbarer, litten aber durch die Sterilisation. Endlich kam ich dazu, in einem ganz dünnen Seidenfaden den einfachsten Ersatz des gesamten Instrumentariums zu finden, da er alle geforderten Qualitäten vereinigt und bei richtiger Anspannung Gefäßwände, die Aorta z. B., oder die Wände des Magen-Darmtractus, die aber ebenfalls in einem gewissen Spannungszustand gehalten werden müssen, bei sägenden Bewegungen spielend durchschneidet. Man schneidet sich ja auch leicht mit solchen Fäden in die Finger, wenn man sie angespannt rasch darüber hinwegzieht. Endlich verbürgt die Feinheit des angewendeten Fadens die leichte Möglichkeit seiner völligen Umnähung und seiner Hindurchziehung im Zwischenraum zweier Nähte. Die Anastomosenstelle kann also völlig umnäht werden ohne die Befürchtung einer Blutung nach der Durchschneidung.

Meine ersten Operationen gelangen über alles Erwarten gut. Ich hatte mich dabei der Hilfe von W. Schröder[21] zu erfreuen. Seither haben mir sehr viele Mitarbeiter dabei geholfen und eine Reihe von ihnen hat die Operation leicht und sicher erlernt, so daß sie in der angegebenen Form auch eine allgemeine Brauchbarkeit haben dürfte.

Bis in die letzte Zeit habe ich in allem ca. 250 Operationen ausgeführt und dabei manchen Fingerzeig für ihre Erleichterung gewonnen.

Die letzten Jahre haben ja eine ganze Reihe von Abänderungsvorschlägen für die Fistelanlegung gezeitigt. Keine von ihnen war so, daß ich mich genötigt gefühlt hätte, von meiner Methodik abzugehen. Ihre Sicherheit und Gefahrlosigkeit ist eine sehr große; sie garantiert eine möglichst natürliche Lagerung der Gefäße, weil kein Instrumentarium im Operationsgebiete liegt, das eine Lageverzerrung mit der Folge der Passageerschwerung des Blutstromes an der Anastomosenstelle hervorrufen könnte. Die Gefäßwände werden nicht gequetscht und jede Stauung im Portal- oder Cavasystem selbst für Momente vollkommen vermieden. Überdies ist bei richtiger Ausführung der Blutverlust bei dieser Operationsart ein minimaler. Dies alles stellen sehr erhebliche Vorzüge dar.

Was mich an meiner Methode noch immer nicht befriedigt, ist die verhältnismäßig beträchtliche Dauer, die ihre Ausführung erfordert. Das teilt sie aber mit anderen Methoden in derselben Weise und etwas Besseres ist mir noch nicht eingefallen.

Weiter ist lästig, daß die Methode nur für größere Tiere anwendbar ist. Kaninchen und Meerschweinchen sind wegen der Zerreißlichkeit ihrer Venenwände der Operation in dieser Weise nicht zugänglich, aber auch nicht in einer anderen. Von der Queiroloschen Modifikation[22] sehe ich ab, da sie durch die gleichzeitige Unterbindung der Vena cava eine vollkommene Änderung in der ganzen Blutströmung in Form der Entwickelung eines Kollateralkreislaufes bewirkt und damit so große Änderungen im Gesamtorganismus setzt, daß ihre Resultate nur sehr bedingt verwertbar erscheinen. Doch sind dies Überlegungen, die uns erst später beschäftigen sollen.

Meine Untersuchungen gelten nur für den Hund und auf ihn beziehen sich meine methodischen Mitteilungen.

Da ich erst kürzlich eine Zusammenfassung davon im Abderhaldenschen Handbuch der biochemischen Arbeitsmethoden gegeben habe[23], darf ich mich hier kurz fassen.

Zur Operation wählt man am besten mittelgroße weibliche Hunde mit breitem Thorax; Windhundarten mit schmalem tiefen Thorax sind für die Operation bedeutend ungünstiger, weil man dann sehr in der Tiefe und bei engem Raum operieren muß. Morphium-Äther-Narkose ist die beste Art der Betäubung. Chloroform darf man nur unter Vorsichtsmaßregeln anwenden, die später begründet werden sollen. Morphium ist in der Dosis von 0,006 g pro Kilogramm Tier subkutan einzuverleiben. Nachdem man seine alsbaldigen üblichen Wirkungen abgewartet hat, erfolgt ja sehr bald der Grad der Betäubung, welche das Aufbinden des Tieres ohne allzu großen Widerstand gestattet. 24 Stunden vor der Operation sollen die Tiere die letzte feste Nahrung erhalten, Wasser ist in dieser Zeit aber noch zu gestatten. Unter die untere Thorax- und in die Lendengegend legt man Kompressen, damit die ganze Lebergegend nach vorne in die Höhe gedrängt wird und so der Operation zugänglicher ist. Das Aufbinden geschehe lose und mit dicken weichen Stricken (Schutz der Pfoten) zur Vermeidung späterer Schmerzen oder Lähmungen. Dann wird das Operationsfeld ausgiebig rasiert, mit lauem Wasser, Seife, Alkohol und 1 $^0/_{00}$iger Sublimatlösung nacheinander gründlich abgewaschen und endlich mit dünner Jodtinktur gut eingepinselt. Eine möglichst exakte Desinfektion der Haut der Tiere ist zum Gelingen der Operation absolut nötig, da die in ihrer Zirkulation geschwächte Leber sehr leicht infizierbar ist und dann das Tier rettungslos eingeht. Nur aus diesem Grunde sei in jeder Einzelheit alles bei der Operation Notwendige hervorgehoben. Nach denselben genauesten Regeln der Asepsis verfahre man auch sonst. Gesichtstücher und Mützen für den Operateur und den Assistenten halte ich nicht für überflüssigen Luxus.

Das Operationsfeld wird in üblicher Weise mit sterilen Tüchern abgedeckt, die man mit ein paar Stichen an die Haut annäht, damit sie nicht verschoben werden können. Die Äthernarkose beginnt gleichzeitig und muß tief sein bis zur vollständigen Erschlaffung der Muskulatur. Der Operateur steht auf der rechten Seite des Tieres, dessen Fußende dem Lichte zugekehrt ist. Der Hautschnitt erfolgt vom Processus xiph. abwärts parallel dem Rippenbogen, ca. 15 cm lang. Die Durchtrennung der Muskulatur, Faszien etc. in üblicher Weise.

Jetzt hat man das eigentliche Operationsfeld zu präparieren. Man drängt mit der rechten Hand Magen und Därme möglichst weit in die linke Seite des Peritonealraumes und läßt sie, sorgfältig durch NaCl-Kompressen geschützt, von einem Assistenten dort festhalten. Er braucht dazu beide Hände.

Mit der linken Hand drängt der Operateur jetzt Leber und Niere nach oben und außen. Häufig muß dabei das Lig. hepato-renale eingeschnitten werden. Auf die Leberfläche lege man ebenfalls eine dünne Lage von Kochsalzkompressen, damit man nicht in die Lebersubstanz Einrisse macht, was leicht geschehen kann.

Meist ist mit der genauen Befolgung dieser Vorschriften die Lage der Gefäße schon zur Operation richtig, die Vena portae die linke Seite des Gesichtsfeldes einnehmend, die Vena cava die rechte. Häufig muß man die Vena portae etwas kaudalwärts anziehen und fast stets sagittal nach unten verschieben, damit sie mit der Vena cava in eine Ebene kommt, eine wichtige Maßregel, die sehr zur Erleichterung der Operation beiträgt. Därme, die sich namentlich leicht an der unteren Cirkumferenz des Operationsgebietes hereindrängen, werden durch Kompressen zurückgestopft und damit gleichzeitig festgehalten.

Im Notfalle kann man den Assistenten durch breite, beweglich konstruierte und dann feststellbare Sperrklammern ersetzen. Sie müssen exakt über den Mullkompressen befestigt werden; ihre Handhabe sehe nach oben, damit man nicht beim Zugang zum Operationsfeld, der von unten her erfolgt, belästigt wird. Zwei menschliche Hände sind aber eigentlich unersetzlich. Zwar gilt für den Assistenten als oberste Regel ein fast unverrückbares Beharren in der ihm angewiesenen Position, eine Forderung, die von einem Instrument besser geleistet werden kann als von ermüdbaren Händen. Voraussetzung dafür ist aber, daß der festzuhaltende Gegenstand selbst unbeweglich bleibt. Das gilt aber nicht für den Magen und die Därme, die häufig eine lebhafte peristaltische Unruhe aufweisen, welche eben nur die lebende Hand richtig ausgleicht. Sehr gut ist es, wenn man noch jemand zur Instrumentation hat und notwendig ist ein Narkotiseur. Vier Menschen sind also für die beste Ausführung der Operation nötig; der Assistent sei eine besonders ruhige Persönlichkeit, die sich absolut unterzuordnen versteht.

Die Vena portae wird nun stumpf vom umgebenden Fett und Bindegewebe befreit bis hinauf zu ihrer Teilung in die einzelnen Leberlappen. Man muß den Pfortaderstamm ganz übersehen können. All das muß rasch gehen. Lymphgefäße schone man dabei so weit als möglich. Sorgfältig ist auf die Einmündung der Vena pancreatico-duodenalis zu achten, damit die Unterbindungsstelle oberhalb derselben zu liegen kommt. Mittelst eines Aneurysmahakens wird ein doppelter Seidenfaden von je 60—70 cm Länge um den Portastamm gelegt und sorgfältig getrennt gehalten. Die Enden liegen je an einem Péan fest.

Durch Knopfnähte mit feinster Seide Nr. 00 und feinsten halbkreisförmig gebogenen Darmnadeln vereinige ich die Venen nahe ihrer Hinterseite auf eine Strecke von ca. 3 cm, je nach der Größe des Tieres, und bilde so die Hinterwand der Anastomosenstelle in Form eines leichten, nach hinten ausgebogenen Ovals. Die Fäden werden ganz kurz geschnitten bis auf den obersten und untersten, die lang bleiben und an einem feinen Péan festgelegt werden. Sie dienen später zur Anspannung der Venenwände im Operationsgebiete, wodurch eine leichtere Durchsägung möglich wird.

Dann steche ich eine mindestens 2 cm lange, flach gebogene. möglichst feine Darmnadel, die einen 1,50 m langen Faden derselben feinen Seide trägt, mit der die Knopfnähte gemacht wurden, nahe der untersten dieser Nähte zuerst in das Lumen der Vena portae ein, führe die Nadel im Lumen bis nahe an die oberste Naht herauf, steche dort aus und ziehe behutsam die Nadel und die Hälfte des Fadens nach. Ein- und Ausstich liegen innerhalb des halben Nahtovals. Die kleine Blutung, welche dabei erfolgt, steht in wenig Augenblicken durch ziemlich fest angedrückte Kompressen. Nun steche ich mit derselben Nadel, diesmal in umgekehrter Richtung, also oben zuerst ein und unten heraus — korrespondierend den Stellen des Ein- und Ausstiches an der Porta — in die Cava ein und ziehe den Faden bis er sich straff oben zwischen beiden Gefäßen spannt nach. Die Enden liegen lang im unteren Wundwinkel und darüber hinaus und werden ebenfalls an einen Péan festgelegt. Dieser Faden, der Schneidefaden, liegt also in der Strecke zwischen seinen Ein- und Ausstichen im Lumen beider Gefäße, der Porta und der Cava. Es ist klar, daß man mit sägenden Bewegungen gleichzeitig beide Gefäßwände auf diese Strecken hin durchschneiden kann wie bei einer Ballonreißleine.

So weit sind wir aber noch nicht, denn zuerst muß die Anastomosenstelle völlig abgedichtet werden, wozu noch die Bildung ihrer Vorderwand nötig ist. Sie wird ganz korrespondierend der Hinterwand ausgeführt, und es ist aus den beigegebenen Figuren (siehe Tafel)*) das Nötige am einfachsten zu ersehen. Erst dann liegt die vom Schneidefaden zu durch-

---

*) s. S. 183.

trennende Strecke ganz im Oval, aus dem keine Blutung erfolgen kann, da es rings mit dichten Nähten umgeben ist. Es ist rätlich, mittelst einer feinen Sonde die Zwischenräume zwischen den einzelnen Nähten zu prüfen, ob man nicht hindurchgelangen kann, was nicht der Fall sein darf, wenn man keine Blutung befürchten will. Etwaige undichte Stellen werden mit einer Naht übernäht. Die enorme Feinheit des Schneidefadens gestattet aber seine leichte Herausziehung zwischen zwei Knopfnähten des Ovals ohne Gefahr einer Blutung, nachdem er die Gefäßwände durchschnitten hat. Auch die Sägebewegungen können trotz der Einklemmung des Fadens zwischen zwei Knopfnähten gut ausgeführt werden.

Wir kommen zum Akt des Durchsägens. Dazu muß zunächst die Stelle etwas gespannt werden, was durch Anziehen der beiden lang gebliebenen Fäden am oberen und unteren Ende des Ovals geschieht. Dann wird der Schneidefaden gefaßt, sorgfältig entwirrt, da beide Enden sich häufig spiralig umeinander schlingen, wodurch die Sägebewegungen unmöglich werden können und die Gefahr besteht, daß der Faden sich an sich selbst durchsägt und reißt. Beide Fadenenden müssen sich daher spielend hin- und herbewegen, sonst reiben sie sich bei den Sägebewegungen eben durch oder verhindern sie überhaupt. Zum Durchsägen faßt man nun beide Enden fest an, je eines mit einer Hand, zieht sie straff und macht nun lange scharfe sägende Bewegungen mit Zug nach unten, dabei die Enden d i c h t aneinander vorbeibewegend. Er schneidet mit wenigen Zügen durch und man hat ihn plötzlich frei in den Händen, da er sich sofort nach dem Durchschneiden zwischen den zwei Nähten des Ovals, welche seine Schenkel begrenzt haben, herauszieht. Ein Reißen des Fadens passiert mir jetzt nie mehr. Er darf allerdings nur in Kochsalzlösung sterilisiert werden, nicht in Sodalösung, da diese die Seide hydrolysiert und den Faden brüchig machen kann. Ein solcher feiner Seidenfaden schneidet messerscharf und ist entschieden besser als alle angegebenen Instrumente.

Nun bleibt nur noch übrig, die Spannfäden abzuschneiden und die zur Ligatur um die Vena portae schon gelegten Seidenfäden zu knüpfen und die Vena portae zu durchtrennen. Die Anastomose ist dann fertig, das Portalvenenblut ergießt sich jetzt völlig in die Vena cava inf.

Es bleiben mir noch einige Gefahren der Operation und ihre Vermeidung zu besprechen übrig.

Vorweg die Blutungsgefahr. Am leichtesten ereignet sich eine Blutung nach dem Durchschneiden des Schneidefadens. Das ist aber stets die Folge einer unrichtigen Nahtausführung beim Herstellen des Anastomosenovals oder eines spreizenden Zuges an den Enden des Sägefadens oder Veränderung der Richtung seiner Lage beim Sägen, wodurch die Verbindungen gelockert werden können. Vor allem muß man sich bei Anlegung der Umnähung hüten, den Schneidefaden etwa mitzufassen. Sorgfalt der Technik ist alles.

Blutet es, so setze man sofort den Zeigefinger der linken Hand auf die Stelle und tamponiere damit. Dann wird das Blut abgetupft und nun die Stelle rasch und doch schonend knapp mit einem sehr feinen Péan gefaßt. Dicht ober- und unterhalb des Péans lege man wieder feine Knopfseidennähte, lasse die Enden lang, schürze sie zum Knoten, lockere dann den Péan und knüpfe in dem Moment, in dem man den Assistenten bittet, den Péan wegzunehmen. Meist wird damit die Blutung sofort beherrscht. Ist die Übersicht durch Blutung erschwert, so hilft oft lange fortgesetzte Tamponade mit feuchter Gaze zur merklichen Verringerung der Blutung.

Recht wichtig ist die Reinigung des Operationsfeldes von Blutgerinnseln, weil sie bei ihrer Organisation sehr leicht zu Verwachsungen führen. Ein wiederholtes Abtupfen mit feuchten NaCl-Tupfern ist über das ganze Operationsfeld sehr nötig. Endlich ist auch die Wiederherstellung einer möglichst normalen Lagerung der Organe, die oft gedrückt sind und dabei verletzt werden, namentlich des so empfindlichen Pankreas, sehr nötig.

Aus demselben Grunde muß schon bei Beginn der Operation darauf gesehen werden, daß keine raumbeengenden Faktoren, wie voller Magen, volle Blase, Schwangerschaft u. dgl. bestehen, die alle durch Druckmöglichkeit auf die Organe zu Läsionen führen und so die Resultate gefährden können, abgesehen davon, daß sie die Operation an sich sehr erschweren, ja unmöglich machen.

Eine weitere Gefahr droht dem Tiere durch Aufplatzen der Bauchnaht. Nie verwende man Katgut, es erweicht im Hundeorganismus zu rasch. Ich habe stets mit Seide vier Etagennähte gemacht und damit die frühere Gefahr der nachträglichen Bauchnahtlösung vermieden, der namentlich schwere Tiere mit anfänglich gutem Heilverlauf anheimfallen, weil sie oft unruhig im Käfig sind und der Haltefestigkeit der Naht damit zu viel zumuten. Bei großer Unruhe der Tiere gebe man ruhig nochmals eine große Dosis Morphium, sie schadet weniger, als die zu große Beweglichkeit des Tieres. Vor allem wichtig ist aber ein guter Verband mit Mull und Watte und breiten langen Cambricbinden, die sehr sorgfältig um den ganzen Leib und den Hals gelegt werden müssen, damit er nicht abrutscht. Er muß täglich erneuert werden. Die Fäden können etwa vom 5.—7. Tage ab entfernt werden und meist ist es möglich, etwa vom 10. Tage ab die Tiere ohne Verband zu lassen. Nicht selten kommen später noch Seidenfäden aus der Tiefe zum Vorschein, namentlich wenn es den Tieren schlechter geht. Sie sind möglichst herauszuziehen und abzuschneiden, damit das Tier nicht selbst daran zerrt, und sich beschädigt.

Am Tage nach der Operation erhält das Tier nur Wasser, dann Milchreis und Brötchen. Später können zu einer fast ausschließlich vegetabilen Nahrung auch einige Knochen, etwas Fleisch oder Hundekuchen gesetzt werden.

Noch habe ich zu begründen, warum die Chloroformnarkose bei der Operation nur unter besonderen Vorsichtsmaßregeln angewendet werden darf. Ohne sie tritt nämlich fast regelmäßig die so rätselhafte und unter anderen Verhältnissen fast nie zu beobachtende sog. Spätwirkung des Chloroforms ein, d. i. eine ausgedehnte zentral in den Acinis gelagerte schwerste Koagulationsnekrose der Leberzellen. Die notwendigen Beziehungen zum Pankreas und die Einwirkung dieses Organes beim Zustandekommen der ganzen Erscheinungen haben mir ausgedehnte Versuche ergeben, aus denen sich aber unmittelbar funktionelle Betätigungen der Leber ableiten lassen, die später besprochen und begründet werden sollen.

Bei der Methodik genügt es zu erwähnen, daß man die Chloroformnarkose nur anwenden soll nach einer vorhergehenden Trypsinimmunisierung der Tiere, die mit 1,0 Trypsin Grübler in physiologischer NaCl-Lösung aufgeschwemmt, subkutan im Abstand von 2—3 Tagen 4 mal an verschiedenen Stellen der Haut ausgeführt wird. Die Hautstelle ist vorher durch Novokaininjektionen anästhetisch zu machen, da Trypsin sehr starke Schmerzen hervorruft. Man muß einige Tage nach der letzten Injektion verstreichen lassen, am besten 3, ehe man zur Ausführung der Operation schreitet.

Bei Äthernarkose sind diese Manipulationen unnötig, da die Lebernekrose bei ihr selten ist; sie ist also trotz ihrer sonstigen Gefahren hier vorzuziehen.

Man muß jetzt noch einen Blick auf das Resultat werfen, das man unmittelbar mit der Ableitung des Portalvenenblutes in die Cava erhält, um möglichst sichere Beweise für die Beeinträchtigung des Organes, die ja erstrebt wird, zu bekommen. Zwar habe ich Gründe dafür schon im vorhergehenden Kapitel angegeben, doch ergeben sich aus der unmittelbaren Beobachtung des Organes noch eine Reihe von anderen Momenten, die uns mit denkbarer Sicherheit unsere obigen Gründe bestätigen.

Ein Fortschreiten auf so schwierigem Gebiet muß aber die ausgedehnteste Sicherung erfahren, wenn man nicht vom Wege abkommen will, was stets eine Verzögerung der Erkenntnis der notwendigen Funktion des Organes zur Folge haben wird.

Sicher ist, daß man mit der Anlegung der Porta-Cava-Anastomose den Blutresorptionsanteilen des Darmes wesentlich veränderte Bedingungen für ihren Eintritt in den Körper geschaffen hat. Weiter, daß man sie der Leber fast gänzlich entzieht. Man hat aber auf sie

noch in besonderer Weise gewirkt, indem man einerseits ihren Blutreichtum bedeutend vermindert, andererseits die Zusammensetzung des
in ihr kreisenden Blutes stark verändert, darunter dauernd die Venosität.
Bei der Einschaltung der Leber zwischen zwei Kapillarsysteme ist klar,
daß sie normalerweise ein Ort sehr hoher Venosität ist, da ihr arterieller
Zufluß einen sehr geringen Anteil des zirkulierenden Gesamtblutes darstellt, nun aber allein übrig bleibt, um das Organ zu versorgen. Man wird
ein Augenmerk darauf haben müssen, ob davon besondere Störungen
abhängen, etwa Veränderungen der reduzierenden Einflüsse oder dgl.

Vor allem wird man sich aber klar darüber sein müssen, daß die
dauernde Verminderung der Blutmenge, die durch das Organ geht,
sowohl für es selbst, als auch für die Zusammensetzung des Blutes unmittelbare Einwirkungen haben wird.

Einen deutlichen anatomischen Ausdruck für die Einwirkung der
Blutableitung finden wir sofort im Moment ihres Eintrittes, wo die
Leber sichtlich erschlafft und blässer wird; noch viel deutlicher beweist
uns dies aber der nach einiger Zeit eintretende Größen- und Gewichts-
schwund des ganzen Organes, der mit einer derberen Beschaffenheit
seines Gefüges, sowie einer leichten feinsten Granulierung seiner Oberfläche einhergeht. Auch die Farbe nimmt nicht selten einen anderen
Ton an, etwas bräunlicher oder grünlicher mit eingesprengten weißlichen
Pünktchen. Man könnte an leicht cirrhotische Vorgänge denken. Auf
dem Durchschnitt zeigt das Organ dieselben Veränderungen.

Mikroskopisch finden wir die gleichen Veränderungen. Die Einzel-
zelle ist verkleinert, zeigt also deutlichen Schwund. Die Kerne sitzen
näher aufeinander wie sonst. Die Zahl der Zellelemente scheint nicht
wesentlich verringert, nur an einzelnen Stellen, den makroskopisch
weißen Punkten, ist ein vollkommener Ersatz der Leberzellen durch Fett-
gewebszellen zu bemerken. In einzelnen Leberzellen liegt etwas ikterisches Pigment. Das Zwischenbindegewebe tritt deutlicher hervor wie
sonst, doch darf man nicht von cirrhotischen Prozessen sprechen.

Mit Sicherheit beweisen uns die makroskopischen und mikroskopischen Befunde die funktionelle Verminderung der Tätigkeit des
Organes und stellen die wertvollste Bestätigung unserer Überlegungen dar.

Die Art. hep. zeigt keine kompensatorische Entwickelung, so daß
auch von dieser Seite ein vikariierendes Eintreten für die verminderte
Blutdurchströmung nicht besteht. Überdies stimmt die Beobachtung
an der Leber mit anderen pathologischen Erfahrungen von Organ-
schwund bei Nichtgebrauch oder Gebrauchsverminderung überein;
ich erinnere an die Atrophie der Muskulatur, wie sie am schönsten bei
den seltenen reinen Formen der Mitralstenose in Verkleinerung und
Wandatrophie des linken Ventrikels zu sehen ist. Dieser Teil des Herzens,
dem sonst die Hauptarbeit zufällt, schwindet unter den Bedingungen

der reinen Stenosierung des Mitralostiums, weil die Blutmenge, die er
von da erhält, eine dauernd kleine ist, ihm also ein zu geringes Maß
von Arbeit zufällt. Mikroskopisch zeigen auch hier die Zellelemente
Schwund und die Kerne sind näher aneinander gerückt. Beispiele dieser
Art ließen sich leicht vermehren. Es genügt, an einem die Übereinstimmung
im wesentlichen Punkte festzulegen, d. i. die Herabminderung der
funktionellen Ansprüche und ihre Folge, die Atrophie des Organes.

Hiermit scheint mir das Wesen der Portalblutableitung am schärfsten
charakterisiert und weitere Überlegungen müssen gerade hier anknüpfen.

Doch darf die Überlegung nicht einfach lauten Verminderung
der Blutzufuhr — also Verminderung der Funktion. Um dies festzustellen ist nötig, gleichzeitig an die Leber Ansprüche zu stellen und sie
an solchen Substanzen zu messen, deren Veränderung oder Hervorbringung an eine notwendige Lebertätigkeit geknüpft ist.

Noch viel sicherer werden die Schlußfolgerungen, wenn es gelingt
durch Blutstromvermehrung der Leber ihre Ausschläge entsprechend
zu heben. Ist es nun möglich, für die Leber derartige Verhältnisse zu
schaffen?

Das sind Überlegungen, welche mich dazu veranlaßten, die Ecksche
Fistel in einer modifizierten Form zur Anwendung zu bringen. Alle
geforderten Bedingungen wären erfüllt, wenn es gelingt, das Blut der
Vena cava inf. in die Leber abzuleiten und ihm den direkten Weg nach dem
Herzen zu verlegen.

Das hat aber Pawlow [24] schon getan; ihm gebührt das Verdienst der
ersten Ausführung dieser Operation, wenn er auch aus ganz anderen
Gründen dazu kam. Er wollte dem Vorwurf begegnen, daß die Operation
der Eckschen Fistel an sich die Ursache der von ihm und seinen Mitarbeitern beschriebenen Folgezustände der Portalblutableitung wäre.
In der Tat sah er sie auch dann nie auftreten, wenn er das Cavablut
in die Porta ableitete. Seine Mitteilungen sind aber ganz beiläufige,
so daß es verständlich bleibt, wenn diese so wichtige Operationsmethode
bisher ganz übersehen wurde.

Ich selbst bin unabhängig von Pawlow und aus den oben angedeuteten ganz anderen Überlegungen auf dieselbe Idee gekommen. Ich
sehe aber in dieser Modifikation der Eckschen Fistel (E. F.), der umgekehrten Eckschen Fistel (u. E. F.), wie ich sie nenne, Möglichkeiten,
welche weitausschauende Fragestellungen in der experimentellen Leberpathologie eröffnen und damit den einführenden Kapiteln angereiht
werden müssen.

Zur Ausführung der umgekehrten Eckschen Fistel muß man die
künftigen Ligaturfäden, statt um die Porta, um die Cava anlegen, und
zwar oberhalb der Einmündung der Nierenvenen, damit das Nieren-
blut ebenfalls noch durch die Leber fließt. Hiermit ist das ganze Strom-

gebiet der Cava inferior mit den wenigen Ausnahmen, die einige Venae intervertebrales darstellen, Stromgebiet der Vena portae geworden. Weiter ist ratsam die Anastomosenstelle recht groß zu machen, damit sich der starke Blutstrom der Cava gut in die Porta ergießen kann. Im übrigen bleibt die ganze Anordnung der Operation ganz gleich wie bei der E. F.

Im Moment der Unterbindung der Vena cava sieht man die Leber anschwellen und röter werden, auch fühlt sie sich nach Ausführung der Operation etwas derber an, wie normal.

Stauungen sah ich aber in der Folge weder im Portalkreislauf noch im Cavagebiet.

Ganz besonders muß auffallen, wie leicht die Tiere den Eingriff überstehen. Sie bieten einen markanten Gegensatz in der Raschheit und Leichtigkeit ihrer Erholung davon, gegenüber den Tieren nach Operation an E. F. und überwinden auch viel sicherer als sie allerlei schwächende Eingriffe. Außerhalb der Versuchszeiten fällt ihre besondere Munterkeit und Lebhaftigkeit auf, sowie ihre Freßlust. Fell und Muskulatur sind prächtig entwickelt, so daß niemand auf den Gedanken kommt, daß die Tiere dauernd unter ganz veränderten Bedingungen stehen.

Bei der Obduktion bestätigt sich der gute Allgemeinzustand. Die Leber ist größer als normal und schwerer, hat aber vollkommen normale Konsistenz und Farbe. An der Galle fällt nicht Besonderes auf.

Mikroskopisch zeigen die Zellen erhebliche Größe und die Kerne weitere Abstände, sonst aber ein vollkommen normales Aussehen. In mehreren Fällen fiel mir der enorme Reichtum an eingelagertem Glykogen auf. Die Anastomosenstelle bleibt im Gegensatz zu Tieren mit E. F., bei denen sie öfter schrumpft, bei den Tieren mit u. E. F. groß und gut durchgängig. Die Entwickelung von Kollateralen scheint nicht stattzufinden.

Die Wände der Vena portae sind häufig etwas verstärkt, doch bleibt abzuwarten, ob dies ein notwendiger Befund ist. Das interstitielle Gewebe der Leber läßt keine Veränderungen erkennen.

Was ist nun mit der Anlage der u. E. F. erreicht?

Als nächstes eine dauernde Blutstromüberlastung des Organes, die bei dem wesentlich größeren Kaliber der Vena cava wohl eine über doppelte bis dreifache gegenüber der normalen darstellen dürfte. Es ist ja eine Frage für sich, ob damit allein schon eine funktionelle Überlastung bewirkt wird. Immerhin weist die Zunahme der Größe und Schwere der Leber mit großer Bestimmtheit nach dieser Richtung. Sehen wir doch auch bei Verlust einer Niere eine Blutstromüberlastung der restierenden zugleich mit ihrer Vergrößerung und Zunahme auftreten. Und es ließen sich mehr Beispiele ähnlicher Art aufstellen. Diese Analogien sowohl, wie die früher vorgebrachten gegensätzlichen Beobachtungen an demselben Organ weisen beide genau auf die funktionelle Bedeutung der Größe der Blutversorgung.

Um aber ganz sicher zu gehen, muß man leberspezifische Produkte quantitativ verfolgen; sie allein werden einen brauchbaren und sicheren Aufschluß über den Grad der Funktionsstörung gewähren[25].

Das Anwendungsgebiet der u. E. F. ist aber ein bei weitem größeres und, wie mir scheint, zudem äußerst wichtiges.

Wir sind nach Ausführung der Operation in der Lage, beliebige Substanzen auf dem Blutwege fast ganz direkt auf das Leberparenchym wirken zu lassen, da ja das gesamte untere Hohlvenengebiet jetzt zur Pfortader gehört. Oberflächlich gelegene Venen der hinteren Extremitäten gestatten mittelst einfacher Infusionen in sie diese Einwirkung. Eine Reihe kontroverser Punkte, wie z. B. die praktisch wichtige Frage, ob der Alkohol auf das Lebergewebe eine mehr oder minder spezifische Wirkung entfaltet, lassen sich damit leicht in Angriff nehmen, da solche Injektionen bei einigermaßen geschickter Hantierung lange Zeit fortgesetzt werden können. Vergleichende Untersuchungen durch Injektionen unter Umgehung der Leber, also im Gebiete der oberen Hohlvenen, lassen eine Sicherung der Befunde in einem weitgehenden Maße zu.

Man sieht an dem einen Beispiel leicht die Bedeutung des entwickelten Prinzips.

Weiter gestattet diese Versuchsanordnung aber eine umfassende Inangriffnahme der Resorptionsvorgänge. Für gewisse Fälle werden sich Veränderungen von Substanzen, die auf dem Blutwege der Leber beigebracht sind, also möglichst direkt, oder aber erst den Verdauungskanal passiert haben, d. h. die Darmwände (denn die Einwirkung der Verdauungssäfte ist ja davon zu isolieren), ergeben. Die Vergleichung der Resultate läßt einerseits Schlüsse auf Veränderungen durch die Leber, andererseits durch die Darmwand, oder endlich durch beide zu. Eine ganze Reihe von Problemen der Resorption werden damit einer genaueren Analyse zugänglich.

Endlich aber gestattet die Ausführung der Operation die Möglichkeit einer direkten Blutentnahme unmittelbar vor und hinter der Leber, worüber ich ja schon Vorschläge versprach.

Eine Gefäßkatheterisation von der Vena fem. aus führt durch die Anastomose direkt in die Vena portae; dasselbe Experiment von der Vena jug. aus führt durch die rechte Herzvorkammer in die untere Hohlvene, die jetzt nur Blut führt, was die Leber passiert hat. Es ist also möglich bei Injektion einer Substanz vom Blutwege aus, oder bei ihrer Resorption vom Darme her die direkte Einwirkung der lebenden und im Körper befindlichen Leber, somit ihre notwendige Funktion unter den gestellten Bedingungen zu erfahren oder etwa eine Blutgasanalyse bei verschiedenen Funktionszuständen auszuführen.

Man sieht leicht ein, daß eine Unmenge von Problemen mit Hilfe der genannten Vorschläge angreifbar werden, was übrigens Pawlow gewiß nicht verborgen geblieben sein wird. Da er sie aber nicht besonders aufführt und auch keine Untersuchungen von ihm in dieser Richtung vorliegen, so scheint es mir nicht unwichtig, die Aufmerksamkeit ganz besonders darauf hinzulenken.

Schließlich sei noch der Kombination der E. F. und auch der u. E. F. mit Gallenfisteln gedacht, woraus sich Beziehungen zu Funktionszuständen der äußeren Sekretion gewinnen lassen werden, Möglichkeiten, die ich hier nur vorbeigehend streifen will.

So eröffnet das methodische Kapitel noch eine Reihe neuer Gesichtspunkte für das Studium der Leberfunktionen und es gilt im folgenden zu zeigen, daß man sehr wertvolle Hilfsmittel damit in der Hand hat, die Funktionszustände der Leber unter recht verschiedenen Bedingungen der Analyse zu unterwerfen. Ein ungeahnter Reichtum von Ergebnissen bestätigt die vorstehenden Überlegungen.

Drittes Kapitel.

Leber und Kohlehydratstoffwechsel.

Es war dem Genie eines Claude Bernard[26] vorbehalten, die ersten feststehenden Beziehungen der Leber mit Aufnahme und Verwertung der Kohlehydrate als unumstößliche wissenschaftliche Tatsache zu erkennen.

Die Tat ist um so größer und bewundernswerter, wenn man sich erinnert, daß seine Feststellungen sich in diametralem Gegensatz zu den damals herrschenden Ansichten von der Verwendung der Kohlehydrate im Tierkörper befanden, dem einzig ihre Zerstörung zukommen sollte, wie der Pflanze einzig ihre Bildung; sie wird es noch mehr, wenn man sich den Stand des damaligen Wissens über die Chemie der Kohlehaydrate vorstellt und die Schwierigkeit ihrer Identifizierung in Betracht zieht. Allerdings war gerade hierbei Cl. Bernard — ohne daß ihm dies voll bewußt war — sehr begünstigt, als er es im Körper ganz überwiegend nur mit reiner Dextrose zu tun hatte, für deren Nachweis die Vergärung ja eine ungemein feine und sichere Methode bildet.

Unter allen Umständen bleibt aber immer erstaunlich, wenn man sich sagen muß, daß das, was er damals erreichte, heute nicht allein noch fast in vollen Umfange gültig ist, sondern auch die Hauptmenge dessen darstellt, was wir über die Leberfunktion überhaupt exakt wissen.

Zunächst verdanken wir ihm die Kenntnis, daß das Lebervenenblut stets eine beträchtliche Menge von Zucker (Traubenzucker), etwa 0,5 bis 2,0 % enthält. Es war dies bei einer gemischten Nahrung, die größtenteils aus zuckerhaltigem Material bestand, nicht verwunderlich. Als aber Cl. Bernard bei einem Hunde, der 7 Tage ausschließlich mit Fleisch ernährt war, was ja nicht direkt Dextrose enthält, einen ebenso beträchtlichen Gehalt an Traubenzucker im Lebervenenblut fand, wie bei dem Tiere, welches mit gemischter Nahrung gefüttert worden war, war ihm die Wichtigkeit eines solchen Befundes sofort klar.

Eine Wiederholung des Experimentes ergab das gleiche Resultat. Dabei gab die Prüfung des Darminhaltes des mit Fleisch gefütterten Hundes keine Zuckerreaktion, und auch das Blut der Milzvene, das des Pankreas und des Dünndarmes, endlich das des Stammes der Porta wies ebenfalls nichts von Zuckergehalt auf.

Es war somit unabweislich die Leber selbst für die Entstehung des Zuckers heranzuziehen. Tatsächlich konnte Bernard im Dekokt ihres Parenchyms beträchtliche Mengen von Traubenzucker feststellen, während sonstige Organe des Körpers unter diesen Verhältnissen keine zuckerhaltigen Abkochungen gaben.

Die Leber produziert also tatsächlich Zucker[27] und der tierische Organismus unterscheidet sich nicht mehr darin prinzipiell vom pflanzlichen. Sie produziert ihn aus Substanzen, welche sicher zuckerfrei sind, denn Cl. Bernard fütterte seine Tiere mit Material, in welchen für ihn auf keine Weise Zucker nachzuweisen war, und das auch durch die Verdauungsvorgänge keinen entwickelte, wie sich aus der Unmöglichkeit des Zuckernachweises im Darm ergab.

Durch möglichst lange Ausdehnung solcher Versuche suchte sich Bernard vor Irrtümern zu schützen, welche durch Anhäufung zuckerhaltigen Materials aus früherer Zeit etwa entstehen konnten. Einen Hund fütterte er 8 Monate lang ausschließlich mit in heißem Wasser gut abgewaschenen Schafs- und Rindermagen und fand trotzdem nach dieser Zeit sehr beträchtliche Mengen von Zucker in der Leber. Dieselben Resultate erhielt er bei Lebern von Hunden, die er bis zu 2 Jahren nur mit ausgekochtem Fleisch ernährt hatte, wie ihm spätere Versuche ergaben.

Vorerst legte er sich aber die Frage vor, wie Nahrungsentziehung und Ernährung mit verschiedenen aber gut charakterisierten Nahrungsmitteln wirken[28]. Trotz längeren Hungerns fand er stets Zucker in der Leber, wenn auch in geringer Menge. Bei ausschließlicher Fettnahrung und Wasserzufuhr in genügender Menge fand er ähnliche Werte. Dieselben Versuche mit Leimmasse ergaben reichlichen Zuckergehalt der Leber und bei reiner Amylazeennahrung stieg der Zuckergehalt des Organes nur gering, die Norm wurde jedenfalls nicht überschritten. Immerhin fiel auf, daß die Abkochungen der Leber bei reiner Amylazeennahrung ein eigentümlich opaleszierendes lakteszentes Aussehen hatten und er vermutete darin eine Umwandlung des überschüssig zugeführten Zuckermaterials, allerdings in Form einer Fetteiweißverbindung, er dachte noch nicht an die tierische Stärke.

Ein Zufall sollte ihn weiter bringen. Die Ausführung der Zuckerbestimmungen im Lebergewebe hatte Bernard bisher stets wenige Stunden nach dem Tode des Tieres vorgenommen, und zwar immer Doppelbestimmungen an zwei gleichschweren Stücken. Zeitmangel zwang ihn eines Tages von dieser Gewohnheit abzugehen. Er machte die Zuckerbestimmung des einen Stückes sofort nach dem Tode des Tieres (Introduction à la Méd. exp. p. 291 ff.) [29], die nächste mußte er auf den folgenden Tag verschieben. Bei der sofort nach dem Tode vorgenommenen Bestimmung fand er sehr viel weniger Zucker, als er bisher für die Norm anzusehen gewohnt war. Bei der aufgeschobenen Bestimmung überschritt der Zuckergehalt dieses Normalmaß aber bedeutend.

Beide Resultate waren so auffällig, daß er ihre Verfolgung beschloß. Nun kam er zu der so überaus wichtigen Feststellung, daß das Lebergewebe sich beim Liegen an der Luft mit Zucker anreichert [30]. Bernard konnte zeigen, daß es gelingt, die Leber mittelst Wasserdurchspülung von der Vene aus zuckerfrei zu waschen. Überließ er nun das Organ bei einer gemäßigten Temperatur sich selbst, so konnte er schon nach wenigen Stunden wieder Zucker in ihm nachweisen. Da Bernard die Zuckerproduktion, d. i. die Produktion des zuckererzeugenden Materiales als Lebensvorgang der Leber auffaßt, er nennt sie direkt Zuckersekretion [31], so konnte er nicht annehmen, daß die postmortale Bildung von Zucker dazu zu rechnen wäre, sondern folgerichtig fermentativen Einflüssen zukommen müsse [32]. Kochte er Stücke einer eben herausgenommenen Leber und ließ sie unter denselben äußeren Bedingungen liegen wie die ungekochten, so bildeten nur letztere Zucker, nicht aber die gekochten. Hiermit hatte er bewiesen, daß die eigentliche Zuckerbildung in der Leber fermentativer Art war.

Er konnte aber auch noch das Schlußglied dazu fügen, indem er den Nachweis der Substanz führte [33], auf welche die diastatische Materie wirkt. Er fand sie in dem Bestandteil, welcher bei der Abkochung der Leber dem Wasser das eigentümliche lakteszente Aussehen gibt. Es verschwindet ziemlich rasch, wenn man filtrierten Speichel zusetzt, also Diastase. Das ganze Gemisch wird damit hell und klar. Gleichzeitig läßt sich dann eine große Menge von Zucker nachweisen, ohne daß vorher etwas davon vorhanden gewesen wäre.

Bernard verdanken wir also auch die Entdeckung des tierischen Amylums des Glykogens[34], wie er es nannte.

Er lehrte aber auch seine chemische Reindarstellung[35] und die dazu dienenden Grundprinzipien gelten noch heute und sind ebenfalls von ihm zuerst angegeben, was E. Pflüger (Das Glykogen 1905, Bonn, S. 1—14) ausdrücklich anerkennt.

Man sollte diese wundervollen Untersuchungen Cl. Bernards immer wieder bis in die Einzelheiten festhalten nicht nur wegen ihrer fundamentalen Wichtigkeit, sondern als eines der klassischsten Beispiele exakter und kritischer Experimentation.

Die Feststellungen über den Zuckergehalt der Lebern dehnte er auch auf den Menschen aus, sowie auf eine sehr große Anzahl von Säugetieren, Karnivoren sowohl wie Herbivoren, weiter auf Vögel, Reptilien, endlich auch auf die Wirbellosen. Überall fand er Zucker in der Leber und schließt daraus auf eine Unumgänglichkeit dieses Stoffes für den Ablauf der vitalen Vorgänge.

Weiter wurde später von ihm und zahlreichen Mitarbeitern dem Glykogengehalt der Leber besondere Aufmerksamkeit geschenkt. Die Abhängigkeit des Glykogengehaltes der Leber von der Ernährung speziell mit Zucker, wobei sie reich daran wird, ihre Verarmung daran bei Hunger, ließen keine Zweifel an dem Zusammenhang zwischen Aufnahme zuckerhaltigen Nährmateriales und Glykogenanreicherung. So kam Cl. Bernard zu der Vorstellung, daß aller resorbierter Zucker in der Leber als Reservestoff umgewandelt werden müsse, bevor er für den Körper verwertbar wäre.

Seine Ansichten faßt er dahin zusammen, daß aller im Körper angetroffener Zucker in letzter Instanz von der zuckerbereitenden Tätigkeit der Leber stammt[36], vor allem weil die Gegenwart von Zucker in diesem Organe nicht die Ernährung mit zuckerhaltigem Material zur Voraussetzung hat, sondern, wie die Hungerversuche und Ernährungsversuche mit zuckerfreiem Materiale beweisen, völlig unabhängig davon ist.

Ist hiermit die Beziehung der Leber mit dem Kohlehydratstoffwechsel schon als eine sehr enge erkannt, so erfährt sie noch eine Befestigung durch nervöse Beeinflussungen, welchen sie nach Cl. Bernards Feststellungen unterliegt.

Er konnte zeigen, daß die elektrische Reizung der zentralen Stümpfe der N. vagi nach ihrer Durchschneidung im mittleren Drittel des Halses eine Glykosurie hervorruft[37]. Die Reizung der peripheren Stümpfe blieb ohne Erfolg, die Durchschneidung macht die Leber aber zuckerfrei. Daraus geht hervor, daß der N. vagus die Zuckerassimilation in der Leber beherrscht. Es laufen von ihm zentripetale Erregungen aus, die sich zunächst auf das Zuckerzentrum übertragen, was an der Basis der Rautengrube liegt und ebenfalls durch Cl. Bernard entdeckt wurde [38]. Er konnte es direkt durch Verletzung reizen und nennt diese Operation, wofür er die genauesten Vorschriften gegeben hat, Zuckerstich. Der Gehalt des Blutes und der Leber nimmt dabei an Zucker zu und so kommt es zur Ausscheidung des Zuckers durch die Nieren. Auch der Nachweis der zentrifugalen Übermittelung des Reizes gelang ihm. Sie ist an den N. sympathicus geknüpft [39], resp. den Splanchnikusast desselben. Nach dessen Durchschneidung kommt die Glykosurie beim Zuckerstich nicht mehr zustande. Doch tritt sie noch ein, wenn die Sympathici am Halse durchschnitten werden, ja sogar wenn man gleichzeitig damit die Vagi durchtrennt [40].

Die Leber ist bei der Durchschneidung der Splanchnikusäste mit dem von ihnen beherrschten Gebiete diejenige Körperregion, auf welche der Reiz des verletzten Zuckerzentrums nicht mehr wirken kann. Tritt also bei sonst regelmäßiger Hervorrufung von Glykosurie durch die Verletzung des Zuckerzentrums jetzt keine Zuckerausscheidung mehr ein, so muß man die Ursache dafür in dem Gebiet, das durch die Durchschneidung abgegrenzt ist, suchen. Es kommt noch hinzu, daß das Experiment nur bei gut gefütterten Tieren möglich ist und versagt, wenn Tiere gehungert haben.

F. W. Dock [41] und Naunyn [42] haben in ausgedehnten Experimentaluntersuchungen gezeigt, daß nur bei reichlichem Glykogengehalt der Leber der Zuckerstich stets gelingt und haben damit Bernards Feststellungen ergänzt. Endlich ist zu erwähnen, daß Moos [43] den Zuckerstich bei Unterbindung der Lebergefäße unwirksam fand und M. Schiff [44] zeigte etwa gleichzeitig, daß sich bei Fröschen, denen die Lebergefäße nach Ausführung des Zuckerstiches unterbunden wurden, alsbald eine Verminderung und später ein Verschwinden des Zuckers bemerken ließ.

Cl. Bernard [45] spricht sich über die Erklärung aller beobachteten Tatsachen recht vorsichtig aus und sucht sie am ehesten in einer Lockerung des Sympathikustonus mit konsekutiver Blutstrombeschleunigung in der Leber und den dadurch gesteigerten Umsetzungen, ein Punkt, auf den ich später kurz zurückkommen werde.

Es sei noch erwähnt, daß Bernards Feststellungen durch C. Eckhard [46] ausgedehnte Nachprüfungen und Bestätigungen erhalten haben, so daß heute unsere Kenntnisse über diese Punkte zu den sichersten in der Physiologie gehören, die wir besitzen.

Da die Kenntnisse über den fermentativen Glykogenabbau alle aus der vorbakteriologischen Zeit stammen, so ist es vielleicht nicht ganz überflüssig, darauf hinzuweisen, daß aus dieser Zeit schon sichere Belege für den nichtbakteriellen Vorgang der Traubenzuckerumwandlung des Glykogens durch Experimente v. Wittichs [47] und Pavys [48] vorliegen. Sie konnten nämlich aus alkoholgehärteten, feuchten oder trockenen Lebern mittelst Glyzerin oder Wasserauszug ein glykogen-spaltendes Ferment auszuziehen.

Endlich hat Salkowski[49] in darauf speziell bezüglichen Versuchen ganz bestimmt die Mitwirkung von Bakterien ausgeschaltet, indem er bakterielle Verunreinigung durch den Zusatz von Chloroform zu Leber-breien verhinderte und sie der Digestion unterwarf. Der vorher ge-kochte Leberbrei entwickelte unter diesen Verhältnissen keinen Zucker, während der ungekochte unter gleichzeitigem Schwund des Glykogens Zucker in Menge produzierte. Der Glykogenabbau vollzieht sich also sicher durch ein in den Leberzellen selbst vorhandenes Ferment, nicht durch von außen aufgenommene bakterielle fermentative Substanzen.

Alle diese vielfach variierten und wiederholten Experimente Cl. Bernards mußten seine Lehre von der zentralen Stellung der Leber im Kohlehydratstoffwechsel erheblich befestigen. Sehen wir zu, ob es weitere Gründe gibt, die dafür heranzuziehen sind.

Der schwerwiegendste scheint mir im Verschwinden des Blutzuckers nach Exstirpation der Leber zu liegen. Das haben schon Moleschott[50] und Johannes Müller[51] an Fröschen nachgewiesen, die bekanntlich die Leberexstirpation einige Zeit überleben. Da ihre Lebern Glykogen und Zucker enthalten, ihr Blut ebenfalls Zucker, so darf man den Aus-fall der Leber mit dem Ausfall dieser Substanzen in ursächlichen Zu-sammenhang bringen. Auch Pavy und Siau[52], Tangl und Vaughan Harley[53] berichten über ein völliges Verschwinden des Butzuckers nach Leberexstirpation und Minkowski[54] hat ebenfalls ein völliges Ver-schwinden des Blutzuckers nach der gleichen Operation bei Gänsen gesehen.

Külz[55] konnte Glykogen in der Cicatricula von Hühnereiern erst nach Anlage der Leber feststellen. Cl. Bernard[56] fand erst um die Mitte des Fötallebens eine glykogene Funktion der Leber.

Weiteren Gründen darf man aber ziemlich skeptisch gegenüber-stehen. Allein die Exstirpation der Leber erlaubt meines Erachtens einen sicheren Schluß für ihre Notwendigkeit beim Kohlehydratstoffwechsel. Alle anderen hier noch heranzuziehenden Momente sind einer anderen Erklärung fähig.

So spricht z. B. die von Cl. Bernard im Verein mit Bouley[57] erhobene Tatsache der Glykogenfreiheit der Leber von an einer be-stimmten fieberhaften Krankheit leidenden Pferden, bei Aufnahme von kohlehydratreicher Kost für eine weitgehende Unabhängigkeit der Zucker-anhäufungen im Körper von der glykogenbildenden Tätigkeit der Leber, da trotz der Glykogenfreiheit der Leber in Muskulatur und Blut solcher Tiere Zucker und dextrinartige Substanzen in Menge gefunden wurden.

Auch die Versuche von Frank und Isaak[58], die bei forcierten P.-Vergiftungen Verminderung und Schwankungen des Blutzuckergehaltes feststellten, und sie auf die Herabsetzung resp. Unmöglichkeit der Glykogenbildung der Leber unter diesen Verhältnissen bezogen, sind solange nicht zwingend, bis der exakte Beweis geliefert ist, daß die Leber wirklich ihre Funktion versagt hat.

Für die Unentbehrlichkeit der Leber bei der Kohlehydratverwertung hat man namentlich aber noch die Glykosurie bei parenteraler Einverleibung dieser Nahrungsstoffe herangezogen. Auch diese Tatsachen müssen mit der größten Kritik für eine Betrachtung der notwendigen Funktion der Leber im Zuckerhaushalt verwertet werden.

Bekanntlich führt die parenterale Entstehung abnormer Zuckerarten im Körper, z. B. die Laktoseentstehung in der Brustdrüse von Stillenden, nicht zu ihrer Verwertung, sondern zur Ausscheidung im Urin, wodurch die bekannte Laktosurie der Stillenden entsteht. Auch für andere parenterale Einführungen von Zucker gilt dies.

So konnte Cl. Bernard [59] als erster zeigen, daß die subkutane oder intravenöse Einverleibung von Rohrzucker zu dessen unveränderter Ausscheidung im Urin führt und F. Voit [60] hat in ausgedehnten neueren Experimenten eine Bestätigung und Erweiterung dafür durch die Feststellung seines quantitativen Wiedererscheinens im Urin erbracht. Andererseits ist darauf hinzuweisen, daß andere Zuckerarten, Lävulose z. B., noch viel mehr aber Dextrose, parenteral beigebracht, einer partiellen Verwertung anheimfallen. Für Dextrose ist das ja schließlich nicht wunderbar, da sie ja normalerweise im Blut in dieser Form kreist und also auch verwertbar ist. Für Lävulose muß es aber auffallen.

Zwar konnte E. Pflüger [61] nachweisen, daß die Leberzellen aus Lävulose Dextrose bilden, was zum Verständnis dieser Dinge beitragen würde, vor allem die Rolle der Leber als nicht nebensächlich erkennen ließe. Die Erfahrungen, welche man aber bei Ernährungsversuchen mit Zuckerlösungen auf parenteralem Wege gemacht hat, zeigten eine weitaus zu geringe Zuckerverwertung und sind daher verlassen worden.

Bernard [62] selbst hat zuerst auf die Darmumwandlung der zuckerhaltigen Ernährungsstoffe hingewiesen und in der Umwandlung des Rohrzuckers zu einfacheren Zuckern unter Mitwirkung der Salzsäure des Magensaftes, sowie unter dem Einflusse der Dünndarmverdauung den Faktor klar erkannt und bezeichnet, der die Assimilation verschiedener Zuckerarten ohne Störung ihrer Verwertbarkeit ermöglicht. Doch ist damit noch nicht alles aufgeklärt. So wird z. B. Lävulose im Darme nicht mehr verändert, erfährt also keine Darmumwandlung; ihre parenterale Einverleibung führt aber, wenn auch nicht regelmäßig, zur Ausscheidung eines gewissen Teiles im Urin, während die enterale Resorption selbst großer Mengen ohne Ausscheidung im Urin einhergeht. Ob und wie weit die resorbierte Lävulose, wie Pflüger es fand, allein von den Leberzellen zu Dextrose umgewandelt wird, ist noch unentschieden.

Auf einen Punkt möchte ich hiermit die spezielle Aufmerksamkeit lenken, da er mir bei solchen Untersuchungen nie genügend betont scheint. Alle Untersuchungen über parenterale Zuckerverwertung bedürfen meines Erachtens fortlaufend damit einhergehender Blutzuckerbestimmungen, um Schlüsse darüber zu gestatten, ob ein auf diese Art einverleibter Zucker tatsächlich verwertet worden ist oder nicht. Wir wissen, daß für Dextrose eine ganz bestimmte Höhe ihrer Konzentration im Blute für ihre Ausscheidung durch die Nieren maßgebend ist. Diese Nierenausscheidung ist aber in erheblicher. Weise unabhängig von seiner Verwertbarkeit. Beobachtungen von Unverwertbarkeit von Zucker o h n e Blutzuckerbestimmungen erlauben daher ü b e r h a u p t k e i n e n Schluß in dieser Richtung. Besonders ist aber noch zu beachten, daß wir nicht mit Sicherheit wissen, ob für den Zuckerspiegel anderer Zuckerarten eine Regulation in derselben Weise oder in anderer besteht, was durchaus denkbar wäre. Es mangeln da die Erfahrungen, welche allein gestatten, diese Fragen zu lösen. Ihre Inangriffnahme ist auch recht schwierig, da unter den Bedingungen, unter welchen sie erfolgen kann, die quantitative Trennung so kleiner verschiedener Zuckerarten auch für die heutige Chemie noch recht schwer ist. Ob z. B. bei der Laktosurie der Stillenden dieser Versuch gemacht ist, ist mir höchst zweifelhaft, ich habe nichts davon entdecken können [63].

Die neuesten so interessanten Versuche von H e n r i q u e s [64], welche die Konzentration der intravenös zugeführten Ernährungsmittel auch genau auf den Zuckergehalt ausdehnen, zeigen, daß dann nichts von Glykosurie erfolgt, wenn der normale Zuckerspiegel nicht überschritten wird, woraus die Beachtung solcher Verhältnisse sich von selbst als sehr wichtig ergibt.

Solche Erwägungen gelten für andere Zuckerarten genau in derselben Weise, woraus hervorgeht, daß man die parenterale schwierigere oder unmögliche Verwertung der Zucker nur sehr bedingt für die Notwendigkeit der Leber beim Kohlehydratstoffwechsel heranziehen darf.

Dazu kommt, daß eine Reihe anderer Untersuchungen uns mit aller Bestimmtheit beweisen, daß die Leber für die Möglichkeit der Glykogenanreicherung anderer Organe nicht unumgänglich nötig ist.

So konnte K ü l z [65] nachweisen, daß trotz Exstirpation der Leber die Muskulatur von Fröschen an Glykogen zunehmen kann. Und am überlebenden Muskel haben H a t s c h e r und Ch. G. L. W o l f [66] eine Anreicherung an Glykogen gesehen.

Mikroskopisch haben J. A r n o l d [67] und E. v. G i e r k e [68] eine besondere Aufmerksamkeit auf diese Befunde gehabt. Namentlich im Epithel des Magendarmtraktus — wo von Leberwirkung nichts besteht — hat Arnold ausgedehnte Glykogenbildung beim Zusammenbringen dieser Gewebsteile mit Dextroselösung gesehen. Auch die Selbständigkeit des

Glykogenabbaues in fast allen Organen, sowie der Nachweis des Fermentes dafür, spricht für eine große Selbständigkeit des gesamten Zuckerstoffwechsels in den einzelnen Körperregionen.

Aus den wenigen hier angeführten Tatsachen geht also mit Bestimmtheit hervor, daß es eine Glykogenbildung ohne Mitwirkung der Leber gibt, was zu zeigen mir nötig schien. In anderer Weise hat diese Frage noch Aufklärung erhalten, nämlich durch das Studium der Portalblutableitung der Leber, der Eckschen Fistel. Man müßte eigentlich erwarten, daß nach dieser Operation ungeheuer leicht Glykosurie einträte, wenn man Bernards Voraussetzung macht, daß eine Glykogenablagerung in der Leber eine Conditio sine qua non für die Verwertung des Zuckers im Stoffwechsel ist.

Nur Popielski[69] berichtet, daß 12—24 % des aufgenommenen Zuckers bei E.-F.-Hunden wieder ausgeschieden würden. Er ist mit dieser Angabe bislang allein geblieben. Alle anderen Autoren, welche sich mit dieser Frage noch beschäftigt haben, konnten davon nichts konstatieren, so Stolnikow[70], Pawlow, Hahn, Massen, Nencki[71], Pawlow, Nencki und Zaleski[72], Bielka von Karltreu[73], Queirolo[74], Rothberger und Winterberg[75], Hawk[76], Whipple und Sperry[77], Bernheim und Vögtlin[78], Michaud[79] und endlich ich selbst[80].

Ich verfüge jetzt über eine so große Anzahl von Beobachtungen an Tieren mit Eckscher Fistel — es sind nahezu 250 —, bei denen, allerdings nicht in jedem Falle, aber doch fast immer und unter den verschiedensten Ernährungsverhältnissen und Versuchsbedingungen, teils dauernd, teils temporär der Urin auf Zucker untersucht wurde, immer mit dem Resultate, daß keiner oder nur verschwindende Mengen zu finden waren.

Ich stehe daher nicht an, zu sagen, daß unter den gewöhnlichen Ernährungsverhältnissen ein Einfluß der Operation auf den Zuckerstoffwechsel nicht vorhanden ist.

Dies gilt sogar noch für stärkere Grade von Schädigungen der Leber, wie sie durch Phosphorvergiftung an E.-F.-Tieren erzielt werden können. Im Verein mit Bardach habe ich[81] derartige Versuche unternommen und dabei nie Zucker im Urin auftreten sehen; zwar sind E.-F.-Tiere gegen Phosphorintoxikation resistenter als normale, endlich erliegen sie aber unter den gleichen Zeichen der Phosphor-Intoxikation, wie diese. Doch gelang es uns auch in den fortgeschrittenen Stadien der P.-Intoxikation nicht, Zucker im Urin aufzufinden trotz kohlehydratreicher Nahrung. Es zeigt sich also, daß auch eine Kombination von E. F. mit starker Leberschädigung ohne Einfluß auf die Verwertbarkeit in gewöhnlicher Weise gereichten Zuckers ist.

Ja man darf E.-F.-Tiere sogar den Proben der alimentären Glykosurie unterwerfen und ihnen 100 g Dextrose in konzentrierter wässeriger Lösung auf nüchternen Magen geben und wird nur selten über Mengen von Zucker im Urin kommen, die einen quantitativen Nachweis gestatten. Auch für Lävulose habe ich dies in einigen Fällen festgestellt und denselben Befund erhalten. Wichtig ist dabei stets die Verfolgung des Blutzuckergehaltes, der meist nur eine geringe Erhöhung um ca. 0,02—0,04 $^0/_0$ (Methode Bertrand in der Modifikation Frank-Möckel) aufweist.

Stoffwechselversuche unter Berücksichtigung des Gesamtstoffwechsels, die ich im Verein mit Grafe[82] anstellte, ergaben für diese Fälle eine Vermehrung der CO_2-Produktion, so daß man annehmen muß, daß eine abnorm rasche Verbrennung der Kohlehydrate hierbei eintritt. Auch Temperaturerhöhung konnte ich in einigen Fällen feststellen, allerdings meist nur bei forcierter Eiweißfütterung. Doch sind diese Resultate nie ganz gleichmäßig gewesen, so daß ich nicht zu bindenden Schlüssen dabei gelangte.

Michaud[83] hat ebenfalls bei Verabfolgung von Dextrose in größerer Menge an nüchterne Tiere mit E. F. weder eine erhebliche Zunahme des Blutzuckers, noch Glykosurie gesehen.

Nun könnte man ja noch an eine abnorme Verwertung des Zuckers im Darme denken. Dem steht aber entschieden die Vermehrung der CO_2-Ausscheidung entgegen, so daß ein vollgültiger Beweis für die Möglichkeit einer Kohlehydratverwertung bei weitgehender funktioneller Ausschaltung der Leber besteht.

Mindestens für die Verwertung alimentär aufgenommenen Zuckers hat man nach dem Ausfall dieser Versuche nicht mehr die Berechtigung, die Lebertätigkeit dabei als eine unumgängliche anzusehen.

Der so unvorhergesehene Ausfall dieser Experimente läßt also keinen anderen Schluß zu als den, von der Lehre Claude Bernards abzugehen und der Verwertung der Kohlehydrate im Körper eine größere Selbständigkeit einzuräumen.

Doch werden damit die so festgefügten Beziehungen der Leber zum Kohlehydratstoffwechsel nicht gelöst. Wir müssen sie nur enger umgrenzen und die notwendigen Bedingungen zu eruieren versuchen, welche diesen Bindungen zugrunde liegen. Es ist mehr wie wahrscheinlich, daß man eine Differenzierung nach Art des Zuckers und nach dem Funktionszustand der Leber für die endgültige Vorstellung von der Verwertbarkeit der Zucker im Körper wird heranziehen müssen.

Im Verfolg dieser Vorstellungen sei erwähnt, daß für Dextrose und Lävulose festgestellt ist, daß sie die besten Glykogenbildner für die Leber sind. Offenbar finden sie aber, wenigstens beim Hunde, auch noch durch andere Zellarten als die Leberzellen Verwertung und können im Stoffwechsel auch ohne ihre Mithilfe verbraucht werden.

Ja man darf sich wohl überhaupt diese Fähigkeiten der Zellen im ganzen Körper für verschiedene Tierarten und verschiedene Zucker nicht different genug vorstellen und auch auf den Einfluß eines besonderen Mitwirkens verschiedener Funktionszustände der Leber weisen Lessers[84] bedeutsame Versuche am Winterfrosch deutlich genug hin. Weiter ist hier an Versuche Masings[85] zu erinnern, der feststellte, daß Dextrose von den roten Blutkörperchen der einen Tierart aufgenommen, von denen anderer aber verschmäht wird.

Mit solchen Möglichkeiten hat man offenbar mehr zu rechnen als man bisher tat. Ich erwähne dies, weil die Straußsche Lävuloseprobe nach allen vorliegenden Berichten, namentlich auch nach seinen letzten Mitteilungen[86] auf dem internationalen Kongreß in London 1913, bei Lebererkrankungen häufig positiv ausfällt, Lävulose also beim Menschen vielleicht in einem gewissen Umfange der Leber zu ihrer Verwertbarkeit bedarf, beim Hunde offenbar in geringerem oder gar nicht.

Nicht solche Überlegungen veranlaßten mich aber in eine weitere Prüfung dieser Fragen einzutreten, sondern vor allem die doch sicher bestehenden von Claude Bernard entdeckten engen Beziehungen zwischen Leber und Zuckerstoffwechsel ganz allgemein. Es ist daran festzuhalten, daß mehr darin zu sehen ist als eine leicht ersetzbare Beziehung, denn die Verknüpfung ist dazu eine zu enge und regelmäßige und geht durch die Tierreihe durch. Daß sie nicht so einfach ist, wie Bernard sich sie vorstellt, darauf hat schon Pflüger[87] mit seiner unerbittlichen Kritik hingewiesen, denn ihm schien sich die Verschiedenheit in der Glykogenbildungsfähigkeit verschiedener Zuckerarten nicht ohne weiteres mit einer zentralen Stellung der Leber dieser Funktion gegenüber zu vertragen, weiter auch nicht der wechselnde Glykogengehalt verschiedener Organe. Eine Erklärung dafür stand noch ganz aus, da die Leber ihrerseits dabei den wechselnsten Gehalt an Glykogen zeigen kann.

Zu einer Aufklärung dieser Fragen bietet die E. F. ein weites und vorzügliches Feld. Nachdem die nach der Fistelanlage zu erwartende Glykosurie nicht eintrat, war die nächste Frage die nach dem Glykogengehalt von Leber und Organen unter den Verhältnissen der Fistel.

Man verdankt de Filippi[88] u.[89] ausgezeichnete Versuche in dieser Richtung. Er fand, daß bei Tieren mit E. F. trotz reichlicher Ernährung mit Kohlehydraten der Glykogengehalt der Leber ein sehr geringer war und ungefähr dem von Tieren im Inanitionszustand glich. Im Gegensatz dazu wies die Muskulatur einen sehr reichlichen Glykogengehalt auf, wie man ihn nur in Ruhe und bei guter Ernährung anzutreffen pflegt.

Da man in diesen Konstatierungen den Ausdruck eines dauernden Zustandes sehen darf, wie aus dem regelmäßigen Ausfall der Experimente hervorgeht, so ergibt sich aus diesem Punkte aufs deutlichste die große Unabhängigkeit des Glykogenansatzes der Organe von der

Mitwirkung der Leber und bestätigt direkt den Befund der ungestörten Kohlehydratverwertung beim E.-F.-Tier.

Immerhin war es noch möglich, daß solche Verhältnisse nur für eine normale Ernährung Geltung haben, daß aber bei Verwendung seltener Zuckerarten die Leberfunktion noch in besonderer Weise in Anspruch genommen wird.

Draudt[90] hat auf meine Veranlassung die Verwertung von Laktose und Galaktose bei Hunden mit Eckscher Fistel untersucht und konnte feststellen, daß die Anlegung einer Portalblutableitung die völlige Ausnützung dieser Zuckerarten erheblich stört. Bei einem Tiere konnten 79 $^0/_0$ der zugeführten Galaktose im Urin wiedergefunden werden, während vor Anlegung der Fistel nur 4—10 $^0/_0$ ausgeschieden wurden. Die Laktose wies nie so hohe Verlustziffern auf, doch war auch ihre Verwertung gestört. Aus dem gleichzeitig mitbeobachteten Steigen des Blutzuckergehaltes konnte mit aller Sicherheit die schwerere Verwendung dieser Zuckerarten im Gewebe festgestellt werden. Galaktose wurde als solche im Harn identifiziert.

Die Möglichkeit individueller Unterschiede in der Zuckerverwertung wurde durch Verwendung derselben Tiere vor und nach der Operation ausgeschieden. Weiter wurde stets eine Fütterungsperiode gleicher Art bei allen Tieren vorausgeschickt, damit die Leber annähernd die gleichen Funktionszustände böte. Die Tiere waren stets wohl. Wenn mit solchen Vorsichtsmaßregeln auch nicht notwendig alle Voraussetzungen des Experimentes gleich gemacht werden konnten, so sind sie doch geeignet, die Schlußfolgerungen ein gutes Teil sicherer zu gestalten, als ohne sie.

Man darf daher ungezwungen annehmen, daß die Leber beim Hunde für eine möglichst vollständige Ausnützung von Lactose und Galaktose eine notwendige Rolle spielt, während sie für die Verwertung von Dextrose und Lävulose offenbar weitgehend entbehrlich ist.

Franke und Raabe[91] berichten bei ihren Versuchen der Rohrzuckerfütterung an E.-F.-Hunde von einem häufigen Auftreten von Fruktose im Urin. Ein solcher Versuchsausfall würde sich dem obigen anreihen.

Auch noch in einem anderen Sinne, dem wir zwar schon im einleitenden Kapitel die Spitze abgebrochen haben, ist der Ausfall dieser Versuche bei der partiellen Außerfunktionssetzung der Leber wichtig. Man erinnere sich, daß ein Einwand gegen die Wirksamkeit einer Portalblutableitung in dem Vorhandenbleiben einer Blutversorgung der Leber durch die Art. hepat. gesehen wurde. Die gute Dextrose- und Lävulose-Verwertung könnte nun dadurch zustande kommen, daß diese resorbierten Stoffe wieder mit der Art. hep. in die Leber gelangen können und so doch noch in Bernards Sinne verwertet würden.

Dieser Einwand wird nun durch die geringe Verwertung der Laktose-Galaktose aufs deutlichste widerlegt, da sie ja genau denselben Resorptionsweg machen wie Dextrose und Lävulose. Die E. F. bedeutet also doch trotz ihrer Partiellheit keine belanglose Ausschaltung der Leber aus dem Kreislaufe, sondern sie ist funktionell hochbedeutsam, sonst könnte keine Minderverwertung der einzelnen Zuckerarten eintreten getrennt nach chemischer Konstitution.

Ich darf aber noch einen Augenblick bei dem Befund der Wirksamkeit der Portalblutableitung in funktionellem Sinne verweilen, der sich mit dem Ausfall der Verschiedenheit der Zuckerverwertung kundgetan hat. Auch Filippis Versuche sprechen für eine solche Wirksamkeit, da er in der Leber unter diesen Verhältnissen nur wenig Glykogen fand, trotz reichlichen Angebotes von Glykogenbildnern, deren Verwertung durch andere glykogenspeichernde Organe, die Muskeln, in glänzender Weise geschah. Die funktionelle Mindertätigkeit und Verarmung der Leber durch die Portalblutableitung könnte kaum besser gekennzeichnet sein. Weiter wäre in gleichem Sinne heranzuziehen der geringe Anstieg des Blutzuckergehaltes bei E.-F.-Tieren nach Dextrose-Fütterung, der bedeutende aber nach Galaktosezufuhr.

Eine Ergänzung dieser Beobachtungen ergeben gewisse klinische Befunde. Nach den neuesten Mitteilungen von Wörner und Reiß[93] zeigen Ikterus catarrhalis, unter dem sich ja eine Reihe von Parenchymerkrankungen der Leber verbergen, Phosphorvergiftung und Fettleber, einen hohen Prozentsatz positiver Galaktoseproben.

Solche Daten erscheinen mir wichtig zur Kenntnis der möglichen Arten der Verknüpfung der Leber mit dem Kohlehydratstoffwechsel, sicher aber sind sie noch unbefriedigend, und sicher bedarf Cl. Bernards Lehre gewisser Einschränkungen. Es gilt, wenn es gestattet ist ein Wort zu prägen, die leberspezifischen Anteile aus allen diesen Daten erst herauszuschälen.

Es sei mir erlaubt, einen Vorschlag hier niederzulegen, der meines Erachtens eine Lösung der Frage der notwendigen Tätigkeit der Leber beim Zuckerstoffwechsel bringen muß. Meine eigenen Versuche sind noch nicht zahlreich genug, um diese Entscheidung zu fällen.

Eine endgültige Festlegung dieser Fragen bietet das Experiment am Hunde mit umgekehrter Eckscher Fistel.

Wir haben gesehen, daß nach dieser Operation die Venen des ganzen Hinterkörpers zum Quellgebiet der Leber gemacht werden. Es ist — wie Henriques zeigte — wohl möglich, den Blutzuckergehalt bei intravenöser Zuckerzufuhr in Grenzen zu halten, die nicht notwendig an sich zur Glykosurie führen. Eine wesentliche Überschreitung der Menge der bei demselben Tiere durchführbaren Zuckerinjektion von einer Vene

des Hinterbeines aus, gegenüber einer Injektion vom Vorderbein oder
der Vena jugularis her, müßte die Rolle der Leber bei der Assimilation
des Zuckers sofort ergeben. Ja, es wären dazu nicht einmal Blutzuckerbestimmungen nötig, sondern nur der Nachweis oder das Fehlen von
Glykosurie im Falle der intravenösen Zufuhr inner- oder außerhalb
des Quellgebietes der Leber. Natürlich sind solche Versuche für jede
einzelne Zuckerart durchzuführen.

Ist die Leber z. B. unumgänglich nötig für die Galaktoseverwertung
so wird es möglich sein, leicht Galaktosurie von der Jugularis her zu erzeugen mit Dosen, die bei Zuführung des Zuckers von einer Vene des
Hinterbeines, in diesem Falle also vom Quellgebiete der Leber, eben nicht
zur Galaktosurie führen. Daß gegebenenfalls dazu Glykogenbestimmungen
der Leber und Identifizierung der Zuckerart kommen müssen usw.,
brauche ich nicht weiter auszuführen.

Es frägt sich, ob es aber nicht möglich ist, unabhängig von solchen
endgültigen Festlegungen, exakte Kenntnisse über die notwendigen, d. h.
unumgänglichen Anteile der Leber im Ablaufe des Kohlehydratwechsels
s c h o n   j e t z t zu gewinnen.

Wir haben uns bisher im wesentlichen mit dem an eine Lebertätigkeit geknüpften Resorptionsvorgang der Kohlehydrate beschäftigt. Dabei
sahen wir, daß für gewisse Fälle eine Mitwirkung des Organes nicht als
unbedingt notwendig angesehen werden darf. Immerhin ist eine besondere Leichtigkeit und Regelmäßigkeit der Glykogeneinlagerung
in die Leber konstatiert und der letzte Grund dafür noch nicht klar
erkannt.

Cl. B e r n a r d [94] hat aber auch gezeigt, daß die Leber aus zucker-
freiem Material Zucker produziert. Man muß anerkennen, daß ihm die
Beweisführung dafür tatsächlich geglückt ist. Die lange Zeit fortgesetzte
Fütterung von Hunden mit Fleisch, das ausgekocht war und sicher
Glykogen nur in minimaler Menge enthielt und seine Hungerversuche
mit dem nachgewiesenen fortdauernden Glykogen- resp. Zuckergehalt der
Leber, können keine andere Interpretation erfahren, als die, daß die Leber
selbst durch ihre eigene Tätigkeit Zucker frei macht, d. h. produziert. Das
Restglykogen der Pflügerschen Argumentation genügt für die Aufrechterhaltung eines Hungerstoffwechsels nicht. Wissen wir doch mit
aller Bestimmtheit, daß die im Körper aufgehäuften Zuckermaterialien
immer zuerst verbraucht werden, und daß dann erst Fett und Eiweiß
eingeschmolzen werden. Wenn sich Glykogen und Zucker in der Hunger-
leber bis kurz vor dem Hungertode erhält, so heißt dies eben, daß Zuckermaterial frisch gebildet wird, und da Cl. B e r n a r d nur in der Leber
wesentliche Anteile davon fand, ist sein Schluß, daß es dort gebildet wird,
sicher schon aus diesem Grunde berechtigt. Er wird es noch mehr durch
den Nachweis, daß der Blutzuckergehalt der großen Extremitätenvenen

geringer ist, als der der entsprechenden Arterien. Der Zucker kann daher nicht vom Muskelglykogen stammen und muß bei Mangel an Nahrungszufuhr irgendwo eine Quelle haben, die wohl nur in der zuckerproduzierenden Tätigkeit der Leber gesucht werden kann.

Dies alles mit dem Restglykogen erklären zu wollen, wie es Pflüger tat, ist daher wohl nicht angängig.

Wir wissen heute mit aller Bestimmtheit, daß die Leber jederzeit mit Glykogenabgabe bei Bedarf an Zuckermaterial sofort einspringt. Sie selbst bedarf offenbar Glykogen resp. Traubenzucker nur in einem geringen Umfange zu ihrer eigenen Verwertung, da sie auch bei sehr geringem Bestand daran arbeiten kann. Wir wissen, daß für gewöhnlich die Muskulatur bei ihrer Tätigkeit auf Traubenzucker angewiesen ist und in dem Maße seines Verbrauches Glykogen abbaut. Die Leber liefert Nachschub und wir bedürfen ganz besonderer Hilfsmittel, z. B. der Strychninkrämpfe, um die Leber ihres Glykogenvorrates zu berauben, so rasch bildet sie Traubenzucker wieder.

Aus diesem Verhalten geht klar hervor, daß die Leber einen wesentlichen Anteil beim Kohlehydratwechsel nicht allein nach der resorptiven Seite hat, sondern auch, und zwar integrierend, an der Kohlehydratproduktion teilnimmt, da sie es bildet, wenn es nicht mit der Nahrung zugeführt wird.

Es ist daher wichtig Zustände bei E.-F.-Tieren zu studiren, welche mit Einbuße von Kohlehydrat einhergehen, woraus sich die Rolle der Leber bei der Zuckerbildung ergeben wird.

Wir wissen durch alle neueren Untersuchungen, mit wie großer Zähigkeit das Blut seinen Zuckergehalt festhält. Beim normalen Hund schwanken die Grenzen dafür nach eigenen Feststellungen zwischen 0,09—0,12 %. Beim Menschen sind diese Werte ganz ähnlich eng begrenzt.

An der Aufrechterhaltung des Blutzuckergehaltes ist die Leber aber ausschlaggebend beteiligt. Das wissen wir schon seit Johannes Müller [96] und Moleschott [97], die bei Fröschen nach Exstirpation der Leber den Verlust des Blutzuckers feststellten. Beim Vogel hat Minkowski [98] dasselbe konstatiert, am Säuger Siau und Pavy [99], sowie Tangl und Vaughan Harley [100]. Ferner wissen wir seit der Entdeckung des Zuckerstiches durch Cl. Bernard [101], daß die Leber einen Einfluß auf die Erhöhung des Blutzuckers haben kann, und daß die Reizübermittelung sich auf dem Splanchnikus bewegt. Weitere Experimente haben dargetan, daß eine Reizung des Zuckerzentrums auch chemisch erfolgen kann, und zwar direkt im Experiment, z. B. bei Injektion stärkerer NaCl-Lösungen in die Art. vertebralis [102]. Die Einrichtung eines Zuckerzentrums, welches unmittelbar auf die Leber wirkt, ist aber eine in der Tierreihe verbreitete und der Mensch ist ebenfalls damit ausgestattet wie Glykosurien nach Verletzung dieser Teile, speziell Blutungen bei Commotio cerebri im Boden der Rautengrube, bewiesen haben.

Sieht man in solch gewaltsamen Einwirkungen die Übertreibung gewisser normaler Verhältnisse, so ergibt sich ungezwungen die Vorstellung regulatorischer Einflüsse der Leber auf den Blutzuckergehalt. Erhöhung oder Fehlen des Blutzuckers dürfte daher einen direkten Schluß auf die Lebertätigkeit zulassen.

Man muß aber zur Klarheit darüber gelangen, auf welche Weise die Leber zur Zuckerproduktion bewegt wird, dann erst werden wir zur richtigen Vorstellung ihrer Funktion kommen. Es dürfte kaum zweifelhaft sein, daß dafür nur der chemische Bedarf maßgebend ist, der ja natürlich einer nervösen Beeinflussung unterliegen muß. Keinesfalls dürfte die Vorstellung Cl. Bernards ausreichen, der die Zuckermobilisation mit der Beschleunigung des Blutstromes in der Leber unter dem Reiz des Sympathikus, z. B. beim Zuckerstich, allein erklären will. Diese Vorstellung ist zu mechanisch. Denn die enorme Blutüberfüllung der Leber, welche meine Tiere mit umgekehrter Eckscher Fistel dauernd zeigen, die damit auch eine dauernde Blutstrombeschleunigung dieses Organes haben müssen, bewirkt keine Spur von Glykosurie. Nur in einem Falle habe ich bei einem Tiere einmal Zucker unmittelbar nach der Operation gefunden, kann dies aber nicht der Anlegung der u. E. F. zuschreiben, sondern der Operationswirkung ganz allgemein. Schon am nächsten Tage war der Zucker wieder verschwunden und trat auch nicht wieder auf. Mit der Blutstrombeschleunigung muß noch etwas verbunden sein, was wir noch nicht kennen, und worin wahrscheinlich die Ursache der Zuckermobilisation und vermutlich auch ihrer Produktion besteht.

Man darf mit großer Bestimmtheit annehmen, daß außer den rein nervösen Regulationen auch noch rein chemische bestehen im Sinne eines Ausgleiches, entsprechend dem Verbrauch. Auf die Existenz dieses Vorganges weist ja vor allem der postmortale Glykogenabbau hin. Wie der chemische Ausgleich aber vor sich geht, ob gleichzeitig mit der fermentativen Mobilisation auch Fermente zur Befreiung des Zuckers aus Eiweiß oder Umwandlungen aus Fett gebildet werden, entzieht sich einstweilen der Vorstellung. Immerhin dürfte ein naher Zusammenhang zwischen Glykogenabbau und Zuckernachschub aus anderem Material durch die Lebertätigkeit vermutet werden. Die den Blutzucker erhöhende Wirkung stärkerer Blutentziehungen (Schenk, Pflügers Arch. 57), sowie seine im Fieber beobachtete Steigerung [103] legt den Gedanken an die Mitwirkung erhöhter Umsetzungen nahe.

Erhöhte Ansprüche an die Leber von Tieren mit E. F. zu stellen, war nun schon lange mein Bestreben und ich kam in ihrem Verlauf auch auf das Phlorrhizin und seine Wirkungen dabei.

Es war klar, daß dabei dem Blutzucker eine besondere Aufmerksamkeit geschenkt wurde und da fand sich die so interessante Tatsache, daß es bei Hunger und gleichzeitiger Phlorrhizinanwendung zu einem vollkommenen Schwund des Blutzuckers kommen kann [104]. Man weiß ja, daß die Phlorrhizinwirkung stets den Blutzucker erniedrigt und daß er beim Hunger ebenfalls sinkt, um beim Hungertod zu verschwinden. Unter Hunger und Phlorrhizin ist es aber beim normalen Tiere nie innerhalb so kurzer Zeit zu einem völligen Verlust des Blutzuckers gekommen, wie das beim E.-F.-Hund rasch (oft in 3 Tagen) zu erzielen ist.

Beim E.-F.-Hund wirkt schon Hunger an sich beträchtlich erniedrigend auf den Blutzuckergehalt [105]. So vereinigen sich hier alle Momente, um rasch zu diesem weitesten Ziele zu führen. Es sei immerhin schon hier betont, daß einige Tiere sich refraktär verhalten und ich die Bedingungen, welche hier zu einer Aufrechterhaltung eines wenn auch minimalen Zuckergehaltes genügen, noch nicht übersehe.

Wichtiger für uns sind die weit überwiegenden positiven Befunde und ich glaube, nicht in der Annahme fehlzugehen, daß die partielle Ausschaltung der Leber aus dem Stromkreis daran schuld ist, daß der Blutzucker so leicht zum Verschwinden gebracht werden kann. Das beruht auf der durch die verminderte Zirkulation geschaffenen Schwierigkeit für die Leber, wieder Zucker zu produzieren, sie kommt einfach nicht mit, da durch die Nieren alles, was an Zucker gebildet wird, unaufhaltsam zur Ausscheidung gelangt. Bei nicht operierten Tieren gelingt die Hervorbringung desselben Phänomens nur äußerst schwer, doch kann man es bei genügender Anwendung von Phlorrhizin und Hunger unter Umständen erreichen, daß der Schwund des Blutzuckers bei einigen von ihnen eintritt.

Bei E.-F.-Tieren ist dies aber leicht zu erreichen und die refraktären Fälle bilden hier die Ausnahme. Daraus darf meines Erachtens die ausschlaggebende Tätigkeit der Leber bei der Zuckerproduktion mit aller Sicherheit erschlossen werden.

Um ganz sicher zu gehen, daß keine Fermentveränderungen für den Ausfall der Versuche maßgebend waren, habe ich gleichzeitig Glykogenbestimmungen der Leber durch Burghold [106] machen lassen.

Die Leber und die wahllos verarbeitete Muskulatur der Hinterbeine ergaben nun bei phlorrhizinierten hungernden E.-F.-Tieren nur noch minimalste Spuren von Glykogen, die quantitativ nicht bestimmbar waren (Methodik war Glykogenbestimmung nach Pflüger). Die Muskulatur des Herzens hielt aber einen wenn auch äußerst verminderten Glykogengehalt, 0,02 %, noch aufrecht. Somit beruht der Verlust des Blutzuckers auf einer fast vollkommenen Erschöpfung der Glykogenvorräte und nicht etwa auf einer Fermentunwirksamkeit.

In letzter Instanz muß für die Unzulänglichkeit der Blut-zucker- und Glykogenbereitung aber die durch alle genannten Umstände (Hunger, Phlorrhizinwirkung, Ecksche Fistel) bedingte Erschöpfung der Leber verantwortlich gemacht werden.

Diese Befunde geben von der **notwendigen** Lebertätigkeit beim Zuckerstoffwechsel erst ein richtiges Bild. Sie zeigen, daß die Leber der Ort ist, an dem beim Fehlen der Kohlehydrate aus zugeführtem anderen Material (Eiweiß, Fett) Zucker freigemacht oder gebildet wird und zur direkten Verwertung oder zur Glykogenaufstapelung in ihr oder in anderen Organen kommt.

Wir erkennen also in ihr den Faktor der Aufrechterhaltung des Blutzuckerspiegels, da er sofort bei ihrem Verluste sinkt und endlich verschwindet, ebenso wie bei einer funktionell erschöpfenden Inanspruchnahme (E.-F., Hunger, Phlorrhizin).

Die Hauptfunktion der Leber im Kohlehydratwechsel ist also die Schaffung und Erhaltung des notwendigen Blutzuckergehaltes.

Für eine Überschreitung ihrer Tätigkeit ist aber das Ventil der Nierenableitung eines zu hohen Blutzuckergehaltes da. Damit scheint mir, teleologisch betrachtet, die blutzuckererhaltende Fähigkeit der Leber eigens begrenzt zu sein.

Um diese Funktionen aber richtig ausüben zu können, muß die Leber gleichzeitig Reservoir und Bildungsort für Kohlehydrat sein. Nur so verstehen wir, warum sie dieselben leicht aufnimmt, und bei nicht momentanem Bedarf aufstapelt. Konnte doch Schöndorf zeigen, daß der Glykogengehalt der Leber eines Hundes bis auf 18,69 % ihres Gewichtes stieg, was allerdings einen vollkommenen Ausnahmezustand darstellt, da der Normalgehalt der Leber etwa 2—4 % daran beträgt.

Für die Reservoireigenschaft der Leber spricht noch der Umstand, daß das Reservoir auch einmal überlaufen kann. Das findet bei der sog. alimentären Glykosurie, d. h. nach Aufnahme übergroßer Zuckermengen statt und man weiß, daß es schließlich fast immer gelingt, zu einer Grenze in der alimentären Zufuhr von Zucker zu gelangen, deren Überschreitung zur Zuckerausscheidung in den Nieren führt, das Ventil tritt dann dort in Tätigkeit.

Wenn die Leber aber regulierend und ausgleichend wirken soll, so müssen nicht nur Vorräte da sein, sondern sie müssen auch leicht abgegeben werden können. Nun verstehen wir auch, warum das Organ in dem von Cl. Bernard zuerst erkannten überwiegenden Maße mit der Fähigkeit des Glykogenabbaues ausgestattet ist.

Nicht minder verständlich ist uns aber jetzt die Forderung, daß sie die Fähigkeit haben muß, Glykogen resp. Zucker aus zugeführtem zuckerfreien Material zu bilden, oder aus Material, was anderen Zellen dazu zu spröde ist, z. B. Laktose und Galaktose in Glykogen zu verwandeln. Der erste der beiden Punkte ist besonders wichtig, da er uns, wie ich später zeigen werde, das Verständnis für eine weitere Funktion der Leber eröffnen kann.

Endlich wird uns mit einer solchen Präzisierung der Leberfunktion auch klar, daß die Ableitung des Portalvenenblutes nicht notwendig die nach der Lehre Cl. Bernards zu erwartenden Folgen der Glykosurie haben muß.

Es steht heute fest, daß die Fähigkeit der Zuckeransammlung unter Bildung von Glykogen eine allgemeinste und nicht nur auf die Leber beschränkte Zelleigenschaft ist, wie Barfurths umfassende histochemische Studien [107] erstmals bewiesen. Dazu bedürfen die Zellen nicht der eigentlichen Mitwirkung der Leber und insofern ist sie für den Kohlehydratstoffwechsel nicht unbedingt erforderlich. Steht den Zellen genügendes Zuckermaterial zur Verfügung, so brauchen sie nicht auf die Fähigkeit der Leber, es unter Umständen sogar zu produzieren, zurückzugreifen. Wir dürfen in dem allgemeinen Bedürfnis sämtlicher Zellen des Körpers nach Zucker eine genügende Erklärung für die Verwertung des vom Darme unter Umgehung der Leber bei Eckscher Fistel unmittelbar ins Gesamtblut ziehenden Zuckerstromes sehen, wodurch eine Glykosurie verhindert wird.

In dieser Betrachtung ist der Ausfall der guten Ausnützung von Dextrose und Lävulose, sowie die Verschlechterung der Laktose- und Galaktoseausnützung bei Portalblutableitung einem Verständnis erschlossen, weil letztere Zuckerarten der allgemeinen Verwertung durch die Zellen ferner stehen.

Ich muß aber hier schon betonen, daß wir damit weit von einem totalen Überschauen der Bedingungen entfernt sind, welche für die Relationen der Leber zu den Organen und von diesen zu ihr quoad Zuckerstoffwechsel maßgebend sind. Bernard sagte in einer seiner letzten Vorlesungen einmal, daß er 30 Jahre zuvor gehofft habe, den Zuckerstoffwechsel verhältnismäßig leicht in seinen notwendigen Beziehungen festlegen zu können, und daß er jetzt eben noch immer an dieser Arbeit sei. Seitdem sind fast 40 Jahre verflossen und wir sehen mit Bewunderung, daß seine Leistungen noch heute den weitaus beträchtlichsten Teil unseres Wissens in diesen Dingen darstellen.

Will man eine möglichste Aufklärung aller dieser Punkte, so ist es nötig, die einzelne Zuckerart bis in jedes Organ zu verfolgen, und sie überdies noch den verschiedensten Zuständen, krankhaften und noch in die physiologische Breite fallenden, zu unterwerfen unter der Voraussetzung eines gleichen oder doch bekannten Funktionszustandes der Leber. So werden sich z. B. die von Pflüger stets gegen die Vorstellung einer absolut zentralen Stellung der Leber mit Recht herangezogenen Befunde verschiedenen Glykogenbildungsvermögens einzelner Zuckerarten erklären lassen, sowie auch die Rolle des Restglykogens, dem er in seinen Argumentationen wohl sicher einen zu großen Spielraum gewährt hat. Das tun ja Untersuchungen von Pavy[108], Külz[109], C. und E. Voit[110, 111], Seegen[112], Otto[113], Lusk[114], Cremer[115], v. Mering[116], Lüthje[117], und vieler anderer dar. Das Restglykogen kann nicht die wirkliche Zuckerbildungsfähigkeit in Frage stellen. Man darf es jetzt als sicher annehmen, daß Dextrose, Lävulose, Galaktose, Laktose, Maltose, Rohrzucker, Pentosen, die Dextrine, Amylumarten, Glykoside, Gummistoffe, Glyzerin, die Proteine und noch manche anderen Körper sichere Glykogenbildner sind. Nicht wenig haben die Durchblutungsversuche der Leber mit Zusatz der verschiedensten Zuckerlösungen zur Festigung dieser Ansichten beigetragen.

Grube[118] konnte z. B. bei Katzenlebern bei Durchströmung eine beträchtliche Zunahme des Leberglykogens unter Abnahme des Zuckergehaltes des Blutes feststellen. An der überlebenden Schildkrötenleber[119] gelang ihm Glykogenansatz bei Durchblutung mit Dextrose-, Lävulose-, Galaktose-, Glyzerin-, ja sogar Formaldehyd-Lösungen. Rohrzucker verursachte aber keinen Glykogenansatz. Auch Aminosäuren, Glykokoll, d-Alanin, d-Leuzin verhielten sich negativ zur Glykogenbildung, obwohl Lusk[120] den Übergang von Glutaminsäure in Zucker beim Phlorrhizindiabetes, ferner Embden und Salomon[121] beim Pankreasdiabetes das Gleiche für Alanin nachweisen konnten. Aus diesen nur als Beispiele zitierten Feststellungen geht hervor, wie weitgehend die Fähigkeit der Leber sein kann, Kohlehydrat zu schaffen.

Alle möglichen Organe des Körpers stellen an die Leber Ansprüche, wenn sie Zucker bedürfen (Muskeln), denen sie bis aufs äußerste genügt (Hunger), wenn nicht vom Darm her dafür gesorgt wird. Ja, wir wissen, daß sie selbst mit eigenem Gewebe einspringt und beim Hunger oft beträchtlich an Gewicht abnimmt, um den Kohlehydratstoffwechsel mit aufrecht zu erhalten.

So fand Pavy[122] bei Kohlehydratnahrung der Tiere ein mittleres Lebergewicht von 6,4 %. Külz dagegen bei Karenz und starker Anstrengung nur 2,1 % und nur Spuren von Glykogen.

Wie weit die Benötigung von Kohlehydrat überhaupt geht, ist sehr schwer festzustellen. Wir wissen nichts von einem spezifischen Ausfall einer Organfunktion, die an den Kohlehydratverlust geknüpft wäre. Es ist offenbar das Leben bedroht, wenn eine wirkliche Erschöpfung der Kohlehydratvorräte des Körpers eingetreten ist. Man darf deshalb ernstlich die Frage aufwerfen, ob nicht gerade in der vitalen Notwendigkeit des Erhaltenseins gewisser disponibler Kohlehydratmengen die enorme Fähigkeit der Leber zur Kohlehydratbildung begründet ist. Denn bis jetzt sind mir alle Tiere, bei denen ausweislich des mangelnden Blutzuckergehaltes im Eck-Hunger-Phlorrhizinversuch die Kohlehydratvorräte erschöpft waren, rettungslos zugrunde gegangen.

Um die Frage des direkten Einflusses der Folgen des Kohlehydratmangels genauer zu umgrenzen, habe ich mit Burghold[123] den Versuch unternommen, ein solches Tier mittelst intravenöser und stomachaler Einverleibung von Dextrose noch im letzten Moment vom Verderben zu retten. Wie ausführlich noch an anderer Stelle zu erörtern sein wird, gelingt es nur temporär, die durch die glykoprive Intoxikation — wie ich sie nennen will — gesetzten Störungen hierdurch zu beseitigen. Sie kommen aber bei genügenden Kohlehydratvorräten sicher gar nicht zustande, woraus sich meines Erachtens der Zusammenhang als ein sehr sicherer und unmittelbarer herausstellt.

Bei solchen Feststellungen darf es uns denn nicht wundern, daß wir keine klinischen Daten für den Verlust resp. die Erschöpfung des Körpers an Kohlehydratvorräten haben. Sicher ist nur, daß der Hungertod bei zuckerfreiem Blut erfolgt.

In noch anderer Weise können wir aber eine Verknüpfung der Leberfunktionen mit ihrem Kohlehydratgehalte feststellen.

Bei Hunger oder starker Unterernährung sehen wir beim Menschen im Urin die sog. Azetonkörper auftreten. Wir können sie nicht sicherer zum Verschwinden bringen, als durch Zufuhr von Zucker. Auch beim Diabetes mellitus, bei dem ja die Ausscheidung von Azetonkörpern überaus häufig ist, gilt dies cum grano salis. Der Hund scheidet viel schwerer Azetonkörper aus als der Mensch, doch gelingt ihre Unterdrückung auch bei ihm durch Kohlehydratfütterung leicht.

Da die Leber, wie wir später sehen werden, an der Produktion von Azetonkörpern einen recht wesentlichen, wenn nicht ausschließlichen Anteil hat[124], so müssen wir diese eigentümliche Reaktion des Organes auf Zufuhr von Kohlehydrat besonders verzeichnen. Zeigt sie uns doch, daß der Ablauf der normalen Endverbrennung an die Anwesenheit bestimmter, jedenfalls nicht ganz kleiner Mengen von Zuckermaterial geknüpft ist. Da wir das Auftreten von Azetonkörpern im wesentlichen von einer abnormen Fettverbrennung abhängig machen müssen, so liegt hierin ein Hinweis auf den Mechanismus der Fettverbrennung, der ja unbekannt ist und die Mitwirkung von Kohlehydraten in der Leber zur Voraussetzung hat.

Es ist durchaus nicht unmöglich, daß der Ablauf einer ganzen Reihe anderer Verbrennungen ebenfalls an einen gewissen Kohlehydratvorrat in der Leber geknüpft ist, und daß wir in dem abnormen Ablauf der Fettverbrennung nur das einfachste Beispiel gefunden haben, nur einen Ausdruck der Störung des Ablaufes intermediärer Vorgänge, dem analog eine ganze Reihe anderer existieren kann.

Weiter wäre hier noch der Glykuronsäurepaarungen zu gedenken, die zwar nicht absolut sicher in die Lebersubstanz selbst zu verlegen sind, aber sich doch sehr wahrscheinlich dort vollziehen.

Auch das Jecorin wäre hier noch zu behandeln, doch stehe ich davon ab, wie noch von vielem anderen, weil diese Dinge noch weit von einer klaren Erkenntnis sind.

Rückschauend müssen wir sagen, daß sich auch heute schon so fest umgrenzte Beziehungen der Leber mit dem Kohlehydratstoffwechsel ergeben haben, daß wir die Erhaltung einer gewissen minimalen Menge stets disponiblen Traubenzuckers für die notwendige Funktion der Leber erklären müssen, worauf höchstwahrscheinlich sogar die Erhaltung der vitalen Vorgänge überhaupt beruht, worum sich jedenfalls aber alle beobachteten Tatsachen der vielfachen Verknüpfung der Leber mit Aufnahme, Bildung und Umsetzung der zuckerhaltigen Materialien gruppieren.

Viertes Kapitel.

Leber und Fettstoffwechsel.

Ergaben sich uns bei den Betrachtungen über die Resorption der Kohlehydrate klare Abhängigkeitsverhältnisse zwischen ihrer Aufnahme bei der Resorption und ihrem Ansatz in der Leber, so stoßen wir bei der Verfolgung der Fettresorption auf gegenteilige Beobachtungen.

Wir wissen heute, daß die Fette im Darm einer fast ihre gesamte Menge betreffenden Aufspaltung in die Fettsäuren und Glyzerin unterliegen — Pflüger fordert sie für alles zur Resorption gelangende Fett — wir dürfen aber auch annehmen, daß mindestens für einen Teil des Fettes seine feinste Emulsionierung, die es im Darme erfährt, genügt, um eine Resorption in Tropfenform zu ermöglichen.

Immerhin bleibt der Hydrolysierungsprozeß des Fettes für seine Vorbereitung zur Aufnahme der bei weitem wichtigste Akt und jenseits des Darmes, ja schon in der Darmwand, vollzieht sich ja wieder der Aufbau der gespaltenen Anteile zu neutralem Fett. Wir treffen jenseits des Darmes, im Chylus z. B., nur geringe Anteile freier Fettsäuren und Seifen, Glyzerin läßt sich aus der Fettquelle überhaupt nicht mit Sicherheit nachweisen, da im Blut selbst stets etwas Glyzerin vorhanden zu sein scheint.

Die mikroskopischen Untersuchungen ergeben in der Darmwand nichts von freier Fettsäure, wie Groos und ich mit meiner Fettsäurefärbemethode[125] feststellten und auch Noll[126] hat davon nichts auffinden können, der sie ausgedehnt zum Studium der Fettresorption im Darme angewendet hat.

Sehr vielfache Prüfungen habe ich damit in der Leber ausgeführt und kann sicher sagen, daß in ihr normalerweise nie etwas von Fettsäure oder Seife zu finden ist, obwohl diese Methode auch den Nachweis geringster Spuren gestattet.

Und während wir sahen, daß die Kohlehydrate nach ihrer Resorption eine chemische Umwandlung ihres Gefüges zu einem neuen Körper, dem polymeren Glykogen unter gleichzeitigen Wasserverlust, in der Leber erfahren und hauptsächlich in dieser Form von ihr festgehalten werden, so wissen wir nichts von einem ähnlichen Verhalten des Fettes, weder in der Leber, noch in anderen Organen. Ja, es bewahrt unter Umständen, die wir alsbald kennen lernen werden, sogar noch seine spezifische chemische Konstitution, wenn es in den sog. Fettdepots, seinen Stapelplätzen im Körper abgelagert ist, wozu wir die Leber aber nicht rechnen dürfen, da eine dauernde Anhäufung von Fett mangels der spezifischen Fettzellen nicht in ihr stattfindet.

Betrachtet man diese Umrißdaten über das Verhalten des Fettes bei seiner Aufnahme und seinem Verweilen im Körper, so hat es den Anschein, daß die Leber weder mit der Fettaufnahme, noch mit seiner Umsetzung und auch nichts mit seinem Ansatz zu tun hat.

Das ist aber auch nur der erste oberflächliche scheinbare Eindruck. Denn eine absolute Notwendigkeit der Lebertätigkeit für den Fettstoffwechsel liegt schon in ihrer äußeren Sekretion.

Die Leber hat, wenn man so sagen will, ihre Funktion bei der Fettresorption in den Darm verlegt. Die Galle, welche bis zu den niedersten Tierklassen als wohlcharakterisierte Sekretion nachweisbar ist, mischt sich in ganz bestimmter und reflektorisch genau geregelter Weise (Pawlow) dem vorbeigehenden Nahrungsstrom bei und erfüllt so eine ganze Reihe von Funktionen.

Zu den am längsten bekannten gehört die Erfahrung, daß bei Gallenabschluß vom Darme die Resorption der Fette Not leidet. Der tonfarbene Stuhl der Ikterischen, sein fettglänzendes Aussehen, war schon den Ärzten des Altertums bekannt.

Fr. v. Müller hat erstmals[127] am Kranken quantitativ den isolierten Resorptionsverlust für Fett bei Gallenabschluß festgestellt. Er fand ihn zu 55—78 % gegenüber 7—10 % des normalen. Die Verwertung der N-haltigen Materialien und die der Kohlehydrate war aber überhaupt nicht oder nur unbedeutend herabgesetzt. Die Erfahrungen der Physiologen, welche der Galle fettlösliche Eigenschaften zuschreiben mußten, und die Beobachtungen der Ärzte fanden hiermit eine wissenschaftliche Bestätigung. Schwankungen in der Fettausnützung bei Gallenabschluß scheinen aber vorzukommen. J. Munk[128] will den Resorptionsverlust des Fettes sogar bei reichlicher Fettnahrung nach seinen Untersuchungen bei Gallenabschluß nur zu ca. 30—40% veranschlagen.

Die Wirkung der Galle auf die Fette ist noch nicht vollständig geklärt, sie besteht aber hauptsächlich in ihrer Überführung in eine wasserlösliche Form. Dabei scheinen alle ihre Bestandteile eine gemeinsame Wirkung zu entfalten. Die Cholate scheinen vorwiegend an der Löslichkeitsmachung der Seifen des Ca und Mg beteiligt zu sein, die ja gänzlich wasserunlöslich sind und diese Eigenschaft bei der Berührung mit Galle resp. gallensauren Salzen verlieren.

Sehr wichtig ist die Betonung der Tatsache, daß die Galle für die ausgiebige Resorptionsermöglichung der Fette nicht allein genügt, sondern der Mitwirkung des Pankreassaftes bedarf.

Claude Bernard[129] hat bekanntlich zuerst festgestellt, daß der Pankreassaft für die dauernde Emulsionierung der Fette nötig ist. Nur mit seiner Hilfe gelingt es, eine Emulsion von Fett leicht und sicher herzustellen und man sieht eine Fettresorption daher erst nach Beimischung des Pankreassaftes.

Bernard fiel dies erstmals beim Kaninchen auf, bei dem sich der Pankreasgang ca. 15 cm unterhalb des Ductus choledochus in den Darm ergießt. Chylös getrübt sind nun die Lymphbahnen erst unterhalb der Einmündung des Pankreasganges, nicht aber in der Strecke zwischen Ductus choledochus und Pankreasgang. Cl. Bernard leitete nun den Pankreassaft nach außen und führte ihn dem Darme erst wieder in einem viel tieferen Abschnitte zu. Und auch hier entwickelten sich chylöse Lymphbahnen erst unterhalb der Zuführungsstelle. Sicher ist also der Pankreassaft für die Fettresorption zusammen mit der Galle wichtig.

In sehr überzeugender Weise gelang es Dastre[130], zu zeigen, daß dabei ein Zusammenwirken mit der Galle unumgänglich ist. Nach Unterbindung und Durchschneidung des Ductus choledochus legte er eine Kommunikation der Gallenblase mit einer tieferen Dünndarmschlinge an. Bei der Fettverdauung zeigte es sich nun, daß milchig getrübte Chylusbahnen wiederum erst unterhalb der Gallenblasen-Dünndarmfistel zu finden waren, woraus im Verein mit Bernards Feststellungen mit Sicherheit die Notwendigkeit des Zusammenwirkens von Pankreassaft und Galle für die Fettresorption hervorgeht.

Hat die Leber also unzweifelhafte und unersetzbare Funktionen für die Resorptionsermöglichung der Fette, so ist ihre Rolle bei der Verwertung der aufgenommenen Fette anscheinend unnötig, denn ein recht erheblicher Teil des resorbierten Fettes umgeht die Leber ja einfach.

Schon im einleitenden Kapitel habe ich darauf hingewiesen, daß die Leber durch die Existenz der Chyluslymphbahnen für die auf diesem Wege dem Körper zugeführten Substanzen nicht in Betracht kommt. Einige kurze Daten zeigen dies sofort.

Wir verdanken J. Munk u. Rosenstein[131] Beobachtungen am Menschen über die mögliche Größe dieses Resorptionsanteiles. Bei einem Mädchen mit Chyluslymphfistel wurden innerhalb von 12 Stunden ca. $60^0/_0$ des mit der Nahrung genossenen Fettes zum weitaus überwiegenden Teil wieder als Fett entleert. Nur ca. $2^0/_0$ traten als Seifen auf. Auch für die Spaltung des Fettes im Darm und für seinen Neuaufbau versuchte Munk[132] an diesem Falle Beweise zu erbringen, die ihm glückten. Er fand nach Verabreichung von Walrat, der aus Palmitin und Cetylalkohol besteht, in der entleerten Lymphfistelflüssigkeit ein Fett, das nur aus palmitinsauerem Glyzerin, nicht aber aus palmitinsauerem Cetylalkohol bestand. Das Fett wird also gespalten und die gespaltenen Anteile werden nach Wahl der Körperzellen zusammengesetzt. In gleicher Richtung wiesen Radziejewskis[133] Versuche, dem es am Hunde durch Verfütterung von Seife gelungen war, Fettansatz zu erzielen. Seine Versuche liegen weit vor denen Munks. Ablagerungen in der Leber fand er nicht. Auch Munk[134] hatte bei Verfütterung reiner Fettsäure am Hunde im Ductus thoracicus nur eine Zunahme der Neutralfette, nicht des Fettsäureanteiles feststellen können.

Nicht alle Versuche weisen aber so eindeutig auf eine vollkommene Fettspaltung im Darme. Besonders wichtig sind die Versuche Lebedeffs[135]. Er fütterte Hunde mit Leinöl und fand, daß die Fettlager, insbesondere das Unterhautfettgewebe nach einiger Zeit, in der diese Fütterungsart fortgesetzt wurde, zu einem erheblichen Anteil aus Leinöl bestanden. Damit ist dargetan, daß unter gewissen Bedingungen verfütterte Fettarten keine Umwandlung durch die Resorption erleiden, wobei die Frage offen bleibt, ob das Fett gespalten wird und die Spaltanteile sofort wieder als solche zusammentreten, oder ob das Fett in Form feinster Tröpfchen unverändert zur Resorption und zum Ansatz gelangt.

Munk[136] konnte, wie Lebedeff, feststellen, daß Hunde, die längere Zeit mit Rüböl oder Hammeltalg gefüttert waren, diese Substanzen als solche in ihren Fettlagern enthielten.

In sehr ausgedehnten Versuchen hat Rosenfeld[137] alle diese Beobachtungen bestätigt. Nach längerem Hunger und bei ausgiebiger Fütterung mit gut charakterisierten Fettarten läßt sich bei Hunden und Hühnern der Ansatz dieser sog. körperfremden Fette in den Fettlagern erzielen. Dabei lagert sich dieses Fett aber nicht in der Leber ab. Sie hat also nichts mit dem Ansatz des aufgenommenen Fettes zu tun.

Immerhin möchte ich darauf hinweisen, daß zur Erzielung einer Ablagerung größerer Mengen körperfremder Fette in den Fettlagern besondere Umstände erforderlich zu sein scheinen (Hunger, Fettverarmung, reichliche Fütterung mit dem körperfremden Fett für längere Zeit).

In der Regel ist aber die Zusammensetzung des Fettes für die einzelne Tierart recht charakteristisch, also konstant, was wir am besten nur mit einem spezifischen Aufbau des in verschiedener Form zugeführten und endlich aufgespaltenen Fettes zu erklären vermögen. Denn Hammelfett ist Hammelfett, Hundefett Hundefett usw., das wissen wir schon nach Geruch oder Geschmack und wissenschaftlich durch Bestimmung des Schmelzpunktes und vieler verschiedener chemischer Eigenschaften der verschiedenen Fette.

Ziehen wir eine Summe aus diesen kurzen Betrachtungen für die Leber, so ergibt sich eigentlich sehr sicher ihre Nichtbeteiligung bei der Verarbeitung des resorbierten Fettes. Da muß man sich nun doch fragen ob gar kein Fett nach seiner Resorption im Darme die Leber passiert.

Wenn man bei einem Hunde in der Fettverdauung die Vena portae freilegt, so kann man ihr entlang ziehend sehr deutlich einige weißlich gefärbte Chylusgefäße sehen, die mit ihr in die Leber verschwinden. Da diese Lymphgefäße weißlich gefärbt sind, wie alle chylösen Gefäße bei Fettresorption, so kann es sich bei dieser Beobachtung nicht um abführende Lymphbahnen der Leber handeln. Die Leber erhält also auf dem Lymphwege ebenfalls etwas Fett.

Man hat aber auch schon lange aus dem Pfortaderblut Fettstoffe extrahiert und sie Elaine genannt. Ausreichende Untersuchungen, vor allem Vergleiche mit dem Lebervenenblut stehen aber noch aus, so daß sich z. Z. noch nichts Bestimmtes über diesen Fettanteil sagen läßt. Sicher ist, daß das Darmvenenblut offenbar einen in Größe und Beschaffenheit wechselnden Anteil von Fett aufnehmen kann und damit auch der Leber zuführt.

Um über die Leichtigkeit dieses Vorganges ein Urteil zu gewinnen habe ich im Verein mit W. Groß[138] versucht, ob eine Fettbildung aus Seifen bei direkter Injektion in die Leber durch den Blutweg — wir benutzten eine Mesenterialvene — nachzuweisen ist. Das gelingt, für den mikroskopischen Nachweis wenigstens, nicht für die oleinsaure Komponente, sondern nur für stearinsaures Fett, obwohl die Leber sicher Seife aufsammelt, da, wie schon Munk nachwies, viel später toxische Symptome bei Zufuhr von Seife auf dem Portalgebiet, als auf irgend einem anderen Körpervenengebiet eintreten. Allerdings bringen diese Experimente keinen direkten Schluß für das Verhalten des Fettes und der negative Ausfall ist daher noch nicht unbedingt ein Beweis für eine Unmöglichkeit des Fettansatzes in der Leber auf dem Darmlymph- oder Blutwege.

Bei einer sehr reichlichen Fett- und Kohlehydratnahrung sehen wir endlich auch die Leber stark fetthaltig werden, wenn die sonstigen

Fettlager ebenfalls gefüllt sind. Es tritt das ein, was als Mastfettleber zu bezeichnen ist, wofür die Gänseleber ja das typischste und bekannteste Beispiel ist.

Auch beim Menschen und hauptsächlich beim kindlichen Organismus tritt leicht eine Mastfettleber bei überreicher Milch-Kohlehydraternährung auf. Endlich kann die Leber auch bei starker allgemeiner Adipositas eine Ablagerungsstätte des Fettes werden.

Alle diese Zustände stellen aber Ausnahmefälle dar und stehen wohl auf der Grenze zwischen Physiologischem und Pathologischem.

Wenn man aber in der Mastfettleber noch physiologische Vorkommnisse sehen kann, so wird dies unmöglich bei den Arten von Fettlebern, welche wir jetzt zu besprechen haben, und deren Prototyp die Leber bei Phosphorintoxikation ist.

Eine sehr große Anzahl pathologischer Zustände geht regelmäßig mit der Entwickelung einer Fettleber einher und wir sind nach dem Verlauf der Erscheinungen nicht mehr imstande, die Fettanhäufung dabei als eine physiologische anzusehen. Die Begriffe Fettdegeneration und Fettinfiltration haben ja gerade auch an diesem Beispiel eine bekannte ausgedehnte Erörterung erfahren.

Wie hat man sich nun in solchen Fällen das Zustandekommen dieser Fettanhäufungen zu denken? Wir sahen ja eben, daß nur ausnahmsweise Fett in größeren Mengen in der Leber zu finden ist.

Man führte die Entstehung der pathologischen Fettleber darauf zurück, daß unter Einwirkung der schädlichen Agentien das Fett in loco aus Eiweiß entstehe, was nicht mehr richtig umgesetzt werde. Das setzt voraus, daß ein Eiweißzerfall unter Fettbildung möglich ist und daß Fett sonst in der Leber fortwährend lebhaft umgesetzt wird.

Lebedeff[139] hat mit seinen Experimenten Klarheit in diese verwickelte Frage gebracht. Er zeigte an der Phosphorleber, daß das Fett unter diesen pathologischen Verhältnissen nicht in loco entsteht, sondern von außen kommt. Seine Hunde mit Leinölfettdepots bekamen durch die P-Vergiftung Leinöl in die Leber, während die Leber beim Aufsammeln der Depotfettlager frei von diesem Fett blieb. Mit anderen Worten heißt dies, daß bei Phosphorvergiftung eine ausgedehnte Fettwanderung in die Leber stattfindet.

Rosenfelds[140] umfassende und genaue Wiederholungen dieser Versuche ergaben denselben Befund. Überdies zeigte er aber noch, daß Tiere, welche möglichst fettarm gemacht worden waren, unter der Phosphorwirkung keine Fettleber bekamen, trotz sonstiger entsprechender Protoplasmaveränderungen der Zellen. Eine pathologische Umsetzung von Zelleiweiß liegt also wohl nicht vor, sondern es findet nur eine enorme Fetteinwanderung statt.

Diese Resultate stimmen überein mit sonstigen Erfahrungen bei fettiger Degeneration. Ich[141] konnte seinerzeit zeigen, daß das Innere von Niereninfarkten fettfrei bleibt und nur ein ganz schmaler Rand um ihn herum verfettet, dieser aber regelmäßig. Der Unterschied zwischen dieser Randpartie und dem Infarktinneren besteht darin, daß am Rande noch eine geringe Zirkulation stattfindet, im Inneren aber nicht. Die nekrobiotischen Veränderungen der Zellen sind aber im Grunde gleich, die Randzellen des Infarktes sterben ebenfalls ab, aber langsamer als die des Infarktinnern und können aus diesem Grunde noch aus der geringen Zirkulation des Randes etwas Fett aufnehmen.

Bringt man das ganze Stromgebiet eines Infarktes unter die Bedingungen der Randpartie, was, wie wir sofort sehen werden, durchführbar ist, so findet man fast alle Nierenepithelien in dem eine gewisse Zeit vom Blutstrom abgeschlossen gewesenen Bezirke nach 1—2 mal 24 Stunden stark fettig degeneriert, sie haben das Fett aus dem sie jetzt wieder durchströmenden Blute aufgenommen, es kommt also auch hier von außen. Sein Auftreten ist an die Schädigung des Zellprotoplasmas gebunden, da die Intensität der Schädigung über die Aufnahme von Fett entscheidet. Eine sehr kurze Blutstromabsperrung bewirkt gar keine Verfettung der Nierenepithelien, eine ca. 2 stündige die stärkste, eine noch längere führt den direkten Nekrosentod der Zellen herbei und damit die Unmöglichkeit von Umsetzungen; daher verfetten direkt abgestorbene Zellen nicht mehr, auch wenn der Blutstrom noch so lange durchgeht. Man kann also im Infarktinneren die Verhältnisse der Randpartie durch Schädigung der Zellen mittelst temporärer Blutabsperrung erzielen und so in bezug auf Verfettung die gleichen Vorgänge hervorrufen. Das Auftreten von Fett ist also an eine gewisse Schädigung des Zellprotoplasmas und an erhaltenen Blutstrom gebunden.

Bei der P-Intoxikation sahen wir ebenfalls eine Schädigung der Leberzellen selbst, die näher zu definieren noch nicht möglich ist, aber eine mehr oder weniger spezifische Schädlichkeit für sie darstellt.

Ein Gemeinsames liegt für diese beiden Fälle in den Ansprüchen an die Zelleistung unter abnormen Lebensbedingungen der Zelle, denn die normalen Anforderungen dauern doch fort. Das erweckt leicht die Vorstellung, daß die Zelleistung dabei eine unvollkommene sein müsse, also auch unvollkommene Umsetzungen sich geltend machen könnten, besonders wenn einseitig eine Überfülle von Material herangeführt wird, hier für die Leber das Fett. In diesem Zusammenhange muß man einer wichtigen Beobachtung von G. Rosenfeld[143] gedenken, der feststellte, daß die unter Phlorrhizinwirkung eintretende Leberverfettung zu verhüten ist, wenn man gleichzeitig genügende Mengen Kohlehydrat oder Eiweiß verfüttert.

Wir wissen vom letzten Kapitel her, daß wir als eine wesentliche Funktion der Leberzelle die Erhaltung eventuell die Produktion von gewissen disponiblen Mengen Kohlehydrat ansehen müssen, oder mit anderen Worten, daß wir die Leberfunktion entlasten, wenn wir dafür sorgen, daß Kohlehydrat sonst da ist. Oben sahen wir, daß man ein Gemeinsames für die Entstehung der Verfettung in den Ansprüchen an die Zelleistung suchen darf, hier finden wir insofern eine Bestätigung dieser Ansicht, als eine Verminderung der funktionellen Zelleistung maßgebend wird für die Verhütung resp. das Nichtauftreten der Verfettung. Zweifellos wird man in solchen Beobachtungen Hinweise auf die möglichen Bedingungen der Verfettung erblicken dürfen und wohl allgemein kann man für das Auftreten der Leberverfettung unter pathologischen Einflüssen die funktionelle Überbürdung der Zelleistung durch erhöhte Umsetzungen resp. Umsetzungen unter gleichzeitiger Schädigung der Zelle mit heranziehen. Die Entwickelung der meisten pathologischen Fettlebern läßt dieses Moment nicht vermissen, sei es als solches ganz direkt feststellbar, wie beim Diabetes, der Pankreasexstirpation und der Phlorrhizinwirkung, Zuständen, bei denen ja Fettleber besonders leicht eintritt, sei es indirekt durch die begleitenden Gewebseinschmelzungen auffindbar, von denen ich im folgenden Kapitel nachweisen werde, daß sie der Leber besondere Lasten auferlegen. Überdies sei noch einmal besonders hervorgehoben, daß eine geschädigte Zelle schon durch die normalen Stoffwechseleinflüsse eine Überbürdung erfährt.

So auffällig diese Beispiele eines zweifellos vermehrten Fettumsatzes in der Leber unter einer Reihe von pathologischen Einwirkungen auch sind, so folgt aus ihnen noch nicht, daß die Leber am Fettumsatz notwendig beteiligt ist. Dafür müssen wir nach zwingenderen Beispielen suchen.

Die öftere Blutentnahme bei Tieren mit E. F. zeigte mir, daß bei ihnen das Blutserum bei der Verdauung fetthaltiger Nahrung häufig gar nicht getrübt ist, oder in nur sehr geringem Maße. Es besteht zwischen dem Serum normaler Tiere und dem E.-F.-Tiere hierin ein markanter Unterschied. Meine Bestrebungen, diese Differenzen genügend aufzuklären, sind bis jetzt gescheitert. Eine ungenügende Fettresorption im Darm liegt beim E.-F.-Hund dem Symptomenkomplex jedenfalls nicht zugrunde. Eine Erklärung vermute ich in veränderten Verhältnissen der Fermentverwertung nach der Resorption. Bei Tieren, bei denen normalerweise eine Unabgeschlossenheit des Pfortadersystems besteht, bei den Vögeln, findet man z. B. auch keine Serumtrübung nach Fettresorption. Ganz merkwürdig ist, daß nach Kohlehydratfütterung bei ihnen aber häufig ein stark chylöses Serum auftritt.

Durch Hagemann[144] habe ich bei E.-F.-Hunden nach Veränderungen des antitryptischen Titers des Blutserums suchen lassen. So lange die Tiere wohl waren, konnte Hagemann keine Veränderungen des Titergehaltes gegenüber normalen Tieren feststellen. Bei Krankheitszuständen dieser Tiere konnte er aber Veränderungen auffinden, auf die ich noch zurückkomme. In einfacher Weise lassen sich aber die auffälligen Erscheinungen der Störung der Fettresorption Eckscher Fistelhunde nicht auf Fermentresorptionsveränderungen zurückführen. Das Faktum eines veränderten Verhaltens der Fette im Blutserum E.-F.-Tiere besteht aber.

Wir haben aber noch weitere Beweise für Störungen des Fettumsatzes bei Leberveränderung.

Sie sind in der Azetonkörperbildung zu finden. Diese ist nach heute allgemein gültigen Vorstellungen im wesentlichen durch den Fettumsatz bedingt.

Magnus-Levy[145] hat dafür in v. Noordens Handbuch der Pathologie des Stoffwechsels die Beweise zusammengetragen und man darf die Beweisführung für gesichert halten. Wir kennen zwar noch nicht den genauen Weg der Aufspaltung der Fette, immerhin ist er undenkbar ohne Sprengung der höheren Fettsäurereihen in niedrigerere.

Von einigen von diesen wissen wir aber durch die grundlegenden Versuche Embdens[146], daß sie sichere Azetonkörperbildner sind.

Embden bediente sich der Durchblutung der überlebenden Leber und konnte erstmals im Verein mit Kalberlah und Salomon[147], ferner mit Schmidt[148] feststellen, daß die Leber dabei Azeton produziert und es an das durchströmende Blut abgibt. Fügte Embden d-Leuzin zur Durchblutungsflüssigkeit, so wurde die Azetonkörperbildung erheblich vermehrt.

Nachdem festgestellt war, daß der Aminogruppe keine ausschlaggebende Wirkung auf die Azetonbildung zuzumessen war, so führte die Überlegung dazu, der Isopropylgruppe diese Wirkung zuzuerkennen.

Knoop[149] hat gezeigt, daß der Abbau resp. die Spaltung der Fettsäuren im Tierkörper an der β-Gruppe einsetzt. Nach dieser Vorstellung würde der Abbau des Leuzins zunächst in einer Desamidierung bestehen und Isovaleriansäure gebildet werden, aus dieser dann durch Spaltung zwischen der α und β Gruppe die Ispoproylgruppe in Freiheit gesetzt werden, die dann in Azeton übergehen könnte

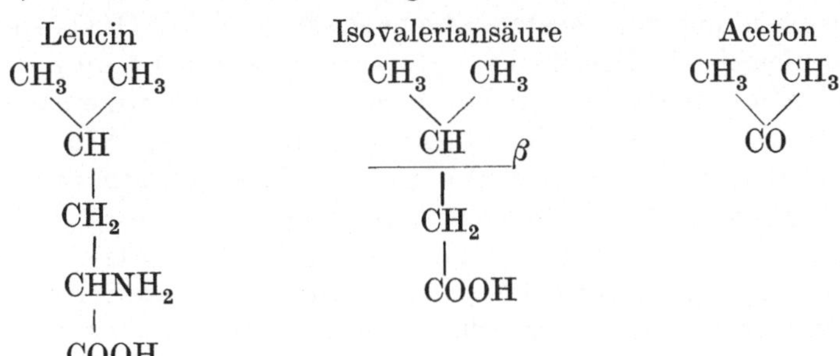

Isovaleriansäure erwies sich nun tatsächlich als guter Azetonbildner bei der Leberdurchblutung. Zweifellos stellt diese Überlegung nur eine

Hypothese dar, aber eine mit viel Wahrscheinlichkeit, weshalb ich sie hier erwähne. Natürlich sind eine Reihe anderer Abbauarten noch denkbar. Auch Fettsäuren mit gerader C-Atomzahl erwiesen sich nach Embden[150] besonders geeignet als Azetonbildner und die Aufspaltung der höheren Fettsäuren ist leicht unter deren Auftreten vorstellbar.

Bei der Durchblutung überlebender Organe weist nur die Leber diese chemische Umsetzung auf, andere Organe sind dazu offenbar nicht befähigt. Man darf daher die Azetonbildung im wesentlichen der Leber zuschreiben und sie als eine mehr oder weniger spezifische Funktion dieses Organes ansehen, die überdies vorwiegend an die Umsetzung der Fette geknüpft ist. Somit könnte die Azetonkörperbildung eine sog. „leberspezifische Funktion" darstellen.

Es war für mich daher naheliegend, eine Beeinflussung der Azetonkörperbildung dadurch zu versuchen, daß ich Beweise für die Abhängigkeit der Produktion von einer verminderten oder vermehrten Tätigkeit der Leber lieferte.

Zur Ausführung dieses Planes ist die E. F. und die u. E. F. das gegebene Versuchsfeld. Im Verein mit Kossow nahm ich diese Frage in Angriff.

Vorausschicken möchte ich, daß der Eck-Hund unter gewöhnlichen Verhältnissen nie Azetonkörper ausscheidet, wie mich[151] umfassende Untersuchungen belehrten. Eine Azidosis ist bei ihm nicht zu beobachten. Bei Hunger tritt ebenfalls nichts von Azeton auf. Bei Phosphorintoxikation scheidet er nur ganz geringe Mengen Azeton aus, Azetessigsäure konnte ich in meinen Untersuchungen im Verein mit Bardach nicht feststellen[152]. Sicher ist also, daß die v. Ecksche Operation keine Disposition zu Azidose schafft, sondern eher das Gegenteil.

Der Hund verhält sich ja aber überhaupt etwas resistent dagegen. Die beste Methode, um bei ihm Azidose hervorzubringen, ist Phlorrhizineinverleibung bei gleichzeitigem Hunger. Dazu griffen nun auch wir.

Tatsächlich gelingt es mit Hilfe dieser Mittel, auch beim Eck-Hunde eine Ausscheidung von Azeton, Azetessigsäure und β-Oxybuttersäure hervorzurufen[153, 154]. Die Mengen dieser ausgeschiedenen Körper bleiben aber weit gegenüber denen, welche normale Tiere unter gleichen Verhältnissen entleeren, zurück. Nie erreicht der Eck-Hund die hohen Werte der Azetonkörperausscheidung des normalen Hundes. Die Beeinfllussung der Azetonkörperbildung im Sinne einer Verminderung ist durch die partielle Leberausschaltung also überaus deutlich. Am schönsten läßt sich der Unterschied zeigen, wenn man an demselben Tiere vor und nach Anlegung der Eckschen Fistel eine Hunger-Phlorrhizinwirkung beobachtet. Dies gelang uns bei einem Tiere. Vor der Operation erreichten die Werte der Azetonkörper das Doppelte und mehr von denjenigen nach der Operation. Das Tier hatte sich in der Zwischenzeit gut erholt, worauf natürlich zu sehen ist. Ich bringe die instruktiven Kurven der Werte für Azeton usw. vor und nach der Operation aus der Arbeit Fischler und Kossow D. Arch. f. klin. Med. Bd. 111.

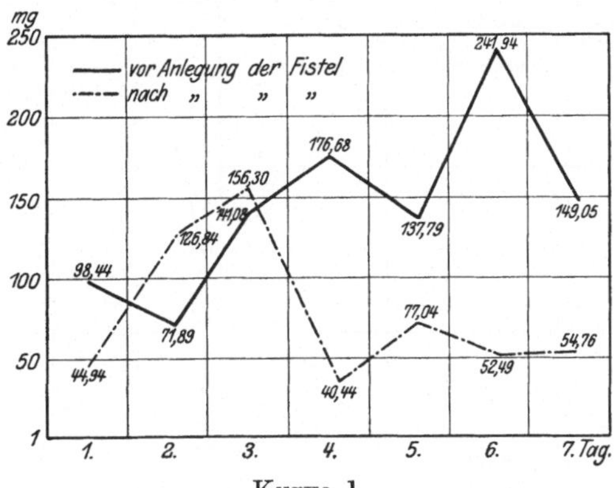

Kurve 1.
Hund Nr. 137. Gew. 10,000.
Azeton- u. Azetessigsäure: Gesamtmenge } . vor der Eckschen Fistel 1016,87 (145,29)
in sieben Tagen J ° nach „ „ 552,81 (78,97)

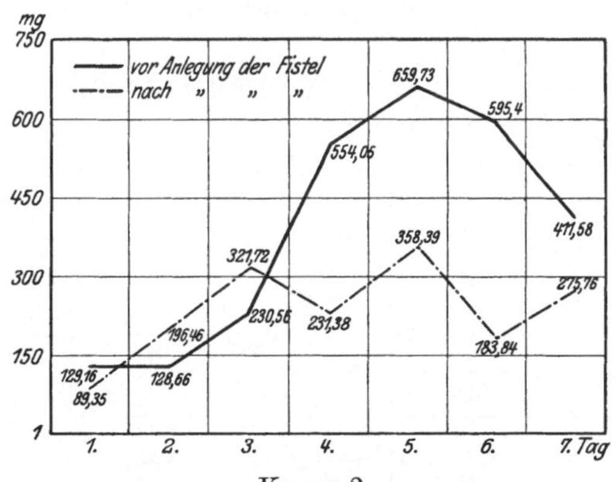

Kurve 2.
Hund Nr. 137. Gew. 10,000.
β-Oxybuttersäure: Gesamtmenge } . vor der Eckschen Fistel 2709,14 (387,02)
in sieben Tagen J ° nach „ „ „ 1656,9 (236,7)

Prägt sich schon hierin mit aller wünschenswerten Deutlichkeit der Einfluß der Lebertätigkeit auf die Produktion der ketogenen Substanzen aus, so wird sie noch viel evidenter, wenn man durch die Anlegung einer u. E. F. die Lebertätigkeit enorm steigert und dann denselben Versuch anstellt. Im Anfang bleiben die Azetonkörperwerte nieder (vielleicht infolge der Anhäufung großer Glykogenwerte in solchen Lebern), um dann rasch exzessive Höhen zu erreichen, die weit über diejenigen des Normalhundes hinausgehen.

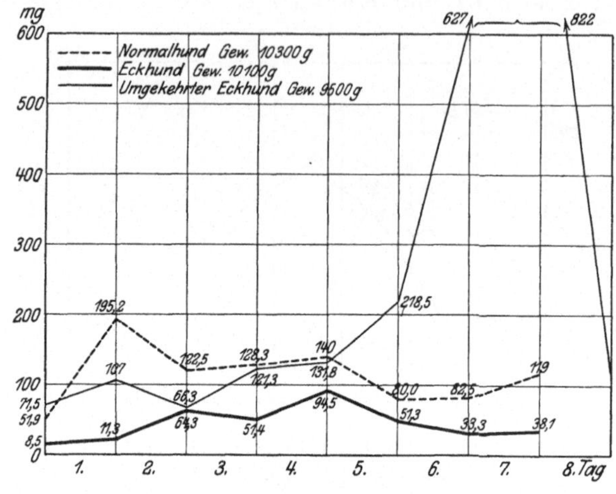

Kurve 3.

Azeton- und Azetessigsäureausscheidung des Eck-Hundes, Normalhundes und des umgekehrten Eck-Hundes.

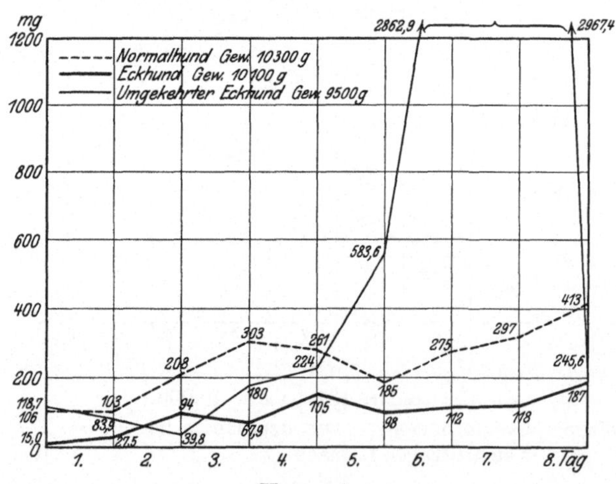

Kurve 4.

β-Oxybuttersäureausscheidung des Eck-, Normal- und umgekehrten Eck-Hundes.

Nichts kann den Einfluß der Lebertätigkeit auf die Azetonkörperbildung deutlicher machen, wie diese Versuchsanordnung. Die niedersten Werte gehören Tieren mit partiell ausgeschalteten Lebern an, höhere den normalen, die höchsten denen, deren Lebern fortdauernd einen enormen übernormalen Blutzufluß durch Anlegung einer umgekehrten Eckschen Fistel haben.

Unsere Versuchsanordnung gestattet aber nicht, zu entscheiden, ob der Leber allein die Azetonkörperbildung zukommt.

Da die Leber auch als E.-F.-Leber noch zu einem, wenn auch nur bescheidenen Grade im Blutstrom liegt (Art. hepat.), so ist es nicht unmöglich, daß die Menge der vom Eck-Hunde noch produzierten Azetonkörper allein von ihr stammt.

Weiter ist aber noch daran zu erinnern, daß auch der Nachweis, daß die Azetonkörper damit aus den Fetten stammen, noch nicht endgültig gesichert ist, denn sie können ja auch aus Aminosäuren hervorgehen. Allerdings weist die bei Phlorrhizinwirkung gleichzeitig stattfindende sehr erhebliche Fettverschiebung ja fast zwingend auf die Mitbeteiligung dieser Umsetzungsanteile.

Sicher ist die Leber aber der Ort, an dem die Azetonkörper vorwiegend entstehen und damit sehe ich in diesen Versuchen eine wichtige Ergänzung der Feststellungen Embdens. Im einleitenden Kapitel habe ich erwähnt, daß man in den Resultaten, welche am überlebenden Organe erhalten werden, nur mit großer Skepsis die Wiederholung physiologischer Vorgänge erblicken dürfe und daß ihre Bestätigung nur unter physiologischen Bedingungen zwingend ist.

Die vorgebrachten Experimente erfüllen nun diese Voraussetzungen. Die Leber ist also ein Ort, vielleicht sogar der Ort der Bildung von Azeton, Azetessigsäure und β-Oxybuttersäure.

Kerteß[155] hat es auf meine Veranlassung unternommen, den Beweis dafür zu erbringen, daß die Leber aus Aminosäuren tatsächlich auch im Körper Ketonkörper bildet, daß es also eine notwendige Funktion der Leber ist, die zugeführten Aminosäuren so zu verarbeiten. Man kann zeigen, daß ihre Ausscheidung bei intravenöser Injektion von d-l-Leuzin in die Vene des Hinterfußes eines Eck-Hundes nicht beeinflußt wird, dasselbe Experiment beim Tiere mit umgekehrter Eckscher Fistel bebewirkt aber sofort eine klare Steigerung der Werte aller Azetonkörper.

Die Differenz im Ergebnis der Versuchsresultate liegt in der verschieden raschen Möglichkeit einer Berührung des Leuzins mit der Leber. Die Injektion des Leuzins in die Vene eines Hundes mit E. F. führt das Leuzin dem allgemeinen Stromkreis zu und nur ganz partiell der Leber in dem Maße, als es in der Art. hepat. enthalten ist. Dagegen gelangt bei der Versuchsanordnung am Hunde mit u. E. F. die ganze Menge des Leuzins sofort in die Leber und wird dort vermutlich momentan zurückgehalten und alsbald aufgespalten. Zugleich zeigt der Ausfall des Versuches, daß im

Körper offenbar nur die Leber die Fähigkeit der Aufspaltung des Leuzins unter Azetonkörperbildung hat.

Tatsächlich ist die Leber also auch unter physiologischen Bedingungen geeignet, aus Leuzin Azetonkörper zu produzieren. Damit ist aber noch nicht gesagt, daß wir im Leuzin ihre Hauptquelle sehen dürfen, da es äußerst fraglich ist, ob unter den Bedingungen des Lebens je eine so enorme Überschwemmung des Organes mit Leuzin oder ähnlichen Eiweißbausteinen erfolgt.

Aus den mitgeteilten Beispielen erhellt aber meines Erachtens noch ein Umstand klar, d. i. der Wert der Anordnung der E. F. und der u. E. F., weiter aber auch wiederum der Beweis, daß, trotzdem die E. F. nur eine partielle, d. h. unvollständige Ausschaltung der Leber darstellt, sie sich dennoch funktionell bemerkbar macht und zum Studium der speziellen Leberfunktionen ganz besonders geeignet ist.

Die sichere Beeinflussung der Azetonkörperbildung durch die Lebertätigkeit bringt aber den Beweis ihrer klaren Beteiligung am Fettumsatz. Wir dürfen die niederen Fettsäuren mit an Sicherheit grenzender Wahrscheinlichkeit in der Hauptsache von der Aufspaltung der höheren Fettsäuren herleiten und sehen überdies das Auftreten der Azetonkörper unter Verhältnissen, welche ein Gemeinsames in den erhöhten Umsetzungen haben, worauf die Hungerazidosis ja besonders hinweist. Aber auch bei Phlorrhizindiabetes, Pankreasexstirpation, Phosphor-, Arsen-, Ol. pulegii-, Alkohol-, Chloroform-, Carzinosis-Einwirkung, Pilzvergiftung usw. usw., die ja alle mit einer Entwickelung pathologischer Fettlebern einhergehen können — um nur ganz wenige Beispiele dafür heranzubringen —, sehen wir die Einschmelzung von Fett neben der von anderem Gewebe. Die ausgedehnten Fettwanderungen, welche stets dabei stattfinden, können wir uns nicht ohne seine gleichzeitigen Umsetzungen vorstellen. Bei allen diesen Zuständen kann aber auch Azidosis auftreten. Darin scheinen mir besondere Beweise der Verknüpfung der Lebertätigkeit mit dem Fettumsatz zu liegen.

Wir kennen die große Konstanz des Depotfettes beim Menschen. Beruht doch auf ihr im wesentlichen unser Urteil, ob jemend „gut" oder „schlecht" aussieht und letzteres finden wir nur bei stärkeren Umsetzungen im Sinne der Abmagerung; auf den gesteigerten ev. pathologischen Fettumsatz kommt es also bei der Lebertätigkeit mit an.

Wir sind noch weit entfernt, den Sinn dieser Umsetzungen zu verstehen. Er liegt wohl in dem Problem der gegenseitigen Vertretung und Umwandlung der großen Nahrungsklassen. Am Beispiel der Azetonkörperbildung müssen wir ableiten, daß den Leberzellen dazu eine besondere Befähigung zuzuschreiben sein dürfte, eine Befähigung die, andere Organe offenbar nicht oder nicht in demselben Umfang haben.

Solche Überlegungen führen aber ganz entschieden weiter und wir werden die Anknüpfungspunkte dazu im nächsten Kapitel finden.

Nicht unwichtig scheint mir, hier auf einen möglichen Zusammenhang zwischen Diabetes und gestörter Lebertätigkeit hinzuweisen. Wir wissen, daß beim Diabetes Azidose am häufigsten und in gefährlichem Maßstabe auftritt. Die Möglichkeit einer starken Entstehung von Azetonkörpern hängt aber nach den vorliegenden Ergebnissen im wesentlichen von einer erheblichen Vermehrung der Lebertätigkeit ab. Bei einer leicht eintretenden Überfunktion der Leber, wie sie sicher durch ein Übermaß von Blutzufuhr (u. E. F.) ermöglicht wird, tritt sie in weit stärkerem Grade auf, als bei absichtlicher Ermöglichung einer nur geringen Arbeitsleistung der Leber durch die Verminderung des Blutzuflusses (E. F.). Es ist naheliegend, das Moment der Leber ü b e r funktion zur Erklärung der diabetischen Störung hier heranzuziehen.

Sehr wohl würde sich damit vereinen, was Naunyn[156] Dyszoamylie genannt hat, d. h. eine Unmöglichkeit des Festhaltens zugeführter Zuckermaterialien in der polymeren Form, also als Glykogen. Die gesteigerte Lebertätigkeit würde Traubenzucker fortwährend in ihre übermäßige Tätigkeit mit hineinreißen und damit eine Verarmung an diesem Materiale herbeiführen, was die Quelle zu unregelmäßigen Verbrennungen schaffen kann. Daß beim Diabetes stets eine Vermehrung des inneren Umsatzes vorhanden ist, dürfte nicht zweifelhaft sein und die Zuckerausfuhr ist nicht das Wesen, sondern nur das hauptsächlichste Symptom der diabetischen Störung.

Mit einer solchen Auffassung des Diabetes als primärer pathologischer Hyperfunktionsbetätigung der Leberzelle würden sich sowohl theoretische Voraussetzungen seiner Genese, als auch praktische Maßnahmen der Therapie vereinen. Ich komme später auf diese Punkte noch zurück, möchte aber in diesem Zusammenhang meine Ansichten doch präzisieren.

Die Leber ist aber noch in anderer Weise mit den Umsetzungen der Fettstoffe verknüpft. Ein sehr großes und überaus wichtiges, dabei kaum in den Anfängen erkanntes Gebiet liegt noch in der Erforschung der Umsetzungen der Lipoide, denen ja die vielfältigsten und spezifischsten Verrichtungen im Körperhaushalt anvertraut sind (Nervensystem).

Mindestens für einen Teil derselben gelten ähnliche Resorptionsprinzipien, wie für das Nahrungsfett, da sich entsprechend einer Zufuhr per os ihr Ansatz erzielen läßt, worauf die interessanten Untersuchungen von Wacker und Hueg[157] aus dem Institute von Borst hinweisen. Sie sahen das Auftreten von Luteinzellen an die Fütterung von lezithinhaltigem Materiale geknüpft.

Für die Umsetzungen von Lipoiden scheint eine Leberschädigung wichtig zu sein, da man in diesen Fällen eine Vermehrung der Lipoidanteile in dem Organe findet. So konnte Balthazard[158] feststellen, daß bei Phosphor- und Chloroformvergiftungen, sowie bei einer Reihe von Infektionskrankheiten der Lezithingehalt der Leber gegenüber der Norm zunimmt.

Weiter müssen wir uns stets daran erinnern, daß die Galle eine Reihe Lipoide regelmäßig enthält, so Cholesterin und Lezithin. Sie stellt das Ausscheidungsorgan dafür dar und ist infolgedessen eng mit den Umsetzungen der roten Blutkörperchen verknüpft, wie die Leber noch weitere besondere Beziehungen zu ihnen hat, worauf später zurückzukommen sein wird.

Wir begegnen als möglichem Ausdruck solcher die Fettanteile betreffenden Umsetzungen in der Galle dem von Virchow[159] zuerst festgestellten und von Thoma bestätigten regelmäßigen Gehalt der Gallengangsepithelien an feinen Fetttröpfchen. Man kann fast an jedem beliebigen Leberpräparate sich von dem Vorhandensein des Fettgehaltes der Gallengangsepithelien überzeugen und wird dem Befunde gewiß für den Fett- ev. auch Lipoidstoffwechsel Bedeutung zuzumessen haben.

So groß auch eine gewisse äußere Analogie der lipoiden Substanzen und ihrer Umsetzungen mit den gleichen Vorgängen beim Nahrungsfett sein mag, so müssen wir doch beide im Prinzip scharf trennen. Wir dürfen vor allem in den Lipoiden nicht so leicht zersetzliche Stoffe sehen wie in den Neutralfetten mit ihrem absoluten Nahrungscharakter, sondern müssen ihnen im Gegenteil einen langsamen Stoffwechsel und große Konstanz in ihrem Bestande als Zellanteil zuerkennen (zentrales Nervensystem).

Immerhin ist es aber auch bei tunlichster Berücksichtigung dieser Umstände nicht ausgeschlossen, daß sie in gewissen pathologischen Zuständen der Leber in erhöhtem und eventuell deletärem Maßstab in die dabei stattfindenden Umsetzungen hereingezogen werden, was um so weniger einfach von der Hand zu weisen ist, als eine Reihe zerebraler Krankheitssymptome bei Leberkrankheiten in ihrer Erklärung noch vollkommen dunkel sind und sehr wohl mit dem Verluste oder den Veränderungen von Gehirnlipoiden in Zusammenhang gebracht werden könnten.

Man darf hier noch die Befunde von M. Jacobi[160] und von Joannovicz und Pick[161] erwähnen, die bei Phosphorvergiftung und akuter gelber Leberatrophie hämolytisch wirkende Fettsäuren aus den Lebern extrahieren konnten. Daß also unter pathologischen Umständen auch abnorme Umsetzungen des Fettes oder der Lipoide vorliegen, ist damit erwiesen.

Aus diesen nur kurzen Beispielen geht aber klar die enorme Beteiligung der Leber auch beim Fettstoffwechsel hervor, obwohl wir bis jetzt sicher nur einen recht kleinen Ausschnitt davon erkannt haben.

Fünftes Kapitel.

Leber und Eiweißstoffwechsel.

Im folgenden müssen die Beziehungen der Leber zum Eiweißstoffwechsel erörtert werden, was wohl den schwierigsten Teil der proponierten Zusammenfassung darstellt.

Am besten wird es dafür sein, sich an dieselbe Art der Betrachtung zu halten, wie sie oben bei den Kohlehydraten und Fetten in ihren Stoffwechselbeziehungen zur Leber gemacht wurde.

Zunächst sei daher eine Skizzierung der Veränderungen gegeben, welche die Eiweiße bei der Verdauung erfahren. Daraus ergibt sich, unter welchen Formen wir einen Übertritt von gelösten Eiweißanteilen in das Blut etwa annehmen dürfen und auf was für Bestandteile sich die Verfolgung dieses Vorganges über den Darm hinaus zu erstrecken hat.

Die Veränderungen, welche die Eiweißkörper im Darmkanal für ihre Resorptionsmöglichkeit erfahren, sind sehr tiefgehende, im wesentlichen aber eine Aufspaltung unter Wasseraufnahme. Genau bekannte und studierte Fermente wirken in saurer, später in alkalischer Lösung auf sie ein, das Pepsin, Trypsin, Erepsin, und zwar in feinster Abstufung und werden durch reflektorisch wohlgeregelte Vorgänge dem weiterbewegten Nahrungsstrom beigemengt. Die nähere Aufklärung dieses ganzen Mechanismus hat wiederum Pawlow[162] vermittelt. Seine grundlegenden Forschungen haben aber viele ergänzende Beobachtungen von anderer Seite erfahren, so von Cohnheim[163] und Tobler[164].

Die endliche Schlußeinwirkung ist, oder kann eine völlige Aufspaltung der Eiweißanteile zu Aminosäuren sein, in denen wir nach E. Fischer[165], A. Kossel[166], Abderhalden[167], u. a. die sogenannten Eiweißbausteine erblicken dürfen.

Es resultieren nach Art des angewendeten Eiweißes, sowie nach seiner mehr oder weniger weitgehenden Aufspaltung eine Summe verschiedener Aminokörper, die quantitativ zu trennen bisher noch nicht möglich war. Man kann aber auch extra corpus die Aufspaltung jedenfalls so weit treiben, daß biuretfreie Produkte resultieren, was uns besonders interessiert, da es Löwi[168] damit gelungen ist, bei Fütterung N-Gleichgewicht, ja N-Ansatz bei einem Hunde, der 11 Tage diese Nahrung erhielt, zu erzielen. Hierdurch wird bewiesen, daß man mit der Möglichkeit einer notwendig vollständigen Aufspaltung des Eiweißes zur Resorption zu rechnen hat.

E. Grafe hat nachgewiesen, daß sogar NH_3, in Form von kohlensauren oder zitronensauren Salzen dargereicht, unter gewissen Umständen zu einem N-Ansatz führen kann.

Die vollkommene Aufspaltung des Eiweißes bis zu seinen Bausteinen ist also jedenfalls ein Endzweck für die Ermöglichung seiner Resorption. Ob es daneben nicht als solches resorbiert wird, müssen wir weiteren Untersuchungen überlassen, doch werde ich kurz auf die verhältnismäßig geringe Wichtigkeit dieser Frage zurückkommen, da dies offenbar nur ausnahmsweise Bedeutung erlangt.

Der Aufbau der Eiweiße ist nach ihrer quantitativen Seite und ihrem chemischen Strukturgefüge offenbar ein überaus verschiedener und wir sind berechtigt, schon sehr geringfügige Änderungen in der Zusammenfügung der Bausteine für sehr erhebliche Unterschiede ihrer vitalen Eigenschaften heranziehen zu dürfen.

Nichts kann uns die Spezifität und Konstanz des chemischen Eiweißgefüges verschiedener Körper, ja Organe, so verdeutlichen, wie die durch die Immunitätslehre aufgedeckten spezifischen Reaktionen der Einzeleiweißart. Auch ihre Zusammenfassung zu Gruppen, welche gewisse Reaktionen gemeinsam haben, andere wieder nicht, woraus sich ähnliche Qualitäten mit doch möglicher Spezifizierung ergeben, beweisen dies und finden ihren äußeren Beleg in gewissen verwandtschaftlichen Beziehungen der einzelnen Tierklassen. Endlich zeigt auch die spezifische Einstellung der Fermente auf ganz bestimmte Strukturformeln die Notwendigkeit eines jeweils konstanten und spezifischen Eiweißaufbaues.

Sehr wichtig ist die Tatsache, daß den Eiweißbausteinen antigene Eigenschaften nicht mehr zukommen, und daß sie sich darin genau so verhalten, wie die Fette und Zucker.

Ziehen wir alle diese Beobachtungen in Betracht, so wird man den Grund der tiefgehenden Eiweißspaltung bei der Verdauung wohl darin suchen dürfen, daß dem Körper auf diese Weise stets die eigentümliche Zusammensetzung seines spezifischen Zelleiweißes aus den Eiweißbausteinen ermöglicht wird; aus ihrer gebotenen Menge sucht er das ihm Notwendige heraus, der Rest wird vollkommen abgebaut.

Natürlich ist dies eine Vorstellung, die im einzelnen eventuell erheblicher Berichtigung bedarf, in der Hauptsache aber kaum mehr zweifelhaft ist. Denn durch die Entdeckung der säureamidartigen Verkettung der Aminosäuren durch Th. Curtius[169] und ihrer vornehmlichen Erforschung durch E. Fischer[170] ist die Möglichkeit der kompliziertesten Aufbaue der Aminosäuren zu anscheinend endlosen Kombinationen und sehr großen Komplexen auf das deutlichste erwiesen. Es tritt die Aminogruppe der einen Säure mit der Karboxylgruppe der anderen zusammen und man kommt damit synthetisch zu Körpern, wie sie im Eiweißmoleküle vorhanden sind. Ihre hydrolytische Spaltung führt, wie die der Eiweißkörper selbst, wieder zu einfachen Aminosäuren. Auch fermentativ sind diese „Polypeptide" durch spezifische Angreifbarkeit ausgezeichnet. Der synthetische Weg zur Erforschung des chemischen

Aufbaues des Eiweißes ist dank der unermüdlichen Arbeit E. Fischers also beschritten.

A. Kossel[171] hat von der entgegengesetzten Seite schon früher den Beweis für die Zusammensetzung einfachster Eiweißarten, der Protamine, aus Aminosäuren dadurch erbracht, daß ihm ihre fast restlose quantitative Aufspaltung in diese wohlcharakterisierten Bausteine geglückt ist. Analyse und Synthese reichen sich also die Hand.

Unsere chemischen Kenntnisse sind heute ausgedehnt genug, um sagen zu dürfen, daß im Körper ein anderer Modus der Verbindung der Aminosäuren im Eiweiß nicht bestehen kann, so daß mit der oben entwickelten Vorstellung über die Ergänzung der Eiweißbestandteile aus den durch Aufspaltung isolierten Bausteinen, den Aminosäuren, nicht zuviel gesagt ist. Immerhin bleibt eine offene Frage, ob daneben teilweise oder nur unter bestimmten Voraussetzungen eine Resorption von Eiweiß als solchem besteht.

Das Problem für die Eiweißresorption ist aber jedenfalls begrenzt einerseits durch die Aufspaltung der Eiweißkörper im Darm bis in seine einzelnen Bausteine, andererseits durch die nachgewiesene große Konstanz des jeweiligen „Körper"- oder besser noch „lebenden" Eiweißes. Zwischen diese Phasen ist sicher funktionell tätig die Darmwand eingeschaltet und vielleicht auch die Leber.

Es wird sich fragen, wieweit wir heute schon befähigt sind, die Funktion beider Organe zu trennen.

Vorerst soll aber noch die Frage Erledigung finden, ob wir etwas Sicheres über die Resorption von ungespaltenem Eiweiß wissen, eine Frage, der wir ja in ähnlicher Weise auch beim Fett begegneten.

Eine Erfahrung ist in dieser Richtung bekannt, daß nämlich Hühnereiweiß in großen Portionen roh genossen, unter Umständen als solches mit dem Urin wieder ausgeschieden wird, d. h. es besteht eine alimentäre Hühnereiweißalbuminurie[172], wie es für Zucker eine alimentäre Glykosurie gibt. Nach übereinstimmenden Untersuchungen der Kliniker sind die sonstigen, namentlich bei Nephritis vorkommenden Eiweißausscheidungen nur als Bluteiweißanteile, Serumalbumin und Serumglobulin anzusehen. Auch mittelst der so feinen Nachweismethode der Eiweißpräzipitine sind dabei andere Eiweißarten nicht mit Sicherheit zu finden. Es kann also nicht so sein, daß die normale Niere etwa zirkulierende fremde Eiweißarten nicht passieren ließe, eine kranke aber wohl. Es zirkulieren eben keine, nur die spezifischen Bluteiweißanteile zirkulieren und sie treten sofort in den Harn über, wenn die Niere erkrankt ist.

Von den beschriebenen Peptonurien steht fest, daß sie meist durch bakterielle Einwirkungen bedingte Veränderungen des Eiweißes in den Harnwegen selbst darstellen.

Nur der Bence-Jonessche Eiweißkörper nimmt eine Ausnahmestellung ein. Er stammt höchstwahrscheinlich aus dem Tumorgewebe bei Myelomen der Knochen, da bei seinem Vorhandensein diese Veränderung fast regelmäßig zu finden, und sein Auftreten fast als pathognomonisch dafür anzusehen ist. Er ist wie eine Art körperfremden Eiweißes und von ihm gilt wie von jenem, wenn es parenteral zugeführt wird, daß es durch die Nieren wieder eliminiert werden kann. In der Norm aber — und auch bei pathologisch veränderter Niere — ist ein Übertritt von Eiweiß, was vom Darm direkt stammte, nicht zu befürchten. Auf dieser Erfahrung beruht ja auch die große klinische Sicherheit des Nachweises einer Nierenerkrankung bei Vorhandensein auch nur geringster Spuren von Eiweiß im Urin. Nur das Hühnereiweiß scheint für gewisse besondere Fälle allein eine Ausnahme zu machen.

Gibt uns diese Betrachtung schon einen gewissen Aufschluß darüber, daß wir mit einem Übertritt von Eiweiß als solchem aus dem Darm in den Säftestrom in der Norm wenigstens nicht zu rechnen haben, so könnte er doch noch bestehen und durch eine Tätigkeit der Leber eventuell verdeckt werden. Mit anderen Worten ausgedrückt heißt das: Hat die Leber die Aufgabe, Eiweiß, was vom Darm kommt, in sich zu verarbeiten ähnlich wie Zucker, wobei es sich um eine Eiweißstapelung als solche, oder um eine Synthese aus zugeführten Bausteinen handeln könnte? Eine Beantwortung dieser Fragen ist wegen der Schwierigkeit einer genaueren Charakterisierung von Eiweiß nicht einfach zu geben. Pflüger[173] vertrat aber schon die Ansicht, daß die Leber von gemästeten Tieren relativ mehr Eiweiß enthält als die von normalen und deshalb ein Eiweißstapelplatz sein müsse.

In der Arbeit Grunds[174], die sofort ausführlich zu besprechen sein wird, finde ich eine Äußerung Mieschers[175] angeführt, die das gleiche aussagt: „Ich hoffe den Nachweis führen zu können, daß dieses Organ (die Leber) nicht nur für Kohlehydrate, sondern auch für Eiweiß und Phosphorsäure als Kontokorrentbank dient, wo der Überschuß an Vorratseiweiß einstweilen aufgespeichert wird, aber auch rasch wieder liquidiert werden kann." An dieser Äußerung interessiert besonders die Stellung Mieschers zur Frage der Funktion der Leber, die sich mit der über die Kohlehydrate oben entwickelten in einem wesentlichen Punkte der „Reservoireigenschaft der Leber" vollkommen deckt. Miescher hat seine weitausschauenden Pläne nicht mehr verwirklichen können.

Pflüger dagegen erbrachte durch die Arbeit von Seitz[176] den Nachweis, daß seine Vermutung, die sich auf der schwierigeren Löslichkeit der Mastleber in siedender Kalilauge bei Glykogenbestimmungen gründete, richtig war.

Seitz fütterte Hühner und Enten nach 6—12tägigem Hunger längere Zeit (bis 32 Tage) mit Fischfleisch und fand, daß der Gesamt-N

der Leber bei gemästeten Tieren 2—3mal so hoch war als bei Kontrolltieren, mit anderen Worten, daß die Leber tatsächlich gegenüber allen
anderen Geweben relativ mehr N enthält. Die Leber dient also als
Vorratskammer für Eiweiß.

Reach[177] hat jodiertes Eiweiß durch die überlebende Leber geleitet
und einen Ansatz davon dort gefunden, ja auch etwas Spaltung.

Sehr ausgedehnte und unter Beachtung strenger Kautelen durchgeführte Untersuchungen über diesen Punkt verdanken wir Grund[178].
Gleichzeitig mit der Frage, ob ein Ansatz von Eiweiß in der Leber möglich
sei, legte er sich auch die Frage vor, in welcher Form sich dieser Ansatz
vollzieht, ob als vollwertiges Organeiweiß oder in Form des sog. „labilen
Eiweißes" Hofmeisters, ein Begriff, der sich mit dem „zirkulierenden
Eiweiß" Voits und „lebendigen Eiweiß" Pflügers und dem „Reserve"-
oder „toten Zelleinschlußeiweiß" v. Noordens, Röhmanns und
Lüthjes deckt.

Als Maßstab dafür schien ihm der P/N-Quotient verwertbar, der zwar
in der Beurteilung des Gesamt-N-Wechsels nur mit großer Zurückhaltung in diesem Sinne brauchbar ist, für Organe aber einen exakten
Schluß darüber zuläßt, ob Eiweiß-Ansatz in der vollwertigen Form
als Organeiweiß stattgefunden hat oder nicht. Eine Verschiebung des
P/N-Quotienten bei gleichzeitigem N-Ansatz würde beweisen, daß
dieser nicht in Form von Organeiweiß erfolgt ist.

Seine Versuche führte Grund an Hühnern und Hunden aus, was
für mich besonders wertvoll ist, da ich ebenfalls an Hunden arbeitete.
Die erhaltenen Resultate gebe ich am besten mit seinen eigenen Worten
in der Zusammenfassung, die er machte, wieder. Da heißt es Punkt 3:
„Die Leber nimmt im Zustande der Eiweißmast mehr Eiweiß auf und gibt
im Hunger mehr Eiweiß ab als Nieren und Muskulatur. Dieses Mehr
beläuft sich durchschnittlich auf 30—60 %, wobei die niedrigen Zahlen
dem Hunde, die höheren den Hühnern angehören; doch kann infolge
von Ungesetzmäßigkeiten im Mastverlauf sowohl nach oben wie unten
eine erhebliche Verschiebung stattfinden." Und Punkt 5: „Der Quotient
von Eiweißphosphor zu Eiweißstickstoff zeigt bei der Hundeleber im
Mastzustand ein zwar geringes, aber in allen Einzelfällen vorhandenes
Absinken. Es ist möglich, diese Veränderung auf Zelleinschlußeiweiß zu
beziehen, doch ist der Beweis nicht als zwingend anzusehen. Jedenfalls
ist in Anbetracht des Verhaltens des Quotienten von Eiweißphosphor
zu Gesamtstickstoff der Ansatz von irgendwie beträchtlicheren
Mengen von Zelleinschlußeiweiß oder stickstoffhaltigen Nichteiweißkörpern beim Hunde und beim Huhn auszuschließen."

Die höchst bemerkenswerten Resultate lassen im Verein mit den
anderen Beobachtungen keinen Zweifel daran, daß die Leber der Ort
einer Eiweißstapelung sein kann, vielleicht sogar einer Eiweiß- oder

Stickstoffstapelung in nicht vollwertiger Eiweißform trotz der von Grund dagegen beobachteten Skepsis, die ich an sich gut verstehe. Sie zeigen ferner, daß die Leber im Hunger Eiweiß in erhöhtem Maße abgibt.

Ihr Verhalten dem Eiweißstoffwechsel gegenüber weist also erhebliche Analogien zu ihrem Verhalten im Kohlehydratstoffwechsel auf.

Noch aber haben wir darüber nichts erfahren, ob die Leber etwas mit der Eiweißsynthese zu tun hat. Nach dem Verhalten dem N-Stoffwechsel gegenüber ist die Frage um so berechtigter.

Abderhalden hat sich mit verschiedenen Mitarbeitern um die Lösung dieses Problems bemüht. Er bestimmte im Verein mit Samuely[179] den Gehalt an Tyrosin und Glutaminsäure in 6 l Pferdeblut eines normalen Tieres, das dann 8 Tage hungerte, worauf dieselbe Bestimmung an einer gleichen erneut entnommenen Blutmenge gemacht wurde. Es zeigte sich, daß nahezu dieselben Werte erhalten wurden. Nun wurde das Tier mit Gliadin (aus Weizenmehl) gefüttert, ein Futter, das fast 4 mal mehr Glutaminsäure enthielt als der Gehalt in den Bluteiweißkörpern daran beträgt. Infolge des großen Blutverlustes mußte das Pferd sicher einen sehr großen Anteil seiner Bluteiweißkörper regenerieren und es wäre zu erwarten gewesen, daß, falls sie direkt dem Eiweiß der zugeführten Nahrung entnommen würden, nun eine Erhöhung des Glutaminsäuregehaltes der Bluteiweißkörper einträte. Das war aber nicht der Fall, wie eine erneute Bestimmung dieser Körper im Blute ergab, ja, auch nach einer erneuten Hungerperiode und erneuter Fütterung mit Gliadin ergab die Zusammensetzung des danach geprüften Blutes keine Erhöhung des Glutaminsäuregehaltes seiner Eiweißkörper.

Aus diesen Versuchen geht aber nur hervor, daß auch bei recht differenter Nahrung und äußerster Tendenz der Erneuerung der Bluteiweißanteile des Körpers ihre Zusammensetzung konstant bleibt. Noch läßt sich denken, daß der Darm allein nicht genügt, um eine vollkommene Garantie für eine Resorption in schadloser Zusammensetzung zu bieten.

Abderhalden[180] entschloß sich daher im Verein mit London und Funk, die Frage einer eventuellen Leberbeteiligung dabei am Eckschen Fistelhunde zu prüfen.

Sie gingen in der Weise vor, daß von 6 operierten Hunden 2 Gliadin, 2 Eiereiweiß und 2 Fleisch erhielten. Diese Futterperiode wurde längere Zeit durchgeführt. Dann wurden alle Hunde entblutet und Blutkörperchen und Blutplasma auf Glutaminsäuregehalt untersucht. Der Gehalt daran war bei allen Tieren nahezu ganz gleich, so daß kein anderer Schluß möglich war als der, daß der Darm allein genüge, um eine abnorme Zusammensetzung der Bluteiweißkörper infolge verschiedener Resorptionsmöglichkeiten zu verhindern, und daß eine Mitwirkung der Leber dabei entbehrlich ist.

Endlich hat Abderhalden mit London[181] zusammen die Versuche Löwis (Ernährung mit völlig abgebautem Eiweiß) an einem Hunde mit Eckscher Fistel wiederholt und konstatiert, daß das Tier nicht an Gewicht abnahm, also daß eine vollkommene Ausnützung des dargebotenen Stickstoffes erfolgte.

Man muß daher annehmen, daß der Darm allein genügen kann, um das durch die Verdauungssäfte veränderte Eiweiß so aufzunehmen, daß es nicht mehr als körperfremd wirkt und allein mit seiner Hilfe regelrecht assimiliert wird. Freilich gehörten noch mehr Untersuchungen, speziell an Tieren mit Portalblutableitung mit größeren Variationen in den Resorptionsbedingungen dazu, um mit Sicherheit eine etwaige Rolle der Leber dabei ausschließen zu können.

Wenn es bis jetzt auch noch nicht beim Warmblüter gelungen ist, höhere Spaltprodukte des Eiweißes, wie Peptone oder Albumosen, jenseits des Darmes in größerer Menge aufzufinden, wie Untersuchungen von Abderhalden und Oppenheimer[182], Moravitz und Ditschy[183], Hohlweg und Meyer[184], Cohnheim[185] und anderen beweisen, so könnten geringe Steigerungen bei der Verdauung dem Nachweis doch entgehen und pathologische Zustände namentlich des Darmes diese doch ergeben, worauf z. B. alimentäre Intoxikationen von Säuglingen mit Milch hinweisen. Einigemale ist ja der Nachweis von Milcheiweißkörpern im Blute solcher Kinder geglückt und man darf annehmen, daß nicht nur der Darm, sondern auch die Leber bei solchen alimentären Intoxikationen regelmäßig mitgeschädigt ist.

Die bisher mitgeteilten Untersuchungen genügen daher meines Erachtens nicht, um die Rolle der Leber bei der Eiweißresorption als unwesentlich bezeichnen zu dürfen.

Solche Zweifel werden verstärkt, wenn man sich vergegenwärtigt, daß die einzig bekannte Störung nach der Portalblutableitung eben bei der Aufnahme von Eiweiß, nämlich Fleisch oder Fleischpulver beobachtet wird und im folgenden kurz Fleischintoxikation genannt werden soll.

Erstmals wurden diese auffallenden Störungen in der berühmten Abhandlung von Pawlow, Hahn, Massen und Nencki[186] mitgeteilt. Sie wurde von diesen Forschern entdeckt und auch genauer beobachtet. Auf die Fleischintoxikation muß ich näher eingehen, da sich um ihre Erforschung viele bemüht haben, ohne daß es bis jetzt gelungen wäre, eine völlig befriedigende Lösung der Frage zu erzielen.

Folgen wir zunächst den Ausführungen der Entdecker, so steht nach ihren Beobachtungen fest, daß einzig nach einer übermäßigen längere oder kürzere Zeit durchgeführten Aufnahme von Fleisch die Mehrzahl der Tiere mit Eckscher Fistel über kurz oder lang sehr eigentümliche Veränderungen ihres Wesens zeigten. Sie wurden ganz stumpfsinnig oder auch sehr reizbar, zeigten Freßunlust und geringe Beweglichkeit. Dann traten eigentümliche Gehstörungen auf mit deutlicher Ataxie. Weiter fiel auf, daß die Tiere amaurotisch und hypästhetisch wurden. Endlich trat vollkommene Gehunfähigkeit auf, die sehr häufig von schwersten psychischen Störungen begleitet wurde, manischen Zuständen mit schwersten tonisch-klonischen Krämpfen untermischt oder schwer komatösen Zuständen. Diese Erscheinungen bildeten nicht selten die Vorstadien des Endes der Tiere, namentlich waren die schwer komatösen Zustände häufig die unmittelbaren Vorstadien des Todes.

Durch Aussetzen der Fleischnahrung ließ sich der Zustand im Beginn meist bessern, so daß wieder ganz normales Verhalten der Tiere eintrat. Durch erneute Fleischfütterung konnten aber bei der Mehrzahl der Tiere dieselben Erscheinungen wiederum hervorgerufen werden.

Die Abhängigkeit der Erscheinungen von der Fleischaufnahme war also gesichert, besonders da eine Ernährung mit den größten Mengen von Kohlehydraten und Fetten keine Krankheitssymptome verursachten.

Als schließliche Endursache der Fleischintoxikation meinten ihre Entdecker karbaminsaures Ammoniak verantwortlich machen zu sollen, da dessen intravenöse Zufuhr klinisch ein ähnliches Krankheitsbild hervorrief und später auch karbaminsaures NH_3 im Urin aufgefunden werden konnte. Vor allem schien aber die Vermehrung der NH_3-Ausscheidung auf die Richtigkeit der Hypothese hinzuweisen. Später haben Pawlow, Nencki und Zaleski[187] die Annahme einer Verursachung der Intoxikation durch Ammoniumkarbamat wieder fallen lassen.

Eigentlich müßte man erwarten, daß nach der vor nunmehr 24 Jahren erfolgten ersten Mitteilung über solche alimentär bedingte Intoxikationen bei dem ungeheuren Interesse, das sie darbieten, ihre Erforschung mit so großem Eifer betrieben worden wäre, daß man keine Zweifel mehr über ihre eigentliche Ursache zu haben brauchte. Zwei Umstände waren dem aber hinderlich, einmal die Schwierigkeit der Operation selbst und weiter die scheinbare Unregelmäßigkeit des Auftretens der toxischen Zustände.

Die in der Zwischenzeit erfolgten Mitteilungen bestätigten nur teilweise die Resultate Pawlows und seiner Mitarbeiter, ja Bielka von Karltreu[188] zog sie sogar überhaupt in Zweifel, da es ihm nie gelang, mit Fleisch eine Intoxikation zu erzielen. Auch als die Operationsmethoden sich verbesserten, wollten die Schwierigkeiten in der Hervorrufung der toxischen Zustände nach Fleischfütterung nicht weichen.

Aus allen diesen Umständen geht meines Erachtens aber nur eines mit Sicherheit hervor, daß wir nämlich die Bedingungen für das Zustandekommen der Fleischintoxikation noch nicht vollkommen übersehen und nur darin die Ursache für die vielen Mißerfolge suchen müssen. Ganz allein nur darin liegt selbstverständlich der Schlüssel zur ihrer·

Erklärung. An der Existenz einer durch Fleischgenuß beim Eck-Hunde wirklich bestehenden Intoxikationsmöglichkeit beruht nach den vielen positiven Versuchen Pawlows und seiner Schule nicht der mindeste Zweifel.

Vor allem sprechen auch sonstige vielfache Bestätigungen der Angaben der russischen Forscher dafür, daß ihre Beobachtungen richtig waren, selbst wenn Pawlow heute, wie ich höre, selbst solche Schwierigkeiten hat. Man kann sich nie genug daran erinnern, daß Worte wie Ungesetzmäßigkeit, Unregelmäßigkeit, Ausnahme und dgl. in unserem wissenschaftlichen Sprachgebrauch gar nicht vorkommen sollten, denn sie sind stets nur der Ausdruck dafür, daß wir tatsächlich noch nicht genauen Bescheid wissen. Kennen wir die Voraussetzungen für eine Erscheinung am Tier, so läuft sie mit derselben absoluten Regelmäßigkeit ab, wie jeder Naturvorgang, denn die Vorgänge im Tierkörper unterliegen, wenn sie richtig erkannt sind, einem unvermeidlichen Ablauf genau wie physikalische oder chemische Experimente, da sie im Prinzip die nämlichen sind. Nur die sehr große Komplexheit der vitalen Vorgänge entschuldigt uns, daß wir die Gesamtheit ihrer Bedingtheiten so schwer vollkommen übersehen können und daher häufig nicht in der Lage sind, alle diese notwendigen Voraussetzungen jeweils getroffen oder vereinigt zu haben.

Wenn ich hier etwas abschweife, so ist dies nicht eine überflüssige Erwähnung von Dingen, die uns eigentlich in Fleisch und Blut übergegangen sein sollten. Eine Reihe von medizinischen sog. Feststellungen und Äußerungen lassen eine bewußte Vorstellung solcher Prinzipien, wenn überhaupt, dann nur sehr andeutungsweise erkennen, nicht zuletzt solche, die zu den Intoxikationszuständen durch Fleischzufuhr beim Eckschen Fistelhund gemacht wurden. —

Im Beginn meiner Untersuchungen über die Folgen der Portalblutableitung hatte ich mit der Hervorbringung der Fleischintoxikation gar keine Schwierigkeiten und ich konnte wie viele andere, so Rothberger und Winterberg, Bernheim und Vögtlin, Hawk, in ausgedehntem Maße die Angaben der Entdecker der Fleischintoxikation bestätigen. Ich habe sehr viele solcher Intoxikationen von Beginn bis zum Ende und in jedem Stadium gesehen, so daß es mir nicht unwichtig erscheint, eine genaue Schilderung des toxischen Bildes zu geben, zumal es in gewissen Beziehungen etwas von dem von den Entdeckern beschriebenen abweicht.

Ich bin der Ansicht, daß es sich vor allem durch eine außerordentlich in die Augen fallende klinische Konstanz der Erscheinungen auszeichnet, eine Konstanz, welche es mir ermöglicht hat, Erscheinungen ähnlicher Art scharf davon zu trennen und mich seiner in einem Labyrinth von Schwierigkeiten als zuverlässigsten Führers zu bedienen.

Sicher ist, daß auch abundante Fett- oder Kohlehydratnahrung keine Erscheinungen hervorrufen, wie wir sie nach Aufnahme von frischem oder gekochtem Fleisch verschiedener Tierarten und auch nach Fütterung mit Hundekuchen zu beobachten pflegen. Das Fortlassen dieser Nahrungsmittel bewirkt bei noch nicht zu weit vorgeschrittener Intoxikation meist eine sehr bald eintretende Besserung, die zu völligem Wohlbefinden bei Aussetzen oder nur geringer Zufuhr der Fleischnahrung führen kann. Nicht selten bleibt bei Tieren, welche eine Fleischintoxikation überstanden haben, ein Widerwille gegen Fleisch zurück. Bei anderen ist dies nicht der Fall und sie erkranken dann auch sehr leicht wieder nach erneuter Aufnahme von Fleisch. Ja, ich kann wohl sagen, daß eine zweite Erkrankung an den Folgen des Fleischgenusses um so leichter eintritt, je stärker und erheblicher die erste Intoxikation war, und um je weniger Zeit das Tier zu einer Erholung und Kräftigung in der Zwischenzeit hatte. Die Erholung der Kräfte spielt, wie ich annehmen darf, eine große Rolle dahingehend, daß die Tiere bei guter Gewichtszunahme und gutem Allgemeinbefinden nach einer Intoxikation größere Mengen von Fleisch vertragen als vorher. Fleischmengen, die früher regelmäßig eine Intoxikation herbeiführten[189], tun dies dann nicht mehr und auch die Zeit der Fütterung bis zur Erreichung der Intoxikation wächst.

Einige Tiere widerstehen der Fleischintoxikation überhaupt, trotz großer und lange Zeit durchgeführter Fleischaufnahme. Bei anderen stellt sich spontan ein Widerwille gegen Fleisch ein, sie verweigern einfach die Aufnahme und schützen sich so selbst vor der Intoxikation. Auf künstliche Zufuhr von Fleisch reagieren sie meist mit Erbrechen, so daß der Widerwille einer organischen Grundlage kaum entbehren dürfte. Es wäre interessant genug dies zu erforschen, da sich damit eine Reihe von Zusammenhängen manifestieren würde.

Ganz allgemein kann ich sagen, daß magere Tiere der Intoxikation viel leichter anheimfallen, als fette und wohlgenährte.

In allen solchen Beobachtungen liegen Hinweise auf die Voraussetzungen zum Eintritt der Fleischintoxikation, Voraussetzungen, die im ganzen Umfang zu beherrschen wir — wie schon hervorgehoben — noch lernen müssen.

Nun sei das Krankheitsbild selbst geschildert:

Fast immer fängt die Fleischintoxikation langsam an. Die Tiere werden ruhig, sie haben häufig keine Freßlust mehr, namentlich für Fleisch und stehen in den Ecken des Käfigs umher, während sie sich früher lebhaft bewegten. Eine Art Trägheit und ein gewisser Stumpfsinn überfällt sie, was einem aufmerksamen Beobachter nicht entgehen kann. Allmählich tritt diese verminderte Bewegungslust mehr hervor, die Tiere drücken den Kopf in die Ecken des Käfigs und bleiben so unter Umständen stundenlang stehen.

Zwingt man sie jetzt zum Laufen, so tritt schon dabei meist Ataxie des Ganges in den Vorderfüßen auf. Sie „werfen" die Füße, d. h. nehmen sie zu hoch auf und veranlassen dabei ein Übermaß von Bewegung. An den Hinterbeinen prägt sich dies viel weniger aus. Ist die Gehfähigkeit sonst noch gut, so machen die Tiere den Eindruck, als ob sie die vornehme Gangart eines Traberpferdes nachahmen wollten. Nicht selten besteht jetzt schon Amaurose oder Hypästhesie oder beides. Die Tiere stoßen beim Gehen manchmal an Hindernisse an und sind gegen leichtes Kneifen unempfindlich.

Beim Fortschreiten der Intoxikation entwickelt sich alles viel deutlicher, die Ataxie führt jetzt zu taumelndem Gang, eventuell zu Gehunfähigkeit. Wegen der Amaurose stoßen die Tiere jetzt regelmäßig überall an und die Hypästhesie ist sehr ausgeprägt. Auch das Bewußtsein ist jetzt stark getrübt, die Tiere reagieren nicht auf Anruf, oder schrecken bei Geräusch lebhaft zusammen, sie erkennen häufig auch das Futter nicht mehr, selbst wenn man die Schnauze unmittelbar in den Trog hält, auch die Wasseraufnahme ist nicht mehr spontan möglich.

Nun kommt nicht selten ein äußerst merkwürdiges Stadium der Intoxikation, nämlich eine ausgesprochene Katalepsie, in dem die Tiere spontan oder künstlich in den abenteuerlichsten Haltungen und Stellungen verharren, genau wie man es bei Kataleptikern sehen kann. Oft können die Tiere jetzt nicht mehr stehen.

Sonstige somatische Symptome treten hinzu. Es fällt auf, daß die Tiere jetzt häufig dauernd geifern, was mir weniger durch eine direkte Reizung der Speichelsekretion bedingt scheint, als durch das Aussetzen des Schluckens von Speichel. Die Pupillen reagieren meist prompt auf Lichteinfall, sind aber häufig sehr ungleich weit, was aber beim Hunde auch in normalen Verhältnissen nicht allzu selten beobachtet wird. Die Tastreflexe von den Zehen aus sind gesteigert, die Sehnenreflexe erhalten. Die Hörfähigkeit ist häufig vermindert. Am Puls und der Atmung fällt nichts Besonderes auf. Starkes Kneifen wird ebenfalls häufig nicht mehr bemerkt. Endlich tritt das Krampfstadium dazu, das sich in schweren oder leichten kurz oder lang hintereinander erfolgenden klonisch-tonischen Krämpfen am ganzen Körper äußert. Die Dauer solcher Krampfanfälle ist verschieden lang von wenigen Sekunden bis zu mehreren Minuten. Sie gleichen typisch epileptischen Anfällen. Ein Prodromalstadium habe ich aber nicht mit Sicherheit feststellen können. Nacken- und Kopfmuskulatur sind von den Krämpfen bevorzugt, aber schließlich ist die Gesamtmuskulatur befallen. Einseitige Krämpfe sah ich nie. Die Atmung ist eine große, es besteht starkes Geifern. Würg- und Brechbewegungen sind sehr häufig, haben aber meist keinen Erfolg. Der Geruch des Speichels ist kein besonderer, auffällig ist seine häufig ganz stark alkalische Reaktion. Die Mundschleimhaut und Gingiva sind völlig intakt, worauf ich großen Wert legen muß, die Zunge ist allerdings gewöhnlich etwas weißlich belegt. In den Krampfperioden ist das Bewußtsein natürlich vollkommen erloschen, es kann aber in den Zwischenperioden wiederkehren. Die Zahl der Krampfanfälle und ihre Folgehäufigkeit ist außerordentlich verschieden, aber wohl der Schwere des Falles korrespondierend.

Die weitere Entwickelung besteht dann im Eintritt von Koma, das von einer sehr wechselnden Menge von Krampfanfällen unterbrochen sein kann. Der Tod erfolgt an Atemstillstand, während die Herztätigkeit lange gut bleibt.

Die Dauer der ganzen Entwickelung des Bildes ist sehr verschieden von 1—7 Tagen (letzteres das Maximum, was ich sah), meist 2—3 Tagen. Ganz besonders sei aber hervorgehoben, daß nicht immer alle geschilderten Stadien der Intoxikation in Erscheinung treten, sondern daß das eine oder andere fehlen kann, und daß sehr rasche Übergänge stattfinden, die eine Unterscheidung der Einzelstadien nicht immer mit Sicherheit erlauben.

Das Krankheitsbild kann ferner in jedem Stadium eine spontane Besserung erfahren, doch sind schwer komatöse Zustände fast immer vom Tode gefolgt, falls keine therapeutische Intervention das Verhängnis abwendet.

Der Obduktionsbefund zeigt mit Regelmäßigkeit nichts von anatomischen Veränderungen. Der ganze Magen-Darmtractus ist vollkommen normal, keine Blutungen, keine Schwellungen. Herz und Lungen, Nieren bis auf Harnsäureinfarkte der Papille und Ansammlung von Ammoniumurat im Nierenbecken, das, wie auch in der Blase beim Eck-Hund häufig angetroffen wird, vollkommen normal.

Vor allem zeigt die Leber keine anderen Veränderungen, als die für die Portalblutableitung charakteristische allgemeine Verkleinerung des ganzen Organes und mikroskopisch die Verkleinerung der Einzelzellen, wie in der Einleitung schon beschrieben.

Das Gehirn ist anämisch und zeigt auf Durchschnitten nichts von Blutungen und dgl., die Hirnhäute sind normal. Das Rückenmark konnte ich nicht ausgiebig genug untersuchen, um ein Urteil zu fällen. Der Obduktionsbefund gibt uns also bis jetzt keine Handhabe zur Erklärung des Krankheitsbildes.

Ich habe mich bemüht, aus allen meinen Beobachtungen das Wesentliche hervorzusuchen und halte zur Diagnose Fleischintoxikation für unerläßlich: Ataxie, Amaurose, Bewußtseinstrübung bis zu Koma, Hypästhesie und anatomisch einen **negativen** Obduktionsbefund.

Man wird in meiner Schilderung des Krankheitsbildes die Erwähnung von Exaltationszuständen vermissen. Ich habe sie nie in dem Maße beobachten können wie Pawlow und seine Mitarbeiter. Die Hunde können wohl einmal im Beginn der Erkrankung bissig werden, oder im Krampfstadium auch unruhig und angriffslustig, doch beherrscht das Bild durchaus ein depressiver Zustand; manische Zustände habe ich nicht gesehen, ohne ihr Vorkommen bestreiten zu wollen. Mir scheint aber, als ob sie nicht zum Krankheitsbild gehörten, darin weiche ich in seiner von den Entdeckern aufgestellten Charakteristik ab.

Ich werde später zu zeigen haben, daß es nicht unmöglich ist, daß die Entdecker der Fleischintoxikation diese mit einem anderen toxischen Zustand der Leber, welcher sich an die Operation anschließen kann, vermischt haben.

Zunächst muß ich aber zu meiner hauptsächlichsten Frage zurückkehren, die lautete: Gibt die nach der Portalblutableitung beobachtete Störung nach Aufnahme von Fleisch einen Hinweis auf die Notwendigkeit resp. Unersetzlichkeit der Leber bei der Resorption von Eiweiß?

So klar die Frage ist, so schwierig ist ihre Beantwortung und wir haben gesehen, daß auch die Entdecker keine befriedigende Antwort dafür fanden. Denn es deckt sich eine Auffindung der Ursache der toxischen Zustände in der Hauptsache mit der von mir aufgeworfenen Frage. Hier begegnet uns so recht die Schwierigkeit, die ich eingangs erwähnte, daß es nämlich noch nicht möglich ist, Einzelanteile der Eiweißspaltung genau zu verfolgen. Sie läßt sich auch damit nicht beheben, daß wir einzelne wohlcharakterisierte Eiweißbausteine vor und nach Anlegung der Portalblutableitung verfolgen, da ihre Einführung in größerer Menge im Magen leicht an sich Störungen verursacht, deren eigene Folgen nicht vollkommen ersichtlich sind, ferner auch weil die Darstellung und Verabreichung größerer Mengen von Aminosäuren an Zeit und Kostenaufwand einstweilen noch in praxi meist scheitert. In der Kombination mit einer Darmfistel ließen sich die oben angedeuteten Schwierigkeiten allerdings wohl umgehen, weshalb ich darauf hinweise. Doch ist es fraglich, ob man damit die Zusammensetzung trifft, welche im Darm für die wirkliche Ausnützung der Eiweißbestandteile maßgebend ist, nämlich die Mischung einer Reihe von Aminosäuren. Auf eine solche ist der Organismus einmal eingestellt und man muß diese normalen Verhältnisse unbedingt beachten. Da überdies nur längere Versuchsreihen ein Urteil gestatten würden, so haften den Prüfungen einzelner Aminosäuren oder ihrer Gemische alle Schwächen einer einseitigen Ernährung an, für die wir ja in den praktischen Erfahrungen bei der Verköstigung der Schiffsmannschaften früherer Zeit oder von geschlossenen Anstalten, Gefängnissen usw. recht energische Fingerzeige haben.

Auch die Tatsache, daß sich N-Gleichgewicht bei Ernährung mit Fleisch der eigenen Tierart leichter herstellen läßt als bei Ernährung mit sonstigen Eiweißarten, Versuche, deren Ausführung wir Michaud

(Zeitschrift für physiologische Chemie Bd. 59) verdanken, weist auf eine bestimmte Konstellation von Aminosäuremischungen für die beste Form ihrer Verwertung hin. In gleicher Richtung liegt die Erfahrung, daß das Eiweißminimum zur Erzielung des N-Gleichgewichtes bei Nahrungszufuhr von außen erheblich höher sein muß als wir es aus Errechnung des N-Umsatzes im Hunger etwa annehmen dürfen. Die Eiweißeinschmelzung bei Hunger geschieht für den Körper in einer optimalen Form qua Aminosäurenmischung, ihr Ersatz durch die Darmresorption kann sich nicht in derselben günstigen Weise vollziehen.

Solche Überlegungen und Erfahrungen zeigen die annähernden Schwierigkeiten einer exakten Inangriffnahme des Problems.

Trotz aller dieser Hindernisse gilt es, sich eine Vorstellung darüber zu machen, ob Eiweißspaltprodukte nach einer partiellen Außerfunktionsetzung der Leber im Urin bei Eiweißnahrung auftreten, vor allem dann, wenn deutliche sonstige Krankheitssymptome bestehen.

Ich[190] habe daher Ecksche Fistelhunde in und außerhalb der Perioden der Fleischintoxikation lange Zeit auf Ausscheidung von Aminosäuren im Urin nach der Formoltitrierungsmethode untersucht.

Der Gehalt an freien primären Aminosäuren, die ja durch diese Methode in ihrer Gesamtheit bestimmt werden, ist bei Hunden mit Eckscher Fistel durchschnittlich etwas höher, als bei Normaltieren. Er nimmt aber keineswegs während der Zeiten der Fleischintoxikation mit Regelmäßigkeit zu, ja er kann in Zeiten völliger Gesundheit bei bestehender Fistel wesentlich höher sein als in jener mit Krankheitssymptomen nach Fleischgenuß. Nie habe ich auch bei Fleischintoxikation eine auffällig hohe Zahl für die Ausscheidung von primären Amidosäuren gesehen, so daß es schon danach höchst unwahrscheinlich erscheint, daß ein Versagen der Leber gegenüber der Umsetzung resorbierter einfachster Eiweißbausteine die Ursache der Intoxikation ist. Weiter haben Ecksche Fistelhunde, die ich der Phosphorintoxikation unterwarf[191], ohne Fleischintoxikation bedeutend höhere Werte an Aminosäurenausscheidung gehabt als sonstige Eck-Hunde, sei es mit, sei es ohne Fleischintoxikation. Daraus darf entnommen werden, daß man in der Ausscheidung von Aminosäuren keinen Maßstab für die Außerfunktionsetzung der nach der Resorption noch etwa nötigen Lebertätigkeit erblicken darf; das Auftreten von Aminosäuren im Urin hängt also weniger von Resorptionsbedingungen ab, als von inneren Umsetzungen.

Mit dieser Feststellung stimmt überein, daß wir das Auftreten von Aminosäuren mehr an Gewebseinschmelzungen geknüpft sehen, als an spezielle Leberstörungen. Allerdings müssen wir die stärkste bekannte Ausscheidung von Amidosäuren, nämlich die bei akuter gelber Leberatrophie auftretende, im wesentlichen der Gewebsdestruktion der

Leber zur Last legen und nicht ihrer funktionellen Beeinträchtigung, eine Annahme, die trotz aller Wahrscheinlichkeit zwar noch nicht sicher bewiesen ist, aber bei der raschen Kolliquation der Leber kaum anders erfolgen wird. Um ganz sicher zu gehen, daß eine Funktion der Leber bei der Synthese resorbierter Aminosäuren — die Annahme einmal als möglich vorausgesetzt — auch bei der Versuchsanordnung der Eckschen Fistel noch nicht vollkommen in Erscheinung treten könne, vor allem weil auch das komplizierende Moment des Ikterus dabei fehlt, habe ich versucht, durch eine Zufügung weiterer schädlicher Einwirkungen auf die Leber diese mögliche Fehlerquelle auszuschalten.

Betray[192] hat die Ausführung der Experimente übernommen. Die Ecksche Fistel wurde hierbei kombiniert mit einer völligen Unterbindung und Durchschneidung des Ductus choledochus. Es tritt danach, wenn auch langsamer als normal, schließlich doch schwerer Ikterus auf, den wir ja bei der akuten gelben Leberatrophie stets der schweren Funktionsstörung voraufgehen sehen. So operierte Tiere gehen regelmäßig in wenig Wochen zugrunde. Die Leber ist dabei schwer geschädigt, da größere zentroazinär gelegene Bezirke schwere Nekroseerscheinungen zeigen und Stauungsikteruspigment die Leberzellen in hohem Maße erfüllt. Die Gallengänge und die Gallenblase sind enorm ektasiert und zeigen hohen Druck, die Leber ist also auch mechanisch geschädigt.

Die Freßlust solcher Tiere ist allerdings meist sehr herabgesetzt, immerhin nehmen sie Nahrung und darunter auch Fleisch auf. Zur besseren Unterhaltung des Appetits mußte gemischte Nahrung gereicht werden. Ausweislich einer häufig hohen N-Ausscheidung war ein genügender N-Umsatz vorhanden. Aminosäuren wurden von diesen Tieren aber nur in sehr geringer Menge ausgeschieden. Erst auf Steigerung der inneren Umsetzungen durch Phlorrhizininjektionen erfolgte final die Ausscheidung höherer Werte von Aminosäuren.

Nach dem Ausfall dieser Versuche ist es nicht zweifelhaft, daß am Aminosäureumsatz, wie er sich in seiner Ausscheidung durch die Nieren kundgibt, eine bei der Resorption von Aminosäuren regulierend eingreifende Lebertätigkeit nicht nachweisbar ist, woraus man entgegen häufiger Annahme mit großer Sicherheit schließen darf, daß sie nicht besteht.

Diese scheinbar zunächst liegende und daher auch zuerst geprüfte Annahme des Ausfalles synthetischer oder spaltender Funktionen der Leber resorbierten Aminosäuren gegenüber, erklären also das Wesen der Fleischintoxikation nicht.

Immerhin war es als äußerst wahrscheinlich zu bezeichnen, daß es mit der Resorption von N-Anteilen zusammenhing. Dafür sprach sein Fehlen nach Aufnahme von Kohlehydraten und Fetten, vor allem aber sein Auftreten nach Aufnahme von Fleisch, und zwar in quantitativer

Abstufung: bei geringen Mengen Fleisch — geringe oder fehlende Erkrankung, bei großen Mengen Fleisch — schwerste Erscheinungen. So sehr sich nun auch die Resorptionseinflüsse hierdurch zur Geltung bringen, so war doch nicht von der Hand zu weisen, daß eine Beteiligung innerer Umsetzungen doch noch möglich war. Diese Möglichkeit mußte also zuerst ausgeschlossen werden, dann konnte weiter gesehen werden. Es spricht zwar so ziemlich alles gegen eine solche Annahme, an erster Stelle, daß man die Intoxikationserscheinungen nie im Hunger auftreten sieht. Man kann Eck-Hunde viele Tage lang hungern lassen, ohne daß sie jemals Erkrankungszeichen darbieten. Unter den sehr vielen Operationen, die ich ausführte, beobachtete ich allerdings einmal am Tage nach der Operation ein typisches Bild von Fleischintoxikation, ohne daß vorher Fleisch aufgenommen worden wäre. Schon längst hatte ich nach einem solchen Fall gefahndet. Das Tier erholte sich unter der angewendeten Therapie in 3—4 Tagen. Die Operation war recht schwierig gewesen und das Tier magerte rapide ab. Nie vorher oder nachher habe ich einen ähnlichen Fall wieder beobachtet, so daß ich namentlich im Zusammenhang mit den weiter unten mitzuteilenden Experimenten eine Erklärung dieses Falles eher durch noch vorhandene Reste von Eiweißanteilen im Darme, die vor der Operation aufgenommen und im Darme noch nicht völlig umgesetzt waren, annehmen möchte, also ebenfalls infolge resorptiver N-Aufnahme, als infolge innerer Umsetzungen.

Um nun den Einfluß stärkerer innerer Umsetzungen zu prüfen, versuchte ich eine Kombination der Eckschen Fistel mit Pankreasexstirpation, ferner E. F. und Phosphorintoxikation, ferner E. F. und Phlorrhizinvergiftung. Von allen dreien dieser Faktoren ist ja bekannt, daß sie den inneren Stoffwechsel außerordentlich erhöhen und daß unter ihrer Einwirkung ein rapider Eiweißzerfall eintritt. Ich kombinierte die Versuche weiter mit Fütterung von N-haltiger oder vorwiegend N-freier Nahrung [193].

Das schwierigste Unternehmen war zweifellos die Anlegung der E. F. und die Pankreasexstirpation. Nur einmal konnte ich ein Tier nach der in zeitlichen Abständen erfolgten Anlegung der E. F. und der Pankreasexstirpation 7 Tage am Leben erhalten. Das Tier schied große Zuckermengen aus und nahm gemischte Nahrung auf; sehr große N-Mengen verlor es täglich im Urin. Eine Fleischintoxikation trat aber nicht ein. Diese Experimente wurden im Verein mit Michaud ausgeführt, die übrigen endeten aber zu frühe zu einer Verwertung wegen der Schwere des Eingriffes, den die Tiere nicht lange genug überlebten.

Weiter habe ich mit Bardach zusammen [194] Ecksche Fistelhunde mit Phosphor intoxiziert unter ausschließlicher Fütterung der Tiere mit Brötchen und Milch, einer Nahrung, die an sich nie zur Fleischintoxikation führt. Trotz großer ausgeschiedener N-Mengen konnten wir in keinem der Fälle irgendwelche Spuren von Fleischintoxikation beobachten.

Endlich ging ich dazu über[195], die forcierten Umsetzungen, welche das Phlorrhizin verursacht, zur Prüfung meiner Frage zu benützen. Ich war aufs äußerste überrascht, anscheinend regelmäßig und leicht mittelst dieser Methode ein Krankheitsbild zu erhalten, das auf den ersten Blick sehr an sofortige schwerste Formen der Fleischintoxikation erinnerte. Es traten Krämpfe und Koma ein und die Tiere starben ganz regelmäßig.

Nur die ganz genaue Beobachtung des k l i n i s c h e n Bildes hat mich hier vor einem schweren Irrtum bewahrt und es möge an dieser Stelle genügen zu sagen, daß auch die erhöhten inneren Umsetzungen durch Phlorrhizin keine Fleischintoxikation hervorbringen, auf die anderen Wirkungen muß ich noch ausführlich zurückkommen.

Mit einer bemerkenswerten Übereinstimmung besagt der Ausfall aller dieser Versuche die U n b e t e i l i g u n g d e s i n n e r e n N-U m s a t z e s a n d e r G e n e s e d e r F l e i s c h i n t o x i k a t i o n.

Man muß daher um so mehr den R e s o r p t i o n s a n t e i l e n seine Aufmerksamkeit zuwenden und die Ursache der Störung in ihrer durch den Mangel einer genügenden Leberfunktion veränderten Verwertung sehen, womit zugleich eine n o r m a l e Funktion der Leber festgelegt wäre.

. Zwei Richtungen dieses Leberfunktionsmangels sind leicht denkbar, die eine, welche eine Überschwemmung des Körpers mit an sich durchaus normalem Material zuläßt, welches gewöhnlich in ihr angehäuft und umgesetzt wird, die andere, welche gewisse abnorme im Darm gebildete Produkte (z. B. durch die Fäulnis) normalerweise unschädlich macht. Beide Möglichkeiten gilt es zu verfolgen, dann ev. weitere zu prüfen.

Was mir vor allem immer wieder den Gedanken einer Überschwemmung mit normalem Ernährungsmaterial nahe legte, war das nicht zu verkennende quantitative Abhängigkeitsverhältnis des Eintretens der Intoxikation von der Menge des aufgenommenen Fleisches; das geht ja ganz unmittelbar aus den Mitteilungen aller Beobachter der Fleischintoxikation hervor und hat sich mir ebenfalls ausgedehnt bestätigt. Ganz von selbst führt eine solche Beobachtung auf die Beachtung weiterer quantitativer Verhältnisse.

Wir wissen, daß die Aufspaltung der Eiweißkörper im Magen-Darm-Tractus unter Freiwerden basischer Produkte vor sich geht, ich darf da nur auf das stark basische Arginin hinweisen, ferner auf die Karbaminsäure, deren Vorkommen nach den Entdeckern der Fleischintoxikation ja nicht zweifelhaft ist und ich erinnere an andere zweibasische Aminosäuren.

Im Verfolg solcher Vorstellungen muß die häufig starke Alkalinität des Harns der Tiere mit Portalblutableitung auffallen. Das Vorkommen von Konkrementen aus harnsaurem Ammoniak in den Nierenpapillen, dem Nierenbecken und der Blase, das bei längerem Bestand einer Porta-Cava-Anastomose fast die Regel ist, während ich sonst beim Hunde **nie** etwas davon fand, spricht ebenfalls für eine starke Inanspruchnahme aller sauren Produkte des Körpers, d. h. für einen relativen Alkaliüberschuß. Namentlich zu Zeiten der Intoxikation ist die Alkalinität des entleerten Harns eine sehr hohe. Auch die sehr erhebliche Alkalinität des Speichels habe ich schon erwähnt.

Hier kann ich noch einfügen, daß wir schon im Kapitel Leber-Fettstoffwechsel die verminderte Fähigkeit der Eck-Leber zur Produktion der Azidose-Körper[196] kennen gelernt haben, ein Faktum, was mir bei meinen ersten Überlegungen über die Möglichkeiten der Ursache der Intoxikation noch nicht bekannt war. Ich kannte damals nur die Tatsache, daß es beim Eck-Hunde fast unmöglich ist, bei gewöhnlicher Ernährung sauren Urin zu erzielen.

Weiter haben Nencki, Pawlow und Zaleski[197] festgestellt, daß der NH$_3$-Gehalt des Pfortaderblutes besonders hoch ist und Folins[198] neuere Versuche zeigten, daß der Leber normalerweise aus den tieferen Darmabschnitten erhebliche NH$_3$-Quantitäten durch das Blut zugeführt werden, Mengen, die im übrigen Kreislauf nicht zu finden sind.

Die Annahme, daß die Leber also normalerweise der Sitz eines Ausgleichs des Basen-Säurehaushaltes ist, scheint danach nicht unwahrscheinlich. Zieht man noch dazu heran, daß Eppinger[199] bei Einschränkung der Eiweißzufuhr eine stärkere Empfindlichkeit der Hunde gegen Säuregaben per os fand, so darf man ebenfalls vermuten, daß die normale Beschaffenheit basischer Produkte vorwiegend auf Verarbeitung der Basenanteile des Eiweißes durch die Leber beruhen. Ein mangelhafter Ausgleich in diesen Säure-Basen-Anteilen durch Funktionsunzulänglichkeit der Leber kann sehr wohl die Krankheitserscheinungen der Fleischintoxikation hervorrufen.

Diese Vorstellung prüfte ich umfassend auf zwei Arten. Ich versuchte einmal Intoxikationszustände durch Säuregaben zu heilen, zweitens durch gleichzeitige Gaben von Fleisch und Säure die Intoxikation zu verhindern.

Beides gelingt durch die Zufuhr verdünnter H$_3$PO$_4$ in den Magen. Selbst komatöse Zustände kann man durch Zufuhr verdünnter Säure noch in Angriff nehmen und erlebt es nicht selten, daß die Tiere sich wieder erholen. Wenn man bedenkt, daß es bei ausgebrochener Azidosis, beim Coma diabeticum sozusagen nie gelingt, durch Alkalizufuhr rettend einzugreifen, so sind meine Resultate um so bemerkenswerter. Interessant war mir, bei Frerichs zu lesen, daß die Medikation bei der Annahme von akuter gelber Leberatrophie häufig in Säuregaben bestand. Warum Frerichs so vorging, hat er aber nicht begründet oder die Begründung ist mir entgangen. Einen gelegentlichen Mißerfolg der Medikation darf man meines Erachtens noch nicht gegen die Richtigkeit der Vorstellung verwerten, wissen wir doch nicht, ob die restlose Wiederherstellung gesetzter Nervenläsionen (ausweislich des schweren Komas) sich überhaupt wieder bewirken läßt, mag die therapeutische Begründung noch so richtig sein, resp. eben nur für Anfangsstadien gelten.

Wichtiger erscheint mir noch die Beweisführung, daß Hunde, welche auf eine bestimmte Menge von Fleisch regelmäßig mit Intoxikation erkrankten, bei Zufuhr einer größeren Menge (2—3fach) bei gleichzeitiger Verabfolgung von H_3PO_4 nicht krank wurden.

An meiner Beweisführung muß ich selbst noch den nicht im Blute durchgeführten Nachweis von quantitativem Säure- und Basenanteil bemängeln. Ich bin zu dieser zeitraubenden Bestimmung noch nicht gekommen. Überdies hat H. Benedict[200] für die Säurevergiftung nachgewiesen, daß der Hydroxylionengehalt des Blutes dabei nicht verändert ist, was den Wert dieser Bestimmungen zweifelhaft erscheinen läßt. Blutgasbestimmungen habe ich zwar eine Reihe durchgeführt, doch noch nicht in der Variationsbreite, daß ich darauf etwa eine weitere Stütze für meine Behauptung gründen könnte.

Mir scheint, daß das unter vollkommen physiologischen Verhältnissen ausgeführte Experiment beweisend ist. An diesem Resultat ändert auch die Feststellung von Magnus-Alsleben[201] nichts, der bei bestehender Intoxikation bei einem Fall durch intravenöse Zufuhr von Na_2CO_3-Heilung eintreten sah. Die intravenöse Zufuhr von Salzlösungen ist von erheblichen Schwankungen des osmotischen Druckes usw. gefolgt und regt Diurese an, sowie die Ausschwemmung fixer Salze aus dem Gewebe. Was im einzelnen besonders durch letzteres Moment bewirkt wird, ist vollkommen unübersichtlich und wir wissen, daß eine Reihe therapeutischer Eingriffe der Paradoxa nicht entbehren, so die Rizinusbehandlung von Durchfällen, die Opiumbehandlung gewisser Verstopfungen und die Vakzinebehandlung der gleichen Infekte, also ganz so einfach liegen die Verhältnisse nicht, wie sie sich Magnus-Alsleben vorstellt.

Daß die Anregung der Diurese in der Beseitigung der Fleischintoxikation eine sehr erhebliche Rolle spielen kann, beweisen vor allen Dingen die von mir zuerst angewendeten und massiv durchgeführten subkutanen NaCl-Injektionen, mit deren Hilfe es ebenfalls nicht selten ganz allein gelingt, selbst schwerer Vergiftungen noch Herr zu werden. Im Verein mit stomachalen Säuregaben halte ich diese Therapie sogar für die aussichtsreichste und habe sie oft genug in den schwersten Fällen von Fleischintoxikation mit Erfolg noch durchführen können.

Die Auffassung der Fleischintoxikation als einer Alkalosis[202] dürfte durch alle diese Versuche und Überlegungen so gestützt sein, daß man in ihr die z. Z. plausibelste Erklärung der Fleischintoxikation sehen muß.

Tatsächlich ist der Umsatz der aufgenommenen Nahrungsmengen zur Zeit der Intoxikation erheblich verlangsamt. Darauf weisen Stoffwechseluntersuchungen des Gesamtstoffwechsels hin, die ich im Verein mit Grafe[203] bei solchen Tieren anstellte.

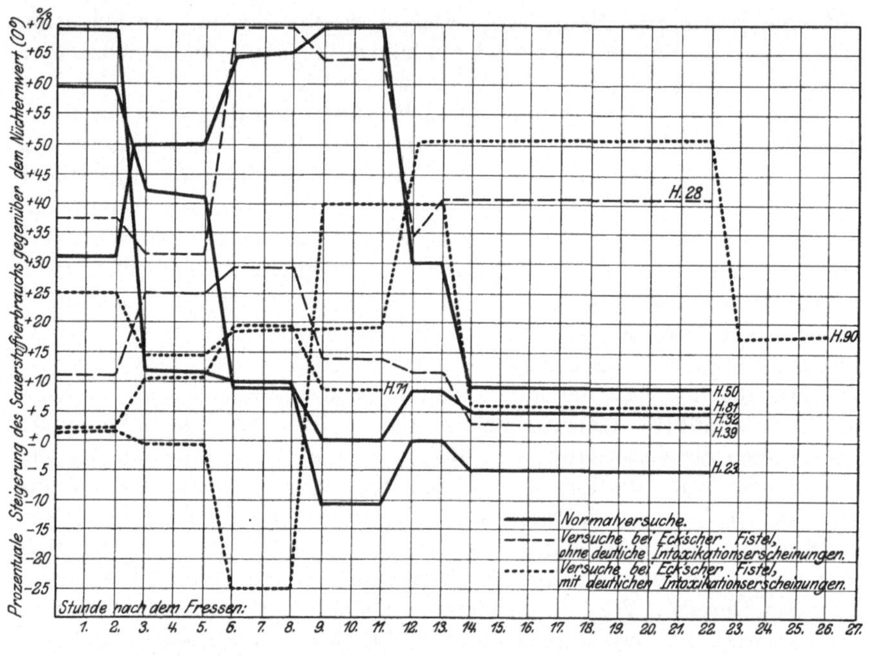

Kurve 5.

Das Verhalten des Gesamtstoffwechsels bei Tieren mit Eckscher Fistel
mit und ohne Fleischintoxikation.

Außerhalb der Intoxikationszeiten verläuft die Verbrennung N-haltigen Materiales nicht wesentlich anders als bei normalen Tieren. Zu Zeiten der Intoxikation tritt aber die deutlichste Verzögerung dieser Umsetzungen auf. Wir fanden den respiratorischen Quotienten bei einer schweren Fleischintoxikation (Hund 90) noch nach 22 Stunden hoch, während er sonst in dieser Zeit stets zur Norm abgesunken ist. Die Kurven aus unserer Arbeit zeigen dies ganz deutlich.

Auch aus dem Ausfall dieser Experimente geht hervor, daß der Gesamtanteil des Resorptions-Stickstoffes und nicht einzelne Produkte desselben an der Störung beteiligt ist. All dies darf man für das Auftreten einer Alkalosis verantwortlich machen.

Die Betonung aller Einzelheiten ist wichtig, weil sie geeignet sind, ein Verständnis für gewisse zweifellose Schwierigkeiten im Eintritt der toxischen Zustände zu eröffnen.

Über die Inkonstanz des Auftretens der Intoxikation führen ja alle Forscher, die sich mit ihrer Hervorbringung beschäftigten, stets Klage. Ich selbst habe damit in den letzten Jahren zu kämpfen gehabt, während ich Jahre vorher gar keine Schwierigkeiten hatte, und fast in jedem Falle die Intoxikation sah. Über die Ursachen dieser Inkonstanz habe ich sehr umfassende Versuche angestellt, weil ich sicher war, damit den eigentlichen resp. notwendigen Bedingungen nahe zu kommen.

Mit großer Sicherheit läßt sich sagen, daß äußere Umstände, wie Lokalität, Jahreszeit, Alter, Rasse, Wartung der Tiere, nicht an ihr schuld sein können. Auch in der Trypsinimmunisierung, die ich aus Gründen, worauf ich noch zu sprechen kommen werde, bei einer großen Anzahl meiner Tiere vor der Vornahme der Operation durchgeführt habe, später aber wieder verlassen konnte, liegt keine Erklärung für das Nichteintreten der Intoxikation.

Eine Änderung gegen meine früheren Versuche konnte ich nur darin finden, daß ich mit steigender Übung die Operation viel schonender durchführen konnte und die Tiere sich dementsprechend viel leichter und besser erholten. Ich muß dieses Moment für wesentlich halten, weil mit der schwereren Durchführung der Operation die Tiere selbst und ihre Lebern stark Not leiden. Schon immer war mir aufgefallen, daß abgemagerte, also geschwächte Tiere der Intoxikation leichter unterliegen als normal genährte, kräftige. Es scheint also auf das Moment der Schädigung, an dem die Leber teilnimmt, mit anzukommen.

Die Wahrnehmung einer offensichtlichen Störung in der Hervorbringung saurer Produkte, wie sie bei der Fettverbrennung entstehen, sowie die eben begründete Gleichgewichtsstörung zwischen Säure- und Basenanteile ließen erwarten, daß eine Intoxikation bei Mangel an Fettmaterial leichter eintreten könnte, und zwar um so eher, wenn die Leber durch funktionelle Überlastung in der angegebenen Richtung überbürdet würde. Ich werde später begründen, daß ein vermehrter Stoffumsatz die Leber unter ·den Bedingungen der Eckschen Fistel hochgradig überanstrengt. Trifft sie dann die Nötigung der Verarbeitung größerer Mengen von Fleisch, so muß ihre ausgleichende Funktion am ehesten versagen und die Intoxikation eintreten.

Dies ist nun tatsächlich der Fall. Hunger und gleichzeitige Phlorrhizininjektion sind zwei Faktoren, die den Leberumsatz im allgemeinen und den Fettumsatz im speziellen treffen. Wenn jetzt Fleisch gefüttert wird, so muß bei Richtigkeit der Überlegungen die Intoxikation sehr leicht gelingen.

Das geschieht nun in der Tat. Die Schwierigkeit in der Hervorbringung der Fleischintoxikation ist heute behoben[204].

Denn einige Tage Hunger unter gleichzeitiger Anwendung von Phlorrhizin genügen, um bei alsdann einsetzender Fleischfütterung fast regelmäßig die Fleischintoxikation sofort zu verursachen. Unter Umständen ist eine Wiederholung der Hungerperiode mit gleichzeitigen Phlorrhizininjektionen nötig, doch darf man damit nicht zu lange fortfahren, sonst bewirkt die Kohlehydratentziehung, welche der Körper durch diese Maßnahmen erleidet, eine Störung an sich, die ich schon kurz erwähnen mußte und worauf ich ganz ausführlich zurückzukommen habe. Ich habe schon von ihr berichtet, daß eine genaue Beobachtung des klinischen Bildes zuzüglich der anatomischen Folgezustände mit aller Sicherheit gestattet, den Zustand als einen besonderen zu erkennen.

In der exakten Weiterverfolgung des Gedankens einer Schädigung der Leber selbst für die Notwendigkeit des Eintritts der Fleischintoxikation, einer Schädigung, die durch die Ecksche Fistel und durch enorme Arbeitsüberlastung hervorgebracht wird bei Fehlen von Ausgleichsmöglichkeiten der Alkaliüberschwemmung, liegt die Klarstellung der Abhängigkeit der Fleischintoxikation von dem Versagen einer Leberfunktion bei der Aufnahme des Eiweißes, also bei der Resorption. Diese endliche Feststellung ist **die** Erkenntnis der Leberfunktion der Eiweißaufnahme gegenüber.

Man hat aber, wie schon erwähnt, die Schädigung der Leberfunktion noch in anderer Richtung gesucht, die weiter zu verfolgen nicht überflüssig ist, nämlich in einem Ausfall entgiftender Funktionen bei Resorption von im Darme entstehenden Schädlichkeiten.

Zuerst sei erwähnt, daß man in der Fleischintoxikation — wohl auch wegen gewisser rein äußerlicher Ähnlichkeiten — anaphylaktische Erscheinungen sehen wollte[205].

An sich ist der Gedanke im Moment gar nicht unplausibel, da wir nicht vollkommen gewiß wissen, ob Eiweiß nicht doch die Darmwand passiert und die Leber eventuell die endgültige Verarbeitung übernimmt. Es existieren klinische Beobachtungen, wie die schon erwähnten Intoxikationen der Säuglinge, oder die von L. R. Müller und O. Schulz[206] bei Pfortaderthrombose, welche den Gedanken einer speziellen Lebertätigkeit bei der Eiweißverarbeitung nahe legen. In der von Müller und O. Schulz mitgeteilten Beobachtung handelt es sich allerdings im wesentlichen um ungewöhnlich große Mengen von unkoagulierbarem sog. Reststickstoff im Aszites einer Kranken mit Pfortaderverschluß, von dem wir kaum annehmen dürfen, daß er antigene Eigenschaften gehabt hat, vielleicht aber toxische an sich, die hier ja ebenfalls noch mit in

Betracht gezogen werden sollen. Trotzdem ist bei der Patientin nichts von toxischen Symptomen mitgeteilt.

Wir wollen aber den Gedanken an anaphylaktische Vorgänge einmal verfolgen, da sich so kleine Mengen von Eiweiß oder auch Albumosen und Peptonen dem Nachweis bei der Resorption sehr wohl entziehen können und vielleicht erst durch die Erscheinungen der Anaphylaxie nachweisbar würden.

Lange ehe diese Ansichten geäußert wurden, habe ich damit den Beweis für den Durchtritt körperfremden Eiweißes durch den Darm zu erbringen versucht und mit Prof. v. Dungern das Problem durchgesprochen. Ich ging aber in der Weise vor, daß ich per os einmal große Dosen körperfremden Eiweißes verabfolgte und 3 Wochen später durch intravenöse Zufuhr derselben Eiweißart den Schock hervorzurufen versuchte. Von vornherein schien mir klar, daß nur so eine Aussicht auf Realisierung des Problems möglich wäre. Denn der Durchtritt von Eiweiß oder eiweißähnlichen Substanzen kann nach allem was wir wissen durch den Darm nicht in massiven Dosen erfolgen, wie sie zur Hervorrufung des anaphylaktischen Schocks doch nötig sind. Zur Sensibilisierung genügen ja kleine und kleinste Dosen, aber eine die Reinjektion ersetzende Dosis von Eiweiß müßte eine Aufnahme vom Darm aus in einer Menge wahrscheinlich erscheinen lassen, die sich auch sonst einem Nachweis nicht entziehen könnte. Wir haben aber gesehen, daß wir Beweise für die Aufnahme körperfremden Eiweißes vom Darme aus vergeblich suchen mit Ausnahme gewisser Fälle von Albuminurie nach Aufnahme sehr großer Mengen von Eierklar. Jedenfalls dürfen wir diese Vorgänge nicht annähernd als sicher annehmen, sonst müßten sich an fleischverdauenden Eckschen Fistelhunden Eiweißwirkungen an Fiebersteigerungen oder Peptonwirkungen anderer Art, an Veränderungen des Blutes und abnormen Ausscheidungen des Harns nachweisen lassen.

Ich habe nur einen Versuch dieser Art, und zwar mit Menschenaszites durchgeführt, da ich mit einer Eiweißart operieren wollte, die dem Hunde sicher unzugänglich ist. Er verlief vollkommen negativ[207]. In der Folge hat sich keine günstige Gelegenheit zur Wiederholung des Versuches mehr ergeben, so daß ich mit dem Einzelexperiment nichts anfangen konnte. Im Zusammenhang mit den alsbald mitzuteilenden Experimenten erscheint es mir aber verwertbar.

Wenn die vorgebrachten mehr theoretischen Bedenken zur Frage der Auffassung der Fleischintoxikation als anaphylaktischer Erscheinung, wie sich dies Magnus-Alsleben und auch Schittenhelm vorstellen, an sich zwar schon schwerwiegend waren, so enthoben sie mich nicht einer direkten experimentellen Prüfung des ganzen Problems, da theoretische Bedenken eben auch falsch sein können.

Ich hatte aber, abgesehen von alledem, an einer möglichst exakten Beantwortung der Frage deshalb so großes Interesse, weil das Problem einer Anaphylaxie vom Darm aus in der Versuchsanordnung der Eckschen Fistel zur Aufklärung der resorptiven Eigenschaften des Darmes und der dabei unumgänglichen Leberarbeit beigetragen hätte.

Hat die Fleischintoxikation also wirklich etwas mit der Anaphylaxie zu tun?

Das Kriterium, ob eine Erscheinung als anaphylaktisch aufzufassen ist, liegt heute wesentlich im Auftreten des klinischen Bildes des anaphylaktischen Schocks. Der anaphylaktische Schock, die Blutdrucksenkung, die Lungenblähung (beim Meerschweinchen), der Leukozytensturz, die relative Lymphozytose, die Temperatursenkung oder Erhöhung, die Enteritis anaphylactica, Krämpfe, Koma und Tod, das sind die Zeichen, die man fordern muß.

Die äußere Gemeinschaft zwischen Fleischintoxikation und Anaphylaxie kann höchstens in den Krampfanfällen und dem Koma liegen. Aber gerade der Kliniker sollte die absoluten Unterschiede, die sonst vorhanden sind, besonders hoch anschlagen.

Von einem Schock sehen wir nichts bei der Fleischintoxikation, und von einem tagelangen Andauern anaphylaktischer Zustände wissen wir nichts. Bei der Fleischintoxikation beobachten wir aber eine solche Dauer in der Regel! Weiter! Fällt ein Tier wieder und wieder in anaphylaktische Zustände, nachdem es sie eben überwunden hat? Doch nicht! Das sehen wir aber bei der Fleischintoxikation regelmäßig, sowie wir erneut Fleisch zuführen. Wir können dieses Spiel bei der nötigen Vorsicht sehr lange durchführen. Bei der Fleischintoxikation findet weiter keine Blutdrucksenkung statt, besteht keine Leukopenie, keine Enteritis haemorrhagica, vor allem tritt sie aber auch auf, wenn man Hunde mit artgleichem Fleisch füttert, wie Rothberger und Winterberg[208] nachgewiesen haben, verstößt also gegen das oberste Grundgesetz der Bedingtheiten der anaphylaktischen Erscheinungen, die bekanntlich nur mit artfremdem Eiweiß auslösbar sind.

Die Antwort auf die Frage einer Identität oder auch nur Wesensverwandtheit von Anaphylaxie und Fleischintoxikation ist also denkbar unzweifelhaft, beide Zustände sind grundverschieden.

Noch wäre ja möglich, daß die Fleischfütterung mit einer Entwickelung spezifischer bakterieller Eiweißkörper einhergeht und damit das eigentümliche Zusammenfallen von Fleischintoxikation und Fleischfütterung zu erklären sei. Dem widerspricht aber entschieden die von Grafe und mir nachgewiesene Verzögerung des Gesamtumsatzes des Stickstoffes in Zeiten der Intoxikation und die eigentümlichen Schwankungen in der ertragbaren Menge des gefütterten Fleisches bei demselben Tiere bei der Änderung seines Kräftezustandes und den disponiblen

Fettmengen, ja die Möglichkeit einer recht lange dauernden Fütterung mit kleinen Fleischmengen, die an sich die Entwickelung hochtoxischer Produkte des bakteriellen Stoffwechsels gut zuließen. Weiter das Experiment mit Hunger und Phlorrhizin, wodurch ja die „bakterielle Disposition" des Darmes bedingt sein müßte.

Wir wollen aber noch einen Schritt weiter gehen und fragen, ob man die Aufnahme noch niederer Eiweißspaltprodukte höchst unbestimmten Charakters, wie dies Schittenhelm will, Produkte mit direkt toxischem Charakter, in die Kategorie der Anaphylaxie rechnen darf. Dem stellt sich ein ganz prinzipielles Bedenken gegenüber, das zuerst zu beseitigen wäre. Solche Stoffe haben gar keine antigenen Eigenschaften mehr, können also auch nicht anaphylaktisch wirken. Und wenn es sich um rein toxische Wirkungen handeln sollte, so bleibt erst recht unverständlich, warum diese Wirkungen nicht stets beobachtet werden. Diese Überlegungen gelten ja vor allem auch für die Indol- und Skatolstoffe, welche regelmäßige Begleiter der Eiweißfäulnis im Darme sind. Die Vorstellungen Schittenhelms bedürfen viel größerer Präzision, wenn sie ernstlich bei der ganzen Frage herangezogen werden sollen. Mir scheint, daß ich die große klinische Konstanz des Krankheitsbildes nochmals betonen soll, das seinerseits auf eine ganz bestimmte Art der Schädigung hinweist.

Wir sehen, daß also auch die andere Möglichkeit der Genese der Fleischintoxikation, nämlich die Nichtunschädlichmachung gewisser abnormer im Darme sich bildender Produkte infolge mangelhafter Leberfunktion keineswegs gestützt ist und werden um so sicherer zu der Vorstellung zurückkehren dürfen, daß die Leber unmittelbar etwas mit der Resorption und Verarbeitung des normalen N-Anteiles zu tun hat, und daß deren Störung die Ursache der Fleischintoxikation ist.

Die außerordentliche Konstanz des klinischen Bildes weist auf einen Angriff an ganz bestimmten Punkten des Zentral-Nervensystems hin, worin eine deutliche Analogie zum Bilde der diabetischen „Säure-Intoxikation" vorliegt, worauf besonders zu verweisen nicht überflüssig sein mag.

Rückschauend dürfen wir aus dem Ergebnis der bisher vorgebrachten Versuche eine Beantwortung unserer Frage, ob die Leber bei der Resorption von Eiweiß eine Funktion zu erfüllen hat, versuchen. Sie kann nicht anders als mit ja beantwortet werden. Darauf weisen die zweifellos möglichen stärkeren Eiweißanhäufungen in der Leber bei Mast hin und ihre erhöhte Abgabe bei Hunger. Darauf weisen vor allem die Intoxikationssymptome nach Resorption größerer Mengen von Fleisch beim Bestehen der Eckschen Fistel hin.

Ich habe mich bemüht, die Gründe zusammenzutragen, welche dabei zwingend für eine nur mit der Resorption verknüpfte Funktion der Leber

*sprechen, da man auch andere Möglichkeiten zu einer Erklärung heran-
ziehen könnte, so Steigerungen des inneren N-Umsatzes. Der Ausschluß
des Auftretens einer Fleischintoxikation bei Hunger und bei sonstigen
Steigerungen des inneren Umsatzes sind neben dem sicher bestehenden
quantitativen Abhängigkeitsverhältnisse der Eiweißzufuhr per os dafür
maßgebend.*

*Die Erklärungen für die merkwürdigen Störungen muß ich in diesen
quantitativen Verhältnissen suchen und finde sie in einem abnorm verlaufenden Ausgleich alkalischer Resorptionsprodukte in der Leber, Produkte,
die sonst von der Leber richtig verarbeitet werden, nun aber bei ihrer unvollkommenen Funktion und Arbeitsüberlastung zu einer Störung zwischen
Säure- und Basengleichgewicht führen zur Alkalosis. Dieser Zustand
mag durch unvollkommene Salzbildung am einfachsten verständlich werden.*

So klare Beziehungen der Leber zum N-Wechsel wir mit den bisher
festgestellten Tatsachen nun auch erkannt haben, so erfahren sie doch
eine bedeutende Erweiterung und Vertiefung durch eine Reihe anderer
Beobachtungen.

Wenn unsere bisherigen Betrachtungen auf dem Gebiete der Resorption von N-Anteilen in ihrer Beziehung zur Leber lagen, so sollen
sie jetzt auf die uns zugänglichen Endprodukte des N-Wechsels in ihren
Beziehungen zur Leberfunktion gerichtet sein.

Die ausgedehnteste Behandlung muß dabei der Harnstoff erfahren,
über dessen Bildungsstätte und Entstehung ein Material vorliegt, das
zwingend auf die Leber hinweist. Wir wissen, daß bei Säugern der Harnstoff das normale Endprodukt des N-Wechsels ist, mithin auch für den
Eiweißstoffwechsel den wertvollsten Maßstab abgibt. Wir wissen ferner,
daß aus Eiweiß bei Gegenwart von NH_3 durch Oxydation leicht Harnstoff entstehen kann. Das hat F. Hofmeister nachgewiesen. Auch
aus Aminosäuren (Glykokoll) gelang ihm dies in erheblichem Umfange[209].

Wir wissen weiter, daß aus Eiweiß wegen seines Gehaltes an Arginin
auch ohne Zutritt von NH_3 leicht Harnstoff entsteht. Arginin geht
einfach durch Wasseraufnahme in Harnstoff und Ornithin über.

A. Kossel und Dakin[210] fanden, daß eine fermentative Überführung durch eine Arginase diese Wirkung im Körper hervorbringt
und fanden in der Leber regelmäßig Arginase, allerdings auch noch
in anderen Organen.

Somit ist der Hinweis auf die Harnstoffentstehung in der Leber
unmittelbar gegeben. Auch die Versuche Löwis[211] und Richets[212],

die bei der Digestion von Leberbrei mit Glykokoll Harnstoff erhielten, weisen in dieselbe Richtung.

Hauptsächlich sei aber des Versuchs von v. Schröders[213] gedacht, der bei Durchströmung der überlebenden Leber mit Blut, dem Ammoniumkarbamat oder Ammoniumformiat zugesetzt war, alsbald ein Ansteigen des Harnstoffgehaltes dieses Blutes feststellen konnte. Es lag hier also eine deutliche Harnstoffbildung vor, und zwar aus einfachen Ammoniaksalzen. Bei der Durchströmung von Nieren und Muskeln wurde keine Harnstoffbildung festgestellt. Wir begegnen hierbei denselben Verhältnissen, wie sie später Embden in seinen Versuchen über die Azetonkörperbildung feststellen konnte.

Nencki, Pawlow und Zaleski[214] stellten einen bedeutend höheren Gehalt des Pfortaderblutes an NH_3-Salzen fest, als sie in den Lebervenen und sonst im Blute auffinden konnten. Folins[215] Versuche habe ich schon mitgeteilt.

Es ist nach diesen Versuchen, welche die supravitalen Durchströmungsversuche von Schröders ergänzen, nicht mehr zweifelhaft, daß Ammoniakverbindungen in der Leber verschwinden können und dem für den Körper relativ unschädlichen Harnstoff Platz machen. Hiermit ist für die eben entwickelte Alkalibindung der Leber eine weitere Stütze gewonnen.

Alle diese Befunde reichen aber trotz aller ihrer Wahrscheinlichkeit nicht aus, zu sagen, daß der Harnstoff ausschließlich oder in überwiegendem Maße in der Leber gebildet werden wird. Auch die klinischen Untersuchungen, welche man zur Beantwortung dieser Frage mit heranzog, geben keine klaren Beweise dafür.

Man glaubte vor allem bei der akuten gelben Leberatrophie die Belege für die Harnstoffbildung in der Leber wegen der dabei häufig — aber nicht immer — verminderten Harnstoffausscheidung sehen zu dürfen (Frerichs[216], Schultzen und Ries[217]).

Auch bei der Phosphorvergiftung hat man ja den Harnstoff vermindert gesehen. Münzer[218] konnte es aber wahrscheinlich machen, daß die vermehrte NH_3-Ausscheidung daran schuld sei, die ihrerseits durch stärkere Hervorbringung von Säure bedingt war. Sättigte er durch Eingabe von kohlensauren Salzen die Säuren ab, so sank der NH_3-Gehalt und es stieg die Harnstoffausfuhr. Aus diesen Gründen ist mit der Mehrzahl der klinischen Beobachtungen nichts anzufangen. So möglich, ja wahrscheinlich der Einfluß der akuten gelben Leberatrophie auf eine Veränderung der Harnstoffbildung auch ist, so sind die bis jetzt erbrachten Beweise keineswegs zwingend. Dieselbe Überlegung gilt für die auch bei chronisch atrophischen Lebererkrankungen beschriebenen Harnstoffverminderungen, wie Weintraud nachwies[219].

Nach eigenen Erfahrungen muß ich sagen, daß eine totale Außerfunktionssetzung der Leber gleichbedeutend ist mit dem Tode des Tieres, und daß noch kurz zuvor eine Harnstoffproduktion wohl möglich ist. Wenn man bedenkt, daß noch sehr geringe Reste von Leber Ikterus hervorrufen können, so wird man in seinem Urteil, ob eine pathologisch-anatomisch beobachtete fast völlige Zerstörung des Lebergewebes einer tatsächlichen Außerfunktionssetzung gleichkommt, sehr zurückhaltend sein, wie dies von vorsichtigen pathologischen Anatomen auch stets betont wird. Damit würde sich erklären, daß sich unter Umständen auch noch bei scheinbar ganz schwerer Destruktion relativ hohe Harnstoffzahlen finden. Eine einfach summarische Behandlung der ganzen Frage ist für die Beurteilung der wirklich gewonnenen Erfahrungen über die Verknüpfung der Harnstoffbildung mit der Lebertätigkeit nicht angängig und wir müssen nach weiteren Gründen forschen, diese Beziehungen sicherzustellen.

Ich habe daher lange Zeit Harnstoffbestimmungen am Eckschen Fistelhund gemacht unter gleichzeitiger Berücksichtigung der NH_3-Ausfuhr[220]. Die Harnstoffausfuhr ist beim Eckschen Fistelhund häufig ganz normal, der NH_3-Gehalt des Harns ebenfalls. Man kann aber ganz allgemein sagen, daß sich die Harnstoffausfuhr an der unteren Grenze der Norm hält, auch wenn die gleichzeitige NH_3-Ausscheidung nieder ist.

Auffallend geringe Werte für Harnstoff produziert der E.-F.-Hund aber sofort im Hunger. Dabei geht der NH_3-Gehalt nicht regelmäßig entgegengesetzt höher.

In der eindringlichsten Weise habe ich aber die Verknüpfung der Harnstoffproduktion mit der Lebertätigkeit bei gleichzeitiger Einwirkung von Hunger und Phlorrhizin gesehen[221]. Die nach zwei Methoden durchgeführten Harnstoffbestimmungen (Mörner-Siöquist in der Modifikation von Spiro und Henriques-Gammeltoft) ergaben unter diesen Bedingungen eine progressive Verminderung des Harnstoffgehaltes, der final auf exzessiv geringe Werte zurückwich. Mit der fortschreitenden Kohlehydratverminderung, die der Organismus durch eine solche Experimentation erfährt, nimmt auch der Harnstoffgehalt ab, um in einigen Fällen bei ihrer Erschöpfung auf 14—17 % der Gesamt-N-Ausscheidung zu sinken. Bei der Wichtigkeit solcher Feststellungen, die ich zuerst in Gemeinschaft mit Erdelyi begann, muß ich etwas weiter ausholen, um die Zusammenhänge aufzuklären.

Im Kapitel über den Kohlehydratstoffwechsel und seine Beziehungen zur Leber habe ich diese Hunger-Phlorrhizin-Versuche schon erwähnt und gezeigt, daß der Wiederersatz der Kohlehydrate durch die fortdauernde Verschleuderung des Produktes durch die Nieren und seine enorm schwierige Reproduktion durch die funktionell mittelst Hunger, Eckscher Fistel und Plorrhizinwirkung geschädigte Leber schließlich zu einem völligen Verluste des gesamten Kohlehydratvorrats führt; das Blut, die Leber, die Muskeln sind vollkommen frei davon. Da der Gehalt des Blutes an Blutzucker anfangs schwankt, bald höher, bald niedriger ist, so müssen wir annehmen, daß Mittel und Wege in der Leber vorhanden sind, die ihr gestatten, den Blutzucker zu regenerieren. Daß die Lebertätigkeit dafür ausschlaggebend ist, ging vor allem daraus hervor, daß bei einem normalen Hund — also bei normalen Verhältnissen der Leber — sich der geschilderte Zustand nur äußerst schwierig hervorrufen läßt, beim Eckhund aber leicht[222].

Ich bewege mich daher durchaus nicht in Hypothesen, wenn ich den Wiederersatz der Kohlehydrate im Hunger an die Lebertätigkeit geknüpft sein lasse. Dabei kommt als Quelle Fett und Eiweiß in Betracht. Daß Störungen des Fettstoffwechsels da sind, wissen wir durch die gleichzeitig bestehende Azidose; ob die Umwandlung von Fett in Kohlehydrate nicht mehr möglich ist, oder nur Not gelitten hat, können wir nicht entscheiden. Wir werden in der Annahme nicht fehlgehen, wenn wir Fett und Eiweiß gleichzeitig als Zuckerquelle in solchen Fällen ansehen, denn wir wissen heute auch vom Eiweißmoleküle, daß es in großem Umfang in Zucker übergehen kann. Die mangelhafte Zuckerbildung ist daher ein direkter Ausdruck für die mangelhafte Umwandlung auch des Eiweißmateriales. *Das abgebaute Körpermaterial kann nur in ungenügender Weise zur Leber zutreten — steht doch nur der Weg durch die Arteria hepatica offen — und trifft dazu noch auf äußerst erschöpfte, mangelhaft mit Blut genährte Leberzellen, woraus eine weitere Behinderung der Lebertätigkeit erwächst. Die Leber hat also anfänglich bei hochgradigem Mangel und später beim Fehlen von Kohlehydraten Arbeit zu leisten. Darin muß man den Grund zu den mangelhaften Umsetzungen erblicken.*

Trotz großer mobilisierter Mengen von Körpermaterial sehen wir eine ungenügende Zuckerbildung und eine ungenügende Verarbeitung des N-Materials, da trotz großer ausgeführter N-Mengen im Urin der Harnstoffgehalt progressiv sinkt, um schließlich Werte von einer Kleinheit zu erreichen, wie sie bisher nicht beobachtet sind. Die gleichzeitige Bestimmung der NH_3-Ausfuhr zeigt nun ebenfalls ganz **niedere** *Werte, so daß es sich nicht um einen vikariierenden Ausfall von Harnstoffmengen zum Säureausgleich handelt, sondern um eine tatsächlich behinderte Harnstoffbildung und Ammoniakproduktion bei gleichzeitiger hochgradiger funktioneller Schädigung der Leber.*

Mit diesen Feststellungen ist die Beziehung der Leber zur Harnstoffbildung um ein recht beträchtliches Maß fester geknüpft, zumal ich mich bemüht habe, durch möglichste Genauigkeit der Harnstoffbestimmungen (überall Doppelbestimmungen und beim Harnstoff nach zwei Methoden, die stets annähernd übereinstimmten und gleichsinnige Differenz zeigten), das Ergebnis zu sichern.

Was das Versuchsergebnis aber noch besonders interessant gestaltet ist die Tatsache, daß wir eine ungenügende Endumsetzung des Stickstoffes an einen hochgradigen Mangel und endlich Verlust von disponiblem Kohlehydrat geknüpft sehen. Bei der Azetonurie infolge Kohlehydratverminderung habe ich darauf aufmerksam gemacht, daß diese Verursachung der Störung sehr wohl eine allgemeinere sein könne.

Hier begegnet uns das zweite mögliche Beispiel dafür. Denn der richtige Ablauf der Funktion der Leberzellen dürfte an einen gewissen unumgänglichen Kohlehydratgehalt geknüpft sein. Ich erblicke in einer Weiterverfolgung dieser Abhängigkeiten die Möglichkeit eines fast ungeahnten Eindringens in Störungen intermediärer Umsetzungen überhaupt und möchte darauf ausdrücklich hinweisen.

Weiter wird der Versuch aber noch durch die mit dem Kohlehydratschwund gleichzeitig einsetzenden toxischen Symptome, worauf ich ebenfalls schon im Kapitel Leber-Kohlehydratstoffwechsel hinwies, besonders interessant. Ich sprach von einer „glykopriven Intoxikation" und darauf muß ich jetzt noch besonders genau eingehen.

Ich habe schon betont, daß wir mit Hunger und gleichzeitigen Phlorrhizingaben beim Eckschen Fistelhunde vorsichtig sein müssen, sonst tritt sehr rasch ein schweres Bild mit Koma und Krämpfen auf, ein Bild, was mich anfangs zur irrtümlichen Diagnose einer rapiden Fleischintoxikation verleitete, was aber doch einige klinische Verschiedenheiten aufwies, die mich daran alsbald und mit Recht zweifeln ließen.

Überdies fand ich eine Mitteilung von v. Mering[223], der als erster eine Beschreibung dieses toxischen Zustandes beim phlorrhizinierten Hungerhund machte und Halsey[224] und Lusk[225] haben es später wiedergesehen.

v. Mering glaubte, daß er ein Coma diabeticum hervorgerufen habe, da ihm erstmals beim Hunde in einem solchen Zustande der qualitative Nachweis von β-Oxybuttersäure gelang. v. Mering befand sich mit dieser Deutung nicht auf richtigem Wege, da die Menge der produzierten β-Oxybuttersäure, bzw. der Azidosekörper überhaupt, gar nicht dazu ausreicht. Überdies gelingt diese Intoxikation besonders leicht bei Eckschen Fistelhunden, von denen ich mit Kossow nachwies, daß sie gar keine große Fähigkeit zur Azidose haben und weiter finden wir, daß solche Tiere gleichzeitig mit der Intoxikation einen niederen NH_3-Gehalt im Urin aufweisen, was wohl der sicherste Beweis gegen eine Acidosis diabetica ist. v. Merings Erklärung dürfen wir also verlassen.

Man wird sich fragen müssen, wie sonst nun der interessante Zustand aufzufassen ist. Wir sahen, daß der Kohlehydratmangel bei diesen Tieren ein nahezu vollkommener ist und die Vorstellung einer allgemeinen Erschöpfung durch Zuckermangel läge darum nahe. Dem widerspricht aber entschieden das klinische Bild; die wieder und wieder einsetzenden

Krampfzustände weisen auf eine im Blute kreisende Noxe. In einem Versuch haben wir überdies Dextrose intravenös und stomachal zugeführt[226], auch zeitweise Besserung erzielt, aber den Tod nicht abwenden können.

Der Zuckermangel als solcher kann also nicht die eigentliche Ursache der toxischen Phlorrhizinwirkung sein, wohl aber ist er die Voraussetzung der toxischen Wirkung überhaupt, da sie ausbleibt bei Nahrungszufuhr per os, also beim Zuckerersatz und sonst beliebig lange fortgesetzter Zuckerausscheidung durch Phlorrhizinanwendung, und auch um so später eintritt, je besser genährt das Tier vor dem Hunger war, je größer also seine Kohlehydratvorräte waren.

Will man wirklich eine Intoxikation herbeiführen, so kommt es bei der Phlorrhizinwirkung nur darauf an, die Kohlehydrate möglichst intensiv auszuschwemmen und den Körper daran völlig verarmen zu machen, was überhaupt nur bei Hunger wirklich möglich ist, und was man dann ebenso gut nach einer nur kleinen Injektion nach Coolen[227], der wenig Phlorrhizin in Öl aufschwemmt, wie nach täglich durchgeführten Injektionen von 2—3 g Phlorrhizin erreichen kann. Hinge die Intoxikation mit dem Phlorrhizin als solchem, oder wie das Halsey und Lusk annehmen, mit Verunreinigungen des Präparates zusammen, so müßte es uns wundern, daß wir die Wirkung nicht mit steigenden Dosen sofort erzwingen können, und daß wir gefütterten Tieren unglaublich große Mengen von Phlorrhizin beibringen können, ohne daß sie toxische Symptome zeigen, daß aber der Hungerhund und namentlich der Hunger-Eck-Hund darauf mit Vergiftungserscheinungen reagiert, ersterer um vieles schwerer, als letzterer, der prompt erkrankt.

Das was den öfteren Injektionen von Phlorrhizin in gewöhnlicher Weise und der Coolenschen Applikation gemeinsam ist, ist die Wirkung auf die Zuckerausfuhr, die trotz ganz ungleichen Dosen von Phlorrhizin, die zur Anwendung kommen, annähernd gleich groß bleibt. Die Verarmung an disponiblem Zuckermaterial ist also das für die Intoxikation zunächst auslösende Moment. Daß wirklich der Körper von disponiblem Zucker entblößt ist, habe ich durch Burghold näher prüfen lassen.

Bei allen Untersuchungen wurde fortlaufend der Blutzucker bestimmt. Wir konnten feststellen, daß er sofort nach Einsetzen des Hungers beim Eck-Hunde stark sinkt und ganz rapid bei gleichzeitiger Phlorrhizininjektion. Er erreicht exzessiv niedere Werte, ja bei abgemagerten Tieren kann er schon nach 1—2 Tagen auf Null heruntergehen. Dann bricht auch meist die „glykoprive Intoxikation" sofort aus. Die Leber zeigt unter diesen Umständen einen völligen Mangel an Zucker und Glykogen, wie dies wiederholt durchgeführte Untersuchungen ergaben, die Muskulatur ist ebenfalls frei davon, nur im Herzmuskel fanden wir noch geringe Spuren von Glykogen, wie ich dies schon ausführlich im Kapitel Leber-Zuckerstoffwechsel geschildert habe. Die Zuckerentblößung des Körpers ist also evident. Diese zieht nun aber sofort weitere Störungen nach sich, nämlich die ungenügende Fettumsetzung und die ungenügende Endumsetzung des N-Wechsels, denn der Harnstoffgehalt des Urins sinkt, wie wir sahen progressiv, ohne daß das NH_3 ansteigt.

Findet man nun, wie es mir tatsächlich gelungen ist, Beweise dafür, daß die unvollkommene Umsetzung dieser Stoffe mit einer infolge der Portalblutableitung unvollkommenen Lebertätigkeit regelmäßig verknüpft ist, so wäre es eine übergroße Kritik, der Leber nicht die Aufgabe der letzten Endumsetzungen der Hauptmasse der N-Anteile zuzuschreiben.

Danach hätte die Leber die Aufgabe, das im Körper freigemachte N-Material in Harnstoff, unter Umständen nur in NH_3 zu verwandeln und es in diesen Formen aus dem Körper ausführbar zu machen, und sicher auch dadurch in eine für ihn unschädliche Form zu bringen.

Der Grund für die Intoxikation darf also in der mangelhaften Tätigkeit der Leber in dieser Richtung gesucht werden und es stellt sich als eine Aufgabe von allergrößter Wichtigkeit dar, die unvollkommenen Eiweißspaltprodukte, die dabei entstehen und im Urin zur Ausscheidung gelangen können, zu fassen — eine ungeahnte Perspektive zur Erkenntnis des tatsächlichen intermediären Stoffwechsels. Eine erhebliche Schwierigkeit liegt dabei allerdings in der toxischen Wirkung dieser Stoffe, welche dem Experiment eine zu baldige natürliche Begrenzung setzen werden. Immerhin kann ich schon heute sagen, daß es höher molekulare Körper sein müssen, da sie mit Barytlauge und mit Phosphorwolframsäure fällbar sind. Einfache Aminosäuren kommen nach den unternommenen Tastversuchen nicht in Betracht.

Zusammenfassend möchte ich über die Gründe, welche mich veranlassen, die Ursache der „glykopriven Intoxikation" speziell der Störung des Eiweißabbaues zuzuschreiben, nochmals kurz hervorheben, daß sie teils negativer, teils positiver Natur sind. Negativ: die Unmöglichkeit, die Kohlehydrate oder die Fette dafür verantwortlich zu machen, auch nicht das Phlorrhizin oder seine etwaigen Umwandlungsprodukte oder zufälligen Beimengungen. Positiv: die konstatierten Abweichungen in der Harnstoffausfuhr, die sich trotz seiner progressiven Verminderung mit einer vermehrten N-Ausfuhr kombiniert, das Ansteigen der NH_3-Ausfuhr aber vermissen läßt. Ferner der um so spätere Eintritt der Intoxikation, je besser der Ernährungszustand der Tiere ist, d. h. je mehr Kohlehydratvorräte da sind, je später also Eiweiß in größerem Umfange eingeschmolzen wird. Der Umstand, daß jetzt kein Kohlehydrat mehr gebildet wird, spricht seinerseits für die Enstehung der Kohlehydrate im Hunger aus Eiweiß. Der Leber käme speziell auch bei Kohlehydratmangel die Bildung dieses für die vitalen Vorgänge unumgänglichen Stoffes zu, was Cl. Bernards Überlegungen der Bildung von Kohlehydrat aus Eiweiß beim Hungerhund und auch bei lange fortgesetzter Fütterung mit Fleisch vollkommen bestätigen würde. Danach hat die Leber eine Fähigkeit zur Zerlegung von Eiweiß unter Aufspaltung in Kohlehydrat und richtiger Endverarbeitung der gebildeten Spaltanteile. Daß für diesen Normalablauf der Lebertätigkeit gewisse Mengen von Kohlehydrat nötig sind, geht unmittelbar aus dem Verluste dieser Fähigkeit der Leber hervor, sowie der Körper keine disponiblen Mengen von Kohlehydrat mehr hat. Hierin liegt die prinzipielle Bedeutung dieses Befundes.

Für abnormen Eiweißzerfall spricht nun auch das klinische Bild der „glykopriven Intoxikation", das ich jetzt noch genau beschreiben muß.

Im Gegensatz zu der „Fleischintoxikation", die, wie wir sahen, meist langsam beginnt, fängt die „glykoprive Intoxikation" plötzlich an, und zwar fast stets mit einem Krampfanfall aus gänzlichem Wohlbefinden, wie ein plötzlich einsetzender epileptischer Anfall, der ohne Vorboten eintritt. Nicht ganz selten geht allerdings eine gewisse Bösartigkeit der Tiere dem Anfall auf Stunden voraus. Sie sträuben dabei das Fell und werden wütend, sowie man an den Käfig kommt.

Plötzlich fallen sie direkt mit einem heftigen Krampfanfall um, der häufig zuerst im Fazialisgebiet beginnt, sich dann auch auf die Kopf- und Nackenmuskulatur fortsetzt und tonisch-klonisch den ganzen Körper ergreift. Starkes Schnaufen und Schaum vor dem Mund, sowie vollkommene Bewußtlosigkeit vervollständigen die Ähnlichkeit mit der Epilepsie. Die Dauer eines solchen Anfalls kann wenige Minuten oder Sekunden betragen und das Tier erholt sich nach kurzer Zeit entweder vollkommen, so daß es sich von einem normalen nicht unterscheiden läßt, oder es bleibt ein gewisser Grad von Somnolenz übrig. Ob im Anfall wirklich Pupillenstarre besteht, habe ich noch nicht einwandfrei feststellen können, nach dem Anfall reagieren sie jedenfalls wieder. Das Tier geht entweder ganz normal oder taumelt etwas, zeigt aber sicher keine Ataxie. Auch Amaurose oder Hypästhesie konnte ich in der anfallsfreien Zeit nicht feststellen. Meist folgt sehr bald ein zweiter Anfall. Nimmt man Blut zu dieser Zeit aus der Vene, so enthält es meist keinen oder nur ganz geringe Mengen von Zucker.

Gehäufte Anfälle führen zum Koma, es resultiert dann ein typischer Status epilepticus. Meist tritt er 24 Stunden nach dem ersten Krampfanfall ein, wenn die Phlorrhizinwirkung weiter fortgesetzt wird. Setzt man damit aus, so ist es möglich, daß das Tier gesundet.

Im Kot der Tiere ist regelmäßig Blut (teerartige Färbung) enthalten und häufig bestehen Zahnfleischblutungen. Auf beide Befunde muß ich großen Wert legen, da sie bei einem abnormen Zerfall von Eiweiß offenbar beim Hunde regelmäßig vorkommen. Wir werden ihnen bei der sog. zentralen Läppchennekrose der Leber, d. i. einem die zentroazinären Bezirke betreffenden Zerfall des Lebereiweißes begegnen, weiter findet man Darmblutungen bei der von Schittenhelm und Weichardt[228] beschriebenen Enteritis anaphylactica haemorrhagica und der anaphylaktische Schock geht ja ebenfalls mit einem Zerfall von Eiweiß einher, endlich fand ich bei Cl. Bernard (Tierische Wärme, übersetzt von Schuster, Leipzig 1876, p. 337), daß bei Überwärmung, wobei bekanntlich ein starker Eiweißzerfall erfolgt, bei Hunden und Kaninchen Darmblutungen auftreten.

Bei der Obduktion von Tieren mit „glykopriver Intoxikation" finden wir regelmäßig starke parenchymatöse Blutanschoppungen und kleine Hämorrhagien vorwiegend in der Duodenalschleimhaut, weiter eine auch trotz der Eckschen Fistel nicht selten ausgesprochene Vergrößerung der Leber mit typischer Zeichnung, starker zentroazinärer weißlicher Färbung mit rötlichem Ring darum. Dies entspricht einer starken Verfettung der zentroazinär gelegenen Leberzellen, ohne daß sie Zeichen von Nekrose darbieten. Gleichzeitig zeigten sie mit meiner Fettsäurefärbung eine auffällig starke, allerdings aber nicht haltbare Färbung auf freie Fettsäure[230]. Die Annahme der Bildung abnormer Umsatzprodukte des Fettes ist also auch histochemisch gestützt. Im übrigen liegen keine pathologischen Befunde mehr vor.

In den erwähnten Zügen des klinischen Bildes findet man also Hinweise auf den abnormen Umsatz von Eiweiß und ich stehe nicht an, auch hieraus auf die Verknüpfung der Leber mit dem Eiweißstoffwechsel zu schließen und speziell seine Störungen für die Ursache der „glykopriven Intoxikation" mit heranzuziehen.

Die Verfolgung der Endprodukte des N-Stoffwechsels zeigt uns aber auch die Abhängigkeit der Bildung von NH_3 von der Lebertätigkeit.

Gleichzeitig mit der Verminderung des Harnstoffes sehen wir bei andersartigen Affektionen in der Regel eine Erhöhung der NH_3-Ausscheidung. Am deutlichsten ist sie ja bei diabetischer Azidosis ausgeprägt, die entsprechend dem Anstieg der diabetischen Azidosekörper einen Anstieg des NH_3 im Urin aufweist. Bringt man Alkalien zur Absättigung der Säureprodukte in den Körper, so sinkt dann der NH_3-Gehalt entsprechend ab, der Harnstoffgehalt aber steigt an.

In Fällen mit „glykopriver Intoxikation" sehen wir aber eine ganz auffallend niedere NH_3-Ausscheidung, trotzdem Azidose in einem gewissen Umfange vorhanden ist, und trotzdem die Harnstoffproduktion sich vermindert hat. Also auch die Bildung von NH_3 hat Not gelitten und es ist nicht unmöglich, daß daraus geschlossen werden darf, daß NH_3 eine normale Vorstufe des Harnstoffs ist, und daß der Desamidierungsprozeß sich wesentlich in der Leber abspielt, vielleicht sogar an eine gewisse Mitwirkung von Kohlehydrat geknüpft ist, damit die Spaltung richtig durchgeführt werden kann.

Ich habe die Versuche von Kerteß angeführt[231], der bei intravenöser Zufuhr von Leuzin direkt in die Leber vermittelst der Anordnung der umgekehrten Eckschen Fistel den exakten Nachweis einer Steigerung der Ausscheidung von Azidosekörpern erbringen konnte. Dasselbe Experiment am Hund mit Eckscher Fistel hatte darauf gar keinen Einfluß. Ein prompter Abbau des Leuzins unter Desamidierung findet in der Leber also leicht statt. Darauf weisen auch alle diesbezüglichen Experimente Embdens und seiner Mitarbeiter an der überlebenden Leber, ferner die Erfahrungen von Neubauer und Groß[232] beim Tyrosinabbau an demselben Organ. Der Desamidierungsprozeß wird die ausgedehnte Freimachung von NH$_3$ wohl zulassen und ich darf in solchen Vorstellungen Hinweise auf künftige Untersuchungen zur Sicherung dieser Kenntnisse wohl andeuten, wobei ich nochmals auf die große Wichtigkeit der Anordnung der u. E. F. hinweisen möchte.

In Summa geht aus allen diesen Überlegungen aber die prinzipielle Wichtigkeit der Leber für den Endumsatz des Eiweißes und auch seiner intermediären Verwertung hervor, da diese nicht ohne jene denkbar ist.

Was nun der Harnstoff beim Säuger ist, ist beim Vogel die Harnsäure und hier treffen wir auf genau dieselben Verknüpfungen der Leber mit dem N-Umsatz.

Durch Versuche von v. Knieriem[233] und von v. Schröder[234] ist festgestellt, daß die Vorstufen des Harnstoffes der Säugetiere, an Vögel verfüttert, zu einer Steigerung der Ausfuhr der Harnsäure bei ihnen führt.

Die bedeutendsten Einblicke in der Erkenntnis der Endumsetzungen des Stickstoffes bei Vögeln hat uns aber Minkowski durch seine umfassenden Versuche vermittelt[235]. Es ist bei Gänsen, wie auch bei allen übrigen Vögeln, durch das Bestehen der Jacobsonschen Anastomose möglich, die Leber zu exstirpieren. Minkowski gelang es, die Tiere bis 20 Stunden am Leben zu erhalten. Während nun normalerweise ca. 60 bis 70 %$_0$ des ausgeschiedenen Gesamt-N's in der Form von Harnsäure erscheint, tritt nach der Leberexstirpation nur 6—7 %$_0$ des Gesamt-N's in dieser Form aus, und statt dessen findet sich Fleischmilchsäure und Ammoniak in großer Menge im Urin. Wir finden hier also mindestens ähnliche Verhältnisse wie beim Säuger, wenn auch die Stoffwechselfragen beim Vogel nicht unmittelbar für dieselben Verhältnisse beim Säuger herangezogen werden dürfen.

Kowalewski und Salaskin[236] konnten nach Durchströmung der überlebenden Vogelleber mit Ammoniumlaktat eine Zunahme der Harnsäure im Durchströmungsblute feststellen und früher hatte schon Minkowski[237] nachgewiesen, daß die Leber der Umwandlungsort der Milchsäure in Harnsäure sein muß, da sie erst dann zur Ausscheidung kam, wenn alle zuführenden Lebergefäße völlig abgebunden waren. Es besteht darin also eine absolute Analogie zu den Verhältnissen der Harnstoffausscheidung bei Leberstörung der Säuger, die erst dann manifest wird, wenn die Leber nicht mehr normal arbeiten kann. Hier wie da liegen gleiche Endeffekte vor. Es sei darauf hingewiesen, daß es kaum zweifelhaft ist, daß man in der Milchsäureausscheidung, d. i. dem Umsetzungsprodukt der Muskulatur, eine Vorstufe der Harnsäure zu erblicken hat.

Der Leber fällt also auch bei einem andersartigen Ablauf des N-Wechsels, als wie er im Säugetierkörper vor sich geht, die Aufgabe der Umsetzungen zu den Endprodukten und damit auch des Eingriffs in die intermediären Umsetzungen zu. In einer so verschieden erfolgenden und doch dem gleichen Endzweck dienenden Weise der Regelung des N-Wechsels durch die Leber in der Tierreihe wird man nur einen um so zwingenderen Beweis für diese tatsächlich bestehende Funktion erblicken dürfen.

Haben sich nun beim Vogelkörper die deutlichsten Beweise für die Verknüpfung des Harnsäurestoffwechsels mit der Leber ergeben, so lassen sich auch beim Säuger diese Beziehungen nicht vermissen. Die Ableitung des Harnsäuregehalts geschieht bei dieser Tierklasse heute allgemein vom Nukleinstoffwechsel, der doch sicher ein Teil des Eiweißstoffwechsels ist. Horbazewski[238] ist erstmals die Feststellung des Zusammenhanges der Nukleine und der Harnsäure gelungen. Stufenweise ist der Übergang der Nukleinsäure in die Purinbasen und ihre Umwandlung zu Harnsäure verfolgt und als fermentativer Prozeß erkannt worden. Abderhalden[239], Burian[240], Brugsch[241], vor allem Schittenhelm[242] haben hier das Wesentliche geleistet.

Schittenhelm hat erkannt, daß der Prozeß mit der Erreichung der Harnsäurestufe noch nicht beendet ist, sondern daß weitere fermentative Einflüsse den Abbau der Harnsäure beherrschen, die sog. urikolytischen Fermente. Sie sind in den Nieren, der Leber und den Muskeln nachgewiesen.

Beim Hunde wird bekanntlich der Purinanteil fast vollkommen als Allantoin ausgeführt.

Abderhalden, London und Schittenhelm[242] fanden nun beim Eckschen Fistelhunde eine Abnahme des Allantoins und eine Zunahme der Harnsäure bis 25 % der Gesamtpurinausscheidung.

In ausgedehnten (noch nicht veröffentlichten) Versuchen[243] habe ich vor und nach Anlegung der Eckschen Fistel an demselben Tiere bei Hunger, bei purinfreier Kost und bei Kost mit bekanntem Puringehalt die Harnsäureausscheidung verfolgt und mit größter Regelmäßigkeit eine Zunahme derselben nach der Operation in jedem Falle feststellen können. Die Harnsäureausscheidung steigt ganz gleichmäßig um das 4—10fache der Normalausscheidung unter den gegebenen Verhältnissen.

Die genannten drei Forscher haben die Vermehrung auf den Anteil Purin bezogen, der bei Anordnung der Eckschen Fistel der urikolytischen Wirkung der Leber entgeht und ich halte dies ebenfalls für die plausibelste Erklärung der Beobachtung.

Ich habe sie dadurch zu stützen versucht, daß ich diese Experimente am Hund mit u. E. F. wiederholte und ich fand, daß die Werte für Harnsäure sich dabei sehr verminderten, ja ich habe im Urin solcher Tiere wiederholt gar keine Harnsäure mehr nachweisen können. Die intravenöse Zufuhr von Harnsäure in mäßiger Menge 0,25—0,3 g wird vom Hunde mit u. E. F. bei Applikation der Harnsäure direkt in die Lebervenenwurzeln ohne eine Mehrausscheidung der Substanz ertragen, während der Ecksche Fistelhund darauf mit vermehrter Ausscheidung reagiert. Die Versuche waren aber nicht in jedem Falle eindeutig, so daß ich mich auf diese spärlichen Angaben einstweilen beschränken muß.

Ich glaube aber heute schon sagen zu dürfen, daß die Leber offenbar in weit höherem Maße als es bis jetzt geschieht für die endgültige Umsetzung der Harnsäure verantwortlich zu machen ist. Der Hund ist überdies zum Studium dieser Versuche nicht das geeignetste Versuchstier, man muß das Schwein wählen und die Versuche für Guanidin durchführen, da wir wissen, daß das Schwein eine typische Guanidingicht bekommen kann, wie dies Virchow[244] zuerst gezeigt hat.

Diese Feststellungen wären insofern besonders erwünscht, weil unsere heute noch maßgebende Auffassung der Gicht, die durch Abls Mitteilung[245] schon eine schwere Erschütterung erlitten hat, weiterer Revisionen unterzogen werden sollte. Auch liegt im Ausfall der mitgeteilten Versuche ein therapeutischer Fingerzeig, der nicht unbeachtet gelassen werden sollte und in einer Anregung der Lebertätigkeit zu suchen sein wird. Es erscheint mir durchaus möglich, daß sie mit stärkerer Urikolyse einhergehen wird und damit besonders wirksam in die Therapie der Gicht eingreifen kann. Auf die möglichen „Leberstimulantien" werde ich noch hinweisen.

Jedenfalls zeigt auch der Harnsäurestoffwechsel in klarer Weise die Verknüpfung der Leber mit dem Eiweißstoffwechsel. Ihre Vermehrung am Eckschen Fistelhund zeigt aber noch weiter die funktionelle Wirksamkeit der partiellen Ausschaltung des Organes und einen Nutzen zur Erkenntnis der leberspezifischen Funktionen.

Es wäre hier der Ort, noch auf eine ganze Reihe von N-haltigen Endprodukten des Eiweißes im Urin einzugehen, so auf das Kreatin und Kreatinin, über deren Ausscheidung unter den Verhältnissen der Eckschen Fistel und u. E. F. mir Untersuchungen schon vorliegen.

Ich nehme davon Abstand und zwar mit aller Absicht, wie noch von manch anderem, um nicht die verfolgte Grundtendenz dieser kurzen

Betrachtungen durch die Mitteilung ungenügend gestützter Untersuchungen zu verwischen. Wir müssen daran festhalten, erst die unumgänglichen Funktionen der Leber genauer zu umgrenzen und alle heute noch nicht sicher zu erkennenden Betätigungen dieses Organes müssen beiseite bleiben, sie werden später von selbst den nötigen Anschluß gewinnen.

Somit käme es mir jetzt zu, ein Fazit aus den erörterten Bedingungen der Endumsetzungen des Stickstoffes in seinen Leberbeziehungen zu ziehen.

Und da muß ich sagen, daß sie überraschend klare sind. Haben die Versuche v. Knieriems und v. Schröders die Leber als Ort der Harnstoffbildung beim Säuger erkennen lassen und seine möglichen Vorstufen gezeigt, so haben meine in Gemeinschaft mit Erdelyi unternommenen Versuche über die Harnstoffverminderung beim Phlorrhizin-Eck-Hund unter Hunger die Beteiligung der Leber sicherzustellen gesucht und durch Burgholds Untersuchungen über die Erschöpfung der Zucker- und Glykogenvorräte des Körpers habe ich diese Vorstellungen begründen lassen. Es ist danach kaum zweifelhaft, daß eine erschöpfende funktionelle Überlastung der Leber die Endumsetzungen des Eiweißes nicht mehr bewerkstelligen kann und damit eine tödliche Intoxikation des Körpers hervorruft, die ich daher „glykoprive Intoxikation" genannt habe. Die gleichzeitige mangelhafte Bildung von NH_3 legt den Gedanken nahe, daß die desamidierende Kraft der Leber Not gelitten habe und von da aus ebnet sich der Weg zur Erkenntnis der intermediären Eiweißspaltungen.

Hier ist der Ort, auf die grundlegenden Versuche Embdens[246], zurückzukommen. Er hat zuerst den Abbau von Fettsäuren mit gerader Kohlehydratzahl, wie Buttersäure, Kapronsäure und höherer Homologen bei ihrer Durchleitung durch die überlebende mit Blut gespeiste Leber verfolgt und zeigen können, daß Azeton dabei auftritt und hat ferner bewiesen, daß für Aminosäuren nach ihrer Desamidierung dieselbe Möglichkeit besteht, so bei Leuzin, Tyrosin und Phenylalanin. Er hat aber auch gezeigt, daß die Spaltungen nur für ganz bestimmte chemische Strukturen möglich sind, weiter auch, daß sie durch Zusatz einer Reihe besonders leicht verbrennlicher Stoffe verhindert werden können, auch wenn sie der Struktur nach möglich wären. Die Ketonbildung in der Leber ist also an ganz bestimmte chemische Konfigurationen gebunden, und zwar für Eiweißspaltprodukte, wie für die aliphatischen Fettsäuren. Als äußere Bedingung muß ich noch das Vorhandensein einer gewissen Menge von Kohlehydrat für die richtige Eiweißspaltung hinzufügen.

Es liegt hier ein tiefer Einblick in äußerst wichtige Funktionsmechanismen der Leber vor, der ihre Fähigkeit und wohl nur auf sie beschränkte Fähigkeit der Aufspaltung komplizierter Körper zu intermediären Stoffwechselprodukten, sicher auch zu den normalen Endverbrennungen aufs klarste demonstriert. Zweifellos liegt hierin ein Hinweis auf Tätigkeiten der Leber, die für den normalen Ablauf des ganzen Stoffwechsels und namentlich auch des Hungerstoffwechsels stets in Frage kommen werden.

Diese am überlebenden Organe gewonnenen Erfahrungen bedürfen zu einer völligen Beweiskraft einer Bestätigung unter pathologisch-physiologischen Bedingungen, sonst könnte der Einwand, daß diese Vorgänge so verlaufen können, aber nicht notwendigerweise müssen, stets gemacht werden. Darin sehe ich eine immerhin wichtige Ergänzung der Versuche Embdens, so daß man jetzt mit den Ergebnissen der am überlebenden Organe gewonnenen Erfahrungen auch unter rein vitalen Bedingungen rechnen darf. Ihre Ausdehnung auf Harnstoff- und Ammoniakbildung zeigt, wie umfassend solche verschiedenen Bildungen sein müssen.

Aus allen diesen Beobachtungen ergibt sich mit Notwendigkeit, daß man in der Leber den Hauptsitz aller möglichen Eiweißumformungen sehen muß, denn wir haben jetzt ja ihre Beteiligung daran von der Resorption bis zu den Endprodukten gleichsam vor Augen. Die Endumsetzungen können nicht ohne Eingriffsmöglichkeit in intermediäre Prozesse erfolgen, das ist undenkbar und so läßt die nachgewiesene Beeinflussung der Leber auf Resorption- und Endausscheidung des Eiweißes auch ganz bestimmt ihre Beteiligung an den intermediären Umsetzungen zu.

Man hat also eine besondere Betätigung der Leber bei allen Eiweißumsetzungen stets zu erwarten. In dieser Form ausgesprochen, müssen wir aber Fragen des ganzen Eiweißstoffwechsels gleichzeitig auch auf die Leber beziehen und es eröffnet sich hiermit ein viel breiteres Feld der Forschung.

Nun fragt man unwillkürlich, in welcher Form denn die Leberzellen die Fähigkeit so vielfacher Umsetzungen haben und wir müssen uns klar darüber werden, ob es überhaupt möglich ist, daß die Leber in so verschiedene Umformungen eingreifen kann und ob man irgend einen speziellen Mechanismus dafür verantwortlich machen könnte. Hier muß ich etwas weiter ausholen.

Ganz allgemein wissen wir heute, daß eine Aufspaltung von komplizierten Substanzen im Körper nicht plötzlich erfolgt, sondern stufenweise in durch das Eingreifen von Fermenten wohlgeregelter Form. Das hat uns für die Resorption der Nahrungsmittel die Physiologie der Verdauungsvorgänge gelehrt und für die Aufspaltung der Nukleinsäure im Körper liegt ein besonders wohldurchforschtes Gebiet für innere Fermentwirkungen vor, welches uns solche Verhältnisse exemplifizieren kann.

Weiter wissen wir von den Polypeptiden, daß einige für tryptische, andere für peptische Einwirkungen zugänglich sind, andere für keine von beiden. Für die fermentative Aufspaltung von Aminosäuren im Körper haben wir in der Arginase ein Beispiel kennen gelernt.

F. Hofmeister[247] hat früher ausgeführt, daß die Leber das Organ des Körpers ist, das die meisten der bis jetzt bekannten inneren Körperfermente besitzt, worin schon an sich ein Hinweis auf gewaltige mögliche Umsetzungen liegt. Es wäre wichtig, nach Beobachtungen Umschau zu halten, die es gestatten, der Leber weitere Beziehungen zum Fermentstoffwechsel zuschreiben zu dürfen.

Auf eine sehr unerwünschte Weise habe ich[248] damit Bekanntschaft gemacht, als im Beginn meiner Untersuchung über die Ecksche Fistel die Entstehung der sog. zentralen Läppchennekrose der Leber die Weiterführungen meiner Untersuchungen überhaupt in Frage stellte.

Nachdem ich anfänglich mit der Anlegung der Eckschen Fistel gar keine Schwierigkeiten hatte, starben mir in der Folge trotz sorgfältigster Ausführung der Operation und trotz ihres besten Gelingens eine große Reihe von Tieren innerhalb der ersten 3 Tage nach der Operation.

Sie zeigten einen sehr eigentümlichen und konstanten Symptomenkomplex, der sich klinisch zuerst im Auftreten großer Schwäche und starker Pulsbeschleunigung manifestierte. Weiter kam es zu schweren Zahnfleischblutungen und Abgang von blutigem Stuhl und zu starkem Erbrechen, nicht selten trat dann ein Stadium manischer Exaltation auf, das die schwersten Formen annehmen konnte und in Heulen, Beißen, Bellen, fortwährender stärkster Unruhe mit Fluchtversuchen sich äußerte, endlich traten starke Krämpfe tonisch-klonischer Natur, vollkommene Bewußtseinstrübung und Koma auf und die Tiere starben rettungslos, meist mit Untertemperatur.

Das vorwiegend „manische" Krankheitsbild stellt einen Gegensatz zu dem „depressiven" der Fleischintoxikation dar und es erscheint mir nicht ausgeschlossen, daß die Entdecker der Fleischintoxikation ev. auch dieses Bild vor sich hatten und in die Schilderung der Fleischintoxikation mitverwoben. Immerhin ist dies nur eine Vermutung meinerseits, der ich aber schon bei Schilderung der Fleischintoxikation andeutungsweise Raum gab. Ich darf hier noch hervorheben, daß bei der akuten gelben Leberatrophie·des Menschen nicht selten die manischen Züge so vorwiegen, daß die Patienten in Irrenanstalten eingeliefert werden. In der Heidelberger Irrenklinik habe ich einen Fall gesehen, der dorthin mit der Diagnose akutes Irresein eingeliefert war, und bei dem mir nur die gleichzeitige Gelbsucht die Stellung der richtigen Diagnose ermöglichte.

Selten ist das klinische Bild der zentralen Läppchennekrose so restlos entwickelt, wie ich es eben zu zeichnen versuchte, oft fehlt der und jener Zug vollständig. Immerhin ist die Diagnose schon dadurch erleichtert, daß sich das Krankheitsbild unmittelbar an die Operation oder wenig später anschließt und selten nach dem 2. Tag ausbricht. Ein Zusammenhang mit der Aufnahme von Fleisch besteht nicht, da die Tiere vor der Operation fasten und beim Herannahen des Bildes völlig appetitlos sind. Ich darf noch hinzufügen, daß der Blutdruck in den ausgesprochenen Stadien der Krankheit sehr gesunken ist, da die Venen beim Anstechen nicht bluteten. Weiter erscheint mir die Beobachtung sehr wichtig, daß bei einigen Tieren, die ganz besonders sorgfältig behandelt waren und eben noch gesund schienen, die Anstrengung des Verbandwechsels genügte, um sie mit einem schweren Krampfanfall unmittelbar tot umfallen zu lassen. Diese Plötzlichkeit der Erscheinungen ist mir für eine Erklärung besonders wertvoll geworden.

Im Gegensatz zu den Tieren, die an Fleischintoxikation zugrunde gegangen waren, fand ich bei diesen Tieren regelmäßig einen ganz typischen pathologisch-anatomischen Befund.

Die Lebern zeigten im Zentrum der Acini, diese bis nahe an den Rand, mindestens aber zu einem Drittel einnehmend, eine schwere Koagulationsnekrose der Leberzellen. Die Kerne der Zellen in den Nekrosebezirken waren entweder völlig vernichtet, der weitaus häufigste Befund, oder es zeigten sich, namentlich an den Übergängen zu den normalen Randpartien, vorwiegend Erscheinungen der Pyknose und Karyolyse. Die einzelnen Acini in den verschiedenen Leberlappen waren fast ganz gleichmäßig befallen. In wenigen besonders schweren Fällen bestand Totalnekrose der Leber, doch waren diese durch bakterielle Invasion kompliziert, während ich in den übrigen Fällen keine Bakterienwucherung gefunden habe. Es handelte sich meist um lange plumpe Stäbchen, wie sie bei der sog. Schaumleber zu treffen sind. Auch bestanden putride Zersetzungsgerüche. Doch kam es dazu verhältnismäßig selten. Die Art der Bakterienwucherung war stets dieselbe, das Zwischengewebe blieb dabei häufig nicht normal, sondern degenerierte ebenfalls. Häufig kam es in den Nekrosebezirken zu starker vikariierender Blutanhäufung, ähnlich wie man es bei akuter gelber Leberatrophie findet. Bei stärkster akuter Nekrose ist der Fettgehalt der Zellen ein verhältnismäßig geringer, nur die Randpartien der Acini, wo noch normale oder nur leicht geschädigte Zellen vorhanden sind, sind fast immer fetthaltig. Sehr wichtig erschien mir der Gehalt von fettsaurem Kalk in einigen Fällen, der in Form feinster Granulierung in einigen abgestorbenen Leberzellen zu finden war. Auf die Deutung dieses Befundes werde ich später zurückkommen

Weiter fällt auf, daß regelmäßig eine hämorrhagische Diathese des gesamten Magen-Darmtractus besteht, Zahnfleischblutungen, parenchymatöse Hämorrhagien im Magen, besonders aber im Duodenum und oberen Jejunum, weniger in tieferen Abschnitten und nicht im Dickdarm.

Endlich ließ sich aber noch ein konstanter Befund erheben, eine mehr oder weniger ausgeprägte Fettgewebsnekrose. Gerade dieser Befund sollte der Schlüssel zur Erklärung der ganzen Erscheinungen werden.

Daß die Läppchennekrose in den seltenen Fällen von sog. Chloroformspätwirkung gefunden wird, ist nach den darüber vorliegenden Publikationen amerikanischer und deutscher Forscher außer Zweifel[249].

Die mitgeteilten klinischen Fälle sind in ihrer Deutung aber unübersichtlich und man tut gut, sich hauptsächlich an die experimentellen Daten zu halten. Aus ihnen geht unzweifelhaft hervor, daß es wiederholter und intensiver Chloroformwirkung bedarf bis die Nekrose erzielt wird.

Wenn an den klinischen Fällen etwas auffällt, so ist es dies, daß sich die sog. Chloroformspätwirkung mit Vorliebe an schwere Affektionen der Peritonealhöhle anschließt. Die Zeichen der Erkrankung an Chloroformspätwirkung beim Menschen stimmen mit den von mir am Tiere geschilderten überein, nur scheint das manische Stadium beim Menschen seltener zu sein und auch die hämorrhagische Diathese ist nicht häufig, dagegen wohl Ikterus, der meinen Tieren fehlt. Diese geringen Differenzen sind aber nicht wesentlich und finden ihre Erklärung vielleicht in dem Vorhandensein der Eckschen Fistel, von der ich nachgewiesen habe, daß schwerer Ikterus bei ihrem Bestehen nicht so leicht auftritt.

Das Krankheitsbild ist also bedingt durch die Veränderung der Leber.

Da ich bei meinen Operationen ebenfalls Chloroform anwendete, so lag es nahe, daß mir der Einwurf[250] gemacht wurde, es handle sich in meinen Fällen um eine Chloroformwirkung. Ich selbst konnte daran gar nicht denken, da ich früher bei vielen Hunderten anderer Operationen an Hunden, bei denen ich stets auch Chloroform angewendet hatte, nie eine zentrale Läppchennekrose erlebte.

Hätte es an sich schon auffallen müssen, daß bei meinen Befunden diese Wirkung eine zu ihrer sonstigen Beobachtung unvergleichlich häufige und damit schon gänzlich abweichende war, so wäre vor allem eine Mitteilung, die ich schon gemacht hatte[251], geeignet gewesen, mit der genannten Auffassung meiner Experimente ganz besonders vorsichtig zu sein. Ich hatte mitgeteilt, daß nach Immunisierung der Tiere mit subkutanen Trypsininjektionen (Trypsin Grübler) auch schwere Läsionen des Pankreas mit ausgedehnter konsekutiver Fettgewebsnekrose jetzt ohne zentrale Läppchennekrose verliefen, trotzdem in der Art der Narkose keine Veränderung vorgenommen wurde und ich nach wie vor Chloroform verwendete, an dessen mögliche ätiologische Einflüsse dafür ich gar nicht dachte. Ferner hatte ich mitgeteilt, daß nach besonders vorsichtiger Schonung des Pankreas — also bei Hintanhaltung der Fettgewebsnekrose — die zentrale Läppchennekrose der Leber sich trotz Anwendung von Chloroform verhüten läßt, da ich auch hier gar nicht daran gedacht hatte, meine bisherige Narkosenart zu ändern.

Meine erste Auffassung des ganzen Vorganges war die, daß die Nekroseerscheinungen der Leber mit einer Einwirkung tryptischer Einflüsse zusammenhängen müsse, weil die Leber unter den Bedingungen der Eckschen Fistel viel weniger solchen Einwirkungen Widerstand leisten könnte. Daher die Trypsinimmunisierung im Anschluß an die Mitteilungen Guleckes und v. Bergmanns[252], daher die vorsichtige Behandlung des Pankreas.

Meine Überlegungen waren durch den Ausfall der Operationen an gegen tryptische Einflüsse gefestigte Tiere also bestätigt.

Nachdem aber der Einwurf einmal bestand und nachträglich von mir auch nicht a limine abgewiesen werden konnte, schien es mir nötig, eine ganz genaue Prüfung der ganzen Frage vorzunehmen[253]. Zunächst operierte ich unter Morphium-Äther-Narkose und erzeugte gleichzeitige Fettgewebsnekrose. Es trat jetzt aber keine zentrale Läppchennekrose der Leber ein. Diese Versuche schienen den mir gemachten Einwand nur zu bestätigen. Ich konnte mich aber deswegen nicht von ihnen ohne weiteres überzeugen lassen, da meine früheren Beobachtungen des Fehlens von Läppchennekrose der Leber bei ebenso langer Anwendung des Chloroforms bei allerlei anderen Operationen in einem unvereinbaren Widerspruch mit den Erfahrungen bei Operationen am Eck-Hunde standen. Weitere Klärung mußte erstrebt werden.

Ich ging nun so vor, daß ich die Leber ihrerseits noch stärker schädigte und die Ecksche Fistel unter Äthernarkose anlegte. Und nun trat eine zentrale Läppchennekrose der Leber auch tatsächlich ein. Die zentrale Läppchennekrose konnte also unmöglich der unmittelbare Ausdruck der reinen Chloroformwirkung sein, sondern nur eines durch sie, aber auch durch andere Einwirkungen vermittelten Mechanismus eines speziell die Leberzellen schädigenden Einflusses, der zur Geltung kommen konnte, wenn die Leber, wie es durch die Ecksche Fistel geschieht, in ihrem Gesamtwiderstand herabgesetzt worden war.

Ich prüfte weiter Tiere mit schon lange bestehender Eckscher Fistel, die zur Versuchszeit vollkommen wohl waren, auf ihre Resistenz gegen Chloroform. Sie ist nicht geringer als die normaler Tiere, denn solche Ecksche Fistelhunde ertragen leicht auch wiederholte Chloroformierungen. Die Ecksche Fistel bedeutet als solche offenbar nur im Moment ihrer Anlegung, resp. für kurze Zeit nachher eine besondere Schädigung der Leber. Kommt dazu noch Chloroform und Fettgewebsnekrose, so tritt dann allerdings fast sicher eine Lebernekrose ein, denn dann ist eine Häufung von Schädigungen auf die Lebersubstanz vorhanden, die ihren Gesamtwiderstand stark herabsetzen muß.

Daß das Chloroform als solches diese Wirkung nicht haben konnte, war mir klar, denn dann müßte es sie vor allen Dingen an den Stellen haben, an die es hauptsächlich herantritt, also z. B. im Respirationstractus, der seiner unmittelbaren Wirkung doch am allermeisten ausgesetzt ist. Immerhin konnte diese Überlegung wegen verschiedener Resistenz der Gewebsarten noch fehlerhaft sein. Sowie aber ohne Chloroform ebenfalls Nekrose in der Leber auftrat, war klar, daß die eigentliche Ursache der Nekrotisierung eine andere sein mußte, und daß das Chloroform wohl eine der möglichen Vorbedingungen, nicht aber die Ursache der Nekrose sein konnte. Es rangiert dann das Chloroform mit einer Reihe anderer Schädlichkeiten für die Leber auf gleicher Stufe und bereitet nur dem Mechanismus der Nekrose die Wege.

Es galt diesen zu finden. Ich suchte ihn nun in der unter normalen Verhältnissen der Leber nicht zum Vorschein kommenden Fermentanhäufung in diesem Organe, in tryptischen Einflüssen also, die sonst durch eine normale Funktion der Leber unschädlich gemacht wurden.

Es kommt darauf an, die Leber zu schädigen und dann tryptische Einwirkungen hervorzurufen. Eine Reihe von Experimenten diente diesem Gedanken.

Durch Hydrazinsulfat kann man die Leber spezifisch schädigen[254], ja ev. Nekrose hervorrufen. Spritzt man subletale Dosen dieses Salzes ein und 1—3 Tage später Trypsin intravenös, so tritt prompt zentrale Läppchennekrose ein. Vergiftet man ein Tier mit subletalen Dosen von Phosphor und spritzt später Trypsin intravenös ein, so tritt im Angriffsbereich des Phosphors, also peripher, in den Acinis Nekrose ein.

Schädigt man die Leber dadurch ganz spezifisch, d. h. allein, daß man zeitweise in einer für sie sonst nicht Schaden bringender Weise ihre Blutzufuhr vollkommen unterbricht[255], was mir im Verein mit Cuttler durch Anlegung einer Eckschen Fistel und temporärer Unterbrechung der Blutzufuhr der Leberarterie gelang und sorgt gleichzeitig für den Eintritt ausgedehnter Fettgewebsnekrose, so tritt auch bei Äther-Narkose regelmäßig eine zentrale Nekrotisierung der Acini ein, die einen deutlichen Parallelismus zwischen Schwere der Pankreasläsion, also der tryptischen Einwirkung und Schnelligkeit der Ausbildung des klinischen Bildes der zentralen Läppchennekrose der Leber erkennen läßt.

Endlich tritt nach Vergiftung mit gewissen Pilzarten eine typische zentrale Läppchennekrose auch beim Menschen ein, ein solcher Fall, worauf ich noch bei anderer Gelegenheit zurückkommen werde, lag mir vor.

In allen diesen Fällen ist keine Spur einer Chloroformwirkung vorhanden, wohl aber lassen sich tryptische Einflüsse, z. B. bei Phosphor-

und Hydrazinwirkung, an spontanen kleinen Herden von Pankreasnekrose, natürlich bei Ausschluß von mechanischen Einflüssen am Pankreas selbst, auch sonst nachweisen.

An keinem anderen Organe können wir aber so regelmäßige Beziehungen zu tryptischen Einwirkungen auffinden wie an der Leber, die aber nur dann in Erscheinungen pathologischer Art sich manifstieren können, wenn die Leber gleichzeitigen hochgradigen sonstigen Störungen ausgesetzt ist.

Ich muß aus diesen Versuchsergebnissen ableiten, daß die Leber unter normalen Verhältnissen die fermentativen Einflüsse paralysiert, daß sie ihnen aber unterliegt, wenn sie schwer geschädigt ist, wie z. B. durch gleichzeitige Anlegung der Eckschen Fistel, Pankreasfettgewebsnekrose und Chloroformeinwirkung. Sie geht dabei selbst durch die tryptischen Wirkungen zugrunde unter dem Bilde einer typischen Intoxikation des Körpers mit abgebautem Eiweiß, wie die hämorrhagische Diathese des Magen-Darmtractus, Zahnfleischblutungen, Temperatursturz, Blutdrucksenkung, Leukozytenverminderung usw. zeigen, Symptome, die uns von der Anaphylaxie her bekannt sind und die genau, wie jene schockartig eintreten können. Hier erinnere ich an den plötzlichen Tod der Tiere nach Verbandwechsel bei anscheinendem vorherigen Wohlbefinden. Diese Tiere bekamen einen schweren Krampfanfall und blieben in demselben tot. Man hat dies so aufzufassen, daß durch die mit dem Verbandwechsel verbundene Anstrengung plötzlich eine größere Menge des abgebauten Lebereiweißes in den Körper gelangt und dabei kommt es dann zu einer richtigen Schockwirkung. Diese Beobachtung erscheint mir besonders zwingend.

Es besteht also eine „Abbauintoxikation" mit den in der Leber durch die tryptischen Einwirkungen frei gewordenen Aufspaltungsprodukten des Eiweißes. Daher sind auch Immunisierungen mit Trypsin wirksam, wie sie in den v. Bergmann-Guleckeschen Versuchen wirksam waren gegen fremdes in die Bauchhöhle verpflanztes Pankreas. Durch Hagemann[256] ließ ich beim Eckschen Fistelhund den antitryptischen Titer prüfen und er konnte bei toxischen Zuständen eine deutliche Verminderung bis Schwund desselben feststellen.

Die sog. Spätwirkung des Chloroforms findet genau dieselbe Erklärung, denn wir wissen, daß die fermentativen Einwirkungen in weitem Umfange von Chloroform unabhängig sind, weshalb ja auch Studien über Fermentwirkung so häufig unter Chloroform gemacht werden, das bakterielle Verunreinigungen abhält, ohne die fermentativen Umsetzungen allzusehr zu beeinflussen. Vitale Vorgänge leiden aber unter Chloroform. Sind sie aber schon durch andere Schädigungen des Organes herabgesetzt, so ist es möglich, daß die Chloroformwirkung den Ausschlag gibt. Ebensogut kann dies aber jede andere die Leber mehr oder minder stark treffende Schädlichkeit tun, wie wir sie als Pilzvergiftung, Blutabsperrung, schwere Abdominalerkrankungen, Pankreasnekrose usw. kennen gelernt haben.

Das relativ seltene Vorkommen der sog. Spätwirkung des Chloroforms beruht darauf, daß die dazu nötige sonstige starke Schädigung der Leber auch unter schweren sonstigen pathologischen Erscheinungen offenbar selten ist. Wir sahen ja, daß wir nur mit einer mehr oder weniger „spezifischen" Schädigung der Leber den normalen Widerstand gegen die tryptischen Einflüsse brechen konnten, daß dann allerdings auch die Nekrotisierung rettungslos einsetzt und der Tod des Tieres unabwendbar wird. Damit findet die bis jetzt so rätselhafte Chloroformspätwirkung ihre Aufklärung.

Hier berührt sich die experimentelle Forschung ganz unmittelbar mit klinischen Beobachtungen und wir werden sehen, daß Vorkommnisse dieser Art in der klinischen Pathologie eine Rolle spielen. Man denke nur an die akute gelbe Leberatrophie, bei der nach einem anscheinend harmlosen Vorstadium, einem Ikterus, der sich bis jetzt wenigstens in nichts von einem der häufigen harmlosen Ikterusarten unterscheiden läßt, in dem aber wahrscheinlich die notwendige intensive Schädigung des Organes erfolgt, plötzlich — katastrophal genau wie bei den Eck-Hunden mit Pankreasläsion — eine völlige Verdauung des Organes eintritt unter Auftreten bekannter Eiweißspaltungsprodukte des Leuzins, des Tyrosins, die wir auch durch Trypsinverdauung erhalten. Und um die Parallele vollkommen zu machen, so werden durch die unvollkommenen Spaltungsprodukte des Eiweißes die zerebralen Reizerscheinungen, die schweren manischen Zustände, welche bei akuter gelber Leberatrophie so häufig sind, sowie die komatösen Erscheinungen veranlaßt. Auch die Unabwendbarkeit des letalen Ausganges ist eine bemerkenswerte Ähnlichkeit. Man darf dies jetzt, nach dem was ich über die Wirkung unvollkommener Eiweißumsetzungen bei der „glykopriven Intoxikation" zu entwickeln versucht habe, unbedenklich annehmen. Ich glaube nicht fehlzugehen, wenn ich die Gruppe der Krankheitsbilder der zentralen Läppchennekrose, der akuten gelben Leberatrophie und der Intoxikationserscheinungen nach Unterdrückung der Leberfunktion infolge völliger Zuckerberaubung des Organismus zusammenfasse und sie der „Fleischintoxikation" prinzipiell gegenüberstelle.

Man wird unschwer im klinischen Bild und auch in den gemeinsamen Zügen des Obduktionsbefundes eine Zusammengehörigkeit der ersten drei genannten Krankheiten erkennen, obwohl im einzelnen einige Verschiedenheiten bestehen, die wohl in der verschiedenen Auslösung der krankmachenden Faktoren gesucht werden dürfen. Das Hauptsymptom aber, der abnorme innere Umsatz der Eiweißkörper, ist ihnen gemeinsam, mag er durch eine Verdauung des Lebereiweißes bedingt sein oder durch die unvollkommene Umsetzung sonstigen zugeführten Eiweißes.

Ich bin mir bewußt, in dieser Erklärung mich noch im wesentlichen in Hypothesen zu bewegen, aber in solchen, die äußerst wahrscheinlich sind, zum mindesten aber zur Förderung der Gesamtauffassung der Ausfallserscheinungen der Lebertätigkeit angesprochen werden können. Ich darf dabei darauf hinweisen, daß Hoppe-Seyler[258] die Parallelität der Einwirkung von Fermentwirkungen des Pankreassekretes mit den Erscheinungen der akuten gelben Leberatrophie ebenfalls ausführlich betont, so daß ich mit meiner Auffassung durchaus nicht allein stehe.

Die Auffassung von der im Ikterusstadium erfolgenden Schädigung der Leber und damit ihrer Vorbereitung zur Überwältigung durch die fermentativen Einflüsse, wird aber noch gestützt durch die klinische Beobachtung, daß nicht selten an sich geschädigte Lebern (durch Schwangerschaft, Zirrhose usw.) besonders zur akuten gelben Leberatrophie disponiert sind, und daß man diese schon erfolgte Schädigung jetzt als Grund der Disposition ansehen darf. Die vorliegenden ganz unabhängig von jeder Theorie gemachten Beobachtungen fügen sich also wie von selbst der entwickelten Auffassung ein.

Eine so rapide Einschmelzung von Organen, wie wir sie beim Pankreas und der Leber beobachten können, tritt uns sonst in der Pathologie — wenigstens bei Ausschluß von Bakterienwirkung — nirgends entgegen. Wir wissen im Gegenteil wie lange sonst nekrotische Teile im Körper verweilen und erst viel später aufgelöst oder ausgeschieden werden.

Auch bei der Pankreasfettgewebsnekrose sehen wir die Selbstverdauung erst auftreten, wenn das Organ sonstwie irgend eine Schädigung erfahren hat, sei sie chemischer oder mechanischer Natur, wie wir dies so oft bei Stoßwirkungen sehen können und wie dies experimentell besonders genau von mir bei dem Versuch der Vermeidung der Pankreasläsion festgestellt worden ist. Auch kennen wir den rapiden Verlauf der Pankreasfettgewebsnekrose, und ihr klinisches Bild stellt einen bemerkenswerten Analogiefall zum Bilde der zentralen Läppchennekrose dar. Dieselbe Rapidität im Schwunde des Organes tritt uns hier entgegen, dieselbe Geschwindigkeit im Auftreten der schweren toxischen Symptome, dieselbe Unabwendbarkeit des infausten Ausganges, wenn es uns nicht gelingt, früh genug operativ die Zerfallsprodukte nach außen abzuleiten.

In alledem sehe ich weitgehende Garantien für das Zurechtbestehen der vorgetragenen Ansichten und wir sehen unter den pathologischen Einflüssen ein Manifestwerden der tatsächlich bestehenden engen Beziehungen der Leber mit dem Fermentstoffwechsel. In einigen der Fälle ist mir aber auch noch der direkte Beweis für Fermentwirkung gelungen[259]. Es findet sich nämlich in den nekrotischen Zellen teilweise Fettsäure resp. fettsaurer Kalk in Form feinster Granulationen. Ich konnte sie mit meiner Fettsäurefärbemethode sehr sicher nachweisen. Das Auftreten von freier Fettsäure oder gar von Seifen in der Leber ist mir aber nur in diesen Fällen vorgekommen. Bei der Phlorrhizinhungerleber in einer eigentümlichen Form, die sich nur in einer wenn auch starken, doch nicht dauerhaften Anfärbung der zentral gelegenen Partie kundgab, bei der zentralen Läppchennekrose dagegen finde ich dieselbe Reaktion, wie ich sie vom Infarktrand der Niere her kenne und beschrieben habe.

Das Vorhandensein von Fettsäure in den nekrotischen Leberzellen zeigt deutlich die Einwirkung des Fermentes, der Lipase, die ja mit dem Trypsin stets zusammenwirkt. Somit hätte ich den direkten Beweis von pankreatischen Wirkungen in einigen dieser Fälle. Nicht bei allen Tieren waren diese Zelleinschlüsse vorhanden, nur bei solchen, die einen nicht ganz rapiden Verlauf der Erkrankung durchgemacht hatten. Wichtig ist, daß nur in abgestorbenen Zellen, wie das aus dem Fehlen des Kernes oder aus der Kerndegeneration abgeleitet werden kann, diese Veränderungen zu finden sind, also bei solchen, die äußeren Einflüssen wehrlos ausgesetzt sind.

Es ist somit kaum zweifelhaft, daß wir auch in der lebenden Leber mit sehr erheblichen fermentativen Einflüssen zu rechnen haben.

Diese durch eine so gewichtige Reihe pathologischer Vorgänge offenbar gewordenen Einflüsse fermentativer Art bringen uns die mögliche Lösung für das Verständnis so außerordentlich mannigfaltiger Umsetzungen, die wir von der Leberzelle bisher kennen gelernt haben. Man wird nicht fehlgehen, bei Inbetrachtziehung des hierfür zu fordernden Mechanismus fermentativen Einflüssen die größte Rolle zuzuschreiben. Und nun finden wir Tatsachen, wie die eben mitgeteilten, die uns eine unter Umständen infauste Wirkung von fermentativem Charakter in der Leber ad oculos demonstrieren!

Sicher dürfen wir dann solchen fermentativen Einflüssen auch sonst eine maßgebende Tätigkeit bei den Umsetzungen des Organes zumessen.

Ich kann aber noch über Experimente berichten, die eine ganz unerwartete und ev. recht fruchtbringende Bestätigung der bisher aus den Experimenten abgeleiteten Ansichten brachte.

Diese Untersuchungen, welche ich Denecke[260] übertrug, wurden ebenfalls unternommen, um die Ecksche Leber plötzlich stärkerem inneren Eiweißzerfall gegenüberzustellen. Ich dachte mittelst des anaphylaktischen Schocks den Eiweißzerfall hervorzurufen und konnte nach den bisherigen Erfahrungen erwarten, daß eine Leber unter den Verhältnissen der Eckschen Fistel sich ihm gegenüber anders verhalten würde wie eine normale.

Sensibilisiert man Hunde **nach** der Operation intravenös mit Eiereiweiß und reinjziert nach drei Wochen in üblicher Weise, so bekommen diese Tiere überhaupt keinen Schock.

Wir haben dasselbe Resultat an 11 Tieren erhalten, so daß man unmöglich annehmen kann, daß alle die Tiere refraktär gewesen wären.

Stets ist die Temperatur und Leukozytenzahl vor und nach der Reinjektion und das ganze klinische Bild genauestens registriert und in zwei Fällen der Blutdruck in der Karotis gemessen worden, nie haben wir etwas finden können, was die Diagnose „anaphylaktischer Schock" gerechtfertigt hätte.

Waren die Tiere aber **vor** der Operation sensibilisiert worden und wurden in der Zwischenzeit operiert, so bekamen sie beim Reinjizieren einen Schock, wenn auch keinen ausgeprägten. Doch war Leukocytensturz und Temperaturabfall vorhanden.

Unmittelbar geht aus diesem eigentümlichen Ausfall der Versuche hervor, daß die Leber etwas mit der Sensibilisierung zu tun hat.

Der Hauptbeweis für diese Ansicht wurde uns aber durch Versuche am Hunde mit u. E. F. klar.

Wurde die Sensibilisierung von einer Vene des Hinterbeines aus unternommen, also quasi das Antigen direkt in die Leber injiziert und die Reinjektion von derselben Stelle aus nach drei Wochen durchgeführt, so bekamen die Tiere regelmäßig einen schweren Schock, die schwersten, die wir sahen mit Temperatur- und Leukocytensturz, relativer Lymphozytose, Enteritis anaphylactica und klinischem Schockbild. Koma und Tod haben wir nie eintreten sehen. War der Hund mit u. E. F. vom Vorderbein aus sensibilisiert, so schien der Schock bei der Reinjektion weniger schwer, war aber auch deutlich.

Eine so ausgeprägte Beeinflussung der Sensibilisierung durch die Leber muß mit einer besonderen Funktion zusammenhängen. Wie man die Sensibilisierung auch auffassen möge, rein als fermentativen Prozeß oder als eine Verankerung des Eiweißes usw., ohne seine Umprägung wird sie nicht vor sich gehen können. Sie überträgt sich bei der Reinjektion dann plötzlich auch auf die einströmende neue Eiweißmenge und bewirkt ihren besonderen Abbau. Eine Veränderung des Eiweißes zu niederen Produkten kann ohne fermentative Hilfe nach unseren sonstigen Kenntnissen über seine Spaltungen im Tierkörper nicht zustande kommen. Die Erwerbung solcher Eigenschaften sehen wir nun an ein möglichst direktes Eindringen des Eiweißes in die Leber gebunden;

also der Sitz solcher Fähigkeiten ist für Hühnereiweiß wenigstens beim Hunde in der Leber zu suchen.

Wir sind aber nicht allein in der Konstatierung dieser Tatsachen. Manwaring[261] hat durch äußere Blutumleitung die Leber seiner Versuchstiere aus dem Kreislauf ausgeschaltet und je nach Öffnung oder Verschluß der Gefäße den Schock auslösen können oder nicht.

Neuerdings berichtet Pick[262] in einer vorläufigen Mitteilung und dann mit Hasimoto, daß er bei sensibilisierten Tieren eine viel erheblichere postmortale Leberautolyse feststellen kann als bei normalen, und daß es Lebereiweiß ist, was abgebaut wird. Nach Auslösung des Schocks hört die Autolyse aber fast gänzlich auf, was auf eine Erschöpfung der betreffenden Lebereigenschaft deutet.

Erwägt man diese merkwürdigen Tatsachen in ihrer Gesamtheit, so sieht man, daß ungeahnte Verknüpfungen der Lebertätigkeit mit dem Eiweißan- und -abbau bestehen. Und was besonders beachtenswert ist, die Erwerbung dieser — sagen wir fermentativen Eigenschaften —, die vorher im Körper nicht vorhanden waren, ist mindestens für genuines Eiereiweiß an eine Mitwirkung der Leber gebunden. Wir wissen, daß es einer gewissen Zeit bedarf, bis sie sich ausbildet und wir erkennen durch unsere und Picks Untersuchungen, daß dabei die gesamte Leber in Mitleidenschaft gezogen wird. Der Körper verfügt also über eigentümliche Vorrichtungen, um sich gegen das Eindringen fremder Eiweißmoleküle zu schützen und wir sehen, daß damit für unseren speziellen Fall die Leber betraut ist. Auf die Ausblicke, welche sich damit eröffnen, werde ich noch zurückkommen.

Noch muß ich aber zweier Beobachtungen gedenken, welche uns über besondere Beziehungen der Leber zum Fermentstoffwechsel Aufschluß geben.

Die eine stammt von M. Jacobi[263], der fand, daß die postmortale Autolyse der Leber nach Phosphorvergiftung viel beträchtlicher war, als die unter normalen Bedingungen stattfindende. Es ist nicht zweifelhaft, daß man hierin den Ausdruck für eine verminderte Resistenz der Leber gegen die Einwirkung der normalen tryptischen Einflüsse, die sich in der Leber finden, sehen darf. Man könnte gegen solche Übertragungen von Beobachtungen postmortaler Leberautolyse einwenden, daß sie keine Geltung für die Verhältnisse im lebenden Körper haben.

Dem ist aber nicht so, denn ich selbst[264] konnte die zweite Beobachtung machen, welche sehr geeignet ist, das zu bestätigen, worauf die postmortale Autolyse schon hinwies. Die Galle von Gallenfistelhunden enthält unter normalen Bedingungen nie tryptische Fermente. Bei schweren Graden von Phosphorvergiftung konnte ich aber wiederholt bemerken, daß dann ein tryptisches Ferment in die Galle übergeht. Das zeigt sich direkt an der Fistel, deren Ränder angedaut werden, wobei es zur Einschmelzung von Hautbrücken kommen kann. Die Haut sieht dann überdies etwas rötlich, wie ekzematös aus, während sie vorher ganz normal war. Endlich kann man das Ferment aber auch ganz direkt in der dann sehr spärlichen und kaum gefärbten Galle durch Verdauenlassen von Fibrin nachweisen, was sonst nicht von der Galle geleistet wird. Bakterielle Einflüsse verhütet man am besten durch einen reichlichen Zusatz von Glyzerin. Es wird zu gleichen Teilen mit der Gallenflüssigkeit gut gemischt und zentrifugiert, die klare Flüssigkeit in ein steriles Glas abgegossen und dann Fibrin, das in Glyzerin aufbewahrt war, dazugefügt und das Ganze dann bebrütet. Diese einfache Methodik gestattet eine sehr deutliche Feststellung der Löslichkeit der Fibrinflocke. In einigen Fällen war die Flocke in 4—5 Stunden gelöst, andere brauchten 24 Stunden. Die Schwierigkeit der Versuche liegt darin, daß man mit der Phosphordosis ganz nahe an die letale Grenze gehen muß; gibt man zu wenig Phosphor, so treten die Fermente nicht auf, gibt man eine Spur mehr, so ist das Tier gefährdet. Sehr interessant und in gewisser Beziehung als ein Maßstab für die Wirkung verwertbar ist die Veränderung der Galle, die ihren Farbstoff ganz oder fast ganz einbüßt und sehr spärlich wird.

Wir begegnen aber nach allen diesen Feststellungen einem deutlichen Vorhandensein von Fermentwirkung in der Leber stets nur bei gleichzeitigen starken pathologischen Einwirkungen auf sie selbst.

Überblickt man die mitgeteilten Tatsachen über die Beziehungen der Leber zu Fermentwirkungen, so sind sie eindeutig und der Nachweis besonders ausgeprägter fermentativer Umsetzungen unter Regelung durch die Lebertätigkeit ist unzweifelhaft. Versagt die Lebertätigkeit durch eine mehr oder weniger spezifische hochgradige Schädigung des Organes, so wird es von den in ihm angehäuften Fermenten selbst zersetzt. Auch die Entwickelung von Zersetzungen parenteral zugeführten Eiweißes ist mindestens für einige Fälle (Eiereiweiß, Pferdeserum, Denecke, Manvaring) an die Lebertätigkeit geknüpft.

Die Leber ist also ein Zentralort für fermentative Umsetzungen.

Es war daher nicht zuviel gesagt, wie ich dies bei der Zusammenfassung über die Ergebnisse der Beziehungen der Leber zu den Resorptions- und Endumsetzungen des Eiweißes hervorhob, daß mit diesem nachgewiesenen Zusammenhang jede Frage des Eiweißumsatzes eigentlich auch eine Frage der Funktionstätigkeit der Leber sei. Die Betrachtungen über den möglichen Mechanismus, welcher eine so umfassende Tätigkeit zuläßt, hat nun noch ganz neue Tatsachen enthüllt, welche aber letzten Endes dasselbe besagen.

Unter diesen Umständen ist es nicht überflüssig, eine Betrachtung der Eiweißzersetzung überhaupt einmal vorzunehmen, denn auch heute begegnet eine genauere Erklärung dieser anscheinend außerordentlich großen Fähigkeit des Körpers den allergrößten Schwierigkeiten.

Die Eiweißzersetzung ist in besonders augenfälliger Weise an die Resorption gebunden, fällt zeitlich damit zusammen und steigt und sinkt mit der Größe der N-Aufnahme aus der Nahrung. Sie wird sehr gering im Hunger, bleibt dabei bekanntlich eine Zeitlang auf einem annähernd gleichen Niveau bestehen, um erst gegen Ende der Ertragbarkeit des Hungers stark anzusteigen.

Bei Ruhe und bei Arbeit kann die N-Ausscheidung ungefähr gleichbleiben, wenn genügend N-freies Ernährungsmaterial stets zur Verfügung steht, dessen Zersetzung allerdings seinerseits entsprechend der geleisteten Arbeit steigt.

Es geht aus diesen Feststellungen hervor, daß die N-Ausscheidung, welche mit der Eiweißzersetzung des Körpers praktisch gleichbedeutend gesetzt werden kann, eine Größe sui generis darstellt, und was wichtig ist, in überwiegendem Maße unabhängig von einer äußeren Anregung der Zersetzungsvorgänge (Arbeit) verlaufen kann. Von einer gewissen Grenze ab, die wir als Eiweißminimum unter gegebenen Verhältnissen ansehen dürfen, wächst sie mit der Nahrungszufuhr von Eiweißmaterial in direkt proportionalem Verhältnis — alles unter der Voraussetzung, daß der Körper gesund und erwachsen ist.

Es muß also irgendwo im Körper ein Mechanismus vorhanden sein, der gestattet, daß diese Zersetzung rasch und vollkommen vor sich geht.

Man weiß seit Voit [265], daß eine größere Zufuhr von Eiweiß eine Erhöhung des O-Verbrauches hervorruft, während z. B. eine Zufuhr von Fett dies nur in verschwindendem Maße tut. Der Körper reagiert also in anderer Weise auf Fettzufuhr wie auf Eiweiß, dieses wird stets zersetzt, jenes bei Nichtgebrauch abgelagert.

Im Anfang dachte man ja, daß die Sauerstoffzufuhr die Ursache der eintretenden Zersetzungen wäre. Auf die Unrichtigkeit dieser Annahme weisen gerade solche Beobachtungen der Differenz des Verhaltens von Fett und Eiweiß.

Nun tauchte die Vorstellung der Luxuskonsumation auf. Auch hier hat Voit das, was an ihr unrichtig war, daß nämlich der bei der Arbeit zerfallende Teil von Muskeleiweiß durch das Nahrungseiweiß wieder ersetzt werden müsse, alles andere Eiweiß aber zerfiele resp. verbrannt werde, zurückgewiesen, weil Muskelarbeit die N-Zersetzung unter gewissen Bedingungen gar nicht zu steigern braucht. Aber die beobachtete Tatsache als solche, daß der Teil Eiweiß, welcher nicht irgendwie im Körper retiniert wird, was nur unter besonderen Verhältnissen geschieht, eben in den N-Ausscheidungen wieder erscheint, also in anscheinend überflüssiger, d. h. luxuriöser Weise zerstört wird, diese Tatsache der sog. Luxuskonsumtion ist damit nicht aus der Welt geschafft.

Wo und wie soll nun diese eigentümliche Zerstörung von Eiweiß vor sich gehen? Da mangeln klare Vorstellungen in diesem sonst so gut durchgearbeiteten Kapitel der Stoffwechselphysiologie. Das Eiweiß kann offenbar überall im Körper zersetzt werden, es ist mir aber unverständlich, wie die Zellen eine so verschiedene Belastung vertragen, eine Belastung, die nicht geregelt erscheint, wenn diese Vorstellung der Allüberallzerstörbarkeit des Eiweißes jeder Zelle in jedem Augenblick zugemutet werden kann.

Rubner[266] stellt sich den Stoffersatz in der Weise vor, daß durch die Zelltätigkeit selbst eine Störung ihres molekularen Gleichgewichtszustandes hervorgerufen werde, der sich durch Aufnahme der Stoffe von außen wieder ausgleichen läßt, was eigentlich nur eine Umschreibung der Begriffe Hunger und Sättigung ist. Hier wird aber der Zellzustand für das Wesentliche erklärt und man wird diese Vorstellung unbedingt anerkennen können. Unmöglich können solche Zustände aber für die übermäßige Eiweißzersetzung bei einem fortwährenden Übermaß seines Angebotes Geltung haben, für Zustände also, die der schwersten Sättigung entsprechen. Denn gerade dann finden wir ja starke Eiweißzersetzung.

Nach heute allgemein geltenden Vorstellungen sollen die Zellen Eiweiß allen anderen Nahrungsstoffen vorziehen und daher nicht nur im Hunger, sondern auch bei reichlichem Angebot von Eiweiß, also bei Sättigungszuständen, stets diesen N-Anteil aufnehmen. Warum sie ihn dann aber ebenso rasch wieder zersetzen, bleibt unklar. Überdies wissen wir, daß wir eine Aufnahme von N in die Zelle nicht erzwingen können, oder doch nur in geringem Umfange. Nach allen Feststellungen gelingt der N-Ansatz in der Zelle nur bei Bedürfnis danach, z. B. bei stärkeren Leistungen, die von ihm verlangt werden (Muskelübungen), Wachstum oder Ersatz des zugrunde gegangenen Anteiles (N-Ansatz in der Rekonvalescenz). Der Eiweißansatz der Zellen ist eine sehr stabile Größe, wie das leicht bei reichlicher sonstiger Nahrungsaufnahme (Fette, Kohlehydrate) zu erhaltende N-Gleichgewicht bei geringer N-Zufuhr zeigt. Auch der Begriff des labilen oder zirkulierenden Eiweißes hilft hier nicht aus. Aus den Versuchen Grunds wissen wir, daß in der Leber ein Ansatz von stabilem Eiweiß in höherem Maße möglich ist als in anderen Organen. Das Wo und Wie der prompten Eiweißzersetzung ist aber noch denkbar unklar.

Vielleicht hilft dazu eine Betrachtung der speziellen Zersetzungen überhaupt. In Blut und Lymphe findet jedenfalls keine solche statt, wissen wir doch bestimmt, daß beide Flüssigkeiten keine nennenswerte O-Zehrung haben.

Gehen wir aber den Zersetzungsvorgängen im Körper selbst nach, so wissen wir, daß sie im Hunger besonders deutlich zum Ausdruck kommen, aber sehr verschieden stark. In erster Linie steht das Fett, dann die Muskulatur, Leber, Haut, Knochen, in geringem Maße Herz und fast gar nicht Gehirn und Nervensubstanz. Dabei besteht im Anfang die bekannte Sparwirkung für Eiweiß, dessen Ausfuhr so lange nieder bleibt, als Fett in größerem Umfange zur Verfügung steht. Ist dieses aber stark vermindert, so tritt eine erhebliche Eiweißeinschmelzung ein, die N-Ausfuhr steigt plötzlich hoch an.

Wovon diese auffällige Gesetzmäßigkeit in letzter Instanz aber abhängig ist, das wissen wir absolut noch nicht.

Jedenfalls ist sie schwer mit der Vorstellung vereinbar, daß alle Zellen eine dauernd gleiche Fähigkeit zum Eiweißabbau haben. Warum bauen sie da im Hunger nicht sofort gleiche Mengen von Eiweiß ab?

Eine Mitwirkung des Blutes ist beim Abbau unbedingt zuzugeben, denn wir sehen bei Organen mit Endarterien, wenn diese verstopft werden, die befallenen Bezirke lange Zeit ziemlich unverändert bleiben, so z. B. in der Niere, in der bei völligem Mangel der Blutzufuhr sich die Kerne der Nierenepithelien tagelang färbbar erhalten, obwohl die Zellen längst abgestorben sind, wobei sonst stets meist sofort Kernschwund eintritt. Richtet man das Experiment aber so ein, daß die Blutzufuhr nur für 2—3 Stunden völlig ausgeschaltet wird — wobei die Nierenepithelien absterben — und läßt dann den Blutstrom wieder in die betreffenden Partien einströmen, so sind die Kerne schon wenige Stunden später ausgeschwemmt und das Protoplasma ist gequollen und vakuolisiert. Ob der Blutstrom aber unter den Bedingungen des Hungers verschiedene „Aufträge" hat und woher diese kommen, ob das Nervensystem die Vermittelung übernimmt, ob beide Faktoren zusammenwirken und woher die letzten „Befehle" für den Transport aller der verschiedenen Substanzen kommen, wer weiß dies? Eine ungeheure Kompliziertheit, die wir mehr ahnen als wissen, tritt uns da entgegen. Wir wissen jetzt aber sicher, daß die mobilisierten Nahrungsmaterialien in die Leber geschafft werden.

Denn deutliche experimentelle Beweise für die Mehrarbeit der Leber sind eine Reihe vorhanden. Unter der Phlorrhizinwirkung habe ich am Hungertiere sogar trotz Eckscher Fistel eine auffallende Vergrößerung der Leber häufig gesehen. Das Gewicht der Leber zu Tier stieg in einigen Fällen auf 1:12. Pflüger fand bei Sandmeyerschem Diabetes trotz großer sonstiger Abzehrung, daß das Gehirn, das Herz und die Leber nicht an der allgemeinen Abmagerung beteiligt waren (Das Glykogen, Bonn 1905, p. 360). Miescher[268] hat ja ebenfalls bei starken Umsetzungen die Leber als ihren vornehmlichen Ort und die Stelle der Anhäufung der Produkte bezeichnet. Ich habe ferner zeigen können, daß Störungen der Umsetzungen nur bei mangelhafter Funktion der Leber überhaupt in Erscheinung treten können (Ecksche Fistel, Harnstoffverminderung und NH_3-Verminderung im Hunger unter Phlorrhizinwirkung), weiter wissen wir, daß die Zersetzungen fermentativer Natur sind und daß sehr gewaltsame Fermentumsetzungen in der Leber existieren und die meisten Fermente dort angehäuft sind. Es ist nicht anzunehmen, daß alle Zellen alle möglichen Fermente besitzen und schon daraus dürfte hervorgehen, daß die Zersetzungen des Eiweißes mehr oder minder spezifisch lokalisiert verlaufen müssen. Auch der Abbau des Körpermateriales wird diesen Gesetzen unterliegen, es wird nicht überall alles in gleicher Weise abgebaut, sondern nur nach dem Bedarf.

*Zur Aufrechterhaltung des richtigen Bedarfes gehört aber, wie wir ausführlich gesehen haben, eine normale Lebertätigkeit. Das muß zu dem Schlusse zwingen, daß die Leber eben **der** Ort der Zersetzung und nötigen Umwertung des Eiweißes überhaupt sein muß, nicht aber alle Zellen im Körper, und daß es eine Forderung ist, eine spezielle Einrichtung im Körper für die richtige Verwertung des Eiweißes zu haben, da wir sahen, daß eine abnorme Eiweißmenge offenbar eine schwere Gefahr für den Körper darstellt. Die ständigen Umsetzungen des Eiweißes bei seinen pathologischen Einschmelzungen in der Leber, die bei Portalblutableitung auftretenden Störungen bei der Resorption übergroßer Eiweißmengen, das Eingreifen der Leber in die intermediären Eiweißspaltungen, ihre Kohlehydratbildung aus Eiweiß, die massenhafte Anhäufung von Fermenten in dem Organe, der nachgewiesene Ansatz von Eiweiß bei Mast, die Erwerbung besonderer Fähigkeiten zur Zerstörung parenteral zugeführten Eiweißes, welche für gewisse Eiweißsorten sicher an die Leber geknüpft sind, alle diese Punkte veranlassen mich, in ihr den Ort der Endzerstörung überschüssig zugeführten Eiweißes zu sehen und ihr damit in den Eiweißumsetzungen eine weit zentralere Stellung zuzuweisen, wie ich es für die Umsetzungen der Kohlehydrate tun konnte. Wir müssen annehmen, daß in ihr der Ort ist, alle sog. Eiweißschlacken vollkommen aufzuspalten, um den Körper vor Überschwemmung mit derartigem schädlichen Materiale (Abbauintoxikosen, Fleischintoxikation) zu schützen und die richtige Blutzusammensetzung zu wahren. Denn es muß ein Mechanismus im Körper existieren, der ständig in diesem Sinne tätig ist und stets bereit einzuspringen. Die Annahme, daß dies eine Eigenschaft sämtlicher Körperzellen ist, begegnet den größten Schwierigkeiten in der Erklärung einer Reihe von Tatsachen, so den Erscheinungen der successiven Gewebseinschmelzung im Hunger. Wenn man aber annimmt, daß ständig ein Mechanismus vorhanden ist, der in Kraft tritt, sowie ein Übermaß von Angebot von Zellschlacken oder Resorptionsschlacken besteht, so gelingt es, ein Verständnis für solche Beobachtungen zu gewinnen.*

Wir haben gesehen, daß nur allein bei Leberstörungen dieser supponierte Mechanismus versagt und wissen von den supravitalen Experimenten an der Leber und von denjenigen am Hunde mit u. E. F., daß die Leber zugeführte Eiweißbausteine rasch spaltet. Alle diese Beobachtungen veranlassen mich, nur der Leber die dauernde Funktion aller Arten von Eiweißum- und -zersetzungen zuzuschreiben.

Ich komme nochmals etwas auf die Beobachtung zurück, daß bei parenteraler Eiweißzufuhr die Entwickelung der schützenden Einwirkungen an die Leber geknüpft ist, wie sich aus den Experimenten Deneckes ergab.

Zu welch enormen Ausblicken führt eine derartige Konstatierung! Wir müssen bedenken, daß wir damit zunächst überhaupt in den Mechanismus dieser in vielen Hinsichten noch gänzlich unverständlichen Beziehungen Eiweiß-Antieiweiß einen Einblick erhalten, eine Möglichkeit mit Spaltprodukten die Grenzen, vielleicht sogar die Art der Aufspaltung des Eiweißes näher zu verstehen, in der Untersuchung für die einzelnen Eiweißarten die Notwendigkeit oder Unnötigkeit einer Veränderung durch die Lebertätigkeit festzustellen, vielleicht damit zu finden, daß andere Organe für die erste Haftung und Veränderungen der verschiedenen Eiweißarten nötig sind, in die Möglichkeiten, daß durch Verstärkung oder Abschwächung mittelst Leberpassage sich vielleicht eine therapeutische Hilfsquelle erschließt, deren Konsequenzen die weittragensten sein können.

Weiter denke ich an die Produktion der Abwehrfermente im Sinne Abderhaldens, die auf die Lebertätigkeit zurückgeführt werden könnten, endlich möchte ich noch darauf hinweisen, daß sich ein Verständnis daraus anbahnen läßt, warum die Antigene Eiweißkörper sein müssen, da die Leber offenbar nur für Eiweißkörper die geschilderten Beziehungen besitzt.

Ich bin mir ganz klar darüber, daß alles was ich hier sage, eines ungeheueren Studiums und genauester Kritik bedarf, ich glaube aber nicht fehlzugehen, wenn ich auf die Wege, die mir selber zu beschreiten vielleicht versagt sind, in ihrer mir heute erreichbar scheinenden Konsequenz hinweise.

Das was ich über die spezielle Lokalisation des Eiweißumsatzes in der Leber sagte, läßt sich aber noch durch die Beobachtung des Gesamtwechsels bei partieller Leberausschaltung ergänzen.

Ich habe schon dieser Versuche gedacht, die ich im Verein mit Grafe durchführen konnte [269]. Wir konnten feststellen, daß die Zuckerverbrennung in einigen Fällen bedeutend rascher verlief als beim Normaltier. Im übrigen unterschieden sich die Eck-Hunde, solange sie wohl waren, nicht sicher von Normaltieren.

Einen wesentlichen Unterschied fanden wir aber bei Tieren, die eine Fleischintoxikation durchmachten. In dieser Zeit war der Eiweißabbau ganz entschieden verzögert und dauerte um viele Stunden länger als der normaler Tiere. Der Kohlehydratabbau litt aber auch in dieser Zeit nicht Not, sondern verlief in normalen Grenzen oder rascher.

Wenn man den Eiweißabbau kurvenmäßig verfolgt, so bildet er während der Zeiten der Fleischintoxikation späte breite Plateaus, wie aus der schon früher gegebenen Abbildung ersichtlich ist. Mit aller wünschenswerten Sicherheit ergibt sich daraus ein Funktionsausfall der Leber.

Es ist noch nötig, quasi die Gegenprobe zu machen und sich zu fragen, ob es Beobachtungen gibt, die eine besondere Tätigkeit der Leber während der Verdauung beweisen.

I. Barcroft[270] hat vor kurzem diese Lücke ausgefüllt, indem er eine Steigerung des O-Verbrauchs in der Leber während der Verdauung um ungefähr das 10fache des Wertes außerhalb der Verdauung fand. Man muß unbedingt einen so hohen örtlichen Wert des Sauerstoffverbrauches auf starke Umsetzungen lokaler Art beziehen und da eine Fettumwandlung nur in geringem Maße in Betracht kommt, und ferner Kohlehydrat sicher ebenfalls nur in geringen Mengen direkt verbraucht wird, sondern in der Hauptsache eine Einlagerung als Glykogen erfährt, von der feststeht, daß sie, ebenso wie auch ihre Zurückverwandlung in Zucker, keinen O-Verbrauch erfordert, so ist eine notwendige Konsequenz davon, daß man den nachgewiesenen starken O-Verbrauch mit der Oxydierung des N-Anteils in Zusammenhang bringen muß.

Mit diesen Erfahrungen stimmt überein, daß der Sauerstoffverbrauch bei Eiweißnahrung ein wesentlich höherer ist[271], als bei Kohlehydrat und Fettaufnahme, und daß jetzt durch Barcrofts Feststellungen die Lokalisierung des O-Verbrauchs auf die Leber gelungen ist. Es ist ja damit gar nicht gesagt, daß er dort allein stattfindet, was man gewiß nicht annehmen darf, offenbar aber bei Eiweißüberzufuhr doch in überwiegendem Maße.

So habe ich alle Momente zusammenzufassen versucht, welche mir im Sinne einer Verknüpfung des Eiweißstoffwechsels mit der Lebertätigkeit zu sprechen scheinen. Es ist eine überraschende und ungeahnte Fülle und doch bin ich mir der Lückenhaftigkeit des Versuches vollauf bewußt. Aber ich nehme an, daß das Angeführte auch so eine beredte Sprache spricht.

Zusammenfassend möchte ich das Ergebnis dahin präzisieren, daß ich sage:

Es erscheint nicht im mindesten mehr zweifelhaft, daß die Leber sowohl mit der Resorption, als auch mit den Endumsetzungen des Eiweißes unlösbare Funktionsbeziehungen hat. Es ist mit der allergrößten Wahrschein-

lichkeit anzunehmen, daß sie auch bei den intermediären Umsetzungen des Eiweißes, beim richtigen Auf- und Abbau der Eiweißbausteine und der endlichen Verwertung der Eiweißschlacken eine Haupttätigkeit entfaltet. Sie genügt dieser Funktion, deren Ausfall für gewisse pathologische Störungen in ihr nachgewiesen ist, bis ins Äußerste und die Unmöglichkeit ihrer Erfüllung ruft unmittelbar toxische Symptome hervor.

Darauf weist einerseits der toxische Zustand infolge vollkommenen Kohlehydratmangels des Körpers hin, die „glykoprive Intoxikation“, welche durch vereinigte Hunger-Phlorrhizin-Wirkung beim Eck-Hund leicht zu erreichen ist, und die in Anbetracht der unvollkommenen Harnstoffausfuhr und niedrigen NH_3-Werte kaum eine andere Deutung als eine Intoxikation mit unvollkommen abgebauten Eiweißspaltprodukten erfahren kann. Darauf weist andererseits die Fleischintoxikation hin, die einer Nichtbewältigung vom Darm zugeführter Eiweißspaltprodukte in einer offenbar sich genau gleichbleibenden Weise entstammt, woher sich die außerordentlich große Konstanz des klinischen Bildes erklärt.

Die Beziehungen der Leber zum Eiweißstoffwechsel gelten allgemeiner in den Tierklassen. Das geht aus den Störungen der Harnsäureausscheidung, in der wir das Endprodukt des Eiweißstoffwechsels der Vögel zu sehen haben, bei der bei ihnen möglichen Leberexstirpation hervor.

Der Mechanismus, an den die vielfältigen Eiweißumsetzungen geknüpft sind, dürfte ein fermentativer sein. Der enorme Fermentreichtum der Leber, ihre Fähigkeit, ihn unter normalen Bedingungen zu regeln, ihre fermentative Zerstörung unter pathologischen schweren Einwirkungen auf sie selbst, die ein Analogon in der Pathologie nur noch in der Pankreasfettgewebsnekrose hat, weisen darauf hin, daß wir fermentative Eiweißumsetzungen in der Leber stets zu suchen haben. Die Harnsäurevermehrung bei Eckschen Fistelhunden erfordert als Erklärung einen Ausfall von fermentativer Zerstörung der Purine durch mangelhafte Leberpassage und ist daher ein direkter Ausdruck für fehlende Fermenteinwirkung, während in den Krankheitsbildern der akuten gelben Leberatrophie und der zentralen Läppchennekrose eine ungehemmte Einwirkung der in der Leber angehäuften Fermente zu sehen ist. Mit der Vorstellung einer fermentativen Einwirkung der Leber ist aber auch eine Erklärungsmöglichkeit für die rasche und vollkommene Umsetzung mit der Nahrung überschüssig zugeführten Eiweißes angebahnt, die in einfacher Weise bis jetzt noch nicht gewonnen war. Auch ist mit den Erscheinungen der „Fleischintoxikation“ und der „glykopriven Intoxikation“ ein Verständnis dafür gewonnen, warum der Körper sich der übermäßigen Mengen von Eiweiß entledigt, deren Anhäufung unmittelbar toxische Symptome herbeiführen kann, sowohl als Abbauintoxikose (glykoprive Intoxikation), wie auch als Resorptionsintoxikose (Fleischintoxikation).

Aber nicht nur für solche Eiweißspaltprodukte, auch für parenteral zugeführtes Eiweiß spielt die Leber die Rolle eines Schutzorganes. Mindestens für einige Arten von Eiweiß müssen wir die Entwickelung der Fähigkeit solche Eiweißarten unschädlich zu machen, unter Umständen unter den Bedingungen anaphylaktischer Einwirkungen aufzuspalten, an eine Funktion der Leber geknüpft annehmen. Für die Vorstellung einer Vernichtungsmöglichkeit pathologisch entstandenen Eiweißes (Toxine, Bakterieneiweiß) dürfte eine solche Vorstellung die weittragendsten Konsequenzen haben.

Für alle diese Vorstellungen ist der experimentelle Beweis mindestens für die Anfänge erbracht, weshalb ich wage, sie in dieser Form schon auszusprechen. Eine weitere Klärung wird aber noch manche Korrektion bringen und eine sehr große Arbeit erfordern.

So haben sich also für die Funktion der Leber, sowohl bei der Kohlehydrat- wie Fett- und Eiweißaufnahme, unlösliche Beziehungen ergeben. In ihrer Gemeinsamkeit müssen wir sie als absolut ausschlaggebend für die Kenntnis der Leberfunktionen überhaupt ansehen.

Wir dürfen daher sagen, daß die Kenntnis dieser Dinge zweifellos die Haupterkenntnis der Leberfunktionen ist. Sie zeigt uns in ganz klarer Weise, daß wir nicht nach spezifischen inneren Sekretionsprodukten zu suchen brauchen, sondern, daß ihre innere Sekretion die Gesamtheit der Umsetzungen des Ernährungsmateriales und des Säftestromes ist, die Gesamtheit des Ablaufs der Anfangs- und Endverarbeitung der intermediären Produkte in einer wohl fast endlosen und heute unübersehbaren Verknüpfung.

Sechstes Kapitel.

Zur äußeren Sekretion der Leber.
(Die normalen Gallenbestandteile).

Von alters her hat die äußere Sekretion der Leber, die Gallebereitung, die besondere Aufmerksamkeit der Ärzte erregt. Der Übertritt von Galle ins Blut, der Ikterus mit seiner eigentümlichen Verfärbung der Haut und Schleimhäute, zieht ja schon die Aufmerksamkeit eines ungeschulten Beobachters auf sich. Im wesentlichen sah man lange Zeit in der Galle nur die Ausscheidungsmöglichkeit für unbrauchbare Stoffe und ihre Anhäufung im Blute war für die alten Ärzte gleichbedeutend mit der Krankheit selbst.

So kindlich uns heute solche Anschauungen auch erscheinen mögen, ein Körnchen Wahrheit ist doch darin, dessen Erkennung wesentlich ist.

Die wichtigste Aktion der Galle beruht auf der Resorbierbarmachung der Fette. Ich habe darauf schon bei den Fett-Leberbeziehungen hingewiesen und kann mich daher hier mit dieser kurzen Andeutung begnügen, um weiter nicht mehr darauf zurückzukommen. Die Unterstützung, welche die Galle vom pankreatischen Safte erfährt und umgekehrt, wurde ebenfalls schon eingehend gewürdigt.

Das ist aber nur eine, wenn auch sehr wesentliche Seite der Funktion der Galle. Sie hat aber noch eine ganze Reihe anderer. Wir werden sie am besten verfolgen, wenn wir die einzelnen Bestandteile der Galle, deren Zusammensetzung ja bekannt ist, aufsuchen und ihre Entstehung und Umwandlung begleiten. So kommen wir der funktionellen Tätigkeit der Galle am nächsten und somit weiteren Aufgaben der Leber.

Vorweg wäre hier des Gallenfarbstoffes, des Bilirubins, zu gedenken, der wegen seiner Farbeigenschaften einen besonders leicht verfolgbaren Körper vorstellt und daher die vielfältigsten Untersuchungen erfahren hat.

Sichergestellt sind die Beziehungen zwischen dem Blutfarbstoff und dem Bilirubingehalt der Galle. Hieraus geht hervor, daß die Leber auf den Stoffwechsel der roten Blutkörperchen von ausschlaggebendem Werte sein muß. In embryonaler Zeit hat ja auch die Leber sichere Beziehungen zur Blutbildung, später beschränken sie sich offenbar auf die Endumsetzungen des Blutfarbstoffes. Es scheint allerdings die Möglichkeit vorzuliegen, daß unter pathologischen Bedingungen die embryonale Eigenschaft der Blutbildung in der Leber wiedererwacht, wie Mitteilungen bei Anämie und Leukämie von Schmidt[272], Meyer und Heinecke[273] und von v. Domarus[274] beweisen. Bei der sicher nachgewiesenen Fähigkeit der Zerstörung von roten Blutkörperchen durch die Leber lag es nahe, Tiere mit partieller Ausschaltung der Leber, also möglicher Verminderung dieser Funktion, auf die morphologische Zusammensetzung des Blutes genau zu untersuchen. Bei dem dauernd verminderten Durchgang von Blut durch die Leber ist dabei sehr wohl auch ein verminderter Untergang von roten Blutkörperchen zu erwarten. Man stellt sich ihre Zerstörung ja als eine normale Funktion der Leber vor, wenngleich auch die Milz dabei beteiligt sein soll. Die Kenntnis der letzten Vorgänge bei diesen Dingen fehlt uns noch.

Vorweg sei betont, daß die Milz von Tieren mit Eckscher Fistel, auch von sehr langem Bestand, morphologisch wenigstens keine Veränderung aufweist, auch eine Vermehrung von Eisenablagerung fehlt.

Nassau[275] hat auf meine Veranlassung das morphologische Blutbild von Hunden mit Eckscher Fistel, die lange oder kurz vorher angelegt waren, in gesunden und Intoxikationszeiten untersucht, ferner auch das von Hunden mit u. E. F. und weiter das von Tieren mit „glykopriver Intoxikation", sowie das Blutbild beim Schock der Eckschen Tiere und Tiere mit u. E. F.

Das Blut von Eck-Tieren weicht von dem normaler Tiere nicht wesentlich ab. Allerdings ist die Zahl der roten Blutkörperchen mehr an der oberen Grenze der Norm, von einer Polyzythämie ist aber nichts zu finden. Das Blutbild wurde bei den Tieren vor und nach der Operation bestimmt, nachdem sie sich von der Operation wieder erholt hatten. Fehler, die aus individuellen Schwankungen des Blutbildes resultiert hätten, wurden so vermieden. Natürlich wurden keine Tiere herangezogen, die eine schwere Hämorrhagie bei der Operation erlitten hatten. Die Zahl der roten Blutkörperchen vor und nach der Operation bleibt annähernd gleich und auch im Mischungsverhältnis der weißen Blutzellen läßt sich kein direkter Unterschied gegen die Norm feststellen.

Auch beim Hund mit u. E. F. ist in diesen Beziehungen kaum eine Änderung zu finden, vielleicht eine rel. Eosinophilie und das Auftreten von Jugendformen roter Blutkörperchen, doch nur in geringer Zahl.

Zu Zeiten der Fleischintoxikation ist das Blutbild auch nicht verändert. Vor allem fehlt jede Änderung im prozentischen Mischungsverhältnis der Leukozyten. Es besteht kein Leukozytensturz, keine relative Lymphozytose, was wir wegen der geäußerten Ansicht, daß die Fleischintoxikation eine anaphylaktische Erscheinung wäre, besonders genau prüften.

Dagegen prägt sich der starke Schock des Hundes mit u. E. F. auch in starkem Leukozytensturz und erheblicher relativer Lymphozytose aus. Der schwache Schock des vor der Operation sensibilisierten Eck-Hundes bei der Reinjektion nach der Operation bewirkt nur einen schwachen Leukozytensturz. Völlig unverändert bleibt der Blutbefund bei Eck-Hunden, die nach der Operation sensibilisiert sind und in entsprechender Zeit reinjiziert werden. Hieraus, wie aus dem ganzen klinischen Verhalten der Tiere geht mit Sicherheit die Unmöglichkeit hervor, den Eck-Hund mit Eiereiweiß in Schockzustand zu versetzen.

Bei der „glykopriven Intoxikation" ist das Blutbild ebenfalls annähernd normal, die Leukozytenwerte sind aber an der unteren Grenze der Norm.

Bei zentraler Läppchennekrose haben wir häufig unternormale Werte für Leukozyten gefunden, doch ist der Einfluß der Operation vielleicht hier noch direkt maßgebend, so daß ich diese Feststellungen noch nicht für abgeschlossen halte.

Ein anderer konstanter Befund ist aber beim Hund mit u. E. F. wichtig, nämlich eine Erhöhung der physikalischen Resistenz der Erythrozyten gegen NaCl-Lösung. Ob sie mit dem vermehrten Untergang der roten Blutkörperchen zusammenhängt, in dessen Gefolge ja häufig eine Resistenzvermehrung auftritt (Moravitz, Itami[276]), ist damit wahr-

scheinlich gemacht, wenn auch nicht sichergestellt. Die Befunde legen
aber doch den Gedanken nahe, daß die Leber das Blut direkt beeinflußt,
denn wir haben ja auch Jugendformen der Erythrozyten beim u. E.-F.-
Hund gesehen. Überdies fanden wir beim E.-Hund die Zahl der Roten
an der oberen Grenze der Norm. Beide Befunde könnten mit der verminderten resp. vermehrten Wirkung der Leber auf das durchströmende
Blut sehr wohl zusammenhängen.

Man müßte dann auch an eine Vermehrung des Bilirubingehaltes
der Galle beim u. E.-F.-Hund denken. Die große Schwierigkeit einer
wirklich exakten Durchführung einer solchen Bestimmung haben mich
bis jetzt abgehalten, dieses Problem in Angriff zu nehmen. Es ist aber
nicht unwahrscheinlich, daß der Hund mit u. E. F. mehr Galle produziert
wie der normale und man würde ungezwungen daraus eine Art hyper-
trophischer Funktion, einen Gewaltakt der Leberzellen auf den Hämo-
globinhaushalt solcher Tiere ableiten dürfen. Das wäre für gewisse
pathologisch-physiologische Vorstellungen überhaupt und für etwaige
therapeutische und pathogenetische Winke im speziellen besonders
wichtig. Wenn ich hier gewisse spekulative Meinungen nicht unterdrücke,
so geschieht es deshalb, weil ich von solchen Vorstellungen bisher
noch nichts gehört habe und sie mir doch für gewisse Beziehungen wertvoll zu werden scheinen.

Der entwickelten Auffassung widerspricht die Tatsache nicht, daß
sich beim u. E.-F.-Hund keine Anämie entwickelt, auch nicht, daß eine
Ablagerung von Eisen in Milz und Leber fehlt, denn alle diese Umsetzungen
könnten ein beschleunigtes Tempo erfahren und durch Regeneration
ausgeglichen werden, was bei wirklich pathologischen Störungen, z. B.
der perniziösen Anämie, ja doch wohl nur einseitig geschieht. Daher
kommt es in diesen Fällen zur Ablagerung von Eisen und zu weiteren
Schädigungen. In unserem Falle liegt aber eine Anregung der gesamten vitalen Umsetzungen vor, worauf z. B. auch der Harnsäure-
schwund des Urines hinweist.

Wir wissen als Gegenbeweis weiter, daß der E.-F.-Hund weniger
leicht zu Ikterus neigt als der normale. Allerdings kann ich die Mitteilungen der amerikanischen Forscher Bernheim und Voegtlin[277],
welche beim Eckschen Fistelhund das Auftreten von Ikterus bei Unterbindung des Ductus choledochus vermißten, nicht bestätigen. Ich sah
Ikterus nach dieser Operation und gleichzeitiger Anlegung von E. F.
schon am dritten Tage eintreten und endlich sehr schwer werden. Daß
dies längere Zeit dauert, als beim Normaltier, habe ich schon betont.
Im Verein mit Bardach habe ich[278] feststellen können, daß der Ecksche Fistelhund bei Phosphorvergiftung weniger leicht ikterisch wird
wie ein normaler Hund. Das hängt aber einfach mit der Tatsache zusammen, daß unter den Verhältnissen der Eckschen Fistel viel weniger

Phosphor in die Leber hineingelangt als beim normalen Tier, und daß damit auch die Veranlassung zum Eintritt des Ikterus hinausgerückt ist.

Rothberger und Winterberg[279] haben nachweisen können, daß Toluylendiamin bei Eckschen Fistelhunden ebenfalls viel später Ikterus hervorruft, als beim Normalhund. Die Erklärung ist dafür ganz die gleiche, wie für die Phosphor-Eck-Tiere.

Die Produktion von Galle ist von einem der ersten Forscher, die sich mit den Wirkungen der partiellen Leberausschaltung beschäftigten, Stolnikow, studiert worden. Er wies nach, daß die Produktion von Galle dabei fortdauert. Ich kann dies bestätigen. Ob ihre Menge aber normal ist, wage ich nicht zu sagen, da genauere Vorstellungen über diesen Punkt sehr ausgedehnter Prüfungen bedürfen. Überdies ist eine exakte Feststellung der sezernierten Gallenmenge beim Tier sehr schwer durchführbar.

Es fällt aber unmittelbar auf, daß die Unterbindung des Ductus choledochus für die Tiere mit Eckscher Fistel ein viel schwererer Eingriff ist, wie für normale Tiere, die viele Monate sich dabei ganz wohl befinden können. Bei E.-F.-Tieren tritt der Tod regelmäßig in 3—6 Wochen oder noch früher dabei ein. Gleichzeitig erwies die Obduktion eine enorme Ektasie der Gallenblase und der Gallengänge und regelmäßig eine zentral angeordnete Nekrose der Leberzellen der einzelnen Acini, ganz ähnlich der zentralen Läppchennekrose, nur deutlich viel langsamer eingetreten und mit massenhaftem Pigment untermischt. Eine Erklärung des Befundes ist mir nicht möglich. Aus dem ganzen Bild geht aber klar hervor, daß trotz der Verminderung des Blutzuflusses ein sehr erheblicher Sekretionsdruck für die Galle aufgebracht wird. Hierin liegt der Beweis einer großen Selbständigkeit der ganzen Funktion, denn wäre die Gallenproduktion tatsächlich nur abhängig von der Menge Blut, die die Leber durchströmt, so müßte sich dies in solchen Fällen äußern und es dürfte kaum zu einer so schweren Gallenstauung kommen, wie wir sie eben charakterisiert haben und wie sie auch beim normalen Tier nicht stärker ausgeprägt ist. Auch die Beschaffenheit der Galle, dick, krümelig und schwarzgrün, ist ganz gleich der von normalen Tieren mit Choledochusunterbindung. Auch tritt beim E.-F.-Tier selbst dabei keine Polyglobulie ein, sondern eine Verminderung der roten Blutkörperchen, die Nassau auf die bei Eckscher Fistel und Choledochusunterbindung mutmaßlich stärkere Anhäufung von Gallensäuren im Körper zurückführt, die sonst wohl in der Leber noch verarbeitet werden können, bei Eckscher Fistel uud Gallenabschluß aber in die Leber nur in verminderter Menge hineingelangen können, und so einer richtigen Verarbeitung entgehen.

Damit wäre aber wieder eventuell ein Einfluß aufs Blut gegeben, der von einer Lebertätigkeit abhängt, und nach Bestätigungen solcher Vorstellungen suchen wir ja.

Wenn sich der Einfluß der Leber auf die korpuskulären Elemente des Blutes als wenig sicher erwies, sondern nur wahrscheinlich gemacht werden konnte, so ist er für gelöstes Hämoglobin in keiner Weise irgendwie zweifelhaft. Tarchanow[281] fand zuerst die Tatsache, daß nach Injektion von Hämoglobinlösungen der Bilirubingehalt der Galle stark ansteigt. Stadelmann[282] hat in ausgedehnten Versuchen diese Feststellungen bestätigt. Wenn die Menge des gelösten kreisenden Blutfarbstoffes nicht zu groß ist, so ist die Leber imstande, ihn sozusagen quantitativ aus dem Plasma aufzunehmen. Es entsteht dann eine auffallend farbstoffreiche Galle. Überschreitet die Menge des gelösten Blutfarbstoffes einen gewissen Grad, so tritt er unverändert in die Galle und auch in den Urin über, und es kommt zur Hämocholie und Hämoglobinurie. Natürlich ist aber auch der Bilirubingehalt der Galle unter diesen Umständen vermehrt.

Bei den so interessanten Anfällen von paroxysmaler Hämoglobinurie findet man unausgeprägte Fälle — wobei es nicht zur Hämoglobinurie kommt — und bei ihnen manifestiert sich die Farbstoffüberladung der Galle an einer Urobilinurie, einem Symptom, das mit den Bilirubinumwandlungen und der Lebertätigkeit in nächster Beziehung steht, wie wir später sehen werden.

Man darf aus diesen Beobachtungen entnehmen, daß die Lebertätigkeit der Verarbeitung gelösten Hämoglobins hauptsächlich vorsteht und man muß unmittelbar auf die Frage eingehen, ob die Umwandlung von Hämoglobin zu Bilirubin eine für die Leber spezifische Tätigkeit darstellt.

Die Leber trennt den Hämatinanteil vom Globin, spaltet dann das Eisen vom Hämatin ab und verarbeitet den Rest zu Blutfarbstoff. Ich kann nicht entscheiden, ob die Aufnahme des Hämoglobins mit der von mir entwickelten Ansicht der Aufnahme von Eiweiß durch die Leber ganz allgemein nur zusammenhängt oder ob noch eine speziellere Affinität zugrunde liegt. Das gelöste Hämoglobin hat jedenfalls bis zu einem gewissen Grade Charakteristika körperfremden Eiweißes, es wird wie solches möglichst rasch vernichtet eventuell mit dem Urin ausgeschieden und hat ja auch klinische Anklänge körperfremder Eiweißarten, ihre Fieberwirkung z. B. Jedenfalls erscheint es mir nicht unwichtig, am Beispiel des gelösten Hämoglobins die mögliche Wirkung der Leber auf zirkulierendes fremdes Eiweiß zu erläutern.

Virchow[283] hat gelehrt, daß Hämoglobin überall im Körper umgewandelt werden kann. In alten Blutextravasaten des Gehirns (apoplektischen Zysten) fand er nicht selten kristallinische Gebilde, die sog. Hämatoidinkristalle, die bei der großen chemischen Verwandtschaft, die zwischen Hämatoidin und Bilirubin besteht, den Gedanken nahelegten, daß dort dieselbe Umsetzung von Hämoglobin, wie in der Leber stattfände. Mithin war die Annahme, daß sich Blut überall im Körper in Bilirubin umwandeln könne, nicht von der Hand zu weisen. Immerhin erscheint mir bei dieser Vorstellung der zeitliche Unterschied nie genügend gewürdigt. Die betreffenden Veränderungen des Blutes finden sich nie in ganz frischen solchen Zysten, sondern nur in alten oder sehr alten. Das ist ein ganz gewichtiger Unterschied gegenüber der Umwandlungsmöglichkeit des Hämoglobins zu Bilirubin in der Leber, die sozusagen momentan erfolgt und natürlich auch gegen die Annahme eines einfachen Überganges gelösten Blutfarbstoffes zu Gallenpigment anderswo im Körper, als in der Leber.

Nach den klinischen Erfahrungen dürfen wir in praxi daran festhalten, daß nur Gallenstauung und gewisse spezifische Leberschädigungen einen Ikterus in klinischem Sinne hervorrufen.

Die experimentelle Begründung dieser Lehre durch die berühmten Untersuchungen von Naunyn, Minkowski[284] und Stern[285] ist eine vollkommen ausreichende, um keine Zweifel an der rein hepatogenen Entstehung des Gallenfarbstoffes aufkommen zu lassen. Überdies muß ich einer noch früheren Begründung dieser Tatsache durch Kunde[286] gedenken. Er exstirpierte einer großen Anzahl von Fröschen die Leber, was diese Tiere ja eine Zeitlang überleben. Er fand aber nie, daß sich Gallenfarbstoff im Blute dieser Tiere anhäufte. Die Leber ist danach der alleinige Bildungsort der Galle auch bei niederen Wirbeltieren und diese Vorstellung hat daher für die ganze Wirbeltierreihe von da aufwärts Geltung.

In jüngster Zeit haben Whipple und Hooper[287] und Mac Nee[288] die rein hepatogene Entstehung des ikterischen Pigmentes angegriffen.

Whipple und Hooper injizierten einem Hunde mit Eckscher Fistel und Leberarterienunterbindung Hämoglobin und fanden, trotzdem die Leber auf diese Weise sicher weitgehend ausgeschaltet war, daß Ikterus auftrat. Ich habe bei meiner gemeinschaftlichen Arbeit mit Grafe unter denselben Bedingungen ohne Injektion von Hämoglobin Ikterus auftreten sehen und nicht denselben Schluß gezogen. Es ist möglich, daß Blut durch Atembewegungen in die Lebervenen vorgetrieben wird und durch den negativen Druck an- und weggesaugt wird und nun wohl Gallenfarbstoff, der in der Leber durch osmotische oder andere Bedingungen an das Blut abgegeben wird, damit in den Kreislauf gelangt. Bei der ungeheueren Färbekraft des Bilirubins und seiner damit möglichen enorm feinen Nachweisbarkeit können sehr geringe Anteile, die der Leber entstammen, zu Täuschungen Veranlassung geben.

Überzeugender ist der Versuch Whipples und Hoopers, daß, nach völliger Blutabsperrung der Leibeshöhle und erhaltener Zirkulation in Kopf und Lungen, Infusion von Hämoglobinlösungen Ikterus hervorruft. Doch ist nicht überzeugend dargetan, daß in diesen Versuchen die

Verbindung der Leber mit der Vena cava inferior vollkommen gelöst ist. Solange dürfen aber diese an sich sehr interessanten Versuche Anspruch auf Beweiskräftigkeit nicht erheben.

Zu Mac Nees Versuchen ist zu bemerken, daß eine totale Exstirpation der Leber beim Hunde so enormen Schwierigkeiten begegnet, daß man nie sicher mit diesem Ergebnis rechnen darf. Auch große Geschicklichkeit und geübteste Technik sind da zuweilen absolut machtlos. Durch häufigen Versuch die Operation selbst auszuführen, habe ich mich von diesen Schwierigkeiten persönlich sehr genau überzeugt. Mac Nee gibt aber selbst zu, daß Leberreste erhalten blieben und ich weiß, daß es die sind, welche unmittelbar mit der Vena cava inferior verbunden sind, also sicher die beste Gelegenheit haben, noch ins Blut zu sezernieren.

Es ist mir äußerst wahrscheinlich, daß die geringen erhaltenen Leberreste in den Experimenten Mac Nees bei Arsenwasserstoffvergiftung noch ikterisches Pigment produziert haben und es bei ihrer innigen Verbindung mit der Vena cava inferior ans Blut abgeben konnten.

Es ist weiter nichts Ungewöhnliches, daß gewisse Kapillarendothelien Blutfarbstoff aufnehmen und ihn umwandeln. Was nehmen diese Zellen nicht alles auf! Wer je die sog. „Kupferschen Sternzellen" der Leber genauer untersucht hat, der kennt ihre enormen resorptiven und phagozytären Eigenschaften.

Wenn man sich das „Blaue Mal" mit medizinischen Blicken ansieht, so weiß man, daß der Blutfarbstoff auch außerhalb der Leber umgesetzt werden kann, ohne daß man daraus mit Sicherheit ableiten wird, daß die Umsetzung im Sinne der Bilirubinbildung erfolgt.

Solange also Mac Nee den in den Kapillarendothelien zweifellos bei Hämoglobinämie sich ansammelnden und auch umgewandelten Blutfarbstoff nicht als Bilirubin mit seinen charakteristischen chemischen und physikalischen (Lösung, Absorptionsstreifen im Spektroskop) Eigenschaften nachweist, wird der von ihm erhobene Befund von Eisen in diesen Zellen einstweilen wissenschaftlich nur für die Fähigkeit der Aufspaltung von Hämoglobin überhaupt durch diese Zellen verwertbar sein, woran übrigens niemand zweifelt, nicht aber für ausreichend gelten können, daß die Kapillarendothelien tatsächlich die Fähigkeit haben, auch Bilirubin daraus zu bilden.

Zweifellos sind aber sowohl Mac Nees, wie Whipples und Hoopers Experimente so wichtig, daß ihre ausgedehnte Nachprüfung vorgenommen werden muß.

Praktisch dürfen wir heute noch mit der rein lokalen Entstehung des Gallenfarbstoffes in der Leber rechnen und eine ihrer spezifischen Funktionen darin erblicken, genau so wie in der Bereitung der Gallensäuren, auf die ich später zu sprechen kommen werde.

Die Verknüpfung der Lebertätigkeit mit der Gallenfarbstoffbildung ist also eine ganz unmittelbare.

Es ist nun weiter angezeigt, die Schicksale des Bilirubins zu verfolgen und es werden für die Lebertätigkeit dabei unumgängliche und vor allem praktisch wichtige Funktionsbetätigungen erkannt.

Das Bilirubin wird im Anfang seiner Entleerung in den Darm kaum verändert und mischt sich den Speiseanteilen unter entsprechender Anfärbung bei. Je stärker sich aber die Bakterienwirkungen im Darme bemerkbar machen, desto mehr tritt auch eine Umwandlung des Bilirubins durch die stark reduzierende Wirkung der Bakterien ein. Es entstehen die Reduktionsprodukte Hydrobilirubin = Urobilin, und Hydrobilirubinogen = Urobilinogen. Im Dickdarm findet die Hauptumwandlung statt, so daß schließlich unter normalen Umständen mit den Fäzes nie unveränderter Gallenfarbstoff ausgeschieden wird. Sein Vorkommen wird nur bei pathologischer Beschleunigung des Darminhaltes oder abnormer Bakterienflora des Darmes beobachtet. Es gelangt also nur Urobilin und Urobilinogen zur Ausscheidung. Hydrobilirubin, Hydrobilirubinogen, Sterkobilin sind identisch mit dem unter pathologischen Einflüssen im Urin auftretenden Harnurobilin oder Harnurobilinogen. Die Annahme, daß das Harnurobilin nicht identisch wäre mit dem Darmurobilin = Hydrobilirubin, oder daß das Harnurobilinogen nicht identisch wäre mit dem Darmurobilinogen=Hydrobilirubinogen, hat heute keine Geltung mehr. Nachdem Jaffé[289] das Urobilin im Harn entdeckt hatte und nachdem Garrod und Hopkins die Identität des Darmurobilins und Harnurobilins äußerst wahrscheinlich gemacht hatten, war es den Klinikern vorbehalten, die Entscheidung dafür zu erbringen.

C. Gerhardt[290] hat erstmals den Begriff des Urobilinikterus aufgestellt, d. h. einer ikterischen Hautverfärbung geringen Grades, eines Subikterus, mit Ausscheidung von viel Urobilin im Urin bei Fehlen von Bilirubin.

Fr. v. Müller[291] war es vorbehalten, den zwingenden Nachweis zu liefern, daß das Harnurobilin wirklich vom Darmurobilin stammt. Bei völligem Verschluß des Ductus choledochus, also bei der Unmöglichkeit des Einströmens von Galle in den Darm, verschwindet jede Spur von Urobilin oder seiner Vorstufe im Urin, sondern es ist ganz allein nur Bilirubin darin nachweisbar.

Bei einem Patienten mit völligem Verschluß des Ductus choledochus ließ sich in seinem Harn nun auch das völlige Fehlen von Urobilin dauernd feststellen. v. Müller gab ihm frische Schweinegalle per Schlundsonde und konnte schon am zweiten Tag im Urin neben Bilirubin auch Urobilin konstatieren, das aber nach zwei weiteren Tagen wieder verschwunden war, so daß jetzt im Urin wieder nur Bilirubin nachweisbar war. Eine Wiederholung des Experimentes ergab den gleichen Versuchsausfall.

Da der Patient aber mit schweren Erscheinungen auf die Eingabe von Galle reagiert hatte, mußte von weiteren Prüfungen Abstand genommen werden. Diese Beobachtung ist mir speziell nicht unwichtig und ich werde darauf zurückkommen.

v. Müllers Versuche bewiesen jedenfalls klar, daß Harnurobilin aus dem Darme stammen kann. Es erhob sich folgerichtig die Frage, ob der Darm stets die Quelle des Urobilins ist.

Vor allem war zu prüfen, warum der normale Urin kein Urobilin oder Urobilinogen oder doch nur Spuren dieser Substanzen enthält. Die Feststellungen für das Urobilin gelten genau so auch für das Urobilinogen = Hydrobilirubinogen. In sehr ausgedehnten Versuchen habe ich den experimentellen Beweis dafür zu erbringen versucht, daß die Lebertätigkeit allein dafür maßgebend ist[292] (siehe Anhang).

Geht man so vor, daß man bei einem Tiere eine komplette Gallenfistel anlegt, daß also keine Galle in den Darm einfließen kann, sorgt man ferner dafür, daß das Tier sicher seine Galle nicht auflecken kann, was sich nur durch einen besonderen Okklusivverband und das Anlegen eines Maulkorbes aus Siebdrahtgeflecht wirklich erreichen läßt, so findet man, daß die Galle, welche sich aus der Fistel entleert, 1—2 Tage nach Anlegung der Gallenfistel vollkommen frei von Urobilin und Urobilinogen wird, während sie in normalem Zustand, also so wie sie direkt bei der Operation gewonnen werden kann, große Mengen von Urobilin und Urobilinogen enthält.

Unbedenklich darf man diese am Hunde gewonnenen Erfahrungen auch auf den Menschen übertragen, wie aus chirurgisch gewonnenem Gallenmaterial hervorgeht und weil ferner Kimura unter Fr. v. Müller zeigen konnte, daß die Obduktionsgalle regelmäßig Urobilin und Urobilinogen enthält, nur nicht bei völligem Verschluß des Choledochus.

Gibt man nun solchen Hunden, deren Galle von Urobilin und Urobilinogen frei ist, durch Aufleckenlassen ihrer eigenen Galle Gelegenheit, daß Galle wieder in den Magen-Darmtractus gelangt, so tritt schon 1—2 Tage später auch in der Fistelgalle dieser Tiere wieder Urobilin und Urobilinogen auf.

Nach diesen Versuchsergebnissen ist es als sicher anzunehmen, daß die Leber normalerweise der Ort ist, bis zu dem nach der Resorption im Darm Urobilin und Urobilinogen gelangt und nun von ihr sozusagen quantitativ aufgenommen wird (genau wie wir dies bei nicht allzu großen Mengen von gelöstem Hämoglobin sahen) und teilweise eine Umwandlung erfährt (Zurückverwandlung in Bilirubin?), zum Teil aber mit der Galle wieder ausgeschieden wird.

Verschiedene Tatsachen interessieren uns an diesen Versuchsergebnissen. Einmal die streng nachgewiesene Passage des Urobilins und Urobilinogens mit dem Blutstrom. Gingen sie auch mit dem Chyluslymphstrom, so müßte Urobilinurie auftreten, was unter normalen Verhältnissen nicht geschieht. Die Leber wird also von diesen Stoffen trotz der Existenz dieses Seitenwegs nicht umgangen (ob er unter pathologischen Verhältnissen nicht doch noch eine Rolle spielt, lasse ich noch offen). Vor allem interessiert aber die so ausgeprägte Fähigkeit der fast quantitativen Absorption der zugeführten Urobilin- und Urobilinogen-Mengen mindestens für die normalen Mengen ihrer Zufuhr, und endlich eine Anbahnung eines Verständnisses für das Auftreten von Urobilinurie überhaupt, und das ist das Allerwichtigste.

Voraussetzung für die nahezu quantitative Reabsorption des Urobilins und Urobilinogens ist der Gesundheitszustand der Leber. Bei bestehendem Ikterus z. B. treten aber Urobilin und seine Vorstufe mit dem ikterischen Pigment in den Säftestrom des ganzen Körpers über und werden dann in der Niere ausgeschieden, es kommt zur Urobilinurie.

Schließlich kann in dem Ausfall der Experimente eine Bestätigung der Ansicht gesehen werden, daß der Darm die Quelle des Harnurobilins und Harnurobilinogens ist.

Kurz zusammengefaßt müssen wir uns nach dem Ausfall der bisher vorgebrachten Experimente die Weiterverarbeitung des Bilirubins so vorstellen: Erguß desselben mit der Galle in den Darm, seine Umwandlung namentlich im Dickdarm in Urobilin und Urobilinogen, teilweise Resorption dieser beiden Stoffe ausschließlich auf dem Wege der Blutbahn, teilweise Ausscheidung mit den Fäzes als Sterkobilin. Der resorbierte Anteil gelangt mit dem Blute in die Leber und erfährt unter normalen Verhältnissen daselbst eine nahezu vollkommene Absorption, vielleicht auch eine teilweise Umwandlung zu Bilirubin und wird restlich sicher mit der Galle als Urobilin und Urobilinogen wieder in den Darm ausgeschieden.

Es besteht also für erhebliche Teile beider Substanzen ein Kreislauf vom Darm mit dem Blutstrom zur Leber, von ihr auf den Gallenwegen wieder zum Darm.

Die Leber ist also das ausschlaggebende Organ für die Regulierung des normalen Urobilinwechsels.

Wir werden sehen, daß für noch andere Stoffe in großem Umfange dieselben Beziehungen bestehen.

Bei der Eckschen Fistel ist stets Urobilin und seine Vorstufe im Urin nachweisbar, wenn auch nie in beträchtlicher Menge. Nach dem bisher Vorgebrachten muß dies erwartet werden. Immerhin wirkt auch dabei die Leber noch regulierend in dem Maße, als der Anteil von Urobilin und Urobilinogen, der mit der Arteria hepatica wieder in die Leber gelangt, absorbiert und damit dem Säftestrom entzogen wird, um seine normale Verarbeitung in der Leber zu erfahren. Schädigt man sie aber z. B. mit Phosphor oder durch glykoprive Phlorrhizingaben, so tritt eine unter Umständen sehr starke Urobilin- und Urobilinogenreaktion im Urin auf. Ich kann mir eine solche Beobachtung kaum anders erklären, als durch die infolge der spezifischen Schädigung der Leberzellen verursachte Verminderung der Reabsorptions- und Umwandlungsfähigkeit der Leberzellen gegenüber früheren aus dem Darm zugeführten Mengen von Urobilin und seiner Vorstufe. So können sie sich im Blute stärker anhäufen und gelangen damit auch zu erheblicherer Ausscheidung durch die Nieren.

Aus alledem geht hervor, daß je normaler die Leber funktioniert, daß desto sicherer von ihr das Urobilin und seine Vorstufe aus dem Blute herausgefangen wird und wir verstehen nun, daß Urobilinurie ein sehr feines Reagens auf Funktionsstörungen der Leber im allgemeinen ist.

Bei Ikterus können wir jederzeit sehen, ob der Gallenabschluß ein totaler ist oder nicht. Ist er nicht vollkommen, so finden wir neben Bilirubin Urobilin und Urobilinogen im Urin, ist er aber vollkommen und besteht 1—2 Tage, so verschwindet Urobilin und Urobilinogen aus dem Urin. Löst sich der vollkommene Choledochusverschluß, so tritt 1—2 Tage später wieder Urobilin und Urobilinogen im Urin auf, genau wie in der Fistelgalle der operierten Tiere. Beide Substanzen verschwinden, wenn der Ikterus abgeheilt ist, die Leber also wieder normal funktioniert.

Schwieriger verständlich ist es, warum in einer Reihe von Fällen ein reiner Urobilinikterus auftritt, wie ihn Gerhardt zuerst als Krankheitsentität aufstellte mit Ausscheidung von Urobilin und seiner Vorstufe im Urin ohne Beimengung von Bilirubin. Man beobachtet dies, wenn eine stärkere Funktionsstörung des Leberparenchyms besteht. Es hat dann nicht mehr die Fähigkeit, Urobilin und Urobilinogen wie in normalen Zeiten aus dem Blutstrom der Vena portarum quantitativ aufzunehmen. Ein Teil des Urobilins und seiner Vorstufe entgeht so der Reabsorption (und vielleicht auch Umwandlung?) und gelangt in den Kreislauf des Gesamtblutes und damit in die Nieren und wird so ausgeschieden.

Diese mangelhafte Funktionsfähigkeit der Leber stellt eines der frühesten und sichersten Zeichen einer Lebererkrankung dar. Insofern ist Urobilinurie und Urobilinogenurie zu einem der wertvollsten diagnostischen Hilfsmittel zur Erkennung von Störungen der Leberfunktion geworden.

Bei ausgedehnten Parenchymerkrankungen der Leber, vorweg bei Cirrhosis (Laënnec) ist meines Erachtens das Bestehen von Urobilinurie ein unerläßliches Zeichen zur Sicherung der Diagnose. Überdies tritt es sehr frühe auf. Bei allen Parenchymerkrankungen der Leber sehen wir Urobilinurie auftreten, ja, wir müssen sie dabei fordern. Die große Häufigkeit der Urobilinurie hat die Kliniker in der Verwertung dieses Symptomes verwirrt gemacht und man hat daher eine Zeitlang seinen Wert verkannt. Wir wissen heute, daß es uns ein sicherer Führer für die Annahme einer Beeinflussung der Lebertätigkeit durch alle möglichen pathologischen Prozesse ist.

Wir verstehen jetzt, daß fieberhafte Erkrankungen, also Infekte, wobei man sich die Leberschädigung durch Toxine vorstellen darf, Stauungen in Herz- und Lungenkreislauf mit ihren die Leberzirkulation erschwerenden Einflüssen zur Urobilinausscheidung führen und dürfen in deren Grad den Ausdruck einer mehr oder minder schweren Einwirkung des Prozesses sehen, ja ihn eventuell prognostisch verwerten (Pneumonie!).

Auch zentrale Erkrankungen, Hirntumoren, schwere zentral wirkende Intoxikationen mit der Beeinflussung des Atemzentrums und damit der Blutlüftung in ihrer Rückwirkung auf die Leber sind hiermit verständliche Bedingungen für die Entstehung der Urobilinurie.

Endlich gehören die Arbeitsüberanstrengungen der Leber durch ein Übermaß von Hämoglobinzufluß hierher. Es wird eine übermäßig farbstoffreiche Galle gebildet und damit viel Material in den Darm gebracht, was zu Urobilin und seiner Vorstufe umgewandelt werden kann. So verstehen wir, warum unvollkommene Fälle von Hämoglobinurie, wie ich schon mitteilte, sich an Urobilinurie manifestieren, weil das Überangebot von Blutfarbstoff zu Überproduktion von Galle und, nach deren reichlichem Erguß in den Darm, zu übermäßiger Urobilinproduktion daselbst führt, was die Leber nicht völlig reabsorbieren kann.

Zweifellos stehen aber in allen diesen Beobachtungen die reinen Parenchymerkrankungen der Leber an der Spitze.

Da frägt es sich nun doch, ob wir mit der rein enterogenen Entstehung des Urobilins unter pathologischen Zuständen vollkommen auskommen, ob wir nicht annehmen müssen, daß in seltenen Fällen bei langem Bestehen eventuell doch noch eine Urobilin- und Urobilinogenproduktion in der Leber selbst stattfinden kann. Hiermit komme ich auf die Frage zurück, ob der Darm immer die Quelle der Urobilinsubstanzen ist.

Ich selbst habe mich seit Jahren vergeblich bemüht, einen klinischen Fall zu finden, der eine einwandfreie Entstehung von Urobilin und seiner Vorstufe außerhalb des Darmes hätte erkennen lassen.

Nur D. Gerhardt hat einen Fall mitgeteilt, bei dem trotz völligem Gallenabschluß vom Darm noch Urobilinurie bestand, und hat ihn anfänglich auch als Beweis einer hepatogenen Entstehungsmöglichkeit des Urobilins und Urobilinogens verwertet. Neuerdings hat er aber eine andere Möglichkeit für die von ihm beobachtete Urobilinurie dieses Falles als Erklärung herangezogen und seine ursprüngliche Deutung zurückgezogen [293]. Danach sollte in diesem Urin durch bakterielle Einwirkungen eine Umwandlung des Bilirubins zu Urobilin stattgefunden haben, womit dem Falle die Beweiskraft für die Existenz einer hepatogenen Urobilinurie genommen ist. Ich habe große Bedenken gegen die nachträgliche Interpretation, die Gerhardt seinem Falle gegeben hat.

Wäre die bakterielle Zersetzung eines nur bilirubinhaltigen Urins ein Vorkommen, mit dem wir jederzeit ernstlich zu rechnen hätten, so dürften wir uns nicht mit der Sicherheit, mit welcher wir es tatsächlich können, darauf verlassen, daß ein urobilinhaltiger Urin uns den absoluten Beweis für die mindestens teilweise Durchgängigkeit des Ductus choledochus gibt. Die vielfältigste klinische Erfahrung mit nachträglichem autoptischen Befunde zeigt uns regelmäßig, daß wir damit recht haben. Urobilinfreiheit des Urins finden wir nur bei längerem, mindestens aber 1—2tägigem völligem Verschluß des Ductus choledochus.

Will man aber in Bilirubinlösungen durch bakterielle Tätigkeit Urobilin erzeugen, so geht das nur bei Ausschluß des Sauerstoffzutritts, also nur bei streng anaerobiotischen Maßregeln, wie sie bei gewöhnlicher Aufbewahrung des Urins nicht durchgeführt zu werden pflegen. Dem entspricht, daß man chemisch nur durch Wasserstoff in statu nascendi eine Umwandlung von Bilirubin in Urobilin erhält.

Alle diese Gründe sind meines Erachtens schwerwiegend genug, um D. Gerhardts neue Interpretation seines Falles nicht ohne weiteres annehmbar erscheinen zu lassen, und meine Bedenken dagegen wohl zu begründen.

Ich habe mich bemüht — und man wird im Anhang die Belege finden —, die Fähigkeit der Leber unter ganz besonderen Umständen von sich aus Urobilin und seine Vorstufe produzieren zu können, zu beweisen.

Ich ging so vor, daß ich Tieren eine komplette Gallenfistel anlegte und sie durch einen Maulkorb aus Siebdrahtgeflecht und durch einen Verband mit überschnallbarem Segeltuchbezug, der sein Abrutschen sicher verhinderte, davon abhielt, ihre Galle aus der Gallenfistel abzulecken. Ich habe diese Galle dann täglich mehrmals wochenlang auf die Urobilinsubstanzen untersucht und konnte nachweisen, daß sie stets vollkommen frei davon war. Dabei sei hervorgehoben, daß die Fluoreszenzprobe mit Zinkazetat in Aufschwemmung in absolutem Alkohol unter Zusatz einiger Tropfen konzentrierten NH_3 zum Gesamtreagens eine überaus empfindliche Nachweismethode bildet, namentlich wenn man sich zur Hervorrufung der Fluoreszenz eines Lichtkegels bedient, den man mit Hilfe einer größeren Linse unter Benutzung der Sonne als Lichtquelle in die Flüssigkeit wirft.

Man kann fluoreszierende Lösungen enorm verdünnen und wird noch immer eine schwache Fluoreszenz finden. Bis in viele Tausende von Verdünnungen muß man gehen, um den normalen Gehalt der Galle an den Urobilinsubstanzen durch die Fluoreszenzprobe nicht mehr nachweisen zu können. Noch erheblicher ist diese bei erschöpfenden Alkoholextrakten des normalen Menschenkotes. Auch der Hundekot enthält normal beträchtliche Mengen dieser Körper. Auf die Verdünnung habe ich einen annähernden Maßstab an dem Gehalt von Urobilinsubstanzen aufgebaut. Merkwürdig ist, daß weder beim Menschen noch beim Hunde, auch bei sehr lange bestehendem Abschluß der Galle vom Darm, die Urobilinsubstanzen, wenigstens an der Fluoreszenzprobe gemessen, aus dem Kote völlig verschwinden. Sie stammen wohl aus Spuren von Galle, die aus dem Blut durch Schleimpartikel in den Darm ausgeschieden werden. Beim Menschen hat dies übrigens Gerhardt[294] lange vor mir schon festgestellt.

In der Galle solcher Tiere ist aber sicher nichts von Urobilin und Urobilinogen enthalten.

Nach diesen Feststellungen ging ich so vor, daß ich das Parenchym der Leber lange Zeit intensiv durch eine Kombination von Phosphorintoxikation und Amyl-Äthylalkoholgaben schädigte. Man beobachtet im Anschlusse an diese Vergiftungen, wenn sie nicht zu brüsk durchgeführt werden, lange Zeit an der Galle keine Farbstoffveränderungen. Geht man aber mit der nötigen Geduld lange Zeit in derselben Weise vor, so findet man einen Zeitpunkt, in dem die Tiere im Anschluß an die Vergiftung unmittelbar mit einer oft ganz enormen Produktion der Urobilinkörper in der Galle antworten, und zwar derart, daß die Galle jetzt 1—2 Tage lang sehr große Mengen dieser Körper enthält, die mit dem Abklingen der Vergiftungserscheinungen wieder vollkommen verschwinden. Es ist nicht ganz leicht, diesen Zustand hervorzurufen, aber mit Aufmerksamkeit und Geduld kommt man sicher dahin. Unterstützt hat mich manchmal dabei, wenn die Tiere 6—8 Wochen, nachdem sie sorgfältig davor behütet waren, ihre Galle auflecken zu können, nun aus ihrem Verband und Maulkorb kurze Zeit freigegeben wurden, wobei sie nun dann sofort anfingen, ihre Galle aufzulecken. Die Folge davon war, daß es bei einzelnen Tieren zu einem schweren Zustand kam, es traten Erbrechen, Durchfall und Kollapszustände auf, aus denen sie sich aber nach 1—2 Tagen wieder erholten. Innerhalb dieser Zeit enthielt die Galle auch wieder die Urobilinsubstanzen. Man wird sich erinnern, daß der Patient Fr. v. Müllers nach Einführung von Galle bei lange bestehendem völligen Gallenabschluß vom Darme ebenfalls schwere Symptome ähnlicher Art darbot, was an ihm weitere Versuche unmöglich machte.

Ich kann für die beobachteten Erscheinungen noch keine Erklärung abgeben, doch scheint es mir durchaus wahrscheinlich, daß sie mit einer Einwirkung auf die Leber zusammenhängen. Jedenfalls kamen sie mir insofern zu statten, als die Tiere nach einer solchen Attacke leichter in das Stadium kamen, auf erneute Vergiftungen mit Urobilinkörperproduktion in der Galle zu antworten. Ich hatte natürlich die Tiere vorher wieder so verbunden, daß sie ihre Galle nicht mehr auflecken konnten und das Urobilin sowie seine Vorstufe waren alsdann prompt wieder verschwunden gewesen. Nachdem dies eine Reihe von Tagen konstatiert war, wurde mit den Vergiftungen wieder begonnen. Nicht selten gelang jetzt sofort die Hervorbringung der Urobilinsubstanzen nach Phosphor- und Amylalkohol-Gaben.

In anderer Weise gelang mir in diesen Zeiten noch der Nachweis dieser eigentümlichen Fähigkeit der Leber. Bewirkte ich durch intravenöse Injektion von destilliertem Wasser eine Hämoglobinämie, so gelang es, in der Zeit der Verarbeitung des Blutfarbstoffes Urobilin und Urobilinogen in der Galle nachzuweisen, die mit der Verarbeitung des Hämoglobins auch wieder verschwanden. Man sieht also, daß eine funktionelle Überlastung der Farbstoffumwandlung der Lebertätigkeit ein Versagen der richtigen Verarbeitung hervorruft, aber nur unter ganz bestimmten Bedingungen. Es ist dies ungemein interessant, weil wir gesehen haben, daß auch sonst das Versagen der Leberfunktion an ganz bestimmte Zustände geknüpft ist, so z. B. an die Zuckerverarmung, wie die „glykoprive Intoxikation" lehrt. Da ich damals von alledem noch nichts wußte, habe ich keine Untersuchungen, z. B. über den Glykogengehalt der Leber in jenen Perioden, angestellt.

Fährt man mit den Vergiftungen der Gallenfistelhunde durch Phosphor und Amylalkohol fort, so erhält man schließlich eine Dauerausscheidung der Urobilinpigmente in der Galle. Gleichzeitig kann man wahrnehmen, daß die Galle die Fähigkeit in Biliverdin überzugehen, fast ganz verloren hat, der Verband enthält nur gelbrote Verfärbungen, und die grünen sind fast völlig verschwunden.

Untersucht man mikroskopisch die Lebern von Tieren in Stadien, in welchen keine Urobilinproduktionen auf Vergiftung erfolgen, so sind sie anatomisch annähernd normal; im zweiten Stadium, in dem eine temporäre Urobilinproduktion auf Vergiftung oder Überlastung der Produktion von Gallenfarbstoff erfolgt, findet man anatomisch Zeichen beginnender interstitieller Bindegewebswucherung oder schon deutlich beginnende Cirrhose, im dritten Stadium endlich, in dem die Dauerausscheidung von Urobilin erfolgt, findet man regelmäßig beginnende oder schon ausgesprochene Cirrhose.

Ich[295] habe seinerzeit diese Versuche mit ausführlichen Mikrophotogrammen publiziert, weil sie mir für das Verständnis des absolut konstanten Vorkommens der Urobilinurie und Urobilinogenurie bei Cirrhose recht wertvoll erschienen. Ich muß noch nachholen zu sagen, daß meine Hunde im Stadium der Urobilinproduktion in der Galle auch die Pigmente im Urin ausschieden. Die Ausscheidung war zwar stets nicht sehr erheblich, aber immer nachweisbar.

Es ist bei Cirrhose die Annahme naheliegend, daß dabei mindestens die Urobilin und Urobilinogen umwandelnde Fähigkeit der Leber, von der ich sprach, Not gelitten hat. Ich will nicht sagen, daß sie eventuell statt aus Hämoglobin Bilirubin zu bilden, nun Urobilin oder seine Vorstufe produziert. In einem geringen Umfange mag dies immerhin möglich sein. Und mit solchen Möglichkeiten hat man eben unter pathologischen Bedingungen stets zu rechnen, mag physiologisch die rein enterogene Entstehung des Urobilins und seiner Vorstufe noch so sehr einzige Möglichkeit zu sein scheinen.

Einwände gegen die Beweiskraft meiner Versuche sind nicht ausgeblieben[296]. Daß etwa eine fehlerhafte Operationstechnik vorgelegen hat, läßt sich aus der Wirkung der Operationen selbst widerlegen, da sie regelmäßig ein Freiwerden der Galle von Urobilin und Urobilinogen zur Folge hatten. Es hat sich nie ein neuer Gallengang gebildet, was auch durch die Durchschneidung mit Resektion eines Stückes von ihm vollkommen ausgeschlossen war. Und auch sonst hat sich nirgends eine neue Kommunikation gebildet.

Schwieriger ist es, dem Einwand zu begegnen, daß bakterielle Zersetzungen hier eine Rolle mitspielten. Eine Gallenfistel ist auf längere Dauer nicht aseptisch zu halten, man muß sogar annehmen, daß schon wenige Tage nach der Operation eine bakterielle Verunreinigung in größere Tiefen hinein stattfindet. Aber gerade in diesem Punkte liegt meines Erachtens der sicherste Beweis, daß die Bakterien keine Rolle in dem Prozeß spielen. Wenn es wirklich der Fall wäre, so bliebe es unverständlich, daß nicht sofort damit auch Urobilin und seine Vorstufe in der Galle auftreten. Wir sahen aber, daß die Hervorbringung dieser Urobilinpigmentausscheidungen eine lange Zeit und große Geduld und Konsequenz in der Anwendung der Mittel erfordert, und daß wir ohne eine Parenchymschädigung der Leber nicht dazu gelangen. Schon diese Überlegung macht eine Mitwirkung bakterieller Natur für die Genese des Leberurobilins recht unwahrscheinlich.

Der zweite Punkt ist aber die strenge Abhängigkeit des Auftretens der Pigmente im unmittelbaren Anschluß an eine Giftwirkung oder funktionelle Überanstrengung der farbstoffbildenden Funktion, wie man sie so deutlich an der experimentellen Hämoglobinämie zeigen kann. Sind diese toxischen oder funktionell überlastenden Einflüsse aber vorüber, so hört auch sofort die fehlerhafte Produktion der Farbstoffbildung durch die Leber auf. Allerdings könnte man bei den Phosphor-

und Amylalkoholwirkungen auch an vorübergehende direkte Parenchymstörungen denken im Sinne einer Herabsetzung seiner Widerstandsfähigkeit auf die Hemmung von Bakterienentwickelung, wobei ein
explosionsartiges Bakterienwachstum plötzlich erfolgen könnte. So hat
wenigstens Neubauer meine Experimente gedeutet. Ich habe dagegen
zu sagen, daß man wohl ein Auftreten solcher Bakterienwucherungen
kennt, nicht aber ein Verschwinden, wie ich es in meinen Fällen nach
Abklingen der Vergiftungserscheinungen gesehen habe. Haben Bakterien
einmal im Gewebe Fuß gefaßt, so wissen wir nur, daß es uns sehr schwer
gelingt, sie daraus wieder zu entfernen.

Schon diese Überlegung zeigt, daß wir mit einer Bakterienwirkung
in unseren Fällen nicht ernstlich zu rechnen haben; unmöglich können
wir aber annehmen, daß eine einfache Hämoglobinämie für die Leberzellen eine gleiche Schädigung bedeutet wie die kombinierte Phosphor-
Amylalkohol-Wirkung. Und trotzdem sieht man nach der Erzeugung
der Hämoglobinämie ein ebenso reichliches Auftreten von Urobilin
und seiner Vorstufe in der Galle, wie nach rein toxischen schweren
Einwirkungen und man sieht genau so wie nach ihrem Abklingen, ein
Verschwinden der abnormen Farbstoffe nach dem Abklingen der funktionellen Überlastung der farbstoffbereitenden Tätigkeit der Leber. Nach
der Verarbeitung des überschüssigen Hämoglobins tritt auch die normale
Produktion der Pigmente wieder ein.

Diese Beobachtung dürfte mit einer bakteriellen Einwirkung nicht
zu erklären sein.

Endlich ist ein dritter Punkt vorhanden, der einer Bakterienwirkung
widerspricht. Ich habe Tieren im Dauerausscheidungsstadium der
Urobilinpigmente und während ihrer vorübergehenden Ausscheidung
reichliche Mengen von Galle entnommen und mit Hilfe eines feinen
Gummikatheters mit Spritze tief in die Gallenwege von Tieren eingespritzt, die zwar schon lange Zeit an kompletter Gallenfistel operiert
waren, aber weder auf Phosphor, noch auf Amylalkohol mit Ausscheidung
von Urobilin oder Urobilinogen reagiert hatten. Ich dachte die Galle
solcher Tiere, wenn Bakterienwirkung das Wesentliche wäre, richtig
infizieren zu können und sie sofort zur Ausscheidung von Urobilinpigmenten zu bringen. Das geschah aber nicht, sondern die Tiere ließen
nach wie vor die Urobilinkörper in ihrer Galle vermissen, sowie die eingespritzte Galle abgeflossen war, was schon nach wenigen Stunden der Fall
gewesen ist. Diese Versuchsanordnung müßte vollkommen genügen,
eine wirkliche Infektion hervorzurufen und damit auch Urobilinausscheidung, wenn sie die Quelle der Urobilinkörperentstehung in der
Galle wäre.

Als letzter Punkt, der zu bedenken wäre, kommt endlich noch in
Betracht, daß etwa die verschieden große Menge der Galle, die produziert

wird, eine Entwickelung der Bakterien dadurch verhütet, daß sie die Bakterien einfach fortwährend ausschwemmt. Eine Verminderung der Gallenmenge, wie sie unter der toxischen P-Wirkung sicher besteht, genüge dann nicht mehr, die Bakterien restlos auszuschwemmen und sie fingen dann an zu wuchern und ihre Tätigkeit zu entfalten. Dem widerspricht sofort, daß die Gallenmenge nach experimenteller Hämoglobinämie enorm steigt und daß Hunde mit chronischer Urobilinkörperausscheidung in der Galle meist ebenfalls eine sichere, häufig sogar enorme Vermehrung der Gallenproduktion zeigen.

Endlich möchte ich zu bedenken geben, daß schwerlich eine rein anaerobe Einwirkung, wie wir sie für die Bakterienentwickelung der Bilirubin umwandelnden Bakterien doch fordern müssen, eine nur temporäre sein kann, und daß die Versuchsanordnung der Gallenfistel den Mangel an Sauerstoff nicht sicher garantiert.

Kommt nun noch ein anatomischer Befund, wie der von Cirrhoseentwickelung, wie ich ihn kurz zuvor geschildert habe, hinzu, eine Affektion also, von der wir wissen, daß erfahrungsgemäß mit ihr die häufigste und regelmäßigste Verknüpfung mit der abnormen Urobilinproduktion besteht, so stellt meines Erachtens die Summe der angeführten Gründe einen geradezu zwingenden Beweis für die Möglichkeit einer Urobilinpigmententstehung durch die fehlerhafte Tätigkeit der Leber selbst dar.

Aus solchen Ansichten hat man mir supponiert, daß ich stets für eine rein hepatogene Entstehung der Urobilinurie eingetreten wäre[297, 298]. *Ich verwahre mich auch hier noch einmal ausdrücklich gegen eine solche durch nichts begründete Unterstellung. Eine solche Annahme kann nur auf völliger Unkenntnis oder absichtlicher Verkennung meiner Arbeiten beruhen. Niemand, wie ich, ist mehr davon überzeugt, daß wir nach bisherigen klinischen Erfahrungen mit einer ausschließlich enterogenen Entstehung des Urobilins und seiner Vorstufe zu rechnen haben. In welcher Weise die Leber aber regelnd, und zwar maßgebend regelnd in den Urobilinstoffwechsel eingreift, für diese Ansicht habe ich die experimentellen Grundlagen zu erbringen versucht, ohne welche auch eine ausgedehnte klinische Erfahrung in diesen Fragen notwendigerweise lückenhaft bleiben müßte. Mit der vieldeutigen klinischen Beobachtung allein kommen wir nicht aus, so wertvoll sie ist.* Eine experimentelle Prüfung muß notwendigerweise Hand in Hand gehen. Solange wir nicht imstande sind, eine genaue quantitative Verfolgung des Urobilinwechsels durchzuführen, so lange wird gerade ein nicht voreingenommener Kliniker die gewiß seltene Möglichkeit einer teilweisen Entstehung des Urobilins unter der kritischsten Bewertung klinischer Ergebnisse nicht außer acht lassen dürfen. Und dafür eine experimentelle Unterlage zu schaffen, war wiederum mein Bestreben.

An meinen Ergebnissen halte ich fest und kann jeder Kritik mit unbedingter Ruhe entgegensehen. Falls man nicht nur mit Worten, sondern auch durch das Experiment nachprüft, wird man nur zu meinen Ergebnissen gelangen, und auch ihre Deutung wird schwer anders möglich sein als die, welche sie durch mich bis jetzt erfährt. Ja, es scheint mir nicht unmöglich, daß solche Einwirkungen unter abnormen Bedingungen vielleicht imstande sind, uns den tatsächlich im Körper verlaufenden Aufspaltungen des Hämoglobins näher zu bringen.

Die wundervollen Arbeiten von H. Fischer[299] neben denen von W. Küster[300], haben ja erst so recht deutlich die vielfältigen Möglichkeiten der chemischen Umsetzungen des Hb-Anteiles klar gelegt. Wer weiß, ob nicht der letzte Aufbau des Bilirubins nur durch tiefgehende Spaltung des Hämoglobins und nachfolgende Synthese überhaupt möglich ist. Weist doch die Reabsorption der Urobilinkörper durch die Leber darauf hin, daß ihre Verwertung angestrebt wird. Überdies können gewisse pathologische Einwirkungen sehr wohl mit einer Hemmung dieser Fähigkeit einhergehen und ihrerseits eine Überproduktion von Urobilin und seiner Vorstufe zur Folge haben und so zur Urobilinurie führen. Ich wies darauf schon hin.

Mit einer gewissen Verwunderung muß man aber diejenigen Bestrebungen verfolgen[301, 302], welche durch eine quantitative Bestimmung des Koturobilins resp. Urobilinogens — denn nur dieses soll im Kote vorkommen, was ich ganz entschieden bezweifle — einen Rückschluß auf die Größe der Zerstörung des Hämoglobins im Körper machen wollen (Eppinger, Heß).

Hier sehe ich nur Bedenken über Bedenken. Nach meinen Beobachtungen weiß ich, daß der normale Kot stets große Menge von Urobilin enthält. Die vorgebrachte quantitative Untersuchungsmethode basiert aber nur auf der Ehrlichschen Urobilinogenprobe! Aber auch abgesehen von diesem prinzipiellen Bedenken muß man sich darüber ganz klar sein, daß ein quantitativ gar nicht abschätzbarer Teil des Urobilins und Urobilinogens durch Resorption aus dem Darm — die quantitativ richtige Bestimmung aus dem Kote einmal als möglich vorausgesetzt — der Bestimmung entgeht. Die Faktoren, welche für die Resorption der Urobilinkörper im Darm in Betracht kommen, kennen wir aber, kurz gesagt, einfach noch nicht.

Weiter wissen wir noch nicht, was die Leber mit dem resorbierten Urobilin- und Urobilinogenanteil macht. Daß er einfach sozusagen zwecklos durch die Leber durchpassiert, um in der Galle wieder ausgeschieden zu werden, ist bei der Ökonomie des Körpers so gut wie ausgeschlossen. Ich habe oben die Gründe angeführt, welche dies mindestens recht unwahrscheinlich machen. Danach ist also unklar — auch wenn der Anteil Urobilin und Urobilinogen stets gleich bliebe, was mit den tatsächlichen Verhältnissen kaum übereinstimmen dürfte — ein wie großer Teil der resorbierten Urobilinkörperanteile unverändert wieder in den Darm ausgeschieden wird.

Man kennt die Tatsache, daß ein Kreislauf des Urobilins und seiner Vorstufe zwischen Darm und Leber besteht, sehr genau, man kennt aber nicht die Abhängigkeitsverhältnisse dieses Kreislaufes. Um so weniger darf man aber alle diese Dinge außer acht lassen.

Aus allen diesen Gründen habe ich schon vor Jahren davon Abstand genommen, quantitative Urobilinwechselbestimmungen am Menschen vorzunehmen, obwohl mir für Kot und Urin eine Methode zu Gebote steht, welche das gestattet hätte (unveröffentlichte Versuche). Man hätte solche Versuche nur an Tieren mit kompletter Gallenfistel durchführen können. Meine Methode läßt aber eine sichere Trennung der Bilirubinanteile von Urobilinanteilen nicht zu, daher habe ich einstweilen diese Versuche noch nicht nach der Richtung ausgedehnt. Aber meinen Bedenken den oben erwähnten Bestrebungen gegenüber muß ich doch an dieser Stelle Ausdruck geben.

Die Verfolgung der Umwandlungsprodukte des Bilirubins haben für die Erkenntnis der gesamten Leberfunktion eine ganz ungeahnte Bedeutung erhalten[303].

Nochmals möchte ich auf die große klinische Bedeutung der Wichtigkeit der Urobilinurie hinweisen, auf die Wilhelm Hildebrandt[304] mit Recht ebenfalls so großes Gewicht legt. Ich verkenne nicht die Förderung, die speziell diese Seite der Frage durch seine konsequente Arbeit auf diesem Gebiete erfahren hat. Man kann aber auch nicht verkennen, daß er Dinge für sich in Anspruch nimmt, die ihm nie und nimmer zukommen. Andere haben sich um die Grundlagen dieser Vorstellungen schon weit vor ihm bemüht (Fr. v. Müller[305]) oder haben, wie ich[306] selbst, ganz andere Wege dazu eingeschlagen.

Ich kann nach meinen experimentellen Ergebnissen mit aller Sicherheit aussprechen, daß die Leber einen absolut maßgebenden Einfluß auf die Regelung des Urobilinkörperhaushaltes hat und daß wir daher an einer auftretenden Urobilinurie einen sicheren Ausdruck für die Schädigung des Leberparenchyms besitzen.

Die Beachtung dieses Zeichens wird einstweilen mangels anderer ein Leitstern für die Überwindung noch mancher Hindernisse in der Leberpathologie sein, immerhin darf man die Grenzen seiner Leistungsfähigkeit nicht überschätzen.

Besonders beachtenswert erscheint mir, daß die Beobachtungen über den normalen Urobilinwechsel ausschließlich Beziehungen zu Leber und Darm ergeben haben. Ich hatte versucht, auch noch andere Genesen der Urobilinurie in Betracht zu ziehen und kann sagen, daß diese

Bestrebungen eine ganz sichere Antwort in dem Sinne ergeben haben, daß sonstige Modi der Urobilinbildung offenbar nicht existieren.

Auch Magnus-Levy[307] hat bei der postmortalen Autolyse nur bei Lebern ein reichliches Auftreten von Urobilin im Autolysenbrei gefunden. Mir ist fraglich, ob hier eine Wirkung der Leberzellen vorgelegen hat oder nur ein Freiwerden schon vorher in der Galle vorhandenen Urobilins. Immerhin seien die Versuche hier angeführt.

Jedenfalls steht sicher, daß alle bisher bekannten Tatsachen über Urobilin- und Urobilinogenurie allein mit der Leber und dem Darm in Beziehung gebracht werden können. Das ist auch noch für Schlüsse über die Genese des Ikterus wichtig. Wenn man sieht, daß die Verarbeitung der Umwandlungsprodukte des Bilirubins eine ausschließliche Funktion der Leber ist, und daß sie allein von ihr im Gallenstoffwechsel wieder richtig verarbeitet werden können, so gestalten sich auch die Bilirubin-Leberbeziehungen ungezwungen zu leberspezifischen Funktionen. In Anbetracht der erwähnten Versuche von Mac Nee und von Whipple und Hooper ist diese Feststellung nicht gleichgültig.

Fasse ich die Ergebnisse über die Betrachtung des Bilirubinwechsels und seiner Umwandlungen zur Leber nochmals kurz zusammen, so sieht man die absolut konstanten Beziehungen zum Hämoglobin, das die Muttersubstanz des Bilirubins darstellt. Wir müssen heute noch daran festhalten, daß die Bilirubinbildung eine leberspezifische Funktion ist. Es ist nicht unwahrscheinlich, daß der langsame oder rasche Zerfall von Erythrozyten einer geringeren oder stärkeren Aktion der Leber im ganzen entspricht, eine Annahme, die für unsere allgemein physiologischen und auch therapeutischen Vorstellungen nicht gleichgültig bleiben wird. Die Umwandlung des Bilirubins zu Urobilinkörpern im Darm, ihre Resorption mit dem Blutstrom und Reabsorption in der Leber unter wahrscheinlich teilweiser Rückverwandlung in Bilirubin und ihre Ausscheidung in der Galle zeigen deutlich einen Kreislauf von Gallenbestandteilen zwischen Leber und Darm auf dem Blutweg. Eine völlige Unterbrechung des Abflusses der Galle durch den Ductus choledochus bewirkt eine Unterbrechung dieser Umwandlungen und damit auch dieses Kreislaufes, womit er übrigens am klarsten bewiesen wird. Aus der Galle der Tiere und des Menschen verschwinden dann das Urobilin und Urobilinogen. Die unter normalen Verhältnissen nahezu quantitative Reabsorption beider Stoffe durch die Leber ist an ihre normale Funktion geknüpft. Eine abnorme Funktion der Leber ergibt sich am sichersten aus einem teilweisen Verluste dieses Vermögens und es tritt als Ausdruck dafür Urobilinurie und Urobilinogenurie auf.

Nach den bisherigen klinischen Beobachtungen entstammen beide Stoffe ausschließlich dem Darme. Man hat aber unter ganz besonderen Verhältnissen auch mit ihrer teilweisen Entstehung in der Leber zu rechnen und es ist sehr möglich, daß besondere Verhältnisse der Parenchymzellen, wie z. B. Glykogenmangel eine Rolle dabei spielen.

Unsere nächste Betrachtung muß den Gallensäuren gelten, als denjenigen Produkten, die eine besondere Stellung in der Lebertätigkeit einnehmen. Sie sind ebenfalls leberspezifische Substanzen und in der Galle hauptsächlich in Form von Na-Salzen der Glyko- und Taurocholsäure enthalten.

Es interessiert besonders im Glykokoll und Taurin Eiweißspaltprodukten zu begegnen. Wir finden also wiederum eine Verknüpfung der Lebertätigkeit mit dem Eiweißstoffwechsel. Im Taurin, das dem Cystin sehr nahe steht, haben wir ein S-haltiges Eiweißspaltprodukt. Die genauere Bildung der Taurocholsäure verfolgte v. Bergmann[308]. Er verfütterte die Vorstufen an Hunde mit kompletter Gallenfistel und fand regelmäßig ein Ansteigen der Taurocholsäure.

Wohlgemuth[309] hat die Versuche v. Bergmanns bestätigt. Die Erklärung ist einfach die, daß die Resorption der beiden Paarlinge in der Leber zur Synthese des gesamten Produktes geführt hat und daß es in der Galle erscheinen konnte. Es ist anzunehmen, daß dies nicht die einzige Synthese ist, die sich so vollzieht und wir erhalten damit einen Einblick in sehr wichtige Abhängigkeitsverhältnisse der resorbierten Anteile von Stoffen.

Da wir beim Stauungsikterus im Blute Cholate finden, normalerweise aber nicht, so ist auch für diese Stoffe der Nachweis geliefert, daß ein gleicher Kreislauf für sie besteht wie für die Gallenfarbstoffe. Die Cholate sind in der Galle zu finden, überschreiten also die Leber nicht.

Schiff[310], sowie Stadelmann[311] haben diese Feststellungen an Bestimmungen des Gehaltes der Galle an cholsauren Salzen beim Abschluß der Gallenwege gemacht und Tappeiner[312] konnte zeigen, daß für Taurocholsäure das Ileum, für Glykocholsäure Jejunum und Ileum als Absorptionsstelle in Betracht kommen. Naunyn[313] (Archiv für Anat. u. Phys. 1868) fand eine Ausscheidung eingeführter Cholate zum größten Teil durch die Galle, zu sehr geringem durch den Harn, ein anderer Teil wird zerstört.

Die Abhängigkeit des Gehaltes der Galle an Cholaten von der Art der Ernährung steht ebenfalls fest. Eiweißnahrung steigert ihn entschieden. Damit hätte man eine Analogie zu v. Bergmanns Versuchen.

Unter welchen Umständen die Cholate durch fehlerhafte Funktion der Leberzellentätigkeit, ähnlich dem Urobilin und Urobilinogen ins Blut übertreten können, ist abgesehen vom Stauungsikterus, noch nicht näher bekannt. Früher glaubte man ja, an dem Nachweis des Übertretens von

Gallensäuren in den Urin, resp. an ihrem Fehlen zwei verschiedene Arten von Ikterus unterscheiden zu können, den Stauungsikterus und den hämatogenen. Nur ersterer sollte regelmäßig Cholate führen, während letzterer als auf einseitiger Überlastung der Funktion der Gallenfarbstoffbereitung beruhend, Cholate nicht enthalten sollte. Diese Vorstellungen sind mangelhaft begründet. Seit Eppingers [314, 315] Untersuchungen darf man annehmen, daß jeder Ikterus ein Stauungsikterus ist, nur der Ort der Stauung ist verschieden, einmal sind es die großen Gallenwege, das andere Mal die feinsten Gallenkapillaren und alle Übergänge sind dabei denkbar.

Tatsächlich finden sich in einigen Fällen von Ikterus reichlich Gallensäuren im Urin, in anderen wenige oder keine. Diese Unterschiede könnten aber sehr wohl bedingt sein durch einen weniger leichten Übergang der Cholate ins Blut, als er für die Farbstoffanteile besteht. Am leichtesten findet doch offenbar der Übertritt von Urobilin und seiner Vorstufe statt, was meines Erachtens mit ihrer größeren Wasserlöslichkeit am ehesten in Zusammenhang gebracht werden kann. Da darf es uns nicht wundern, daß wir bis jetzt nichts darüber wissen, daß ein reiner Urobilinikterus etwa regelmäßig mit einer Vermehrung der Ausscheidung gallensaurer Salze im Urin einhergeht. Sie fehlen offenbar dabei.

Für den Stauungsikterus ist aber der Nachweis eines Übertritts größerer Mengen der Gallensäuren ins Blut gesichert. Doch der Nachweis der Gallensäuren ist nicht so fein und einfach, wie der von Bilirubin, Urobilin und Urobilinogen. Daher sind unsere Kenntnisse über die Ausscheidung von gallensaeuren Salzen und freien Gallensäuren keine so exakten und bedürfen wohl noch der Ergänzung.

Ihre Ansammlung im Blut verursacht eine Reihe schwerer Erscheinungen, die sich an länger bestehenden Ikterusfällen stets wieder zeigen.

Vor allem verursachen sie das unter Umständen zu der furchtbarsten Qual sich steigernde Hautjucken. Die Kratzeffekte an der Haut Ikterischer sind uns ja eine klinisch sehr geläufige Tatsache.

Weiter dürfen wir die Pulsverlangsamung, die ja ebenfalls zu den regelmäßigen Zeichen länger bestehenden Ikterus zu gehören pflegt, auf Wirkung gallensauerer Salze zurückführen, die auf das Herz einwirken. Hierüber existiert eine ganze Literatur, die anzuführen hier zu weit führen würde. Ob eine Schädigung des Herzmuskels oder eine Einwirkung auf die Herzganglienzellen vorliegt, ist noch nicht entschieden. Auch eine Reizung der herzhemmenden Vagusfasern ist angenommen worden.

Endlich müssen wir noch der hämolytischen Eigenschaften der Cholate gedenken, die vielleicht besonders wichtig sind. Wir sahen, daß die Leber eine Fähigkeit zur Auflösung roter Blutkörperchen hat, wir kennen aber den Mechanismus dafür nicht. Hier begegnet uns ein leberspezifisches Produkt, welches zweifellos hämolytische Eigenschaften hat, die im Reagenzglas sich genau quantitativ verfolgen lassen. Unter den Bedingungen der Eckschen Fistel in Kombinatión mit Unterbindung des Ductus choledochus hat Nassau[316] eine auffallende Abnahme der Zahl der roten Blutkörperchen feststellen können; er nahm an, daß in diesen Fällen eine Anhäufung von Cholaten im Körper stattfindet, weil ihre Ausscheidung in die Galle und ihre Reabsorption aus dem Blute durch das Bestehen der Eckschen Fistel vermindert wird. Denn es gelangt weniger Blut in die Leber und daher können auch Bestandteile des Blutes, die sonst von der Leber aufgenommen werden, um in ihr verarbeitet zu werden, dies jetzt nicht mehr in dem Maßstabe erfahren. Daher kommt es unter diesen Bedingungen zu einem besonders starken Cholatspiegel im Blute und seine Wirkungen werden sichtbarer. Wir dürfen annehmen, daß die Leber sonst einen Teil der von ihr gebildeten Gallensalze wieder zerstört, da Naunyn nachwies, daß ein Teil der eingeführten Gallensäuren verschwindet und sie ja von der Leber absorbiert werden.

Weiter weiß man, daß die Cholate auf die Produktion von Fibrinferment hemmend wirken. Die ausgedehnten und schweren Hämorrhagien bei lange bestehendem Ikterus dürften mit den beiden genannten Eigenschaften der gallensaueren Salze sehr wohl in Verbindung stehen, obwohl wir damit die Gesamtheit ihrer Bedingtheiten noch nicht erschöpft haben werden.

Bisher haben wir eine Reihe pathologischer Eigenschaften der cholsaueren Salze in Betracht gezogen, wir dürfen darüber nicht vergessen, daß ihre Hauptfunktion in der Überführung der Fette und deren z. T. unlöslichen Seifen in eine wasserlösliche Form besteht. Weiter ist einer Mitteilung von v. Fürth und Schütz[317] zu gedenken, die auf die unterstützende Wirkung der Cholate auf die Pankrasfermente aufmerksam macht. Endlich spielt die physikalische Eigenschaft der Löslichmachung oder Erhaltung der Löslichkeit gewisser Stoffe, speziell auch für die richtige Zusammensetzung der Galle selbst, die größte Rolle, worauf beim Cholesterinwechsel zurückzukommen ist.

Worauf diese merkwürdige physikalische Eigenschaft beruht, ist noch nicht sicher erkannt, doch fällt auf, daß die Lösungen gallensauerer Salze eine besonders leichte Benetzbarkeit hervorrufen, also gewisse Oberflächenwirkungen zeigen, welche die in Frage stehenden Beobachtungen erklären können.

Unsere Kenntnisse über die Funktionen der gallensaueren Salze sind damit erschöpft und man darf mit Recht vermuten, daß diese Kenntnis noch keineswegs eine vollkommene ist.

Nun müssen wir uns noch weiteren konstanten Bestandteilen der Galle zuwenden, dem Cholesterin und dem Lezithin. Namentlich dem

Cholesterin kommt ein erhöhtes Interesse der Kliniker zu, da in den Störungen seiner Mischungsverhältnisse in der Galle die Ursache für sein Ausfallen erblickt werden darf, und die Ursache des häufigen Auftretens der Konkrementbildungen in den Gallenwegen liegt.

In der Erkenntnis dieser Vorgänge verdanken wir Naunyn[318] das Wesentliche.

Wir haben gesehen, daß beim Zerfall roter Blutkörperchen das Hämoglobin quasi quantitativ aufgenommen wird. Wir sind nicht ebenso sicher darüber unterrichtet, daß auch die Hülle der Roten, die ja zum größten Teil aus Cholesterin besteht, dabei ebenfalls vollkommen verwendet wird. Blutkörperchen und Blutkörperchenschatten findet man aber nicht selten phagozytär unter pathologischen Bedingungen von Leberzellen und Kupferschen Sternzellen der Leber absorbiert. Wir haben aber keinen sicheren Anhaltspunkt dafür, daß die Auflösung der Blutkörperchen notwendig an die Leberzelle geknüpft ist. Immerhin ist dies nicht unwahrscheinlich. Bei Toluylendiaminvergiftung, die mit stärkerem Zerfall von roten Blutkörperchen einhergeht, ist von Röhmann und Kusomoto[319] auch eine Vermehrung des Cholesteringehaltes der Galle gefunden worden.

Neuere Untersuchungen zeigen aber, seitdem Windaus[320] gelehrt hat den Cholesteringehalt von Organen und Flüssigkeiten mit seiner Digitoninmethode quantitativ genau zu bestimmen, daß der Vermehrung des Cholesterins der Galle gleichzeitig auch einer Cholesterinämie entspricht (Schwangere!). Wie die Versuche von Hueg und Wacker[321] zeigten, eröffnet sich damit auch ein Parallelismus zur Verfütterung von sog. lipoiden Substanzen, wozu ja das Cholesterin in erster Linie zählt.

Wieweit hier gerade pathologische Zellzustände der Leber von ausschlaggebender Bedeutung sind, das werden noch weite Gebiete der Forschung sein. Es eröffnet sich mit solchen Vorstellungen eine große, aber auch schwierige Perspektive, da wir noch nicht annähernd übersehen können, welche sehr komplizierten Funktionen speziell an den Haushalt der Lipoide und an ihre eigentümliche chemische Konfiguration gebunden sind. Hier seien diese Dinge nur angedeutet, damit der Hinweis darauf nicht fehlt.

Haben wir in den eben erwähnten Momenten die physiologischen Beziehungen der Lipoide zum Leberstoffwechsel nur gestreift, so dürfen wir über die pathologische Seite nicht so rasch hinweggehen; eröffnen sich doch nicht selten gerade von ihr die physiologischen Hinweise.

Die Frage nach der Entstehung der Gallensteine ist wegen ihrer enorm großen praktischen Wichtigkeit sehr ausgedehnt in Angriff genommen worden.

Merkwürdig ist, daß die Gallensteinkrankheit offenbar noch nicht allzu alt in der Pathologie des Menschengeschlechtes ist. Die griechischen

Ärzte berichten nichts davon und es wäre kaum denkbar, daß ihnen eine Cholelithiasis entgangen wäre, wenn sie damals einen häufigen Befund dargestellt hätte.

In der recht komplizierten Frage nach der Entstehung der Gallensteine ist ein Punkt sicher, das ist die Wichtigkeit des Cholesteringehaltes der Galle für ihre Genese. Der weitaus überwiegende Teil sämtlicher Gallensteine enthält große, selten geringe Mengen von Cholesterin. Nur ganz selten sind Steine, welche diesen Körper nur in Spuren enthalten.

Die Lösungsbedingungen des Cholesterins in der Galle, resp. die Störungen derselben sind die wesentliche Ursache seines Ausfallens und damit des Auftretens von Gallenkonkrementen. Es ist klar, daß ein zu großer Gehalt an Cholesterin dies auf der einen Seite bewirken kann, und daß andererseits jede Änderung des normalen Mischungsverhältnisses der Galle durch Auftreten abnormer Beimengungen oder Fehlen oder Verminderung normaler Substanzen eine weitere Ursache dafür abgeben wird.

Das erstere Vorkommnis ist jedenfalls möglich, wenn auch gewiß nicht häufig. Man darf annehmen, daß das Cholesterin in der Galle in einer kolloidalen Form gelöst ist. Die Vermittelung übernehmen die gallensauren Alkalien. Wir wissen, daß der Ionengehalt resp. die elektrische Ladung einer derartigen Flüssigkeit für die Stabilität ihrer Lösung von ausschlaggebender Bedeutung ist.

Lichtwitz[322, 323] verdanken wir Untersuchungen über die Veränderung der elektrischen Kräfte in Gallenlösungen auf die Ausfällung von Cholesterin. Nach ihm bewirkt Zusatz von Eiweiß zur Galle eine Ausfällung von Cholesterin wegen des Zuwachses von positiven Elektronen, denen ein Ausgleich nicht entgegensteht. Dieser Mechanismus hat wohl Geltung für beide Fälle des Cholesterinausfalles in der Galle, die ich oben erwähnte, da sowohl bei bakterieller Zersetzung der gallensaueren Salze, wie auch durch ihre veränderte Ausscheidung oder Rückresorption ein Ausfallen von Cholesterin beobachtet ist. Die Nachweise dafür verdanken wir Bacmeister[324], der damit das Verständnis für das Auftreten reiner Cholesterinsteine erschlossen und die Unterscheidung des nicht durch Zersetzung der Galle entstandenen reinen Cholesterinsteines, wie es Aschoff mit ihm zusammen ausführte, begründete.

Das Bestehen richtiger erhöhter Cholesterinämie bei Schwangerschaft und die dabei noch häufig mechanisch hinzutretende Stauung von Galle in der Gallenblase in dieser Zeit, dürfen wohl mit als ätiologische Faktoren für die Häufigkeit der Cholelithiasis bei Frauen herangezogen werden.

Weitaus die Überzahl aller Gallensteinerkrankungen hat aber, wie dies Naunyn[325] als unumgänglich fordert, eine Zersetzung der Galle infolge Infektion zur Voraussetzung.

Es unterliegt keinem Zweifel, daß sich in einer gestauten Galle viel leichter Zersetzungen einnisten als in einer mit regelmäßigem Abfluß. Dieser Faktor kommt, wo er vorhanden, als unterstützendes Moment zweifellos mit hinzu. Durch Infektion werden aber katarrhalische Erscheinungen bewirkt, die zur Epitheldesquamation mit einer „myelinigen" Degeneration derselben führen. Im Myelin der Anatomen ist stets Cholesterin in großen Mengen enthalten und man sieht daher eine Anhäufung von Cholesterin in der Galle nicht in der gewöhnlichen Form der Lösung. Kommt es nicht zu seiner nachträglichen Lösung, so kann es als Kristallisationszentrum wirken und damit zur Konkremententstehung Anlaß geben.

Die entzündlichen Veränderungen bewirken aber auch noch das Auftreten von Salzen, so den Kalksalzen, welche ja regelmäßig Bestandteile einer großen Anzahl von Gallensteinen sind.

Wir wissen, daß entzündliche Exsudate große Mengen von Kalksalzen, vor allem kohlensauren Kalk und noch andere in Lösung führen.

Daß endlich noch das Bilirubin in die Ausfällung mit hineingezogen wird, hängt wohl mit der Eigenschaft vieler Farbstoffe zusammen, in Fällungen mit überzugehen. Beruht doch das vielgeübte Ausfällen von Farbstoff durch Baryt- oder andere Fällungsmittel (Bleisalze) auf dieser Eigenschaft pflanzlicher und tierischer Farbstoffe überhaupt.

Eine erhebliche Stütze für Naunyns Ansicht ist aber ja der zur Evidenz erhobene Befund des Bakteriengehaltes von Gallensteinen, wofür er auch selbst verschiedene Beispiele beibrachte.

Die ganze Typhusgruppe der Bakterien hat eine besondere Affinität zur Galle. Wir können sie mit Gallennährböden elektiv züchten, wir wissen, daß die Dauerausscheider von Typhusbazillen, die Typhusbazillenträger sie hauptsächlich, oft ausschließlich, in der Galle beherbergen.

Sehr häufig ist es gelungen, noch nach vielen Jahren aus dem Inneren von Gallensteinen lebende Typhusbazillen oder solche der Typhusgruppe herauszuzüchten, ein biologisch vollkommen rätselhaftes Faktum.

Nichts kann die bakterielle Entstehung der Steine besser beweisen, als solche Vorkommnisse und man wird daher gut daran tun, Naunyns Lehre nicht zu sehr beiseite zu schieben, wie dies unter dem Eindruck einiger neuerer Arbeiten geschieht.

Zahlreich sind die Fragen, welche sich uns bei der ganzen Gallensteinerkrankung aufdrängen. Die neuere Chirurgie hat da viel Aufklärung geschaffen und ich kann dafür auf die Zusammenfassung von L. Arnsperger [326] verweisen. Es scheint der Sitz der Gallensteine mit der Art ihrer Zusammensetzung in gewisser Beziehung zu stehen. Häufig ist wenigstens der sog. Verschlußstein in der Gallenblase, also der, welcher im Blasenhals sitzt, ein reiner oder fast reiner Cholesterinstein. Er kann ein Solitärstein sein.

Die facettierten Gallensteine sitzen meist multipel im Gallenblasengrund und -Inneren. Die reinen Bilirubinkalksteine ohne viel Cholesterin haben ihren Sitz mehr in den Gallenwegen, die dunkelschwarz pigmentierten Bilirubinkalkcholesterinsteine wieder mehr in der Blase, lieben aber auch das Hinabsteigen in die großen Gallenwege. Diese Einzelheiten sollen ebenfalls nur gestreift werden. Es sind für sie aber sicher allerlei bestimmte Verhältnisse maßgebend, die wir noch zu ergründen haben, und die mit Funktionszuständen des Gallenapparates in Zusammenhang zu bringen sind, sie also eventuell erschließen.

Wir wissen, daß in der Gallenblase eine starke Resorption von Wasser stattfindet, und daß hierdurch eine Eindickung der Galle erfolgt, die zu großen prozentischen Differenzen in der Zusammensetzung der Blasengalle und der Gallengangsgalle führt. Das lehrt ja jede Tabelle in einem physiologischen Lehrbuch über die Verschiedenheit der Zusammensetzung von Fistel- und Blasengalle.

Die Pathologie lehrt uns schließlich aber, daß alle Substanzen, welche in der Galle enthalten sind, von den Wandungen der Gallenblase absorbiert werden können, denn wir sehen bei obstruierendem Verschluß der Gallenblase, z. B. durch einen Gallenstein, sich den sog. Hydrops vesicae felleae entwickeln, eine meist beträchtliche, oft enorme Vergrößerung der Gallenblase unter völliger oder doch nur bis auf Spuren noch nachweisbarer Rückresorption ihres früheren Inhaltes und Ausscheidung einer muzinös eiweißhaltigen Flüssigkeit unter Umständen ohne jede Gallenbestandteile.

Was dabei interessiert ist die Frage, wovon diese Rückresorption abhängig ist und ob sie nicht mit einer Löslichmachung von Gallenkonkrementen bis zu einem gewissen Grade Hand in Hand geht.

Naunyn hat entwickelt, daß der reine Cholesterinstein wohl größere Mengen von Salzen enthalten haben kann, daß diese aber eine Rückresorption erfahren hätten, eine Ansicht, die aber nicht streng gestützt ist, so möglich der Vorgang an sich sein kann. Mindestens bahnt er noch in anderer Weise einen Versuch eines Verständnisses an, warum der Verschlußstein so häufig ein reiner oder fast reiner Cholesterinstein ist.

Es ist aber von allergrößtem praktischen Interesse, die Bedingungen einer Einwirkung der Gallenblasenwand auf die Möglichkeit einer Zusammensetzungsänderung des Inhaltes der Gallenblase überhaupt und der Konkremente im speziellen restlos zu erweisen, da therapeutische Winke sich daraus jederzeit ergeben können.

So hochentwickelt die chirurgische Technik auch ist, so wenig sicher verbürgt sie mit der Entfernung der Gallensteine, ihre Wiederkehr. Darüber dürfen sich weder die Chirurgen selbst, noch die Kranken täuschen, abgesehen von den tatsächlichen Gefahren der Operation an sich, die auch in der Hand des sehr Geübten keineswegs zu vernachlässigen sind.

Solche pathologische Hinweise, wie wir sie durch den Hydrops vesicae felleae erhalten, sind daher bis in die kleinsten Einzelheiten zu verfolgen.

So führt uns die genaue Beachtung des Cholesterinwechsels der Galle zu unmittelbar praktischen Fragen.

Noch ganz im unklaren sind wir aber über alles bei der Ausdehnung der Untersuchungen auf den Lezithinwechsel und seine Bedingtheiten.

Die Verknüpfung des Lezithins mit der Phosphorsäure, ihre Bindung im Eiweiß, weisen auch hier auf Beziehungen der Leber zu dem Eiweißstoffwechsel, sicher ist auch, daß bei den physikalisch so ähnlichen Verhältnissen des Lezithins zum Cholesterin auch ähnliche Ausscheidungsverhältnisse des Lezithinanteiles in der Galle vorausgesetzt werden dürfen.

Bei fettiger Degeneration der Leber ist wiederholt eine Zunahme der Lipoidanteile der Leber beschrieben und damit auch des Lezithins, von der Zusammensetzung der Galle ist da aber nichts Besonderes erwähnt.

Was endlich den Salzgehalt der Galle angeht, so hat er nur ganz beiläufige Untersuchungen erfahren, die keineswegs als irgend abgeschlossen angesehen werden können.

Eines Syndroms habe ich aber noch zu gedenken, das die große Wichtigkeit der Galle als Ausscheidungsort und die Wichtigkeit der Entfernung gewisser Bestandteile durch die Galleentleerung zeigt, das ist das Bild der Cholämie.

Die Cholämie ist eine Intoxikation schwerster Art, die wir in Analogie zur Urämie auf Retention und Ansammlung übermäßiger Mengen gallefähiger Bestandteile zurückführen müssen, und die nicht selten das Finale bei lang bestehenden Ikterusfällen bildet. Warum und wann sie eintritt, ist noch nicht klar, ebensowenig das Wie ihrer Wirkung. Es ist sicher, daß sie weder mit der Fleischintoxikation noch mit Abbauintoxikosen etwas zu tun hat, abgesehen von gewissen äußerlichen Krankheitszeichen wie Delirien, Krämpfen, Bewußtseinsverlust und Koma.

Die Cholämie ist eine Ausfallserscheinung eigenster Art, welche aber auch spezielle Funktionen des cholopoetischen Systems vor Augen führt und uns deutlich zeigt, wie weit wir noch von einer Erkenntnis aller dieser Aufgaben entfernt sind. Auf die mögliche Beteiligung der Lipoidanteile des Gehirns habe ich dabei schon früher hingewiesen.

Die Verfolgung der einzelnen normalen Bestandteile der Galle hat also eine Reihe der wichtigsten Funktionen der Leber enthüllt, vorweg ihre Unumgänglichkeit bei der Fettresorption.

Weiter haben wir die Beziehungen der Leber zum Hämoglobin und ihre spezifische Fähigkeit der Bilirubinproduktion kennen gelernt und ferner gesehen, daß sie imstande ist, das Urobilin und Urobilinogen, die im Darme entstandenen Umwandlungsprodukte des Bilirubins, wieder aufzunehmen und damit einen Kreislauf für sie vom Darm über das Blut zur Galle zu schaffen und sie dabei wahrscheinlich wieder zu verwerten. Ja unter g a n z s e l t e n e n u n d b e s t i m m t e n pathologischen Bedingungen ist die Annahme im T i e r e x p e r i m e n t b e r e c h t i g t, daß die L e b e r s e l b s t d i e U r o b i l i n p i g m e n t e t e i l w e i s e p r o d u z i e r t.

Wir haben ferner gesehen, daß eine Störung der Reabsorption der durch das Blut zugeführten, im Darm entstandenen Urobilinpigmente, ein k l a s s i s c h e s Zeichen für funktionelle Parenchymstörungen der Leber ist und ein ä u ß e r s t w e r t v o l l e s Diagnostikum dafür darstellt. Weiter kann man für die Gallensäuren ebenfalls eine leberspezifische Entstehung und denselben Kreislauf wie für den Gallenfarbstoff und seine Umwandlungsprodukte zeigen und ihre überwiegende Wichtigkeit zur Vermittelung der Fettresorption, sowie ihre toxischen Einwirkungen bei ihrer Anhäufung im Blute klar legen.

Das Cholesterin endlich zeigt die konstanten Beziehungen der Leber zum Lipoidstoffwechsel. Es wird in der Galle ausgeschieden und die Schwierigkeit seiner Erhaltung als Lösung in der Galle ist der Grund zu dem vielfältigen Krankheitsbild der Cholelithiasis. Die Möglichkeit der Erschließung funktioneller Fähigkeiten der Gallenblasenwand aus dem verschiedenen Verhalten der Gallenblase in Krankheitszuständen wurde angedeutet.

Siebentes Kapitel.

Weitere Beziehungen zur äußeren Sekretion der Leber.

(Inkonstante Gallenbestandteile.)

Nachdem wir im letzten Kapitel diejenigen Stoffe in ihren normalen und pathologischen Beziehungen verfolgt haben, die normalerweise in der Galle vorkommen, gilt es jetzt einen Blick auf die Substanzen zu werfen, die nur unter bestimmten Verhältnissen in die Galle gelangen und damit ihre Affinität zur Leber erweisen.

Vor allen Dingen interessiert uns dabei die Frage, ob nicht unter abnormen Einwirkungen auf das Leberparenchym besondere, sonst nicht zu findende Stoffe aus dem Körper in die Galle übertreten.

Unter solchen Vorstellungen habe ich die Galle auf Fermente amylolytischer und tryptischer Natur geprüft und sie stets auch bei starker funktioneller Inanspruchnahme der Leber frei davon gefunden. Nur im Falle extremer Phosphorintoxikation konnte ich[327], wie früher schon erwähnt, fermentativ tryptische Einwirkungen in der Galle auffinden, aber keine amylolytischen.

Gleichzeitig damit ging aber auch eine sehr starke allgemeine Veränderung der Galle einher. Ihr Zufluß wurde sehr gering und der Farbstoffgehalt war ebenfalls fast vollkommen verschwunden.

Die Sekretion wenig gefärbter Galle ist ein Vorkommnis, das öfter zu verzeichnen ist[328]. In der chirurgischen Klinik in Heidelberg sah ich 1913 einen Fall konsultativ, bei dem wegen eines durch Stein bedingten Obturationsikterus eine Gallenfisteloperation gemacht worden war. Die aus der Fistel in den ersten Tagen abfließende Galle war aber fast kaum gefärbt, trotz hochgradigster ikterischer Verfärbung der Haut und des Urines. Nach 2 Tagen stellte sich zuerst eine mäßig gefärbte, dann sehr dunkle Gallensekretion ein. Von chirurgischer Seite sind mehrfach derartige Vorkommen berichtet. Man hat dafür den Sammelnamen der Sekretion von „weißer Galle" eingeführt. Sie ist im wesentlichen eine schleimig-seröse, eiweißhaltige Flüssigkeit mit Spuren von Gallenfarbstoff und Gallensäuren. Man könnte annehmen, daß die Sekretion der spezifischen Gallenbestandteile dabei nur ins Blut erfolgt oder überhaupt ausbleibt. Für die Phosphorwirkung ist letzteres mir weitaus am wahrscheinlichsten. Es besteht einfach eine Unterdrückung der Funktion der Leberzellen infolge ihrer hochgradigen Schädigung. Ich möchte hier darauf hinweisen, daß auch solche Erfahrungen deutlich für eine rein hepatogene Entstehung des Gallenfarbstoffes sprechen.

Die Fälle mit „glykopriver Intoxikation" habe ich noch nicht mit Gallenfistel kombiniert. Es wäre nicht unmöglich, daß man in den Endstadien dabei auch eine mangelhafte Gallensekretion nachweisen könnte. Die Gallenblasen von Tieren mit dieser Affektion zeigten öfter nur schwach gefüllte und schlappe Gallenblasen. Sie enthielten aber reichliche Mengen von Biliverdin, Bilirubin, Urobilin und Urobilinogen, sowie cholsaure Salze.

Weiter habe ich in fast allen meinen Fällen die Galle auf Zuckergehalt geprüft. Weder bei P-Intoxikation noch bei Eckscher, noch umgekehrter Eckscher Fistel habe ich je etwas von Zucker in der Galle finden können. Nie auch bei Pankreas und Phlorrhizindiabetes, also bei Hyper- und Hypoglykämien stärkster Grade.

Claude Bernard[329] hat die Galle seiner Tiere nach dem Zuckerstich regelmäßig auf Zucker untersucht und hat nichts davon finden können. Nach einem so reichen und vielfältig durchgeprüften Ergebnis bei Zuckermobilisation größten Umfanges sollte man erwarten, daß Zucker überhaupt nicht in die Galle übertritt.

Nichts kann schlagender die Voreiligkeit von Verallgemeinerungen beweisen, als der schon von Claude Bernard[330] erbrachte Beweis, daß die intravenöse oder subkutane Injektion von Traubenzucker doch zu seiner Ausscheidung in der Galle führt, und zwar noch früher als im Urin, selbst unterhalb eines Gehaltes von $0,3\%$ im Blut. Wie Traubenzucker verhält sich auch Rohrzucker, nur daß er noch leichter in die Galle übertritt.

Bei der Traubenzuckerausscheidung in der Galle nach intravenöser Injektion steht man vor einem jener Rätsel, die schwere Bedenken erzeugen, ob wir je imstande sein werden, den Vorgang einer Sekretion zu begreifen. Im Falle der Hyperglykämie nach Zuckerstich handelt es sich um einen vermehrten Sekretions- resp. Glykogenumwandlungsprozeß des Leberglykogens in Zucker, das Blut enthält eine übergroße Menge davon. In diesen Fällen und auch bei anderen Hyperglykämien geht aber kein Zucker in die Galle über. Bei der intravenösen Injektion derselben Dextrose, wodurch also ebenfalls eine reine Hyperglykämie verursacht wird, wird aber dieser Traubenzucker sofort in die Galle ausgeschieden. Er tritt dort früher auf als im Urin. Das sind zunächst ganz unverständliche Verschiedenheiten anscheinend derselben physiologischen Voraussetzung nämlich der Hyperglykämie. Eine Erklärung ist hier eminent wichtig. Ein solches Verhalten zeigt unmittelbar die Möglichkeit, tiefer in den ganzen Zuckermechanismus eindringen zu können als durch irgend eine andere bisher beobachtete Tatsache. Eine Erklärung ist aber auch ungeheuer schwierig.

Sicher ist, daß man zunächst um einen Schritt weiter zurückgehen muß, und daß die Voraussetzung dieses Verhaltens nicht „Hyperglykämie" lauten kann. Denn nach diesem Ausfall der Versuche können die Hyperglykämien nicht mehr als einheitlich aufgefaßt werden. Notwendigerweise muß diese Verschiedenheit also mindestens an die Voraussetzung der Hyperglykämie geknüpft sein. Als wohl begründete physiologische Voraussetzungen einer Hyperglykämie haben wir bis jetzt nur eine besondere Aktion der Leber, eine „Leberzellentätigkeit" kennen gelernt, nämlich ihre erhöhte Glykogenumwandlung. Wir haben auch gesehen, daß jeder dieser uns pathologisch-physiologisch bekannt gewordenen Zustände bis jetzt hepatogen aufgefaßt werden muß, da sie alle bei Glykogenmangel der Leber ni c h t zustande kommen. Man darf daher von der Voraussetzung ausgehen, daß jede Hyperglykämie des Körpers hepatogen ist, d. h. es ist dabei die Zucker mobilisierende Eigenschaft der Leber allein in Tätigkeit gekommen. Bei einer Hyperglykämie durch intravenöse Injektion haben wir aber keinen Anhalt dafür, dieselbe Annahme machen zu dürfen. Die Leberzellen sind dabei qua mobilisierender Tätigkeit in bezug auf Zucker in Ruhe. Wir wissen aber auch, daß, falls die Leberzellen zur Zuckermobilisation gereizt sind, sie einen Zuckersekretionsstrom nur ins Blut erzeugen, einen Strom, der offenbar mit besonderer Sorgfalt von den Gallenwegen entfernt gehalten wird. All dies ist nicht vorhanden bei einer Hyperglykämie auf Grund von einfacher intravenöser Injektion von Zucker ins Blut. Die Zuckerverteilung in der Leber wird sich daher nach anderen Gesetzen richten können, als in den sonst beobachteten Fällen von Hyperglykämie. Der Zucker wird so auch in die Galle gelangen können, da kein Mechanismus in Tätigkeit ist, der den Übertritt des Zuckers in die Galle verhindert, resp. dem Strom eine besondere Richtung gibt.

So können wir eine sehr plausible Lösung der Schwierigkeit verstehen und das Experiment an sich spräche, so paradox das klingt, nur für die Richtigkeit der Voraussetzung, daß jede durch pathologisch-physiologische Einflüsse veranlaßte Hyperglykämie eine rein hepatogene ist. Denn bei Hyperglykämien, welche durch Vorgänge im Körper selbst ausgelöst sind, ist eben die Galle zuckerfrei.

Recht wichtig ist das Auftreten von Eiweiß in der Galle.

Normalerweise enthält die Galle nichts von Bluteiweißen, sondern nur Muzin oder muzinähnliches Nukleoalbumin.

Erzeugt man in der Blutbahn eine Auflösung von roten Blutkörperchen durch Injektion von destilliertem Wasser in mäßiger Menge, wie dies M. Moser[331] zuerst durchgeführt hat, so sehen wir eine sofortige Absorption des Blutfarbstoffes durch die Leber und seine Aufspaltung in den Farbanteil und das Globin. Letzteres tritt schon $^1/_2$—$^3/_4$ Stunden später in die Galle über und verschwindet nach 2—3 Stunden wieder daraus. Der Urin bleibt von Eiweiß frei.

In neuerer Zeit hat Brauer[332] die Frage des Übertritts von Eiweiß in die Galle wieder aufgegriffen und festgestellt, daß schädliche Einwirkungen auf das Parenchym der Leber sehr leicht einen Übertritt von Eiweiß in die Galle veranlassen.

Schon sehr geringe Gaben von Phosphor bewirken dies, weiter auch Intoxikation mit Amyl- und Äthylalkohol und ihren Gemischen. Dabei leidet auch die Struktur der Gallengänge. Es kommt zu Epithelabstoßungen einzeln oder in größeren Verbänden in Form von Zylindern, analog den Nierengebilden bei Störungen der Parenchyme der Niere. Pilzecker[333] dehnte diese Erfahrungen auch auf Intoxikationen mit Arsen aus.

Brauer meint, daß wenn wir in der Lage wären, Galle ebenso leicht zur Untersuchung erhalten zu können wie Urin, wir unschwer an ihrem Gehalte an Eiweiß die Häufigkeit und Leichtigkeit der Miterkrankung der Leber bei allen möglichen Erkrankungen direkt beweisen könnten. Brauer hat meines Erachtens ganz recht und ich pflichte dieser Ansicht vollkommen bei. Seine Ansichten werden durch die Beobachtung des überaus häufigen Auftretens von Urobilinurie und Urobilinogenurie aufs beste ergänzt und gestützt. Denn in der Beachtung dieses Zeichens haben wir einen Ersatz für die diagnostische Verwertung der Albuminausscheidung in der Galle, der uns dieselben Dienste, nur weit einfacher leistet.

Das Interesse am Auftreten von Eiweiß in der Galle wird damit aber keineswegs vermindert. Ja, es scheint mir ein Studium ausgedehntester Art zu verdienen, wenn wir hören, daß intravenöse Injektionen von Eiweiß direkt auch zu seinem Auftreten in der Galle führen. Es ist noch nicht klargestellt, ob das injizierte Eiweiß dabei Veränderungen erleidet oder nicht, eine Frage, die wohl in Anbetracht der von mir geschilderten Einwirkungen intravenöser Eiereiweißinjektionen auf die sensibilisierenden Eigenschaften der Leber, von heute noch nicht abschätzbarer Bedeutung werden könnte. Für Kasein haben Gürber und Hallauer[334] nachgewiesen, daß seine intravenöse Zufuhr zu seiner veränderten Ausscheidung mit der Galle führt. Über das Auftreten freien Hämoglobins haben wir schon gesprochen und ich verweise darauf. Die Notwendigkeit einer Veränderung des Eiweißes durch die Gallenausscheidung scheint aber die Regel zu sein, wenn das Hämoglobin davon auch abweicht.

Recht wichtig wäre darüber etwas in Erfahrung zu bringen, ob unter pathologischen Bedingungen Eiweißspaltprodukte in die Galle übergehen können. Normalerweise finden wir ja nichts davon. Ich habe nach dieser Richtung keine eigenen Versuche angestellt und finde in der Literatur nichts darüber mitgeteilt. Harnstoff scheint sicher nicht in die Galle übergehen zu können. Bei Fällen akuter gelber Leberatrophie sind Amidosäuren offenbar in der Galle nicht gesucht worden. Es entspräche der prinzipiellen Scheidung zwischen Galle und Blutstoffwechsel der Leber, daß wir unter keinen Bedingungen eine Vermengung der beiden Gebiete finden, ähnlich wie sich dies ja auch streng für den Zuckerstoffwechsel darstellt, der auf die Blutwege allein angewiesen ist, falls nicht ganz unvorhergesehene Verhältnisse für den Körper eintreten, wie die parenterale Einverleibung von Zucker.

Sehr groß ist die Anzahl derjenigen Stoffe, welche bei ihrer Aufnahme vom Verdauungstract aus in die Galle übergehen. Sie alle anzuführen, würde hier zu weit führen. Einige erscheinen aber von prinzipieller Wichtigkeit schon wegen ihrer toxischen oder auch therapeutischen Wirkung.

Unter den toxisch wirkenden interessiert am meisten der Phosphor. Bei den vielen P-Intoxikationen, die ich durchführte, habe ich Phosphor in der Galle sogar am Geruch nachweisen können. Es scheint für Phosphor ein ähnlicher Kreislauf vom Darm zur Leber und von da wieder auf dem Gallenweg zum Darm zu bestehen, wie wir ihn für die gallensauren Salze und die Umwandlungsprodukte des Bilirubins kennen gelernt haben. So erklärt sich auch das lange Verweilen des Giftes im Darme und die heilende Wirkung drastischer Abführmittel bei der Phosphorintoxikation. So verstehen wir auch, warum bei bestehender Eckscher Fistel die Hunde gegen vielfach größere Dosen von P widerstandsfähiger sind als normale Tiere, und warum sie schwerer Ikterus bekommen. Auf alle diese Dinge habe ich ja zusammen mit Bardach hingewiesen. Auch die elektive Wirkung des Phosphors auf die Leber hätte damit einen Aufklärungsmodus.

Prinzipiell ist auch das von Brauer[336] nachgewiesene Übergangsvermögen von Amyl- und Äthylalkohol in die Galle wichtig. Ich habe diesen Dingen ebenfalls große Aufmerksamkeit zugewendet und habe im Verein mit Phosphorwirkung damit ja ausgesprochene Cirrhosen in der Hundeleber hervorgerufen. Darauf wurde schon hingewiesen.

Noch immer fehlen ja die Stimmen nicht, welche an der Alkoholgenese der Cirrhose zweifeln. Dieser Widerstand ist mir zwar unfaßlich, denn man findet die Cirrhose so ungleich viel häufiger bei Potatoren und Potatrices wie bei anderen Leuten, daß eine ätiologische Beziehung unabweisbar erscheint. Daß nicht jeder Potator ein Lebercirrhotiker wird, ja sogar nur ausnahmsweise, ist sicher. Es werden aber auch z. B. nur eine sehr kleine Anzahl von Syphilitikern Tabiker oder Paralytiker, und doch wird an diesem Zusammenhang zwischen Infektion und Gehirn- und Rückenmarkserkrankung heute kaum noch jemand einen Zweifel hegen[337]. Für Cirrhose der Leber kommen allerdings neben den Alkoholarten noch eine Reihe anderer Schädlichkeiten in Betracht, die wir noch nicht alle kennen.

Sicher ist, daß wir mit der Summe von Parenchymschädigung, wie ich[338] sie durch Kombination von Alkohol- und Phosphorwirkung erreichen konnte, bei der notwendigen Geduld und Konsequenz in der Anwendung der Noxen sicher auch zur typischen Cirrhose kommen, selbst bei einem Tiere wie dem Hund, bei dem sonst Cirrhose äußerst selten beobachtet wird. Ich bin überzeugt, daß man das Arsen an Stelle des Phosphors ebensogut verwenden könnte, da es ebenfalls in die Galle übergeht und das Leberparenchym dabei schädigt.

Eine Erklärung für die Cirrhose erzeugende Wirkung habe ich in der Schädigung der Gallenepithelien gesucht, von denen normalerweise die Restituierung zugrunde gegangenen Leberparenchyms hauptsächlich ausgeht. Hat diese Fähigkeit gleichzeitig mit der Parenchymschädigung Not gelitten, so wird die entstandene Lücke bindegewebig ausgefüllt und es resultiert eine Cirrhose. Die ausführliche Begründung dieser Ansicht auch aus literarischen Studien habe ich seinerzeit in den Ergebnissen der Inneren Medizin und Kinderheilkunde, Bd. III, nachzuweisen versucht[339]. Ich halte auch heute noch daran fest, weil dem interstitiellen Bindegewebe keine eigentliche Funktion zukommt, abgesehen von ihrer Stütz- und Ausfülleverpflichtung.

Sicher ist für das Übergehen von verschiedenen Stoffen in die Galle ihr physikalisches Verhalten neben der chemischen Struktur ebenfalls maßgebend, vor allem ihre Löslichkeit in der Galle. Die bis jetzt genannten Stoffe haben alle ein erhebliches Lösungsvermögen in der Galle. Das gilt z. B. auch vom Chloroform, das ebenfalls in der Galle nachweisbar wird. Wir sehen aber bei Chloroformspätwirkung keine Nekrosen in den Gallenwegen, sondern nur in den zentralen Bezirken der Leberacini. Diese Lokalisation weist neben allen Umständen, welche ich für die Wirkung anderer Stoffe, nämlich der Fermente, für diesen Fall auf die Leber schon herangezogen habe, gleichfalls nach, daß das Chloroform an sich an der Nekrotisierung nicht direkt schuld ist. Und wir sahen ferner, daß Fermente nicht in die Galle übergehen, oder doch nur unter extremen Verhältnissen; sie marschieren mit dem Blute.

Im Zentrum kommt es aber zu einer Konzentration aller vom Blute aus wirksamer Stoffe, und daher auch der Fermente, da in der Zeiteinheit an den zentral gelegenen Zellen viel mehr Blut vorbeifließt, wie an den peripheren; vergegenwärtigen wir uns dafür, daß die Blutmenge, welche an den zentralen Teilen des Leberacinus vorbeifließen muß, ganz genau so groß sein muß, wie die an der Peripherie, sonst könnte ja keine Zirkulation stattfinden. Nun ist aber ein beliebiger Kreis von Zellen in der Peripherie vielmals größer, wie der im Zentrum. Daraus geht hervor, daß die Blut m e n g e, die in Peripherie und Zentrum sich ja gleich bleibt, einmal auf viele, das andere Mal auf nur wenige Zellen trifft, oder mit anderen Worten, daß schädliche Einwirkungen, welche im Blut vorhanden sind, sich deutlicher an den zentral gelegenen Zellen äußern werden, da sie mit größeren Quantitäten Blut in Berührung kommen.

Die gegenteilige Überlegung gilt für Schädlichkeiten, welche vom Gallensystem aus wirken. Sie werden mehr in der Peripherie angreifen können, und die Phosphor-Alkoholwirkung scheint mir ein Beleg dafür zu sein[340].

Daß eine solche Auffassung nicht streng schematisch werden darf, ist natürlich stets zu beachten.

Eine Reihe von Farbstoffen hat noch eine große Affinität zur Ausscheidung in der Galle. Am längsten bekannt ist dies für indigschwefelsaures Natrium, Fuchsin, Cochenille und Methylenblau. Letzteres hat wegen seiner bakteriziden Fähigkeit besondere Aufmerksamkeit erregt und man hat es oft als Antiseptikum bei Infektionen der Gallenwege verwendet. Doch haben sich die Hoffnungen, welche man darauf gesetzt hat, nur teilweise verwirklicht, immerhin zeigen alle solche Forschungen weitere Wege.

Das größte Interesse verdient unter den Farbstoffen mit Cholaffinität das neuerdings in die Leberdiagnostik eingeführte Phenoltetrachlorphthalein[341]. Es hat offenbar ganz die gleichen Resorptions- und Ausscheidungsverhältnisse wie das Urobilin und seine Vorstufe. Darauf weisen die von amerikanischen Forschern publizierten bisherigen Versuche hin, die ergeben, daß bei Lebererkrankungen eine Insuffizienz seiner Ausscheidung durch dieses Organ sich in seinem Auftreten im Urin kundgibt, das unter normalen Verhältnissen nicht stattfindet. Eine endgültige Entscheidung über die Brauchbarkeit des Farbstoffes steht aber noch aus.

Therapeutisch kommt für das Gallensystem als besonders wirksam das Jodkalium in Betracht, das sehr leicht mit der Galle ausgeschieden wird, ferner die Salizylsäure und ihre verschiedenen Salze, weiter das Hexamethylentetramin. Namentlich letzteres sollte bei bestehenden infektiösen Prozessen des cholopoetischen Systems stets ausgiebig verwendet werden[342].

Mit allen diesen Hinweisen stehen wir aber durchaus am Anfang unserer diesbezüglichen Kenntnisse. Doch kann man nicht genug Studium darauf verwenden, da jeden Augenblick aus solchen Beziehungen sich die wertvollsten therapeutischen Konsequenzen ergeben können.

Ehrlich[343] hat bei seinen Untersuchungen über die Arsenwirkungen Verbindungen von exquisit toxischer Wirkung auf die Leber gefunden. Er nennt einen seiner Stoffe das Ikterogen und Goldmann[344] hat damit eine Reihe von Studien über die Leber ausgeführt, aus denen hervorgeht, daß die Ikterushervorrufung in sehr leichter Weise gelingt. Ich erwähne diese Dinge, da ich glaube, daß wir von ihnen unter Umständen einen Gebrauch für die Anregung gewisser Funktionen, hier der gallebereitenden, machen können. Eine Spezifizierung solcher Möglichkeiten ist um so wichtiger, als offenbar die größte Unabhängigkeit aller möglicher Funktionen der Leberzellen von anderen besteht. Das lehrt uns am exaktesten die prinzipielle Scheidung zwischen äußerer und innerer Sekretion der Leber und wir können sehr wohl die eine mit unseren Maßnahmen treffen, ohne die andere zu berühren. Als klinischen Ausdruck hierfür finden wir ja auch die Verschiedenheit der Insuffizienzerscheinungen der Leber, die Verschiedenheit der Genese der so mannigfaltigen Intoxikationen, welche wir im Laufe dieser Besprechung kennen gelernt haben.

Diese ganz kurzen Andeutungen mögen genügen, einen Hinweis auf diese wichtigen Gebiete der Leberpathologie und Lebertherapie zu geben, deren wesentliche Grundlagen ja erst noch zu schaffen sein werden. Ihre Anfänge sind aber schon in diesem, wenn auch noch sehr kleinen Umfange unserer Kenntnisse deutlich.

Achtes Kapitel

Zur sogenannten entgiftenden Funktion der Leber.

Wenn wir die entgiftenden Funktionen der Leber in ihrer Gesamtheit betrachten wollten, so müßten wir vor allem das, was beim Eiweiß und seinen Beziehungen zu ihr gesagt ist und auch die Erkenntnis über die richtige Endverbrennung des Fettes damit einbeziehen. Denn eine Reihe von Intoxikationen, die Alkalosis oder Fleischintoxikation, die glykoprive Intoxikation, die Azidosis, müssen wir auf eine unrichtige Tätigkeit der Leber zurückführen.

Unter der entgiftenden Fähigkeit der Leber versteht man aber allgemein speziellere Vorgänge, die sich auf Produkte der Darmfäulnis und ihre mögliche Verarbeitung durch die Leber beziehen.

Das bei der Eiweißfäulnis entstehende Indol und Skatol, um nur die zwei Hauptrepräsentanten zu nennen, stellt ein Gemisch von toxischen Produkten dar, deren Wirkung ohne eine Überführung in unschädliche Produkte der Organismus wahrscheinlich nicht allzulange ertrüge.

Indol und Skatol werden oxydiert und dann wie Phenol oder Kresol, mit Schwefelsäure oder Glykuronsäure gepaart, als ungiftige Substanzen ausgeschieden.

Die Verdienste, welche Baumann[345] um die Klärung dieser Feststellungen hat, sind ja allgemein bekannt. So sicher nun der Darm die Ursprungsstelle der giftigen Anteile ist, wie Rubner[346] unwiderleglich durch Ausschluß der Eiweißfäulnis im Darm nach Fütterung mit gewissen Brotsorten, welche sofort ein Verschwinden dieser Substanzen im Urin zur Folge hatten, bewiesen hat, so unklar ist noch heute der Ort, an dem die Paarung der Verbindungen mit dem Säureanteil stattfindet.

Vieles spricht dafür, daß man die Leber als diese Stelle ansehen muß.

So hat Embden[347] allein in der überlebend gehaltenen Leber eine Anlagerung von Schwefelsäure an Phenol finden können, nicht in anderen Organen. Weiter spricht dafür, daß die Leber auch dasjenige Organ des Körpers ist, in dem die größte Menge von Ätherschwefelsäuren gefunden werden.

Ich habe geglaubt, die partielle Leberausschaltung mittelst der Eckschen Fistel zur Entscheidung dieser Frage mit heranziehen zu sollen.

Lade[348] hat diese Versuche ausgeführt. Es wurde dabei die Gesamtschwefelausscheidung im Urin unter Beachtung ihrer Verteilung auf die Komponenten, also Gesamt-S, Sulfat-S, Ätherschwefelsäure-S, Neutral-S verfolgt.

Eine Beachtung der einzelnen Komponenten ist deshalb wichtig, weil damit gleichzeitig die Frage in Angriff genommen werden kann, ob die Leber bei der Oxydation des Schwefels eine ausschlaggebende Rolle mitspielt.

Nach Versuchen von Tauber [349] gelingt es nur mit Hilfe von Sulfiten eine Vermehrung der Ätherschwefelsäuren zu bewirken, nicht aber mit Sulfaten. Die Paarung der aromatischen Fäulnisprodukte mit dem Schwefelanteil erfolgt danach also in einem Stadium, in dem es noch nicht zu einer vollkommenen Verbrennung des Schwefelmoleküls gekommen ist.

Nun ist es interessant zu sehen, daß die Gesamt-S-Ausscheidung beim Eck-Hunde in bezug auf die Zusammensetzung ihrer einzelnen Komponenten, die ich oben nannte, die größten Schwankungen aufweisen kann, während die Ätherschwefelsäurekurve fast vollkommen unbeeinflußt bleibt. Namentlich deutlich wird dies bei Erhöhung der Ausfuhr des Sulfatanteiles des Gesamt-Schwefels, wie er bei der Eiweißeinschmelzung unter der Wirkung einer Phosphorintoxikation zu erzielen ist. Danach wäre eine vollständige Oxydierung des Schwefels auch beim Eck-Hunde für den Schwefelstoffwechsel noch in einem quantitativ sehr umfassenden Grade möglich. Ob seine weitere Vergrößerung nicht doch ebenfalls noch zu Insuffizienzerscheinungen führt und namentlich dann, wenn die Leber sonst noch in ihren Funktionen geschädigt wird, also eine weitere starke Hemmung erfährt, das ist noch zu untersuchen. Jedenfalls geben diese Versuche darüber keine sichere Auskunft, ob die Endoxydation des Schwefels. abgesehen von der Leber, auch an allen beliebigen Punkten des Körpers sonst stattfinden kann.

Weiter konnte aber festgestellt werden, daß auch beim Eck-Hunde eine Erhöhung der Ätherschwefelsäurekurve sofort stattfindet, wenn man künstlich eine Vermehrung der Fäulnisprodukte hervorruft. Es wurden dazu Kresol und Methylindol verwendet.

Eine Paarung des Säureanteils mit den aromatischen Produkten erfolgt also nicht notwendig in der Leber, denn dann dürfte die Kurve nicht prompt bei der Mehrzufuhr von aromatischem Paarling in die Höhe gehen, wie dies sofort, ganz wie bei einem Normalhund, geschah. Es ist nicht unwahrscheinlich, daß die Darmwand der Ort des Zusammentrittes der beiden Komponenten ist, vielleicht auch nur mit unvollständig oxydierten Schwefelanteilen (Sulfiten) und daß die Oxydation dann weiter im Blute oder sonst in den Geweben verläuft, jedenfalls nicht notwendig an die Lebertätigkeit geknüpft ist.

In einer ganz anderen Weise als wir erwarteten hat sich aber bei diesen Experimenten doch eine entgiftende Tätigkeit der Leber gezeigt. Offenbar ist die Ätherschwefelsäurebildung nur ein ganz geringer Teil einer Entgiftung überhaupt, weitaus den größeren müssen wir tatsächlich in der Leber selbst suchen, aber in einer anderen und noch nicht bekannten Form der Bindung der aromatischen Gifte durch die Leber selbst.

Darauf verwies uns der Ausfall der Versuche mit Zufuhr von Kresol vor und nach Anlegung der Portalblutableitung.

Vor der Anlegung vertrug dasselbe Tier eine Dosis von 0,5 g ohne Beschwerden, es war dabei ganz munter geblieben. Nach Anlegung der Fistel ging es an derselben Dosis zugrunde, und zwar nicht rasch, sondern im Verlaufe von drei Tagen. Es traten schwerste zerebrale Symptome, Krämpfe, Delirien, Temperatursteigerung ein, endlich Koma. Ein anderes Tier wurde auf eine kleinere Dosis krank. Lade hat diese Erscheinungen ausführlich gewürdigt und man sollte diese Experimente in größerem Umfange wiederholen, um das Krankheitsbild auf seine Konstanz und Bedingtheit genauer zu analysieren. Ergibt sich daraus doch die Möglichkeit, die Verankerung dieser Körper in anderen Organen ungehindert zu bewirken, vielleicht aber auch ihren durch die funktionelle partielle Ausschaltung der Leber veränderten Abbau nachzuweisen. Sicher ist, daß Kresol auch noch in anderer Form als der Schwefelsäure- und Glykuronsäurepaarung vom Körper und speziell von der Leber unschädlich gemacht wird. Die Form dieser Bindung ist völlig unbekannt. Den Anteil der Glykuronsäurepaarung haben wir nicht bestimmt, es ist aber nicht unmöglich, daß man bei darauf gerichteten Untersuchungen auf recht interessante Einzelheiten stößt.

Ähnlich dem Kresol verhalten sich noch eine große Anzahl von phenolähnlichen Körpern. Das Kresol ist nur ein Prototyp für diese ganze Reihe mit ähnlicher Wirkung und man darf annehmen, daß die Leber dieselbe oder eine ähnliche Rolle bei ihnen spielen wird, wie dies soeben für das Kresol mitgeteilt werden konnte.

Wichtig erscheint mir, daß auch Paarungen mit Harnstoff von einer großen Zahl aromatischer Substanzen ausgeführt werden können. So erscheint Amidobenzoesäure und o- und p-Amidosalizylsäure, mit Harnstoff verbunden, als entsprechende Uramidosäure. Auch Taurin bindet sich z. T. mit Harnstoff.

Das Glykokoll spielt ebenfalls eine Rolle in diesen chemischen Umsetzungen.

Die nahen Beziehungen des Harnstoffes zur Leber lassen es namentlich vermuten, daß es möglich sein wird, bei forcierter Leberschädigung auch hier starke Störungen zu finden.

Der Ausfall der Experimente mit Kresolvergiftung vor und nach Anlegung der Eckschen Fistel hat seine Erklärung in der Stapelungsmöglichkeit des Kresols in der Leber. Ist die Leber partiell ausgeschaltet, so gelangt das Kresol ungehindert in den Kreislauf und bewirkt die toxischen Symptome.

Diese Wirkung der Leber auf die Absorption einer ganzen Reihe von Giften haben wir ja schon kennen gelernt, vorweg für die Alkaloide.

Wie sehr alle Alkaloide durch die Leber festgehalten werden — das Wie entzieht sich ganz der Kenntnis — beweist die Tatsache, daß die von Staß ausgearbeitete Methode ihres Nachweises im Körper hauptsächlich auf die Verarbeitung der Leber angewiesen ist. In ihr erhalten sich selbst sehr geringe Reste von Alkaloiden recht lange und es gelingt daher bei Verarbeitung von Lebersubstanz noch Spuren davon aufzufinden.

Es ist ein Verdienst der Arbeiten von Rothberger und Winterberg[350], daß sie die Wirksamkeit der funktionellen partiellen Ausschaltung der Leber durch Portalblutableitung aus der Wirkung dieser Gifte per os beim Eck-Tiere zuerst ableiteten. Sie kommt bei dieser Versuchsanordnung einer subkutanen Applikation nahezu gleich, während normale Tiere eine vielfach größere Dosis bei stomachaler Verabfolgung ertragen, um Vergiftungssymptome erkennen zu lassen. Die Speicherung der Gifte in der Leber ist die Ursache dafür, und man erkennt daraus ihre Schutzwirkung. Natürlich gelingt der Nachweis einer solchen Wirkung nur bei sehr plötzlich und schwer wirkenden Substanzen, wie es das Strychnin ist, unmittelbar. Andere Substanzen, welche langsamer wirken, werden durch die Eck-Leber, entsprechend ihrer Hindurchpassage, mit dem Blutanteil der Arteria hepatica noch absorbiert und in gewissem Maße unschädlich gemacht. Doch zeigt gerade die späte Wirkung des Kresols, daß diese Verhältnisse nicht allein ausschlaggebend sind.

Was für besondere Eigenschaften der Alkaloide die Affinität zur Leber hervorrufen, ist zunächst noch unverständlich, doch suche ich sie in ihrer chemischen Konstitution und speziell in dem ihnen eigentümlichen N-Gehalt. Wir wissen, daß viele Alkaloide einen Pyrrolring haben, dem wir bei der Vorstufe des Urobilins begegnen, und der nach W. Küster[351] und H. Fischer[352] in allen Zersetzungen des Blutfarbstoffes eine hervorragende Rolle spielt. Bei anderen Alkaloiden ist es der Pyridin- oder Chinolinring, der eine charakteristische N-Komponente für sie darstellt.

Zwar beweist ja auch eine nahe chemische Verwandtschaft noch nicht das Bestehen biologisch notwendiger Beziehungen. Immerhin möchte ich in diesem Zusammenhang darauf hinweisen, wie sehr das Vorhandensein einer speziellen Gruppe organspezifische Affinitäten auslöst, so die der Benzoesäure zu den peripheren Nervenendigungen, wodurch die Zusammensetzung zahlreicher Lokalanästhetika gefunden wurde, oder gewisser Alkylgruppen zum Zentralnervensystem, an die hypnotische Wirkungen geknüpft sind.

In dieser ganzen Mitteilung habe ich mich aber zu bemühen versucht, die zentrale Stellung der Leber im ganzen N-Umsatz zu beweisen. Überdies gehören die Alkaloide zu den Ammoniumbasen oder substituierten Ammoniaken und von da gibt es wieder Übergänge zu den Amidosäuren, von denen ja eine besondere Affinität zur Leber schon durch ihre Aufspaltung durch das Organ wohl begründet ist.

Bei den Ammoniumverbindungen muß gewisser Pilzvergiftungen gedacht werden, von denen feststeht, daß sie zentrale Läppchennekrose in der Leber verursachen, so das Gift der Ammanita phalloides. Schürer[353] beschrieb aus der Krehlschen Klinik Fälle mit Pilzvergiftung, welche die stärkste Fettdegeneration der Leber hervorgerufen hatten. Diese Präparate lagen mir vor.

W. Groß verdanke ich einen Fall mit der ausgeprägtesten zentralen Läppchennekrose bei einem Kinde mit Pilzvergiftung, doch ließ sich die Art der Pilze nicht mehr sicher feststellen.

Nun kennen wir den Gehalt vieler Giftschwämme an Ammoniumbasen, ich erinnere an das Muskarin, Neurin usw., und solche Beobachtungen fordern unbedingt dazu auf, spezielle Studien besonders über diese Verbindungen und ihre Beziehungen zur Leber anzustellen. Höchstwahrscheinlich lassen sich wertvolle theoretische, ja vielleicht therapeutische Resultate daraus erhalten.

Keineswegs sind wir aber mit diesen Kenntnissen spezieller N-Affinitäten zufällig in den Leberstoffwechsel gelangender Substanzen zu Ende. Ein Diamin, das Toluylendiamin, hat eine ganze Leberliteratur hervorgerufen und ist von Stadelmann[354] und von Rothberger und Winterberg[355] und vielen anderen genauer studiert. Man hat beim Toluylendiamin zwei Wirkungen zu unterscheiden, einmal seine hämolytische und dann seine ikteruserzeugende. Beide Wirkungen stehen bis zu einem gewissen Grade in einem inneren Zusammenhang, woraus man vielleicht zu sehr die Blutwirkung in den Vordergrund gerückt hat.

Rothberger und Winterberg konnten nun zeigen, daß es bei Eck-Tieren bedeutend weniger toxisch wirkt als bei normalen, was eine vollkommene Parallele zu der geringeren Phosphorwirkung bei Portalblutableitung darstellt. Sicher geht aber aus diesen Feststellungen seine besondere Leberaffinität hervor. Ob für es ein Kreislauf besteht, wie für die Urobiline und Gallensäuren und den Phosphor, das steht noch nicht fest.

In diesem Zusammenhang muß ich auch des Hydrazins gedenken, von dem wir ja ebenfalls eine spezifische Wirkung auf die Leber kennen gelernt haben. Das Hydrazin = Diamin bewirkt unter Umständen zentrale Läppchennekrose, wenn man es als Sulfatsalz einspritzt. Es bewirkt aber nicht so leicht Ikterus wie das Toluylendiamin.

Vom Phenylhydrazin weiß ich, daß es ebenfalls auf die Leber wirkt, und Moravitz[356] vor allem hat dargetan, daß es schwere Anämien bewirkt.

In so auffälligen Häufungen der Wirkung gewisser chemischer Gruppen steckt mehr als eine vereinzelte Beziehung, und ich halte das Studium aller dieser Verbindungen in ihrer Beziehung zur Leber für außerordentlich wertvoll in physiologischer und vielleicht therapeutischer Hinsicht.

Eine Stapelung von Substanzen ganz anderen chemischen Charakters findet man aber unter gewissen Einwirkungen pathologischer oder therapeutischer Art. Es sind dies Eisenanhäufungen in der Leber. Fortgesetzter starker Blutzerfall kann in ihr zu sehr bedeutenden Eisenablagerungen in noch nicht definierter chemischer Form führen, teils als Salz, teils an Nukleoproteide gebunden. Auch hierüber liegt eine sehr große Literatur vor, die ich hier nicht anführen will.

Sicher ist, daß gewisse Anämien mit starkem fortgesetztem Blutzerfall zu sehr hochgradigen Eisenansammlungen in der Leber führen, die bis zu mehreren Gramm Eisen betragen können.

Auch durch Fütterung kann man Eisenlebern erzielen, wie Kunkel[357, 358] und Gottlieb[359] gezeigt haben. Gottlieb wies auch nach, daß Injektionen von gelösten Eisensalzen in der Leber zur Absorption gelangen. Auch Jakobi[360], sowie früher Zaleski[361] und andere fanden eine erhebliche Absorption von Eisen bei gleicher Versuchsanordnung. Wieweit ein erhöhter Eisengehalt der Leber seinerseits auf die Anregung einer Blutregeneration Einfluß hat, ist eine noch offene therapeutische Frage.

Die Einlagerung des Eisens in die Leberzellen hat einen vorwiegend axialen Sitz in den Zellen, auch die Kupferschen Sternzellen sind ebenfalls sehr häufig sideropher, offenbar aber mehr vorübergehend. Die Einlagerung geschieht in der Form von Granulis, wie dies Arnold[362] besonders genau hervorgehoben und studiert hat.

In pathogenetischer Hinsicht wichtig sind die Beziehungen des Bleis zur Leber. Bei der Bleikolik beobachtet man regelmäßig starke Urobilinurien und sie können nicht allein aus der hochgradigen Obstipation hergeleitet werden. Es scheint mir durchaus wahrscheinlich, daß Blei mit gewissen Fettverbindungen in der Leber oder Galle Verbindungen eingeht und Bleiseifen bildet, die sich schwer lösen und so schädigend wirken. Die Affinität des Bleis zum Nervensystem (Encephalitis saturnina) weist vielleicht in dieselbe Richtung der Bindung des Bleis an Lipoide.

Auch der Übergang von Kupfer in die Leber ist gesichert. Claude Bernard[363] konnte die besonders leichte Ausscheidbarkeit von Kupfersulfat durch die Galle nachweisen.

Endlich hat ein therapeutisches Interesse der Übergang von Kalomel in die Leber und seine Ausscheidung durch die Galle, worauf Langer[364] hinwies. Wer längere Zeit der Chologenwirkung Aufmerksamkeit geschenkt hat, der weiß, daß ihm eine unzweifelhafte Wirkung auf die Gallenausscheidung zukommt. Glaser und Löwi[365] haben dies ja auch direkt beobachtet. So erfreulich eine glückliche Komposition des Kalomels im Chologen getroffen ist, so dürfte doch ihm allein die Hauptwirkung zukommen. Die ältere französische Schule hat bei sehr vielen Leberleiden schon lange kleinere und kleinste Dosen Kalomel gegeben, selbst bei Cirrhose und hat davon Erfolge gesehen. Ich glaube, man kann ihr in dieser Therapie nur beipflichten und ich sehe in fortgesetzten kleinen Reizwirkungen des Hg-Salzes die eigentliche Wirkung des Kalomels auf die Leber.

Das Antimon kann ebenfalls auf die Leber reizend wirken und man kann mit Antimonsalzen Fettleber erzeugen, wie mit Phosphor und Arsen.

Im vortoxischen Stadium darf man hiervon, wie von der Anwendung der beiden Metalloide, eine Reizwirkung und eine Anregung der Lebertätigkeit in bestimmter Hinsicht (Steigerung des N-Umsatzes, Fettverbrennung) zu erzielen suchen.

Man hat, soviel ich übersehen kann, von diesen Dingen in bezug auf eine Vermehrung der Lebertätigkeit noch keinen Gebrauch gemacht, und doch liegt die Annahme sehr nahe, daß eine Vermehrung der Lebertätigkeit bei der Gicht z. B. die Harnsäurezerstörung bedeutend vermehrt und man darf sich dabei daran erinnern, daß Unterfunktion der Leber (Portalblutableitung) die Harnsäureausscheidung vermehrt, ihre Zerstörung also vermindert, Überfunktion aber (Leberableitung der Cava) sie auf ein Minimum herabzudrücken imstande ist, weil sie fast vollkommen verbrannt wird.

Endlich habe ich noch daran zu erinnern, daß bei einer übermäßigen Zufuhr von Kochsalz eine Anhäufung dieser Substanz in der Leber in sehr hohem Maße eintreten kann.

M. Groß-Schmitzdorf[366] hat bei Nierenschädigung gefunden, daß der Gehalt der Lebersubstanz daran bis 1,67 $\%$ betragen kann. Eine solche Anhäufung kann nicht ohne Verschiebung des molekularen Gleichgewichtszustandes der Leberzellen stattfinden und bedeutet für sie wohl eine erhebliche Reizung, endlich vielleicht auch toxische Wirkung.

Die immer noch unklare, klinisch aber sicher zu konstatierende Wirkung gewisser Mineralwasserkuren bei Leberaffektionen (Gicht — Salzschlirf, Gallenstauungen—Marienbad, Karlsbad, Mergentheim) könnte wohl mit einer vorübergehenden Anhäufung der Salze in den Leberzellen und ihrer damit bedingten Reizwirkung eine in den Rahmen dieser Betrachtung fallende Erklärung finden.

So führen uns unsere Betrachtungen über die Affinitäten gewisser Substanzen zur Leber unmittelbar in therapeutisches Gebiet, zeigen wenigstens die Möglichkeiten dafür. Wieviel aber hier noch zu tun übrig bleibt, ja, daß mit diesen z. T. nur auf Vermutung beruhenden Erklärungsversuchen nur die allerersten Anfänge getroffen sein können, wie auch die notwendigerweise lückenhafte und sprungweise Behandlung des Gegenstandes, ist niemand fühlbarer wie mir selbst. Zum größten Teil liegt dies aber in der Unvollkommenheit der Erkenntnis unserer Materie, zu einem anderen in der Behandlung des Stoffes, wie ihn äußere Umstände mir aufzwingen.

So kurz diese Dinge nun auch behandelt sind, sie werden die ungeheuer große Ausdehnung der Beziehungen der Leber zum Gesamtstoffwechsel nachdrücklich gezeigt haben. Daß damit aber noch immer tatsächlich nur eine Skizze erreicht ist, ist jemand, der sich wie ich selbst in den letzten Jahren fast ausschließlich mit Leberpathologie beschäftigt hat, besonders fühlbar.

Ein einzelner wird kaum imstande sein, alle diese Dinge so zu verarbeiten, daß er sie beherrscht und nur das Zusammenarbeiten vieler wird zu einem allmählich klaren Verstehen der Pathologie der Leber führen. Möge der kleine Teil, welchen ich dazu beizusteuern versucht habe, manchen Weg dahin verkürzen und manchen wenigstens in seinen Anfängen erkennen lassen.

Literatur.

1. v. Krehl, Über chemische Organkorrelation im tierischen Körper. Referat Naturforscherversammlung Stuttgart 1906.
2. Fischler, Das Urobilin und seine klinische Bedeutung. Hab.-Schrift Heidelberg 1906 (s. Anhang).
3. Whipple und Hooper, Icterus. A rapid change of Haemoglobin to Bilepigment in the circulation outside the liver. The journ. of exp. Med. Vol. 17. S. 613.
4. Mac Nee, Gibt es einen echten hämatogenen Ikterus? Med. Klinik 1913. S. 1125.
5. Marchand, F., Über den Ausgang akuter gelber Leberatrophie in multiple knotige Hyperplasie. Zieglers Beitr. Bd. 17. S. 206.
6. Meder, Über akute Leberatrophie mit besonderer Berücksichtigung der Regeneration. Ebenda S. 143.
7. Hammarsten, O., Lehrbuch der chemischen Physiologie. 6. Aufl. 1907. S. 310.
8. Grund, G., Über organspezifische Präzipitine und ihre Bedeutung. Deutsch. Arch. f. klin. Med. 1906. Bd. 87. S. 148.
9. Bernard, Claude, Neue Funktion der Leber als zuckerbereitendes Organ des Menschen und der Tiere. Deutsch von V. Schwarzenbach. Würzburg 1853. S. 62 u. 63.
10. London und Dobrowolskaja, Zur Chemie des Pfortaderblutes. I. Mitteilung. Eine Pfortaderfistel. Hoppe-Seylers Zeitschr. f. phys. Chem. 1912. Bd. 82. S. 415.
11. Embden und Mitarbeiter, s. Hofmeisters Beiträge. Bd. 6—11. Biochemische Zeitschr. 1908—1914.

12. Fischler, Über Fettsynthese am überlebenden Organ. Ein Beitrag zur Frage der Fettdegeneration. Virchows Archiv. 1903. Bd. 174. S. 338.
13. Arnold, J., Über Fettumsatz und Fettwanderung, Fettinfiltration und Fettdegeneration, Phagozytose, Metathese und Synthese. Virchows Archiv. 1903. Bd. 171. S. 197.
14. Hoffmann, W., Zirkulations- und Pulsationsapparat zur Durchströmung überlebender Organe. Pflügers Archiv. Bd. 100.
15. Whipple, Stone und Bernheim, Intestinal Obstruction I—IV. III. The defensive mechanisme of immunized animal against duodenal loop poisons. The journ. of exp. Med. 1914. Vol. 19. S. 144.
16. Fischer, E., Untersuchungen über Aminosäuren, Polypeptide und Proteine. J. Springer. Berlin 1906.
17. Kossel, A., Nobelpreisrede 1910.
18. v. Eck, Militär-medizinisches Journal St. Petersburg 1877. Nr. 132.
19. Bernard, Claude, Leçons sur les propriétés physiologiques et les altérations pathologiques des liquides de l'organisme. Paris 1859. Tome 2. S. 120 ff.
20. Hahn, Maasen, Nencki und Pawlow, Die Ecksche Fistel zwischen unterer Hohlvene und Pfortader etc. Arch. f. exp. Path. u. Pharm. Bd. 32. S. 161.
21. Fischler und Schröder, Eine einfachere Ausführung der Eckschen Fistel. Arch. f. exp. Path. u. Pharm. Bd. 51.
22. Queirolo, Über die Funktion der Leber als Schutz gegen Intoxikation vom Darm. Moleschotts Untersuchungen zur Naturlehre. 1893. Bd. 15. S. 233.
23. Fischler, Die Anlegung der Eckschen Fistel beim Hund. Abderhaldens Handb. d. biochem. Arbeitsmethoden. 1912. Bd. 6.
24. Nencki, Pawlow und Zaleski, Über den Ammoniakgehalt des Blutes und der Organe und die Harnstoffbildung bei Säugetieren. Arch. f. exp. Path. u. Pharm. 1895. Bd. 37. S. 26.
25. Fischler und Kossow, Vorläufige Mitteilung über den Ort der Azetonkörperbildung nach Versuchen mit Phlorrhizin an der partiell ausgeschalteten Leber nebst einigen kritischen Bemerkungen zur sog. Fleischintoxikation beim Eckschen Fistelhunde. Deutsch. Arch. f. klin. Med. 1913. Bd. 111. S. 479.
26. Bernard, Cl. et Barreswil, De la présance de sucre dans le foi. Compte rendue de l'acad. des sciences. 1848. Tome 27. S. 514.
27. Bernard, Cl., De l'origine du sucre dans l'économie animale. Arch. gén. de Méd. Octobre 1849. Mémoire de la soc. de biol. 1849. Tome 1. S. 21.
28. Derselbe, s. Nr. 9.
29. Derselbe, Introduction à la méd. exp. S. 221.
30. Derselbe, s. Nr. 19. T. 2. S. 109.
31. Derselbe, s. Nr. 19. Tome 2. S. 113.
32. Derselbe, s. Nr. 19. Tome 2. S. 111.
33. Derselbe, s. Nr. 19. Tome 2. S. 112.
34. Derselbe, Leçons (Cours d'hiver 1854—1855). S. 250.
35. Derselbe, Leçons sur la phys. et path. du système nerveux. Tome I. S. 467.
36. Derselbe, s. Nr. 19. S. 117.
37. Derselbe, Leçons (Cours d'hiver 1854—1855). S. 325.
38. Derselbe, s. Nr. 37. S. 289.
39. Derselbe, Leçons sur le diabète. 1877. S. 371.
40. Eckhard, C., Beiträge zur Anatomie und Physiologie. Bd. 4. S. 138.
41. Dock, F. W., Über die Glykogenbildung in der Leber und ihre Beziehungen zum Diabetes. Pflügers Archiv. 1872. Bd. 5. S. 571.

42. Naunyn, Beiträge zur Lehre vom Diabetes mellitus. Arch. f. exp. Path. u. Pharm. Bd. 3. S. 85.
43. Moos, Archiv für wissenschaftliche Heilkunde. Bd. 4.
44. Schiff, M., Untersuchungen über die Zuckerbildung in der Leber. Würzburg 1859. S. 76.
45. Bernard, Cl., Leçons sur le diabète. 1877. S. 388.
46. Eckard, C., Beiträge zur Anatomie und Physiologie. Bd. 4. S. 11 ff. Bd. 8. S. 77 ff.
47. v. Wittich, Über das Leberferment. Pflügers Archiv. 1873. Bd. 7. S. 28.
48. Pavy, F. W., The physiology of the carbohydrates. An epicriticism. London 1895. S. 76.
49. Salkowski, Über fermentative Prozesse in Geweben. Arch. f. Phys. 1890. S. 554 u. Deutsche med. Wochenschr. 1888. Nr. 16.
50. Moleschott, Zitiert nach Cl. Bernard.
51. Müller, Johannes, Zitiert nach Cl. Bernard.
52. Pavy und Siau, The influence of ablation of the liver on the sugar contents of the blood. Journ. of phys. 1903. Nr. 29. S. 375.
53. Tangl und Vaughan Harley, Beiträge zur Physiologie des Blutzuckers. Pflügers Archiv. 1895. Bd. 61. S. 551.
54. Minkowski, Über den Einfluß der Leberexstirpation auf den Stoffwechsel. Arch. f. exp. Path. u. Pharm. 1886. Bd. 21. S. 41.
55. Külz, Pflügers Archiv. 1880. Bd. 24. S. 64.
56. Bernard, Cl., Journal de la physiologie. 1859. Tome II. S. 335.
57. Derselbe, s. Nr. 19. S. 118.
58. Frank und Isaak, Über das Wesen des gestörten Stoffwechsels bei Phosphorvergiftung. Arch. f. exp. Path. u. Pharm. 1911. Bd. 64.
59. Bernard, Cl., Du suc gastrique et de son rôle dans la nutrition. Thèse Paris 1843.
60. Voit, F., Untersuchungen über das Verhalten verschiedener Zuckerarten im menschlichen Organismus nach subkutaner Injektion. Deutsch. Archiv f. klin. Med. 1897. Bd. 58. S. 523.
61. Pflüger, E., Über die Fähigkeit der Leber, die Richtung der Zirkumpolarisation zugeführter Zuckerstoffe umzukehren. Sein Archiv. 1908. Bd. 121. S. 559.
62. Bernard, Cl., s. Nr. 59.
63. Frank, Der renale Diabetes des Menschen und der Tiere. Verhandl. d. deutsch. Kongr. f. inn. Med. 1914. S. 166.
64. Henriques, V., und Anderson, Die parenterale Ernährung durch intravenöse Injektion. Zeitschr. f. phys. Chem. 1913. Bd. 88. S. 357.
65. Külz, E., Bildet der Muskel selbtändig Glykogen? Pflügers Archiv. 1881. Bd. 24. S. 64.
66. Hatscher and Ch. G. L. Wolf, The formation of Glykogen in muscle. The journ. of biol. Chem. 1907. Vol. 3. S. 25.
67. Arnold, J., Das Plasma der somatischen Zellen. Anat. Anzeiger. 1913. Bd. 43. S. 437 und Plasmastrukturen. Jena 1914.
68. Gierke, E., Das Glykogen in der Morphologie des Zellstoffwechsels. Hab.-Schrift. G. Fischer. Jena 1905.
69. Popielski, zitiert nach Hermann, Physiologie.
70. Stolnikow, Pflügers Archiv. 1882. Bd. 28. S. 266.
71. Hahn, Maasen, Nencki und Pawlow, s. Nr. 20.
72. Nencki, Pawlow und Zaleski, s. Nr. 24.
73. Bielka von Karltreu, Arch. f. exp. Path. u. Pharm. Bd. 45.

74. Queirolo, s. Nr. 22.
75. Rothberger und Winterberg, Über Vergiftungserscheinungen bei Hunden mit Eckscher Fistel. Zeitschr. f. Path. 1900. Bd. 1. S. 312.
76. Hawk, On a series of feeding and injection experiments following establishment of the Eck Fistula in dogs. Amer. Journ. of Phys. 1908. Vol. 21. S. 259.
77. Bernheim, Homans and Vögtlin, Anastomosis between the portal vein and ven. cava infer. (Eck-Fistula). Journ. Pharm. exp. Therap. 1910. Bd. 1. S. 463.
78. Bernheim and Vögtlin, Is the anastomosis between the portal vein and vena cava compatible with life? Bull. of Johns Hopkin's Hospital. 1912. Bd. 23.
79. Michaud, Über den Kohlehydratstoffwechsel bei Hunden mit Eckscher Fistel. Verhandl. d. deutsch. Kongr. f. inn. Med. 1911. Bd. 28. S. 561.
80. Fischler, Zur Physiologie und Pathologie der Leber. Verhandl. d. Naturforscherkongresses Karlsruhe 1911. T. 2. S. 81.
81. Derselbe und Bardach, Über Phosphorvergiftung am Hunde mit partieller Leberausschaltung (Ecksche Fistel). Zeitschr. f. phys. Chemie. 1912. Bd. 76. S. 435.
82. Derselbe und Grafe, Das Verhalten des Gesamtstoffwechsels bei Tieren mit Eckscher Fistel. Deutsch. Arch. f. klin. Med. 1911. Bd. 104. S. 321.
83. Michaud, s. Nr. 79.
84. Lesser, Die Mobilisierung des Glykogens. Münch. med. Wochenschr. 1913. S. 341.
85. Masing, Sind die roten Blutkörperchen durchgängig für Traubenzucker? Pflügers Archiv. 1912. Bd. 149. S. 227.
86. Strauß, Zur Funktionsprüfung der Leber. XVII. Intern. Kongr. f. Med. London 1913.
87. Pflüger, Das Glykogen. Bonn 1905.
88. de Filippi, Der Kohlehydratstoffwechsel bei den mit Eckscher Fistel nach Pawlowscher Methode operierten Hunden.
89. Derselbe, Untersuchungen über die amylogenetische Tätigkeit der Muskeln. Zeitschr. f. Biol. 1908. Bd. 50. S. 38.
90. Drauth, E., Über die Verwertung von Laktose und Galaktose nach partieller Leberausschaltung (Eckscher Fistel). Arch. f. exp. Path. u. Pharm. 1913. Bd. 72. S. 457.
91. Franke und Raabe, Untersuchungen über das Verhalten der Leberfunktionen bei Hunden mit Eckscher Fistel. Sitzungsberichte und Abhandlungen der naturf. Gesellsch. Rostock 1912.
92. Magnus-Alsleben, Über die Ecksche Fistel. Verhandl. d. Kongr. f. inn. Med. Wiesbaden 1912. Bd. 29. S. 573.
93. Wörner und Reiß, Alimentäre Galaktosurie und Laktosurie. Deutsche med. Wochenschr. 1914. S. 907.
94. Bernard, Cl., s. Nr. 9.
95. Derselbe, s. Nr. 39. S. 234.
96. Müller, Johannes, s. Nr. 51.
97. Moleschott, s. Nr. 50.
98. Minkowski, s. Nr. 56.
99. Pavy und Siau, s. Nr. 54.
100. Tangl und Vaughan Harley, s. Nr. 55.
101. Bernard, Cl., s. Nr. 37.
102. Külz, E., Kochsalzdiabetes durch Injektion von NaCl in die Art. vertebralis. Eckards Beitr. Nr. 6. 1872. S. 177.

103. Bang, J., Der Blutzucker. 1913.
104. Fischler, Diskussionsbemerkungen auf dem internat. med. Kongr. London
     1913. Abt. f. phys. Chemie.
105. Erdelyi, Zur Kenntnis toxischer Phlorrhizinwirkungen nach Experimenten
     an der partiell ausgeschalteten Leber (Ecksche Fistel). Zeitschr. f. phys.
     Chemie. 1914. Bd. 90. S. 32.
106. Burghold, Über toxische Zustände bei Phorrhizinanwendung und ihre
     Beziehungen zur völligen Kohlehydratverarmung des Organismus und der
     Leber. Zeitschr. f. phys. Chemie. 1914. Bd. 90. S. 61.
107. Barfurth, Vergleichende histochemische Untersuchungen über das Glykogen.
     Arch. f. mikr. Anat. 1885. Bd. 25. S. 259.
108. Pavy, The physiologie of the carbohydrates. London 1894.
109. Külz, Beiträge zur Kenntnis des Glykogens. Marburg 1891.
110. Voit, C., Über die Glykogenbildung nach Aufnahme verschiedener Zucker-
     arten. Zeitschr. f. Biol. 1891. Bd. 28. S. 245.
111. Voit, E., Die Glykogenbildung aus Kohlehydraten. Zeitschr. f. Biol.
     1899. Bd. 25. S. 551.
112. Seegen, Die Glykogenbildung im Tierkörper. Berlin 1890.
113. Otto, s. Nr. 110. (C. Voit hat Ottos Versuche publiziert.)
114. Lusk, Über Phlorrhizindiabetes. Zeitschr. f. Biol. 1901. Bd. 42. S. 31.
115. Cremer, Zeitschr. f. Biol. 1892. Bd. 29. S. 250.
116. v. Meering, Verhandl. d. 5. Kongr. f. inn. Med. Wiesbaden 1886.
117. Lüthje, H., Die Zuckerbildung aus Eiweiß. Deutsch. Arch. f. klin. Med.
     1904. Bd. 79. S. 499 und Zur Frage der Zuckerbildung aus Eiweiß. Pflügers
     Arch. 1904. Bd. 106. S. 160.
118. Grube, Weitere Untersuchungen über Glykogenbildung in der überlebenden
     Leber. Pflügers Archiv. 1905. Bd. 107. S. 490 und Untersuchungen über
     die Bildung des Glykogens in der Leber. Pflügers Archiv. Bd. 118.
119. Derselbe, Über die kleinsten Moleküle etc. Daselbst 1908. Bd. 121. Kann
     die Leber aus direkt zugeführten aktiven Aminosäuren Glykogen bilden?
     Daselbst 1908. Bd. 122. S. 451.
120. Lusk, The production of sugar from glutamic acid ingested in phlorrhizin-
     diabetes. Amer. Journ. of phys. 1908. Vol. 22. S. 174.
121. Embden und Salomon, Fütterungsversuche am pankreaslosen Hund.
     Hofmeisters Beitr. 1904. Bd. 6. S. 63. Ferner: Über Alaninfütterungs-
     versuche am pankreaslosen Hund. Daselbst 1904. Bd. 5. S. 507.
122. Pavy, s. Nr. 108.
123. Burghold, s. Nr. 106.
124. Fischler und Kossow, s. Nr. 25.
125. Fischler und Groß, Über den histologischen Nachweis von Seife und
     Fettsäure im Tierkörper und die Beziehungen intravenös eingeführter Seifen-
     mengen zur Verfettung. Zieglers Beiträge. VII. Suppl. Festschrift für
     Arnold. S. 326.
126. Noll, Chemische und mikroskopische Untersuchungen über den Fetttrans-
     port durch die Darmwand bei der Resorption. Pflügers Archiv. 1910.
     Bd. 136. S. 208.
127. Müller, Fr., Untersuchungen über den Ikterus. Zeitschr. f. klin. Med.
     1887. Bd. 12. S. 47.
128. Munk, J., Über die Resorption von Fetten etc. nach Ausschluß der Galle
     vom Darmkanal. Virchows Arch. 1890. Bd. 122. S. 302.
129. Bernard, Cl., Mémoire sur le pancréas. Paris 1856.
130. Dastre, Recherches sur la bile. Arch. de phys. norm. et path. 1890.
     Tome 22. S. 315.

131. Munk, J., und O. Rosenstein, Zur Lehre von der Resorption im Darm. Virchows Arch. 1891. Bd. 123. S. 230 u. 484.

132. Munk, J., s. Nr. 131.

133. Radziejewski, Experimentelle Beiträge zur Fettresorption. Virchows Archiv. 1868. Bd. 43. S. 268.

134. Munk, J., Zur Lehre von der Resorption, Bildung und Ablagerung der Fette im Tierkörper. Virchows Archiv. 1883. Bd. 95. S. 15.

135. Lebedeff, Woraus bildet sich Fett in Fällen der akuten Fettbildung? Pflügers Archiv. 1883. Bd. 31. S. 15.

136. Munk, J., Über die Bildung von Fett und Fettsäuren im Tierkörper. Arch. f. Phys. 1883. S. 273.

137. Rosenfeld, G., Die Herkunft des Fettes. Verhandl. d. Kongr. f. inn. Med. 1899. S. 503 und Ergebnisse der Physiologie von Asher-Spiro. Bd. I u. II.

138. Fischler und Groß, s. Nr. 125.

139. Lebedeff, s. Nr. 135.

140. Rosenfeld, s. Nr. 137.

141. Fischler, Über den Fettgehalt von Niereninfarkten, zugleich ein Beitrag zur Lehre der Fettdegeneration. Virchows Archiv. 1902. Bd. 170. S. 100.

142. Derselbe, s. Nr. 141.

143. Rosenfeld, Die Fettleber bei Phlorrhizindiabetes. Zeitschr. f. klin. Med. Bd. 28. S. 256.

144. Hagemann, Hat die Leber funktionelle Bedeutung für Entgiftung proteolytischen Fermentes? Inaug.-Diss. Heidelberg 1912.

145. Magnus-Levy, Handbuch der Stoffwechselpathologie von van Noorden. Kapitel I. Bd. 1. S. 181.

146. Embden, s. Nr. 11.

147. Derselbe und Kalberlah, Über Azetonbildung in der Leber. Hofmeisters Beiträge. 1906. Bd. 8. S. 121.

148. Derselbe, Salomon und Schmidt, Über Azetonbildung in der Leber. Hofmeisters Beiträge. 1906. Bd. 8.

149. Knoop, Der Abbau aromatischer Fettsäuren im Tierkörper. Habil.-Schrift. Freiburg 1904

150. Embden, s. Nr. 11.

151. Fischler, Über die Fleichintoxikation bei Tieren mit Eckscher Fistel. Der Krankheitsbegriff der Alkalosis. Deutsch. Arch. f. klin. Med. 1911. Bd. 104. S. 300.

152. Derselbe und Bardach, s. Nr. 81.

153. Derselbe und Kossow, s. Nr. 25.

154. Kossow, Leber und Azetonkörperbildung. Deutsch. Archiv f. klin. Med. 1913. Bd. 112. S. 539.

155. Kertesz, Unveröffentlichte Versuche.

156. Naunyn, Der Diabetes.

157. Wacker und Hueg, Über experimentelle Atherosklerose und Cholosterinämie. Münch. med. Wochenschr. 1913. Nr. 38.

158. Balthazard, Les lézithines du foi à l'état normal et path. Compt. rend. soc. biol. 1900. S. 923.

159. Virchow, Thoma, Zitiert nach Hoppe-Seyler-Quincke. Die Krankheiten der Leber. 1912. 2. Aufl. S. 295.

160. Jacobi, M., Zur Kenntnis der alkohollöslichen Hämolysine in der Leber bei akuter gelber Leberatrophie. Berl. klin. Wochenschr. 1900. Nr. 15.

161. Joannovicz und E. Pick, Die hämolytisch wirkenden freien Fettsäuren in der Leber bei akuter gelber Leberatrophie und Phosphorvergiftung. Berl. klin. Wochenschr. 1910. S. 928.

162. Pawlow, Nagel, Handbuch der Physiologie. Bd. 2. S. 666. Die äußere Arbeit der Verdauungsdrüsen und ihr Mechanismus. Ferner: Die Arbeit der Verdauungsdrüsen 1898. Bergmann, Wiesbaden.

163. Cohnheim, O., Die Physiologie der Verdauung und Aufsaugung. Nagel, Handb. d. Phys. Bd. 2. S. 516.

164. Tobler, Über Eiweißverdauung im Magen. Zeitschr. f. phys. Chemie. 1905. Bd. 45. S. 185.

165. Fischer, E., s. Nr. 16.

166. Kossel, A., s. Nr. 17.

167. Abderhalden, Lehrbuch der physiologischen Chemie. 2. Aufl. Berlin, Wien. Kapitel 7, 8, 9, 10.

168. Löwi, Über Eiweißsynthese im Tierkörper. Arch. f. exp. Path. u. Pharm. 1902. Bd. 48. S. 303.

169. Curtius, Th., Journal für praktische Chemie. N. F. 1904. Bd. 70.

170. Fischer, E., s. Nr. 16.

171. Kossel, A., s. Nr. 17.

172. Bernard, Cl., s. Nr. 19. S. 142.

173. Pflüger, E., Das Glykogen. Bonn 1905. S. 404 und sein Archiv. Bd. 96. S. 378.

174. Grund, G., Organanalytische Untersuchungen über den N- und P-Stoffwechsel und ihre gegenseitigen Beziehungen. Habil.-Schrift Halle 1910. Zeitschr. f. Biol. 1910. Bd. 54. S. 173.

175. Miescher, Die histochemischen und physiologischen Arbeiten Mieschers. Leipzig 1897.

176. Seitz, Die Leber als Vorratskammer für Eiweißstoffe. Pflügers Archiv. 1906. Bd. 111. S. 309.

177. Reach, Das Verhalten der Leber gegen körperfremde Eiweißstoffe. Biochem. Zeitschr. 1909. Bd. 16. S. 357.

178. Grund, G., s. Nr. 174.

179. Abderhalden und Samuely, Beitrag zur Frage nach der Assimilation des Nahrungseiweißes im tierischen Körper. Zeitschr. f. phys. Chem. 1905. Bd. 46. S. 143.

180. Abderhalden, Funk und London, Weiterer Beitrag zur Frage nach der Assimilation des Nahrungseiweißes im tierischen Organismus. Zeitschr. f. physiol. Chemie. 1907. Bd. 51. S. 296.

181. Abderhalden und London, Weitere Versuche zur Frage nach der Verwertung von tief abgebautem Eiweiß etc. Zeitschr. f. phys. Chemie. 1907. Bd. 54. S. 112.

182. Abderhalden und Oppenheimer, Über das Vorkommen von Albumosen im Blut. Zeitschr. f. phys. Chemie. 1904. Bd. 42. S. 155.

183. Moravitz und Ditschy, Über Albumosurie nebst Bemerkungen über das Vorkommen von Albumosen im Blute. Arch. f. exp. Path. u. Pharm. 1905. Bd. 54. S. 88.

184. Hohlweg, H., und Hans Meyer, Quantitative Untersuchungen über den Reststickstoff des Blutes. Hofmeisters Beitr. 1908. Bd. 11. S. 391.

185. Cohnheim, O., Zeitschrift für physiologische Chemie. 1902. Bd. 35. S. 396.

186. Hahn, Maassen, Nencki, Pawlow, s. Nr. 20.

187. Nencki, Pawlow und Zaleski, s. Nr. 24.

188. Bielka von Karltreu, s. Nr. 73.

189. Fischler, s. Nr. 151.

190. Derselbe, Deutsches Archiv f. klin. Med. 1910. Bd. 100. S. 329.

191. Derselbe und Bardach, s. Nr. 81.

192. Betray (unveröffentlichte Versuche).

193. Fischler, Beiträge zur Physiologie und Pathologie der Leber. Verhandl. d. Naturforscherversamml. 1911. Karlsruhe. Bd. 2. S. 81.

194. Derselbe und Bardach, s. Nr. 81.

195. Derselbe und Kossow, s. Nr. 25.

196. Derselbe und Kossow, s. Nr. 25.

197. Nencki, Pawlow und Zaleski, s. Nr. 24.

198. Folin und Denis, Protein metabolism from standpoint of blood and tissue analysis. II. Mitt. The origin and significance of the ammonia in the portal blood. Journ. of biol. chemistry. 1912. Vol. 11. S. 161.

199. Eppinger, Zur Lehre von der Säurevergiftung. Zeitschr. f. exp. Path. u. Ther. 1906. Bd. 3. S. 530.

200. Benedict, H., Der Hydroxylionengehalt des Diabetikerblutes. Pflügers Arch. 1906. Bd. 115. S. 106.

201. Magnus-Alsleben, Verhandlungen des Kongresses für innere Medizin. Bd. 29. S. 573. Über die Ecksche Fistel.

202. Fischler, s. Nr. 151.

203. Derselbe und Grafe, s. Nr. 82.

204. Derselbe, Die Hervorbringung der Fleischintoxikation beim Eckschen Fistelhunde. Deutsch. Arch. f. klin. Med. 1914. Bd. 113. S. 530.

205. Schittenhelm-Magnus-Alsleben, s. Nr. 201.

206. Müller, L. R., und O. Schulz, Untersuchungen bei hochgradigem Aszites bei Pfortaderthrombose. Deutsch. Archiv f. klin. Med. 1903. Bd. 76. S. 126.

207. Fischler (unpublizierte Versuche).

208. Rothberger und Winterberg, s. Nr. 75.

209. Hofmeister, Über die Bildung des Harnstoffs durch Oxydation. Arch f. exp. Path. u. Pharm. 1896. Bd. 37. S. 426.

210. Kossel, A., und Dakin, Über Arginase. Zeitschr. f. phys. Chemie. Bd. 41. S. 321 und: Weitere Mitteilungen über fermentative Harnstoffbildung. Ebenda 1904. Bd. 42. S. 181.

211. Löwi, Zeitschr. f. phys. Chemie. Bd. 25.

212. Richet, Compt. rend. 118 und Compt. rend. soc. biol. Bd. 49.

213. v. Schröder, Die Bildungsstätte des Harnstoffs in der Leber. Arch. f. exp. Path. u. Pharm. 1885. Bd. 15. S. 364 und 1887. Bd. 19. S. 373.

214. Nencki, Pawlow und Zaleski, s. Nr. 24.

215. Folin, s. Nr. 198.

216. Frerichs, Klinik der Leberkrankheiten Bd. 1. S. 217. Braunschweig 1861.

217. Schultzen und Ries, Akute Phosphorvergiftung und akute Leberatrophie. Charité-Annalen. 1869. Bd. 15.

218. Münzer, Der Stoffwechsel des Menschen bei akuter Phosphorvergiftung. Deutsch. Arch. f. klin. Med. Bd. 52. S. 199.

219. Weintraud, Untersuchungen über den Stickstoffumsatz bei Lebercirrhose. Arch. f. exp. Path. u. Pharm. 1892. Bd. 31. S. 30.

220. Fischler, Unpublizierte Versuche.

221. Erdelyi, Zur Kenntnis toxischer Phlorrhizinwirkungen nach Experimenten an der partiell ausgeschalteten Leber (Ecksche Fistel). Zeitschr. f. phys. Chem. 1914. Bd. 90. S. 30.

222. Burghold, s. Nr. 106.

223. v. Mering, Über Diabetes. Zeitschr. f. klin. Med. 1888 u. 1889. Bd. 14 und 16.

224. Halsey, Über Phlorrhizindiabetes bei Hunden. Sitzungsberichte Marburg 1899. S. 102.

225. Lusk, Phlorrhizinglykosurie. Ergebn. d. Phys. 1912. Bd. 12. I.

226. Burghold, s. Nr. 106.
227. Coolen, Zitiert nach Lusk, s. Nr. 225.
228. Weichardt und Schittenhelm, Über die Rolle der Überempfindlichkeit bei der Infektion und Immunität. Münch. med. Wochenschr. 1910. S. 1769.
229. Bernard, Cl., Tierische Wärme. Übers. von Schuster, Leipzig 1876. S. 337.
230. Fischler, Münch. med. Wochenschr 1913. Vortrag im naturwissenschaftlich-med. Verein Heidelberg.
231. Kerteß, s. Nr. 154.
232. Neubauer und Groß, Zur Kenntnis des Tyrosinabbaues in der künstlich durchbluteten Leber. Zeitschr. f. phys. Chemie. 1910. Bd. 67. S. 219.
233. v. Knieriem, Über das Verhalten der im Säugetierkörper als Vorstufen des Harnstoffs erkannten Verbindungen im Organismus der Hühner. Zeitschr. f. Biol. 1877. Bd. 13. S. 36.
234. v. Schröder, Über die Verwandlung des NH_3 in Harnsäure im Organismus der Hühner. Zeitschr. f. phys. Chem. 1878. Bd. 3. S. 228.
235. Minkowski, s. Nr. 56.
236. Kowalewski und Salaskin, Über die Bildung der Harnsäure in der Leber der Vögel. Zeitschr. f. phys. Chem. 1901. Bd. 33. S. 210.
237. Minkowski, Über die Ursache der Milchsäureausscheidung nach Leberexstirpation. Arch. f. exp. Path. u. Pharm. 1901. Bd. 31. S. 214.
238. Horbaczewski, Untersuchungen über die Entstehung der Harnsäure im Säugetierorganismus. Monatsh. f. Chemie. 1889. Bd. 10. S. 642.
239. Abderhalden und Schittenhelm, Der Ab- und Aufbau der Nukleinsäuren im tierischen Organismus. Zeitschr. f. phys. Chemie 1906. Bd. 47. S. 452.
240. Burian, Die Bildung der Harnsäure im Organismus des Menschen. Med. Klinik. 1906. Bd. 1. S. 131 und Bd. 2. Nr. 19—21.
241. Brugsch und Schittenhelm, Die Gicht.
242. Abderhalden, London und Schittenhelm, Über den Nukleinstoffwechsel des Hundes bei Ausschaltung der Leber durch Anlegung der Eckschen Fistel. Zeitschr. f. phys. Chem. 1909. Bd. 61. S. 413.
243. Fischler, Unpublizierte Versuche.
244. Virchow, Die Guaningicht der Schweine. Sein Archiv. 1866. Bd. 36. S. 247.
245. Abl, Über die Beziehungen zwischen Splanchnikustonus und Harnsäureausfuhr. Verhandl. d. 30. Kongr. f. inn. Med. 1912. S. 187.
246. Embden und seine Schüler, s. Hofmeisters Beiträge. Bd. 6—11 und Zeitschr. f. phys. Chemie 1908—1914.
247. Hofmeister, F., Antrittsrede, Straßburg.
248. Fischler, Über akute schwerste Degenerationszustände der Leber etc. Deutsch. Arch. f. klin. Med. 1910. Bd. 100. S. 329.
249. Sperry und Whipple, Chloroform poisoning, liver nekrosis and repair. Johns Hopkins Hospital Bull. 1909. Bd. 20. S. 278.
250. Hildebrandt, W., Mitteilungen aus den Grenzgeb. d. Med. u. Chir. Bd. 24. S. 652.
251. Fischler, Weitere Mitteilungen zu den Beziehungen zwischen Leberdegeneration und Pankreasfettgewebsnekrose etc. Deutsch. Arch. f. klin. Med. 1911. Bd. 103. S. 156.
252. v. Bergmann und Gulecke, Münch. med. Wochenschr. 1910. S. 1673.
253. Fischler, Über das Wesen der zentralen Läppchennekrose der Leber und über die Rolle des Chloroforms beim sog. Narkosenspättod. Mitteil. a. d. Grenzgeb. d. Med. u. Chir. 1913. Bd. 26. S. 553.

254. Derselbe und C. G. L. Wolf, Über einige Degenerationsformen der Leber und ihren Entstehungsmechanismus. Verhandl. des 29. deutsch. Kongr. f. inn. Med. 1912. S. 556.
255. Derselbe und Cutler, Die Rolle des Pankreas bei der zentralen Läppchennekrose der Leber. Arch. f. exp. Path. u. Pharm. 1913. Bd. 75. S. 1.
256. Hagemann, s. Nr. 144.
257. Salkowski, s. Nr. 49.
258. Hoppe-Seyler, Hoppe-Seyler-Quincke, Krankheiten der Leber. 2. Aufl. 1912. S. 370. Wien und Leipzig.
259. Fischler, s. Nr. 248.
260. Denecke, Über die Bedeutung der Leber für die anaphylaktische Reaktion beim Hunde. Inaug.-Diss. Heidelberg. 1914.
261. Manvaring, Zeitschr. f. Immunitätsforschung. Bd. 8. S. 1.
262. Pick, E. P., und Hasimoto, Über den intravitalen Abbau in der Leber sensibilisierter Tiere und seine Beeinflussung durch die Milz. Arch. f. exp. Path. u. Pharm. 1914. Bd. 76. Heft 2.
263. Jacobi, M., Über fermentative Eiweißspaltung und Ammoniakbildung in der Leber. Zeitschr. f. phys. Chemie. 1900. Bd. 30. S. 149.
264. Fischler, Das Urobilin, s. Anhang.
265. Voit, C., Physiologie des allgemeinen Stoffwechsels und der Ernährung. Leipzig 1881.
266. Rubner, Handbuch der Ernährungstherapie von Leyden. Bd. 1. S. 21.
267. Grund, G., s. Nr. 174.
268. Miescher, s. Nr. 175.
269. Fischler und Grafe, s. Nr. 82.
270. Barcroft, J., und L. E. Shoro, On gaseous metabolism of the liver. Journ. of phys. 1912. Bd. 45. S. 296.
271. Voit, C., s. Nr. 265.
272. Schmidt, G. B., Zieglers Beiträge. 1892. Bd. 11.
273. Meyer und Heinecke, Deutsch. Arch. f. klin. Med. Bd. 88.
274. v. Domarus, Arch. f. exp. Path. u. Pharm. 1908. Bd. 58. S. 319.
275. Nassau, Das Blutbild beim Hunde mit Eckscher Fistel. Inaug.-Diss. Heidelberg 1914 und Arch. f. exp. Path. u. Pharm. 1914. Bd. 75. S. 123.
276. Itami, Arch. f. exp. Path. u. Pharm. 1909. Bd. 60.
277. Bernheim und Vögtlin, Is the anastomosis between the portal vein and vena cava compatible with life? Bull. of the Johns Hopkins Hosp. 1912. Vol. 23. S. 46.
278. Fischler und Bardach, s. Nr. 81.
279. Rothberger und Winterberg, s. Nr. 75.
280. Betray, s. Nr. 192.
281. Tarchanoff, Über die Bildung von Gallenpigment aus Blutfarbstoff im Tierkörper. Pflügers Archiv. 1874. Bd. 9. S. 53.
282. Stadelmann, Der Ikterus. Stuttgart. 1891. Encke.
283. Virchow, Die pathologischen Pigmente. Sein Archiv. 1848. Bd. 1. S. 379 und 407.
284. Minkowski und Naunyn, Beiträge zur Pathologie der Leber etc. Arch. f. exp. Path. u. Pharm. 1886. Bd. 21. S. 1.
285. Stern, Beiträge zur Pathologie des Ikterus und der Leber. Arch. f. exp. Path. u. Pharm. 1885. Bd. 19. S. 89.
286. Kunde, Zitiert nach Cl. Bernard.
287. Whipple und Hooper, s. Nr. 3.
288. MacNee, s. Nr. 4.

180 Literatur.

289. Jaffé, Beitrag zur Kenntnis der Gallen- und Harnpigmente. Zentralbl. f. d. med. Wissenschaften 1868.
290. Gerhardt, C., Über Urobilinikterus. Korrespondenzbl. d. allg. ärztl. Ver. Thüringen. 1878. Nr. 11.
291. Müller, Fr., Über Ikterus. Verhandl. d. schles. Gesellsch. f. vaterl. Kultur. 1892.
292. Fischler, Das Urobilin etc., s. Anhang.
293. Gerhardt, D., Diskussionsbemerkung. Verhandl. d. Kongr. f. inn. Med. 1908. S. 549.
294. Derselbe, Über Urobilin. Zeitschr. f. klin. Med. 1897. Bd. 32. S. 303.
295. Fischler, Über experimentell erzeugte Lebercirrhose. Deutsch. Archiv f. klin. Med. 1908. Bd. 93. S. 427.
296. Neubauer, Diskussionsbemerkungen auf dem 25. Kongreß für innere Medizin 1908. Wien. Verhandl. Bd. 25. S. 551.
297. Hildebrandt, W., Deutsche med. Wochenschr. 1908. Nr. 50.
298. Eppinger und Charnas, Was lehren uns quantitative Urobilinbestimmungen im Stuhle? Zeitschr. f. klin. Med. 1913. Bd. 78. Heft 5/6.
299. Fischer, H., Zur Kenntnis der Gallenfarbstoffe. II. Mitt. Über das Urobilinogen des Urins und das Wesen der Ehrlichschen Aldehydreaktion. Zeitschr. f. phys. Chem. 1911. Bd. 75. S. 232.
300. Küster, W., Das Hämatin und seine Abbauprodukte. Abderhaldens Handb. d. biochem. Arbeitsmethoden.
301. Charnas, Über kristallisiertes Urobilinogen in den Fäzes. Wien. med. Wochenschr. 1913. S. 1731.
302. Derselbe, s. Nr. 298.
303. Fischler, Über die Wichtigkeit der Urobilinurie für die Diagnose der Leberkrankheiten. Münch. med. Wochenschr. 1908. Nr. 27.
304. Hildebrandt, W., Studien über Urobilinurie und Ikterus etc. Zeitschr. f. klin. Med. 1906. Bd. 59. S. 351.
305. Müller, Fr., s. Nr. 291.
306. Fischler, s. Anhang.
307. Magnus-Levy, Über die Säurebildung bei der Autolyse der Leber. Hofmeisters Beiträge. 1902. Bd. 2. S. 261.
308. v. Bergmann, Die Überführung von Cystin in Taurin im tierischen Organismus. Hofmeisters Beiträge. 1903. Bd. 4. S. 132.
309. Wohlgemuth, Über die Herkunft der schwefelhaltigen Stoffwechselprodukte im tierischen Organismus. Zeitschr. f. phys. Chem. 1903. Bd. 40. S. 81.
310. Stadelmann, Der Ikterus. S. 95. u. Über den Kreislauf der Galle im Organismus. Zeitschr. f. Biol. 1887. Bd. 34. S. 315.
311. Schiff, Über das Verhältnis der Leberzirkulation zur Gallenblidung. Schweizer Zeitschr. f. Heilkunde. 1861.
312. Tappeiner, Über den Zustand des Blutstromes nach Unterbindung der Pfortader. Arb. aus d. phys. Anst. Leipzig. 1892. Bd. 7. S. 11.
313. Naunyn, Beiträge zur Lehre vom Ikterus. Arch. f. Anat. u. Phys. 1868.
314. Eppinger, Beiträge zur normalen und pathologischen Histologie der menschlichen Gallenkapillaren. Zieglers Beitr. Bd. 31. S. 230.
315. Derselbe, Weitere Beiträge zur Pathogenese des Ikterus. Daselbst 1903. Bd. 33. S. 123.
316. Nassau, s. Nr. 275.
317. Fürth, O. v., und J. Schütz, Über den Einfluß der Galle auf die fett- und eiweißspaltenden Fermente des Pankreas. Hofmeisters Beiträge. 1908. Bd. 9. S. 28.

318. Naunyn, Klinik der Cholelithiasis. 1892. S. 12.
319. Röhmann und Kusomoto, Nach Hoppe-Seyler-Quincke, Krankheiten der Leber. II. Aufl. S. 53.
320. Windaus, Die quantitative Bestimmung des Cholesterins und der Cholesterinester in einigen normalen und pathologischen Nieren. Zeitschr. f. phys. Chemie. 1910. Bd. 65. S. 110.
321. Hueg und Wacker, s. Nr. 157.
322. Lichtwitz, Experimentelle Untersuchungen über Bildung von Niederschlägen in der Galle. Deutsch. Arch. f. klin. Med. 1907. Bd. 92. S. 100,
323. Derselbe, Über die Bedeutung der Kolloide für Konkrementbildungen. Deutsche med. Wochenschr. 1910. Nr. 15.
324. Bacmeister, Aschoff und Bacmeister, Die Cholelithiasis. Jena 1909.
325. Naunyn, s. Nr. 318.
326. Arnsperger, L., Der gegenwärtige Stand der Pathologie und Therapie der Gallensteinkrankheit. Albus Sammlung aus d. Gebiete der Stoffwechsel- und Verdauungskrankheiten. 1911. Bd. 3. Heft 3. Halle. Merhold.
327. Fischler, s. Anhang.
328. Ritter, Quelques obsérvations de bile incoloré. Journ. d'anat. et de phys. 1872. S. 181.
329. Bernard, Cl., Leçons d'hiver 1854—1855. S. 289 ff.
330. Derselbe, s. Nr. 19. S. 211/212.
331. Moser, M., Zitiert nach Cl. Bernard. s. Nr. 19. S, 210/211.
332. Brauer, Untersuchungen über die Leber. Zeitschr. f. phys. Chemie. 1903. Bd. 40. S. 182.
333. Pilzecker, Gallenuntersuchungen nach Phosphor- und Arsenvergiftung. Zeitschr. f. phys. Chemie. 1904. Bd. 41. S. 157.
334. Gürber und Hallauer, Über Eiweißausscheidung durch die Galle. Zeitschr. f. Biol. Bd. 45.
335. Fischler und Bardach, s. Nr. 81.
336. Brauer, s. Nr. 332.
337. Erb, Tabes. Deutsche Klinik am Ende des XIX. Jahrhunderts.
338. Fischler, s. Nr. 295.
339. Derselbe, Die Enstehung der Lebercirrhose nach experimeutellen und klinischen Gesichtspunkten. Ergebn. d. inn. Med. u. Kinderheilk. 1909. Bd. 3. S. 240.
340. Derselbe, s. Nr. 253.
341. Abel und Rowntree, On the pharmak. action of some phthaleins and their derivates etc. Journ. of Pharm. Exp. Ther. 1910. Bd. 1. S. 231, ferner: Rowntree, Hurwitz und Bloomfield, An exp. a. clinical Study of the value of phenoltetrachlorphthalein as a test for hepatic function. The Johns Hopkins Hospital Bull. 1913. Vol. 24. S. 327.
342. Crove, I., Bull. of the Johns Hopkins Hosp. 1908. Vol. 19.
343. Ehrlich, Über den jetzigen Stand der Chemotherapie. Berichte d. deutsch. Ges. 1909. Bd. 42. S. 17.
344. Goldmann, Die äußere und innere Sekretion des gesunden und kranken Organismus im Lichte der „vitalen Färbung". Beitr. f. klin. Chir. 1912. Bd. 78. S. 1.
345. Baumann, E., Über Sulfosäuren im Harn. Berichte d. deutsch. chem. Ges. Jahrg. 9. S. 54, 1976.
346. Rubner, s. Nr. 266.
347. Embden, Die Bildung gepaarter Glykuronsäuren in der Leber. Hofmeisters Beiträge. 1902. Bd. 2. S. 59.

348. **Lade**, Untersuchungen über die Bildungsstätte der Ätherschwefelsäuren im Tierkörper. Zeitschr. f. phys. Chemie. 1912. Bd. 79. S. 327.

349. **Tauber**, Studien über die Entgiftungstherapie. Arch. f. exp. Path. u. Pharm. 1895. Bd. 36. S. 197.

350. **Rothberger** und **Winterberg**, s. Nr. 75.

351. **Küster, W.**, s. Nr. 300.

352. **Fischer, H.**, s. Nr. 299.

353. **Schürer**, Kasuistischer Beitrag zur Kenntnis der Pilzvergiftungen. Deutsche med. Wochenschr. 1912. Nr. 12.

354. **Stadelmann**, Der Ikterus. 1891. S. 242.

355. **Rothberger** und **Winterberg**, s. Nr. 75.

356. **Morawitz** und **Pratt**, Einige Beobachtungen bei experimentellen Anämien. Münch. med. Wochenschr. 1908. Nr. 35.

357. **Kunkel**, Zur Frage der Eisenresorption. **Pflügers** Archiv. 1891. Bd. 50.

358. **Derselbe**, Blutbildung aus anorganischem Eisen. Daselbst 1895. Bd. 61.

359. **Gottlieb**, Über die Ausscheidungsverhältnisse des Eisens. Zeitschr. f. phys. Chemie. 1891. Bd. 15. S. 371.

360. **Jacoby**, Über die Schicksale der ins Blut gelangenden Eisensalze. Arch. f. exp. Path. u. Pharm. 1891. Bd. 28. S. 257.

361. **Zaleski**, Zur Frage über die Ausscheidung des Eisens aus dem Tierkörper. Arch. f. exp. Path. u. Pharm. 1887. Bd. 23. S. 317.

362. **Arnold**, Über feinere Struktur der Leber, ein weiterer Beitrag zur Granulalehre. **Virchows** Arch. 1901. Bd. 166.

363. **Bernard, Cl.**, s. Nr. 19. S. 212.

364. **Langer**, Die Ableitung in den Darm im Lichte moderner pathologischer Vorstellungen. Zeitschr. f. exp. Path. u. Ther. 1906. Bd. 3.

365. **Glaser** und **Löwi**, Sind Gallensteine löslich und läßt sich die Lösungsfähigkeit der Galle durch Medikamente steigern? Korrespondenzbl. f. Schweiz. Ärzte. 1908. Nr. 12.

366. **Groß-Schmitzdorf, M.**, Experimentelle Untersuchungen über die Frage der Nierenschädigung durch Kochsalz, zugleich ein Beitrag zur Historetention dieses Salzes. Annalen d. städt. allgem. Krankenhauses zu München. 1906—1908. Bd. 14.

Die Anlegung der Eckschen Fistel beim Hunde.

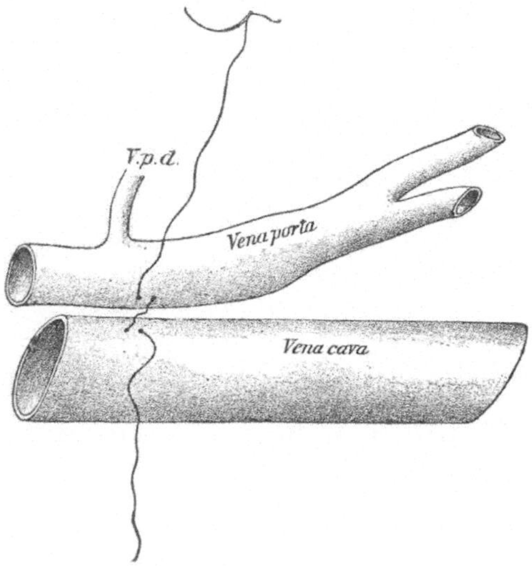

A. Zeigt, wie die erste Nadel zwischen Vena cava und Vena port. gelegt wird.

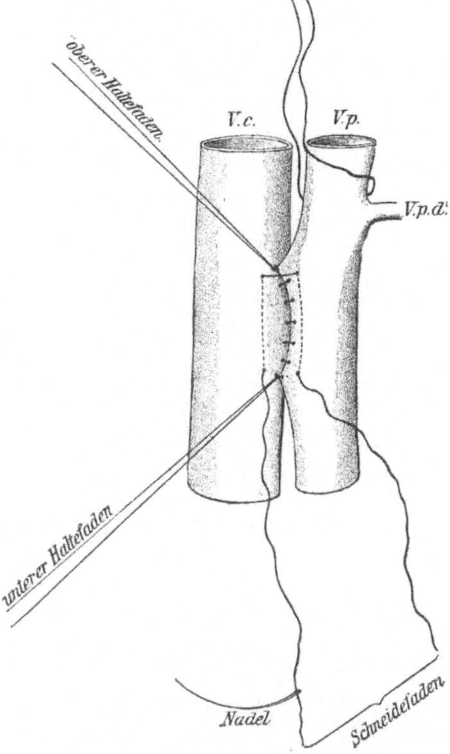

B. Zeigt die Vollendung der Bildung der hinteren Anastomosenwand und die Durchführung und Lage des Schneidefadens, die innerhalb des Gefäßes durch die punktierten Linien angedeutet ist. (Auch in der folgenden Figur.)

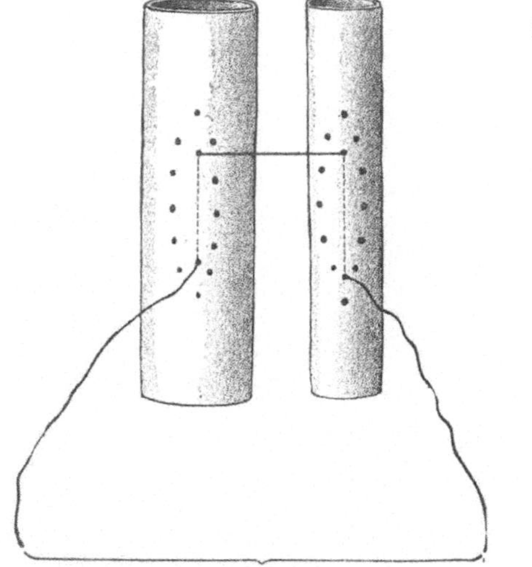

C. Zeigt die Nahtstellen der hinteren und vorderen Anastomosenwand — das Oval — sowie die Lage des Schneidefadens dazwischen. Das Bild ist ein gedachtes und ideell nach Vollendung der ganzen Naht auseinandergenommen.

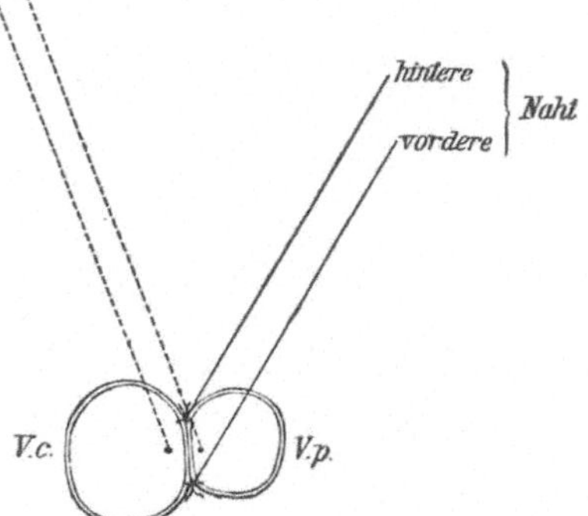

D. Zeigt einen Querschnitt durch die Mitte der künftigen Anastomose nach vollendeter Naht. Der Schneidefaden hat noch nicht durchgesägt und liegt punktförmig im Lumen beider Gefäße.

Anhang:

Das Urobilin und seine klinische Bedeutung

Gedruckt 1906 als Habilitationsschrift

Unveränderter Neudruck 1916

(Die Tafel ist weggelassen, die Seitenüberschriften sind hinzugefügt)

Das Urobilin und seine klinische Bedeutung.

I. Teil.

Von jeher haben die Harnpigmente die Forscher eifrig beschäftigt und dem Urobilin ward seit seinem Bekanntwerden durch Jaffé zu verschiedenen Zeiten ein verschieden großes, aber immer starkes Interesse entgegengebracht, ohne daß man allerdings bis jetzt zu einer ausreichenden Erklärung seines häufigen Auftretens gekommen ist. Jaffé isolierte im Jahre 1868 aus dem Harn und aus der Galle das Pigment, dessen spektroskopisches Verhalten er genau beschreibt und für das er im folgenden Jahre auch eine charakteristische chemische Probe angibt, nämlich die in alkalischer Lösung bei Zusatz von Zinkchlorid auftretende grüne Fluoreszenz, welche auf Ansäuern verschwindet und nach Zusatz von Alkali wieder auftritt. Aus dem Übereinstimmen des spektroskopischen Verhaltens und der Reaktion gegen alkalische Zinkchloridlösung schloß er auf die Identität der aus den verschiedenen Quellen isolierten Pigmente. Maly gelang die Darstellung eines Stoffes mit denselben Eigenschaften aus reinem Bilirubin vermittelst Reduktion mit Natriumamalgam. Er wies somit den von Jaffé vermuteten innigen Zusammenhang des Urobilins mit der Galle nach und nannte es Hydrobilirubin, weil es unter Wasseraufnahme aus dem Bilirubin hervorgehe. Zugleich hielt er seinen Farbstoff identisch mit dem von Vanlair und Masius beschriebenen Sterkobilin der Fäzes, d. h. dem Umwandlungsprodukte der in den Darm abgeschiedenen Galle, wodurch ja die normale Farbe der Fäzes hauptsächlich bedingt ist. Vanlair und Masius selbst hielten allerdings ihr Sterkobilin auf Grund geringer spektroskopischer Verschiedenheiten für einen vom Urobilin verschiedenen Körper; dem widersprach aber Jaffé mit Erfolg und Maly und er zweifelten keinen Augenblick an der Identität von Urobilin und Sterkobilin. Damit war auch eine Erklärung des konstanten Vorkommens des Urobilins im Darm gegeben, da das in die oberen Darmwege mit der Galle ausgeschiedene Bilirubin durch die im Darm vor sich gehenden Fäulnisvorgänge Reduktionen unterworfen wird, ein Vorgang, den Maly im Reagenzglas nachgeahmt hatte. Erst einer späteren Zeit blieb es vorbehalten im genaueren die Wirkung verschiedener Bakterienarten auf Bilirubin oder Galle zu prüfen und so hat Beck nach Impfung der Galle mit verschiedenen Bakterienarten, namentlich aber mit den eigentlichen Fäulnisbakterien ein Auftreten von Urobilin in diesen Flüssigkeiten gesehen. Die Einwendungen, die man gegen die Beckschen Versuche machen konnte, daß nämlich das Urobilin präformiert als solches, oder als Chromogen in der Galle vorhanden gewesen wäre und daß eine Zunahme der Menge desselben nicht unbedingt die Folge der Bakterientätigkeit zu sein braucht, gelten nicht für ähnliche Versuche von Friedrich Müller, der außer Galle auch reine Bilirubinlösungen der reduzierenden Wirkung von Fäulnisbakterien unterwarf. Er ließ Pepton-Bilirubinlösungen unter Wasserstoffatmosphäre, also in anaeroben Kulturen mit Kotbakterien faulen und fand, daß nach etwa 2 Tagen das Bilirubin verschwand und an seiner Stelle große Mengen Hydrobilirubinlösungen auftraten. Ich habe einen kurzen Kontrollversuch ausgeführt, indem ich an reinen Bilirubinlösungen in Bouillon durch Einbringen spezifischer Fäulniserreger (Proteus, Koli) das Auftreten von Urobilin auch bei Luftzutritt konstatieren konnte.

Was nun die allgemeinen Eigenschaften des Urobilins angeht, so ist zu bemerken, daß es trotz aller darauf gerichteter Mühen noch nicht gelungen ist, dasselbe kristallinisch darzustellen. Man hat es bis jetzt nur amorph erhalten. In durchfallendem Lichte spektroskopisch untersucht, zeigen sehr verdünnte saure Lösungen einen Absorptionsstreifen zwischen der Linie b und F und etwas über F hinaus. Die ätzalkalischen Lösungen zeigen diesen Streifen schwächer, noch schwächer die ammoniakalischen Lösungen und in beiden ist dieser Streifen etwas gegen b hingerückt. Sehr klar und scharf zeigt er sich aber in ammoniakalischen Zinklösungen auch noch in sehr großer Verdünnung und stimmt mit der Lage des Streifens in alkalischen Lösungen überein.

Das Urobilin löst sich nur wenig in Wasser oder Äther, leicht in Alkohol, Amylalkohol und Chloroform, ferner in dünnen ätzalkalischen oder ammoniakalischen Lösungen. Die Farbe dieser Lösungen bei durchfallendem Licht ist hellrosa bis tiefbraunrot, metallisch grün bei auffallendem Lichte. Zusatz von Zinksalzen zu ammoniakalischen Lösungen bewirkt eine intensive grüne Fluoreszenz, die eine höchst empfindliche Probe für Urobilin darstellt und noch wesentlich feiner ist als die spektroskopische.

Zur Vorstellung über die chemische Zusammensetzung des Urobilins kam man durch andere Untersuchungen. Schon Jaffé hat nachgewiesen, daß der Urobilingehalt des Harns beim Stehen an der Luft

zunahm. Es mußte also analog anderen Erfahrungen das Urobilin
darin als Chromogen enthalten sein. Hoppe-Seyler gelang der Nachweis des gleichen Körpers durch starke Reduktion von Hämoglobin,
wobei dann ebenfalls beim Stehen an der Luft Urobilin auftrat. Disqué
nahm im Verfolg Malyscher Arbeiten erneut die Reduktionsversuche
des Bilirubins auf. Durch verstärkte Reduktion des Bilirubins mittelst
Natriumamalgam und wenig Wasser, besser vermittelst Zinn- und Salzsäure erhielt er ebenfalls das Chromogen des Urobilins, wie wir heute
sagen, das Urobilinogen, konnte es aber nicht rein darstellen, da es sich
an der Luft und beim Abdampfen aus Chloroform zu Urobilin oxydierte.
Er erbrachte auch als erster den exakten Nachweis, daß hierbei wirklich
eine Oxydation stattfand, weil ein meßbares Quantum Sauerstoff bei
der Umwandlung des Urobilinogens verschwand. Aber erst den Forschungen Nenckis im Verein mit Sieber und Zaleski gelang es, zu
einigermaßen präzisen Vorstellungen über die chemische Konstitution
des Urobilinogens zu gelangen. Nencki und Zaleski spalteten aus
Hämatin resp. Azethämatin durch Erhitzen mit Eisessig und Jodwasser-
stoffsäure und unter späterem Zufügen kleiner Stücke PH_4J bei längerem
Erhitzen, Verdünnung mit Wasser und Zusatz einer berechneten Menge
NaOH-Lauge zur Absättigung der Essigsäure eine ölige Substanz ab,
die gleichzeitig wie Skatol und Naphthalin roch. Dieser Körper, er hatte
die Zusammensetzung $C_8H_{13}N$, ergab Pyrrolreaktion, weshalb sie ihm
den Namen Hämopyrrol gaben. An der Luft färbte sich die Substanz
in kuzer Zeit rot. Der hier zuerst entstandene Farbstoff ist das sog.
hämatogene Urobilin; die Lage seines spektralen Absorptionsbandes
ist identisch mit der von aus Bilirubin dargestelltem Urobilin. Nach
Zusatz einer ammoniakalischen Zinklösung trat prachtvolle grüne
Fluoreszenz auf; ferner wurde die Substanz durch den Tierkörper als
Urobilin ausgeschieden. Ein Kaninchen, 2,2 kg schwer, dessen Harn
4 Tage zuvor täglich auf Urobilin und Indikan geprüft wurde, erhielt
subkutan ca. 0,05 g Hämopyrrol. Die Ausscheidung erfolgte als Urobilin, in der Hauptsache in der 3.—10. Stunde nach Verabfolgung, die
Beendigung der Ausscheidung erfolgte aber erst nach Ablauf von 46
Stunden. In chemischer Hinsicht sprechen die beiden Forscher dem
Hämopyrrol die Formel eines Methylpropylpyrrols oder eines Isobutyl-
pyrrols zu, allerdings mit großer Reserve.

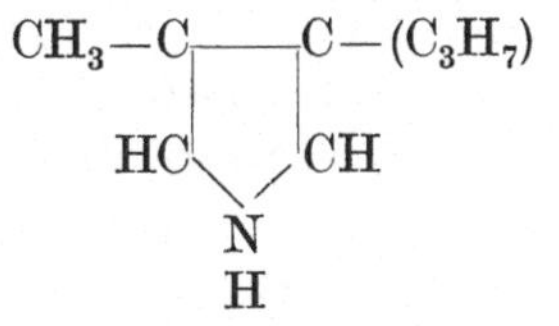

$$CH_3-C\underset{\underset{\underset{H}{N}}{HC\diagdown\diagup CH}}{\overline{\qquad}}C-(C_3H_7)$$

Methylpropylpyrrol

$$CH\underset{\underset{\underset{H}{N}}{HC\diagdown\diagup CH}}{\overline{\qquad}}C-(C_4H_9)$$

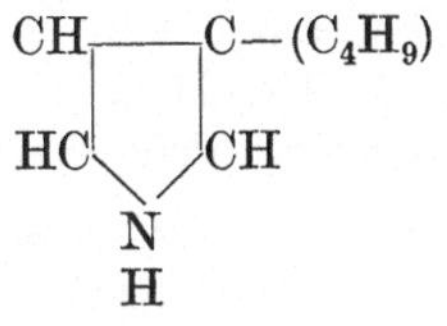

Isobutylpyrrol

Eine weitere Stütze für die Pyrrolnatur des Urobilinogens hat neuerdings Neubauer in der Reaktionsfähigkeit des Urobilinogens mit dem Ehrlichschen Reagens (Dimethylamidobenzaldehyd) erbracht, womit eine intensive Rotfärbung bei Vorhandensein freier Mineralsäure entsteht. Neubauer weist auf die Analogie des Auftretens der allbekannten Fichtenspanreaktion des Pyrrols hin, bei der aus Pyrrol und einem im Holz präformierten aromatischen Aldehyd, dem Hadromal, bei Gegenwart von freier Salzsäure Rotfärbung auftritt. Er konnte sich ferner überzeugen, daß Hadromal auch mit Hämopyrrol und Harnuribilinogen in gleicher Weise reagiert. Die empirische Formel für das Urobilinogen gaben Nencki und Zaleski als $C_8H_{13}N$. Aus dem Zusammentreten von vier derartigen Komplexen unter Sauerstoffaufnahme und Wasseraustritt entsteht nach ihrer Annahme das Urobilin, dem nach Maly die Formel $C_{32}H_{40}O_7N_4$ zukommt folgendermaßen:

$$(C_8H_{13}N)_4 + O_{13} = C_{32}H_{40}O_7N_4 + 6\,H_2O.$$

Nach all diesem ist ein Zusammenhang zwischen dem Blutfarbstoff, Bilirubin, Urobilin und Urobilinogen nicht mehr anzuzweifeln.

$$
\begin{array}{lll}
\text{Hämatin} & C_{32}H_{32}N_4O_4Fe & \\
\text{Bilirubin} & C_{32}H_{36}N_4O_6 & \left.\begin{array}{c}\ \\ \ \\ \ \\ \ \end{array}\right) \text{nach Bunge} \\
\text{Urobilin} & C_{32}H_{40}N_4O_7 & \\
\text{Urobilinogen} & 4(C_8H_{13}N) + O_{13} - 6\,H_2O. &
\end{array}
$$

Durch fortwährende Reduktion ist also ein Körper aus dem anderen erhaltbar vom Hämatin bis zur farblosen Farbbase, dem Chromogen, Urobilinogen.

Es ist klar, daß diese Prozesse im Körper nicht quantitativ verlaufen werden und noch eine Reihe von Zwischenstufen existieren. Nencki und Zaleski haben in ihrer chemischen Hypothese des gefärbten Anteils des Hämoglobins die verschiedensten derartigen Möglichkeiten angedeutet, ohne daß ich mich des weiteren darauf einlassen kann. Vielleicht erklärt es sich damit, daß es eine Reihe von Forschern gibt, die verschiedene Arten von Urobilinen annehmen. Nach Mac Mun soll das aus Fieberharn dargestellte Urobilin anders zusammengesetzt sein, als das aus Urin unter normalen Verhältnissen ausgeschiedene. Auch le Nobel gab solche Verschiedenheiten an. Muns Angaben konnten aber einer sehr gründlichen Bearbeitung dieser Frage durch Carrod und Hopkins nicht standhalten. Ihnen verdanken wir sehr genaue Angaben über die spektroskopischen Eigenschaften von aus verschiedenen Quellen dargestelltem Urobilin. Nachfolgend die Tabelle, die Carrod und Hopkins über das spektroskopische Verhalten dieser Urobiline zusammengestellt haben.

Spektra von	Urobilin von norm. Urin	Urobilin von krankem Urin	Urobilin von Kot	Urobilin von Galle
In alkohol. Lösung mit HCl angesäuert	λ 5080 — λ 4770 starker Schatten bei λ 4550	λ 5080 — λ 4770 starker Schatten bei λ 4550	λ 5080 — λ 4770 starker Schatten bei λ 4550	λ 5080 — λ 4770 starker Schatten bei λ 4551
In alkohol. Lösung mit NaOH-Lauge versetzt	λ 5200 — λ 4970 Schatten bei λ 4790	λ 5200 — λ 4990 Schatten bei λ 4770	λ 5200 — λ 4990 Schatten bei λ 4770	λ 5190 — λ 4970 Schatten bei λ 4770
Mit Zinkchlorid u. Ammoniak versetzt	λ 5190 — λ 4970 Schatten bei λ 4770	λ 5170 — λ 4950 Schatten bei λ 4770	λ 5170 — λ 4950 Schatten bei λ 4770	λ 5170 — λ 4950 Schatten bei λ 4770

Die Sonnen-E-Linie bei λ 5290.

Von den Schlüssen, die sie daraus ziehen, führe ich nur den zweiten an: Urobilin obtained from various human sources, i. e. from normal and morbid urines, from faeces and from gall removed from the gallbladder post-mortem, is one and the same substance. Specimens from these several sources having, when pure, identical chemical and optical properties, and sharing in common the property of yielding the E-band spectrum when partially precipitated from an aqueous alkaline solution by acidification. Im Gegensatz zu diesen einheitlichen Auffassungen aller Körperurobiline stehen ihre Ansichten zu dem von Maly aus Bilirubin künstlich erhaltenen Hydrobilirubin. Abgesehen von geringen Differenzen bei Fällungen besteht ein sehr erheblicher Unterschied in der quantitativen Zusammensetzung, der namentlich den N-Gehalt betrifft, welcher über das Doppelte erhöht ist. Freilich bezieht sich dieser Schluß Garrods und Hopkins nur auf eine einzige quantitative Analyse, an etwas weniger als 0,1 g Hydrobilirubin nach Malys Vorschriften dargestellt, doch stimmt das Analysenresultat mit dem von Maly berechneten überein. Hier schweben noch Fragen, die sich wohl nur nach der Reindarstellung und nach genauer Erforschung der chemischen Konstitution der Pigmente lösen werden.

Ein genetischer Zusammenhang des gefärbten Anteils des Blutes mit der Galle und dem Urobilin wird aber nicht nur durch Laboratoriumsversuche, sondern namentlich auch durch die klinische Beobachtung gesichert und es kommen etwaige Unterschiede zwischen Urobilin und Hydrobilirubin für die folgenden Untersuchungen um so weniger in Betracht, als nur animalische Urobilinprodukte in meinen Experimenten verwendet werden. Immerhin scheint es angezeigt, ein Augenmerk auf derartige Inkongruenzen der Versuchsergebnisse zu haben, die vielleicht geeignet sind, die interessantesten theoretischen Einblicke zu gewähren.

Was nun den Nachweis des Urobilins in tierischen Abscheidungen betrifft, so ist sowohl das spektroskopische Verhalten, wie die Fluoreszenz mit Zinksalzen dazu herangezogen worden. Eine weitere Probe wurde von Braunstein benutzt, der bei Zusatz einer Mischung von Kupfersulfat (kalt gesättigt) 100, Acidum muriaticum 6, Liquor ferri sesquichlorati 3, Verhältnis von Reagens zu Flüssigkeit 1:5, und Ausschütteln mit Chloroform eine kupferrote Färbung desselben auftreten sah. Diese Probe hat sich aber nicht eingebürgert, so daß man von ihrer Anwendung heute absieht. Nebenbei sei bemerkt, daß das Urobilin auch eine der Biuretreaktion sehr ähnliche Reaktion gibt bei Versetzung von Kupfersulfat und Natronlauge, worauf Salkowski und Stokvis besonders aufmerksam machten.

Zum quantitativen Nachweis ist bis jetzt fast in allen Untersuchungen die spektrophotometrische Methode nach Vierordt benutzt worden, bei der aus dem Erlöschen des Extinktionskoeffizienten der Gehalt an Urobilin berechnet werden kann unter Zugrundelegung der von Vierordt dafür angegebenen Tabellen, die nach einem reinen Präparat Malys von ihm gewonnen wurden.

Die Reinheit des Präparates wurde nachträglich von le Nobel bemängelt, der es mit Cholecyanin verunreinigt fand, was aber auch erst sekundär durch Veränderung bei so langem Aufbewahren aufgetreten sein kann. Immerhin bedürften Vierordts Zahlen einer genauesten Revision. Die Empfindlichkeitsprobe des Urobilins im Spektroskop ist ungemein fein und es sind noch 0,001 g in 22 ccm Lösung bei 1,5 cm Dicke der Flüssigkeit ablesbar, d. i. eine Konzentration von 0,045 % (Saillet). Auch ist die Genauigkeit bei einem geübtem Beobachter eine relativ größere; leider ist der Apparat teuer, unhandlich und nicht jedermann zugängig und man bedarf zu quantitativen Untersuchungen größerer Mengen.

Aber es liegt auch eine Reihe von chemischen Methoden zur quantitativen Bestimmung vor. Die älteste davon ist von Jaffé selbst angegeben, der den Harn mit Bleiessig fällt, den Niederschlag mit Wasser auswäscht, dann trocknet, mit Alkohol auszieht und mit schwefelsäurehaltigem Alkohol zersetzt. Die abfiltrierte alkoholische Lösung wird mit Wasser verdünnt, mit Ammoniak übersättigt und es wird Chlorzink dazu gesetzt. Der sich bildende Niederschlag wird mit Wasser chlorfrei gewaschen, mit Alkohol ausgekocht, getrocknet, in Ammoniak gelöst und wieder mit Bleizucker gefällt, dann wird der Auszug mit Schwefelsäurealkohol zerlegt und die filtrierte alkoholische Lösung mit der Hälfte des Volumens Chloroform gemischt, mit Wasser verdünnt und geschüttelt. Das Urobilin wird von dem Chloroform aufgenommen, welches dann mit wenig Wasser gewaschen und abgedunstet wird, wobei das Urobilin zurückbleibt. Méhu gab an, daß Urobilin mit Ammonsulfat vollständig ausgefällt werden kann. Dieses Verfahren hat sich dann mit einigen Modifikationen, die von Carrod und Hopkins, Friedrich Müller und Huppert angegeben wurden, und womit die meisten quantitativen chemischen Proben zurzeit ausgeführt werden, am meisten bewährt. Das jetzt gebräuchliche Verfahren in der von Friedrich Müller und Huppert abgeänderten Form zur Bestimmung des Urobilins im Harn ist nun folgendes (nach Thierfelder, Hoppe-Seylers Handbuch der physiologisch-pathologisch-chemischen Analyse). Der Harn wird, mit alkalischer Chlorbariumlösung (auf 100 Teile Harn 30 Teile einer Mischung von 1 Vol. gesättigter Chlorbariumlösung und 2 Vol. gesättigtem Barytwasser) zur Entfernung von Harnsäure und Hämatoporphyrin versetzt, filtriert. Dann wird aus dem Filtrat durch konzentrierte Natriumsulfatlösung der überschüssige Baryt entfernt, die Flüssigkeit mit Schwefelsäure nahezu neutralisiert, filtriert und mit Ammonsulfat gesättigt. Der Niederschlag wird auf dem Filter gesammelt, mit gesättigter Ammonsulfatlösung gewaschen und nachdem er lufttrocken geworden, nach Zusatz von verdünnter Schwefelsäure mit einer Mischung von 1 Teil Äther und 2 Teilen Alkohol in der Wärme ausgezogen. Die abfiltrierte Lösung wird mit Chloroform gemischt, im Scheidetrichter mit ungefähr dem doppelten Volumen Wasser geschüttelt und zur Abscheidung der Chloroformlösung stehen gelassen. Man läßt jetzt die Chloroformlösung ab, wäscht sie in dem doppelten Volumen Wasser und entzieht ihr das Urobilin durch Schütteln mit ammoniakalischem Wasser. Aus der ammoniakalischen Lösung vertreibt man das Ammoniak in der Wärme.

Eine weitere Abänderung der Methode, wie sie von Saillet angegeben ist, der mit Essigäther extrahiert, übergehe ich. Die Kompliziertheit der chemischen quantitativen Methoden ist, wie man sieht, eine recht erhebliche, so daß sie sich für klinische Untersuchungen nur schwer eignen.

Es sind daher von Grimm u. a. Versuche unternommen worden, die Fluoreszenzprobe als quantitative Bestimmungsmethode auszubilden. Zweifellos liegt darin ein sehr dankenswertes Vorgehen, da die Probe leicht mit ziemlicher Genauigkeit auch noch an sehr kleinen Quantitäten gehandhabt werden kann und somit für klinischen Betrieb sich wohl eignet. Grimm hat allerdings absolute Werte nicht angegeben, da ihm seinerzeit geeignete Stammlösungen zur Feststellung der Verdünnungsgrenzen fehlten. Die verschiedensten Modifikationen in Anwendung der Chlorzinkprobe sind mit der Zeit beschrieben worden und sie sind von verschiedener Empfindlichkeit. In manchen Fällen genügt der Zusatz von Chlorzink zu der wenig alkalisch gemachten Flüssigkeit zur direkten Hervorrufung der Fluoreszenz. Bessere Resultate werden aber erzielt, wenn man die zu prüfende Flüssigkeit mit Extraktionsmitteln des Urobilins ausschüttelt. Der Amylalkohol hat sich in dieser

Hinsicht als am geeignetsten erwiesen. Aus der etwas angesäuerten Flüssigkeit löst Amylalkohol mit größter Leichtigkeit das Urobilin. Unterschichtet man dann den Amylalkohol mit etwas Chlorzink und Ammoniak (Nencki), so nimmt er sofort eine prachtvoll grüne Fluoreszenz an. So gut diese Methode zum qualitativen Nachweis auch ist, so eignet sie sich doch durchaus nicht zur Anwendung auf etwaige quantitative Verhältnisse, denn alle Extraktionsmethoden leiden an dem Übelstand, daß man wiederholt extrahieren muß, um alles Urobilin zu bekommen und daß sich die verschiedenen Portionen der Extraktionsmittel schwer quantitativ vereinen lassen, wenigstens bei kleinen Portionen, wo kleine Verluste schon große Fehler bedingen.

Die Frage einer quantitativen Bestimmungsmöglichkeit des Urobilins nach dem Verdünnungsverfahren war daher erst wieder diskutabel, als Schlesinger seine Fluoreszenzprobe mit alkoholischen Lösungen von Zinkazetat angab, die bei ihrer großen Empfindlichkeit direkte Fluoreszenz in der damit versetzten und von eventuellem Niederschlag abfiltrierten Flüssigkeit zeigt. Die Empfindlichkeit dieser Probe ist eine ungemein feine. Schlesinger konnte noch $0,002\,^0/_0$ Gehalt Urobilin sicher nachweisen. Sie ist also der spektralen Methode, bei der nur $0,045\,^0/_0$ nachweisbar sind, um das 22,5fache überlegen. Daß alkoholische Urobilinlösungen durch Zinkazetat nicht so stark gefällt werden, wie durch Zinkchlorid in ammoniakalischer Lösung, die stets in wässeriger Lösungen zugesetzt werden, ist ein weiterer großer Vorzug. Es wird durch den Alkoholzusatz eine Mitfällung von Urobilin durch Zinkazetat erst bei starker Konzentration des Urobilins beobachtet, bei verdünnten Lösungen, und darum handelt es sich ja in fast allen klinischen Fällen, kommt Mitausfällung von Urobilin durch Zinkazetat in alkoholischen Lösungen kaum in Frage. Man muß daher nur bei starkem Urobilingehalt der zu untersuchenden Flüssigkeit diese Fehlerquelle berücksichtigen und vorher verdünnen. Eine Veränderung der Konzentration des Urobilins in den ersten und letzten Filtratquantitäten findet nicht statt, wie mir besonders nach dieser Seite hin angestellte Versuche gezeigt haben. Ich habe nun durch Wägung alkoholischer Lösungen des Zinksalzes des Urobilins, bei dem an gleichen Quantitäten zuerst der Gehalt an Urobilin durch die Verdünnungsprobe festgestellt worden war, und bei dem nach Verdunstung des Alkohols die Zunahme des Gewichts eines Wägegläschens unter den üblichen Kautelen der Trocknung bestimmt wurde, gefunden, daß die Verdünnungswerte bei möglichst reinem Urobilinzinksalz ungemein groß sind. Namentlich bei Anwendung eines durch eine Linse in die Flüssigkeit hineingeworfenen Sonnenlichtkegels ist noch bei Verdünnungen von 1:50000, i. e. $0,002\,^0/_0$ Gehalt Urobilinsalz, die Fluoreszenz im Lichtkegel auf schwarzem Hintergrunde noch sehr gut sichtbar; das gilt allerdings offenbar nur von reinen Produkten; mein Produkt war noch mit Spuren von Cholecyanin verunreinigt. Schwieriger ist schon der Nachweis mit der Fluoreszenzprobe bei Gemischen des Urobilinsalzes mit anderen Pigmenten und Substanzen. Wie sich dieselben gegenseitig beeinflussen, ließe sich nur durch genaue Analyse des einzelnen Falles eruieren. Es ist klar, daß aus diesen Gründen die Fluoreszenzprobe schwerlich zu einer exakt quantitativen umgestaltet werden kann. Immerhin setzt die große Empfindlichkeit der Probe diese anscheinenden Fehler so bedeutend herab, daß sie für klinische Zwecke sich leichter einbürgern lassen wird als die spektrophotoskopische Methode, die im Verhältnis dazu äußerst umständlich ist. Unter den störenden Pigmenten ist das häufigste und demnach praktisch-wichtigste das Bilirubin. Doch stört bei den großen Verdünnungen, die meist z. B. bei Bestimmungen in der Galle gemacht werden müssen, bald der Gallenfarbstoffgehalt gar nicht mehr, da die Fluoreszenzgrade eben außerordentlich hohe Werte der Verdünnung ertragen, Werte, bei denen das Bilirubin gar nicht mehr sichtbar ist. Überdies wird Bilirubin anscheinend schon früher von alkoholischem Zinkazetat gefällt als Urobilin, doch habe ich darüber genauere Versuche nicht angestellt.

Praktisch gestaltet sich die Ausführung einer solchen Verdünnungsbestimmung folgendermaßen. Die zu untersuchende Flüssigkeit wird zur Hälfte mit alkoholisch konzentrierter Zinkazetatlösung versetzt, tüchtig geschüttelt und filtriert. Trübt sich das Filtrat bei erneutem Zusatz von alkoholischem Zinkazetat, so wird dieselbe Prozedur noch einmal wiederholt, dann nochmals mit Zinkazetat geprüft, tritt wieder Trübung auf, noch einmal in derselben Weise behandelt. Das Filtrat läßt man am besten einige Stunden im Licht (nicht in direktem Sonnenlicht wegen der Verdunstung!) stehen, weil erfahrungsgemäß sich die Fluoreszenz dabei verstärkt, d. h. alles Urobilinogen in Urobilin umgewandelt wird. Muß die Verdünnung wiederholt werden, so empfiehlt es sich aber mehr, der Anfangsportion etwas gepulvertes Zinkazetat in Substanz zuzusetzen, da man damit die wiederholten Verdünnungen vermeiden kann. Man überzeuge sich dann, daß die Reaktion der Flüssigkeit schwach alkalisch ist, wenn dies nicht der Fall ist, so setze man etwas Ammoniak, 1—2 Tropfen zu. Falls beim Stehen eine Trübung aufgetreten ist, verschwindet sie meist auf Zusatz von wenigen Tropfen verdünnter Salzsäure, die dann ebenso vorsichtig mit wenigen Tropfen Ammoniak zu übersättigen ist. Das Fluoreszenzoptimum liegt zweifellos nahe einer schwach alkalischen Grenze. Zu dieser Ansicht bin ich durch praktische Erfahrungen bei derartigen Bestimmungen gekommen. Die Verdünnung wird dann durch weiteren Zusatz von Alkohol bewirkt. Bei Urin ist auch Wasser dafür verwendbar. Als Lichtquelle fungiere immer ein und dieselbe Lampe, aber am besten ist zweifellos die Sonne. Die Fluoreszenzprobe bei künstlichem Licht ist womöglich immer in einem Dunkelzimmer auszuführen. Das Licht werde stets mittelst einer Konvexlinse gesammelt und der Lichtkegel in das Gefäß geworfen. Mit der Zeit wird man noch ungeheuer feine Grade der Fluoreszenz damit erkennen, was eine wesentliche Verschärfung der Probe bedeutet. Man kann noch an minimalen Quantitäten die Fluoreszenzprobe anstellen und gerade darin ist die Probe dem spektrophotometrischen Nachweis überlegen. Die Einfachheit und relativ große Zuverlässigkeit der Methode sichert m. E. ihre Einführung in die klinischen Nachweisproben und ich möchte sie in dieser Form, solange wir keine bessere haben, angelegentlichst empfehlen. Für alle meine Untersuchungen habe ich als Einheitssatz 1 ccm der mit derselben Reagenzmenge vorher versetzten Flüssigkeit zugrunde gelegt, somit gelten die angegebenen Werte für 1 ccm. Dabei habe ich der Bequemlichkeit halber die Verdünnungswerte als solche gesetzt, ganz wie das heute allgemein bei Bestimmung des Säuregehaltes des Magens besteht und unter der Voraussetzung, daß die Möglichkeit des Nachweises durch die Fluoreszenzproben bei einer Konzentration von 0,002 % liegt. Es ist hierbei freilich nochmals genau darauf hinzuweisen, daß das Verfahren in dieser Form niemals ein exakt quantitatives darstellen kann, so lange wir nicht wissen, wie die gegenseitige Beeinflussung der Fluoreszenz mit den allerverschiedensten Farbstoffen und sonstigen Verunreinigungen statthat. Es dürften sich daher stets Kontrollproben mit dem spektrophotometrischen Verfahren empfehlen, da eine nur relative, wenn auch recht große Zuverlässigkeit — worauf die spektrophotometrische aber auch keinen Anspruch erheben darf (cf. Ablesungsfehler etc.), was nochmals betont sei — vorliegt.

Nach dieser Darlegung des Nachweises des Urobilins muß ich über das normale Vorkommen desselben was feststeht besprechen, dabei darf man das Urobilinogen, die Muttersubstanz unseres Pigmentes, nicht vergessen.

In den größten Mengen ist das Pigment im normalen Kot und in der Galle enthalten. In normalem Harn ist es nur in größeren Portionen desselben nachweisbar und dann erst nach längerem Stehenlassen des Harns an der Luft. Normaler, frisch gelassener Harn enthält also kein Urobilin, sondern nur Spuren von Urobilinogen. Nach Gerhardt beträgt im normalen Tagesharn die Gesamturobilinmenge 0,0074—0,0079 g. Andere Autoren geben andere Zahlen an, Friedrich Müller bis 20 mg, Saillet 30—130 mg, G. Hoppe-Seyler 80—140 mg. Diese großen Differenzen weisen schon darauf hin, daß die Ausscheidung des Urobilins im Harn offenbar durch vielerlei Umstände beeinflußt wird. Auf einen dieser Faktoren hat Grimm hingewiesen, indem er eine Abhängigkeit des Auftretens von Urobilin im Harn durch die Nahrung an Selbstversuchen nachwies. Namentlich rohe oder weiche Eier beeinflussen nach ihm die Vermehrung der Urobilinausscheidung recht erheblich, dagegen war der Genuß von Brot, Tee und Butter fast ohne Einfluß. Es sind diese schönen genauen Untersuchungen fast ganz in Vergessenheit geraten, weshalb ich sie hier zu erwähnen Gelegenheit nehmen will, ohne auf die Theorie, die Grimm auf diese Versuche gründet, näher einzugehen. Zweifellos ist es aber die Nahrungsaufnahme nicht allein, welche solche sozusagen physiologische Urobilinurien verursachen (den größeren Teil der dahinwirkenden Umstände dürften wir noch nicht kennen).

Was die Urobilinmengen anlangt, die im Kot vorhanden sind, so sind die Hauptmengen davon im Dickdarm enthalten, im Mittel werden ca. 80—200 mg im Kot als normale Menge angegeben, ob aber nicht noch erheblichere Schwankungen des Urobilingehaltes in den Fäzes schon normal stattfinden, bedürfte einer genauen und großen Untersuchungsreihe. Noch weniger Bescheid wissen wir über den normalen Urobilinogengehalt des Kotes, dessen Bestimmung noch dadurch sehr erschwert wird, daß eine eventuelle Vergleichung der Mengen des Urobilinogens durch Verdünnung der farbigen Verbindung desselben mit dem Ehrlichschen Reagens, womit es sich bekanntlich rot färbt, sehr große Schwierigkeit macht, weil im Stuhl gleichzeitig Skatolverbindungen vorhanden sind, die eine ganz ähnliche Färbung geben. Man kann diese störenden Produkte zwar mit Ligroin entfernen, wie dies Neubauer und Kimura taten, doch braucht man so große Mengen Ligroin und muß den Stuhl so oft damit extrahieren, daß Verluste kaum vermeidbar sind. Ein derartig behandelter Stuhl zeigt nach seiner Extraktion mit Ligroin, alsdann mit Alkohol extrahiert, in dem alkoholischen Filtrat die Rotfärbung mit dem Ehrlichschen Reagens.

In dieser Form ließe sich übrigens die Probe vielleicht doch noch zur Bestimmung der Fäulnisprodukte im Kot verwenden, was Baumstark und A. Schmidt versucht hatten. Der Einwand Bauers gegen die direkte Verwendung eines einfachen alkoholischen Stuhlfiltrates zur direkten Messung der Fäulnisprodukte am Verschwinden des Urobilinogenstreifens im Spektroskop bei Verdünnung hatte große Berechtigung, wenn neuerdings auch Ury wieder gegen Bauer Bedenken geltend macht.

Vor allen Dingen ist aber eine Reindarstellung des Urobilinogens wegen seiner Labilität und der begierigen Aufnahme von Sauerstoff aus der Luft fast ein Ding der Unmöglichkeit. Es fehlt somit vor allem eine Stammlösung, von der man ausgehen kann. Die Rotfärbung mit besagtem Reagens ist äußerst fein, was zur Anstellung von Verdünnungsproben ja sehr wünschenswert ist. Rohde hat kürzlich erst die Angabe gemacht, daß Skatolamidoessigsäure noch bei einer Verdünnung von 0,003 % mit dem Ehrlichschen Reagens eine Rotfärbung gebe. Auch ein spektrophotometrisches Verfahren wäre anwendbar, da sich das Urobilinogen durch einen ganz charakteristischen Streifen zwischen D und E auszeichnet, was Ehrlich in seiner ersten Mitteilung über seine neue Reaktion schon angab. Doch stößt die Bestimmung im Kot, wie erwähnt, noch auf andere Schwierigkeiten, da regelmäßig Skatol und Indolverbindungen daselbst anwesend sind, die mit dem Ehrlich-schen Reagens ebenfalls eine Rotfärbung geben, wenn sie auch einen leicht bläulichen Ton hat. In völlig acholischen Stühlen tritt der blaurote Farbenton besonders deutlich hervor.

Daß die normale Galle Urobilin enthält, wissen wir aus einer Reihe von Untersuchungen. Freilich von menschlicher Galle wissen wir dies nur sehr spärlich, da Leichengalle m. E. nicht unbedingt zu derartigen Schlüssen verwertet werden darf (wegen der Fäulnisvorgänge). Für Hundegalle hat Beck das Vorkommen des Urobilins in einer besonderen Untersuchung nachgewiesen und ich habe eine Nachuntersuchung, soweit mir möglich war, gemacht und dabei gefunden, daß der Urobilingehalt sehr schwankte, von 150—2300, in Verdünnungszahlen gemessen. Urobilinogen war dabei nicht regelmäßig, aber meistens vorhanden. Menschengalle wurde mir in liebenswürdigster Weise von der hiesigen chirurgischen Klinik zur Verfügung gestellt, freilich läßt sich aus dem wegen Gallenleiden operierten Material kein bindender Schluß auf das normale Vorkommen von Urobilin oder Urobilinogen in der menschlichen Galle ziehen. Immerhin dürfte nach Freilegung des Hindernisses (Cholecystostomie) der in den nächsten Tagen sich wieder herstellende normale Gallenzufluß zum Darm bei nicht hochgradig veränderten Lebern auch normale Verhältnisse in der Galle wieder herstellen. Ich habe 3 Fälle nach der Operation auf ihren Urobilingehalt im Harn, Kot und der Galle geprüft und gebe die Resultate in untenstehender Tabelle.

	Art der Operation	Harn	Fäzes	Galle
Fall I	Cholecystostomie wegen Steinverschluß 3. u. 4. Tag post op.	stark eiter. 30 45	350 450	120 230
Fall II	Cholecystostomie 5. Tag post op.	fast norm. Farb 5	450	300
Fall III	Cholecystostomie 1. u. 2. Tag post op.	nur Bilirubin „	60 120	— 50

So sieht es also mit unserer Kenntnis des normalen Verhaltens von Menge und Vorkommen von Urobilin und Urobilinogen im Körper noch recht mangelhaft aus und es fragt sich, ob wir danach berechtigt sind, an pathologische Verhältnisse heranzutreten. Man hat diese mehr studiert als die normalen und wie so oft ist für das normale Verhalten aus dem Studium des Pathologischen mancher Schluß abgeleitet worden, der wohl einer sekundären Revision bedarf. Man hat sich allerdings in neuerer Zeit bestrebt, gewisse noch in normale Grenzen fallende Variationen der Gallensekretion durch Eingabe reinen Bilirubins per os nachzuahmen (Ladage). Nach Verabreichung von 100 mg Bilirubin per os während 5—7 Tagen stieg im Mittel die Urobilinausscheidung im ersten Fall

Fall I im Urin von 75,76 auf 83,8, im Kot von 120,4 auf 158,07 mg
„ II „   „   „   56,47 „ 67,72, „   „   „ 130,3 „ 187,04 „
„ III „   „   „   67,02 „ 74,39, „   „   „ 128,8 „ 196,03 „
„ IV „   „   „   95,54 „ 98,08, „   „   „ 130,04 „ 199,81 „

Im Harn also durchweg eine geringe, im Kot eine recht beträchtliche Zunahme. Eine starke Vermehrung des Urobilingehaltes im Darm hat also nicht notwendigerweise eine proportionale Vermehrung im Urin zur Folge. Es müssen daher für eine vermehrte Ausscheidung des Urobilins im Harn noch andere Faktoren als gesteigertes Vorkommen desselben im Darm maßgebend sein. Man hat den Ort der Resorption im Darm dafür verantwortlich gemacht unter der Voraussetzung, daß normalerweise Urobilin in seiner größten Menge erst im Dickdarm gebildet werde. Nachdem wohl zuerst von Mackfadyen, Nencki und Sieber, später von A. Schmidt und Schorlemmer dieses Faktum in mehreren Arbeiten festgestellt war, hat Ladage gezeigt, daß Urobilin, in die oberen Dünndarmabschnitte gebracht, dort zum größten Teil oder fast völlig resorbiert und im Harn ausgeschieden wird. Bei Verabfolgung von 100 mg Urobilin per os fand er in allen diesen Fällen ein Ansteigen des Urobilins im Urin.

Fall I im Urin von 73,0 auf 128,27, im Kot von 120,4 auf 103,4 mg
„ II „   „   „   56,47 „ 126,18, „   „   „ 130,3 „ 130,71 „
„ III „   „   „   67,02 „ 133,73, „   „   „ 128,87 „ 127,01 „
„ IV „   „   „   95,54 „ 185,36, „   „   „ 130,64 „ 145,81 „

Also im Kot eine Zunahme in den Fehlergrenzen, im Urin aber eine ganz gewaltige Steigerung, die an einer direkten Resorption wohl keinen Zweifel läßt. Versucht man sich nun nach dem bekannten Tatsachenmaterial ein Bild des Auftretens des normalen Urobilingehaltes des Harns zu machen, so gehe ich, wie ich glaube, nicht zu weit, wenn ich sage, daß dies zurzeit noch nicht möglich ist, da noch eine Reihe von Daten zur sicheren Kenntnis fehlen. So wenig erfreulich dieses Eingeständnis auch ist, so zwingt doch das Auftreten von Urobilin unter pathologischen Verhältnissen dazu, sich über die vorhandenen physiologischen Möglichkeiten klar zu werden, weshalb ich das davon Bekannte noch einmal zusammenfassend hervorheben will.

Unter normalen Verhältnissen enthält der Darm die größten Mengen von Urobilin und Urobilinogen, die im Körper vorhanden sind, dabei enthält der Dünndarm meist nur in seinem unteren Drittel Urobilin, sonst Urobilinogen. Der Dickdarm enthält massenhaft Urobilin, schon von der Ileocökalklappe an, ferner findet sich in jeder normalen Galle Urobilin und Urobilinogen als Se- oder Exkretionsprodukt der Leber in wechselnder Menge. Im normalen Harn finden sich regelmäßig Spuren von Urobilinogen.

Es besteht demnach die Möglichkeit, daß das Urobilin aus dem Darm oder der Galle resp. der Leber oder aus beiden in den Urin gelangt. Man wird danach gerade den Veränderungen, welche den normalen Urobilingehalt der genannten Organe beeinflussen, das größte Interesse entgegenbringen, ohne dabei zu vergessen, daß pathologische Zustände auch noch neue Möglichkeiten für das Auftreten der Urobilinurie schaffen könnten. Hiermit wäre ein kurzer Überblick über die Beobachtung von Urobilinurie bei Krankheiten zu geben.

Ich betrachte es aber nicht als meine Aufgabe, hier mit einer großen Reihe von Einzeldaten zu kommen, da z. B. von Grimm, Hoppe-Seyler, Quincke, Kunkel, Katz, ganz neuerdings auch von Hildebrandt und anderen das Auftreten von Urobilin unter den allerverschiedensten krankhaften Zuständen beobachtet und mitgeteilt wurde.

Wer viel auf Urobilinurie untersucht, hat fast täglich Gelegenheit bei den differentesten Krankheiten ein massenhaftes Auftreten des Pigmentes zu sehen. Was dabei zu denken geben muß, ist eben gerade die Tatsache des ungemein häufigen Auftretens. Schon daraus geht hervor, daß man es hier mit einem überaus wichtigen Lebensvorgang zu tun hat, über dessen Genese und Bedeutung daher möglichst genaue und sichere Vorstellungen gewonnen werden müssen. Es ist höchst auffallend, daß es noch nicht gelungen ist, aus den klinischen Beobachtungen zu einigermaßen gesicherten Vorstellungen über die Bedeutung der Urobilinurie zu kommen.

Eine summarische Übersicht über das Vorkommen von Urobilin bei Krankheiten dürfte ferner am Platze sein, weil sich aus den verschiedenen Beobachtungen des Vorkommens der Urobilinurie verschiedene Theorien über seine Genese entwickelt haben, deren Berechtigung dann weiterhin zu prüfen ist.

Am längsten bekannt ist das massenhafte Auftreten von Urobilin im Harn Fiebernder, worauf Jaffé in seiner ersten Publikation über diesen Gegenstand schon hinwies. Es hat sich daran die Vorstellung entwickelt, daß Erhöhung der Körpertemperatur an und für sich Urobilinurie erzeuge. Zweifellos geht die Mehrzahl der fieberhaften Erkrankungen mit Urobilinurie einher, doch nicht in jedem Stadium der Krankheit, auch wenn Fieber besteht, z. B. beim Beginn kruppöser Pneumonien. Es ist demnach noch fraglich, ob Fieber immer Urobilinurie macht. Wenn man bedenkt, daß Fieber eben nur ein Symptom und

keine Krankheit ist, so ist auch verständlich, daß widersprechende
Beobachtungen über die Urobilinausscheidungen dabei zutage treten
werden. Andererseits weisen Beobachtungen, die man leicht machen
kann, daß bei einfachen Erkältungskrankheiten, die wohl mit Fieber,
aber ohne sonstige allgemeine schwere Erscheinungen einhergehen, eine
nicht unbeträchtliche Urobilinurie auftritt, darauf hin, daß Erhöhung
der Körpertemperatur einen mindestens fördernden Einfluß auf die
Urobilinurie hat. Irgend einen Typus der Urobilinausscheidung bei
den akuten Infektionskrankheiten hat man bisher aber noch nicht
aufstellen können.

Eine zweite Gruppe von Krankheiten, die mit Urobilinurie einhergehen, sind solche, bei denen ausgedehntere Blutungen stattgefunden
haben, seien sie traumatischer Natur oder hämorrhagische Ergüsse
anderer Art; ferner gehören hierher der akute Zerfall roter Blutkörperchen
bei Hämoglobinurie, vielleicht auch bei perniziöser Anämie und schweren
Chlorosen, die ja ebenfalls mit vermehrter Urobilinurie einhergehen.
Vor allen Dingen ist auch Malaria mit ihrer gefährlichsten Komplikation,
dem Schwarzwasserfieber, hierher zu rechnen.

Eine weitere Gruppe läßt sich, wie mir scheint, aus den mit schweren
Stauungserscheinungen einhergehenden Krankheiten bilden, und zwar
gehören hierher ebensowohl Stauungserscheinungen von seiten der
Lunge, als auch von seiten des Herzens. Ich habe kaum jemals bei
sehr vielen Untersuchungen, die ich schon seit 3 Jahren an dem Material
der hiesigen Klinik anstellte, eine Erhöhung des Urobilingehaltes des
Harns bei schwerem Emphysem, hochgradigen Pleuritiden, schweren
Lungenphthisen, schweren Pneumonien etc. vermißt. Ganz das gleiche
gilt für dekompensierte oder schwerere Herzfehler mit Cyanose.
Das Bestehen der Urobilinurie bei Herzkranken, bei denen sonstige
komplizierende Krankheiten ausgeschlossen sind, ist meines Erachtens
ein Signum mali ominis, um so wichtiger für den Arzt, als es eines der
frühzeitigsten zu sein pflegt. Besonders nach dieser Richtung hin
anzustellende Beobachtungen über Jahre an einem größeren Material
dürfte dankenswerte Aufschlüsse darüber erbringen.

Die wichtigste Gruppe von Krankheiten, die mit Urobilinurie einhergehen, stellen aber Leber- und Gallengangsaffektionen dar, und zwar
zeigt sie sich bei den verschiedenartigsten Leberaffektionen, Stauungs-
leber, akuter und chronischer Hepatitis (akuter gelber Leberatrophie,
Phosphorleber), Weilscher Krankheit, Laennecscher Cirrhose, Hanot-
scher Cirrhose, Icterus simplex und gravis, Lithiasis der Gallenwege,
Cholangitis acuta, chronica, purulenta, ausgedehnterer Karzinomatose
der Leber, Lues der Leber etc. Vor allen Dingen sind es schon frühe
Stadien der Laennecschen Cirrhose, die eine sehr ausgesprochene
Urobilinurie und Urobilinogenurie konstant zeigen und höchstens in

den allerletzten Tagen vermissen lassen, wo der Kreislauf schwer darniederliegt. Fast alle Cirrhosen der Leber, die in den letzten Jahren auf die hiesige Klinik kamen, sind von mir oder meinen Kollegen eingehend auf Urobilinurie untersucht worden. In einigen Fällen, wo die Diagnose zweifelhaft war, wurde durch den konstant vermehrten Urobilingehalt des Harns die Wahrscheinlichkeitsdiagnose auf Cirrhose gestellt und konnte durch die Obduktion bestätigt werden. Im ganzen habe ich so 36 Fälle von Cirrhosis beobachten können, von denen 12 durch Obduktion bestätigt wurden. Im übrigen ist schon sehr lange in Frankreich durch Charcot, Hayem, Gubler, Dreyfuß-Brissac, Tissiers u. a. dem Verhalten des Harns bei Leberaffektionen größte Aufmerksamkeit geschenkt worden und niemand zweifelt dort an einem Zusammenhang zwischen Urobilinurie und Lebererkrankung. Aber es wird gänzliches Fehlen der Urobilinurie bei völligem Verschluß des Ductus choledochus mit entfärbten Stühlen beobachtet, was schwer mit jenen Vorstellungen vereinbar ist.

Eine weitere Gruppe von Krankheiten, akute Intoxikationen (Alkohol, Chloroform, Blei, Kohlenoxyd u. a.), geht ebenfalls mit mehr oder minder hochgradiger Urobilinurie einher. Ferner konnte ich bei Hirntumoren mit schweren Hirndrucksymptomen und in vereinzelten Fällen von Diabetes ebenfalls eine Vermehrung der Urobilinausscheidung konstatieren. Sehr selten sieht man Urobilinurie bei reinen Nierenerkrankungen, fast niemals bei chronisch interstitieller Nephritis, und bei parenchymatösen Nierenaffektionen nur dann, wenn allgemeine hochgradige Stauungen oder Leberaffektionen, kurz komplizierende Momente mit im Spiel sind. Des weiteren sei darauf hingewiesen, daß bei sehr profusen Durchfällen die Urobilinurie verschwindet.

Man hätte es also entschieden einfacher, zu sagen, in welchen Krankheitsfällen keine Urobilinurie auftritt, als auch nur eine summarische Übersicht der pathologischen Möglichkeiten seines Auftretens zu geben. Die Verschiedenheit der Umstände, unter denen die Urobilinurie in Erscheinung tritt, hat natürlich die verschiedenartigsten Erklärungsversuche für seine Genese gezeitigt, die sich dann in entsprechenden Theorien darüber niederschlugen. Ich muß auf dieselben näher eingehen und namentlich ihre Begründungen genauer wiedergeben, wenn aus dem vorliegenden Material weitere Schlüsse zulässig werden sollen.

Die Theorie der Genese des Urobilins aus Blutfarbstoff stützt sich zunächst auf klinisch-chirurgische Beobachtungen. v. Bergmann wies wohl als erster auf das häufige Vorkommen von Urobilin nach Schädeltraumen resp. Blutungen im Gehirn hin. Kunkel macht darauf aufmerksam, daß nach Auftreten von Blutextravasaten eine reichliche Ausscheidung von Urobilin im Harn auftritt und die Regelmäßigkeit der Erscheinung ist für ihn ein sicheres Zeichen, daß die beiden Dinge einen inneren Zusammenhang haben. Als charakteristisch wird der hohe Grad des Gehaltes an Farbstoff im Harn, der demselben eine ikterisch-braune Farbe verleiht, bezeichnet und darin ein markanter Unterschied von rein febriler Urobilinurie erblickt. Dick verdanken wir ausführliche Publikationen über Urobilinurie im Anschluß an innere Blutungen infolge Platzens des Fruchtsackes bei Tubargravidität. In seinen drei Fällen zeigte der Urin nach 2 resp. 6 Tagen einen hochgradigen Urobilingehalt und eine dunkel-kaffeebraune Farbe. In einem weiteren Falle wurde die Diagnose auf eine Haematocele retrouterina gestellt, gestützt auf den großen Gehalt des Urins an Urobilin, und leichten Hautikterus. Bestätigung fand die Diagnose durch wiederholte Punktion der Hämatocele. Trotz genauer Untersuchung des Punktates durch Professor v. Nencki konnte darin aber kein Urobilin, wohl aber Urorosein nachgewiesen werden neben viel Hämatoidin. Dick zweifelt nicht daran, daß das mit dem Urobilin, wie er sich ausdrückt, identische Hämatoidin die Quelle des Urobilinikterus und der Urobilinurie war. Bei erneuter Blutung in den Sack infolge des Auftretens der Menses wurde auch erneut im Urin Urobilin aufgefunden, was allerdings sehr für einen Zusammenhang zwischen Blutung und Urobilinurie verwertet werden darf. Die Unabhängigkeit des Auftretens des Urobilins im Harn von dem diese Fälle begleitenden Fieber wird besonders hervorgehoben. Als weitere Beweise für die Entstehung des Urobilins aus Blut wird der Gehalt hämorrhagischer Ergüsse und Cystenflüssigkeiten, Ascites, Pleuraexsudate, Ovarialcysten etc. an Urobilin angegeben. Allgemeine Angaben derart, ohne genaue Analyse des Falles, sind aber, wie wir gleich sehen werden, für entscheidende Schlüsse nicht verwertbar. Um so wertvoller sind Mitteilungen wie z. B. die Gerhardts, der bei hämorrhagischem Ascites im Harn neben Bilirubin auch Urobilin fand. Die Sektion ergab in diesem Falle einen völligen Verschluß des Ductus choledochus durch Karzinommassen. Der Darminhalt enthielt aber noch Spuren von Urobilin, wie fast immer in solchen Fällen. Eine Erklärung dieses Verhaltens ist aber auf mindestens 2 Arten möglich, entweder wird das Hämoglobin an Ort und Stelle in Vorstufen des Urobilins resp. Urobilin selbst umgewandelt (leider fehlt die Angabe, ob Urobilin in der Ascitesflüssigkeit war) und wird so mit dem Harn ausgeschieden, oder die Hämorrhagie ins Peritoneum führt zu vermehrter Einschwemmung von Hämoglobin in die Blutbahn und damit in die Leber, die eine richtige Verarbeitung des Hämoglobins nicht mehr bewerkstelligen kann, wobei Urobilin resultiert, was dann mit dem Harn ausgeschieden wird. Daß eine derartige Möglichkeit durchaus nicht von der Hand zu weisen sei, werde ich bei der Beurteilung der hepatogenen Entstehungstheorie des Urobilins genauer besprechen. Für die hämatogene Theorie sind aber noch mehrere Beobachtungen ins Feld zu führen, so namentlich das Auftreten des Urobilins nach hämocytolitischen Prozessen. So berichten die Autoren bei Sulfonalvergiftung neben Auftreten von Hämatoporphyrin auch von dem des Urobilin. Der Fall Beyers, in dem bei einer Trionalintoxikation im Laboratorium Hoppe-Seylers Urobilin im Urin nachgewiesen wurde, wird in diesem Zusammenhang ebenfalls angeführt. Abgesehen davon, daß Beyer selbst in der ursächlichen Deutung dieser Urobilinurie äußerst zurückhaltend ist und ihm die Vermutung, daß ihr Auftreten mit der bestehenden Syphilis mehr im Zusammenhang stehe, wahrscheinlicher ist, berichtet er noch, daß nach Aussetzen des Mittels die Urobilinurie fünf Tage weiter bestand und daß bei der Sektion sich im Gehirn kolossale meningitische Schwarten, Atrophie der Hirnsubstanz, Ependymitis etc. sich fanden.

Weit wichtiger als diese Mitteilungen erscheint mir das erst neuerdings öfter gewürdigte Auftreten des Urobilins oder Urobilinogens bei paroxysmaler Hämoglobinurie, namentlich bei unvollkommenen Anfällen. Langstein verdanken wir einen ausführlicheren Bericht über eine derartige Beobachtung. Während verschiedener Anfälle typischer paroxysmaler Hämoglobinurie trat Ikterus auf, der im Harn eine Gallenprobe nicht gab, dagegen sehr starke Urobilin- und Urobilinogenproben. Interessant ist, daß ein abortiver Anfall, der nicht zur Hämoglobinurie führte, am selben Tag im Urin außerordentlich viel Urobilin und Urobilinogen und geringe Eiweißmengen erscheinen ließ. Am nächsten Tag erfolgte ein typischer paroxysmaler Hämoglobinurieanfall. Auch an diesem Tage war im Urin massenhaft Urobilin. Beobachtungen dieser Art haben sich in letzter Zeit gemehrt. So berichtet Erben über zwei weitere hierher gehörige Fälle von Skorbut, die mit starker hämorrhagischer Diathese einhergingen und ebenfalls eine starke Vermehrung des Urobilingehalts im Urin zeigten. Fälle dieser Art sind von ganz besonderer Bedeutung, namentlich die Beobachtung bei paroxysmaler Hämoglobinurie, da diese wohl den reinsten Fall stärkeren Blutzerfalls im Gefäßsystem darstellt. Daß gerade abortive Fälle der Krankheit ebenfalls Urobilin und Urobilinogen sehr deutlich zeigen, d. h. Fälle, in denen das Nierenfilter für das Hämoglobin noch dicht hält, sei besonders hervorgehoben, da man dabei die Vorstellung hat, daß die verfügbaren Mittel des Körpers zur Blutzerstörung zweifellos in ganz besonderer Tätigkeit sind und denselben aber nur bis zu einem gewissen Grade genügen können. Es geht daraus hervor, daß gerade diese Funktionen einer besonderen Überlastung in solchen Fällen ausgesetzt sind. Daß wir noch nicht imstande sind, Näheres über den Ort dieser Zerstörung auszusagen — außer der Leber kommt ja wohl noch die Milz hauptsächlich in Betracht — ist wohl namentlich durch die Seltenheit der Möglichkeit solcher Beobachtungen bedingt. Das bei diesen Krankheiten so rasche Auftreten wichtiger Blutabbauprodukte im Urin spricht in der Tat für so rasche Umsetzungen, daß wir sie wohl im Blut selbst, oder in den Organen suchen dürfen, die mit den hämatopoetischen Funktionen in ganz besonders engem Konnex stehen, zumal wir wissen, daß zum Auftreten von Urobilin durch Darmresorption via Leber, Gallenwege und Reduktion der Galle im Darm eine Zeit von 1—2 Tagen notwendig zu sein pflegt. Nachdem man das Auftreten von Urobilin durch Reduktion von Hämatin kennen gelernt hat, nachdem Hayem über Untersuchungen von Winter berichtet hat, der Urobilin bei Fäulnisausschluß in lange an der Luft aufbewahrten Hämoglobinlösungen auftreten sah, nach dem nahen Zusammenhang zwischen Hämatoporphyrin und Urobilin, die oft gleichzeitig im Körper auftreten, hat auch die theoretische Vorstellung der direkten Entstehung von Urobilin aus Hämoglobin keine wesentliche Schwierigkeit. Ähnlich der paroxysmalen Hämoglobinurie sind die Malariaerkrankungen. Besondere Beachtung wird dem Harn bei Malaria aber gewöhnlich nur bei dem Schwarzwasserfieber entgegengebracht, bei dem die Urinfärbung durch Hämoglobin und Hämoglobinderivate bedingt ist. Für die vorliegende Frage wären die paroxysmalen Fieberanfälle der Malaria, die mit dem Untergange einer größeren Menge Blutes einhergehen, besonders interessant. Leichte Grade von Ikterus schließen sich ja solchen Anfällen an, wie berichtet wird. Das speziellere Verhalten des Harns in bezug auf Trümmer des Blutfarbstoffes ist aber nur wenig gewürdigt. Ich hatte zufällig Gelegenheit in letzter Zeit einen Malariakranken zu behandeln, bei dem dann auch parallel den Fiebersteigerungen resp. etwas später als diese i. e. parallel dem Blutzerfall große Mengen von Urobilin im Harn auftraten, worüber ich an anderer Stelle noch berichten werde. So klein und so unvollständig das Tatsachenmaterial der hämatogenen Entstehung des Urobilins auch ist, so dürfte ihre Begründung doch soweit fundiert sein, daß eine völlige Ablehnung derselben nicht möglich ist.

Wenn nach diesem Resümé die hämatogene Theorie der Urobilinurie auch im Fundament gesichert ist, so existiert doch eine große Reihe von Beobachtungen, die durch dieselbe durchaus nicht erklärt werden können, ich nenne nur das Auftreten der Urobilinurie bei den verschiedensten Leberaffektionen, z. B. beim Ikterus. Fast jeder Ikterus geht in irgend einem Stadium seines Bestehens mit vermehrter Urobilinurie einher. Die Neigung Ikterischer zur hämorrhagischen Diathese ist bekannt. Immerhin müßte bei lange bestehendem Ikterus und den hohen Urobilinwerten im Harn dabei soviel Blut untergehen, wollten wir den Gehalt des Harns an Urobilin davon ableiten, daß schwere Anämien häufig die Folge von Ikterus sein müßten. In noch viel höherem Maße gilt diese Überlegung von der Lebercirrhose, bei der jahrelang ein hoher Urobilingehalt des Harns bestehen kann, ohne daß Anämie zum regelmäßigen klinischen Bild der Lebercirrhose gehört. Ganz das gleiche gilt für Herzfehler. Es folgt hieraus, daß wenn auch für einzelne Fälle die Urobilinurie rein hämatogenen Ursprungs sein kann, sie es in der Regel doch nicht ist. Aus dem vermehrten Auftreten des Urobilins namentlich beim Verschwinden des Ikterus hat sich nun die Ansicht entwickelt, daß der im Organismus abgelagerte Gallenfarbstoff bei der Resorption in Urobilin verwandelt und als solches im Harn ausgeschieden werde. Diese Ansicht repräsentiert die sog. histogene Theorie der Urobilinurie. In gewissem Sinne sprach auch das Auftreten des Urobilins nach Blutergüssen für eine blutumwandelnde Tätigkeit der Gewebe. In der Tat läßt sich eine große Reihe pathologischer Vorgänge an der Hand dieser Erklärung verstehen, nur eine Beobachtung ist unvereinbar damit, nämlich die, daß die Urobilinurie gerade bei den höchsten Graden des Ikterus, wo massenhaft Bilirubin in den Geweben ist, verschwindet, sobald der Stuhl vollkommen acholisch wird. Warum die Gewebe da plötzlich alle ihre reduzierenden Eigenschaften verlieren sollten, ist unverständlich und Grund genug, um dieser Theorie nur mit großem Mißtrauen zu begegnen.

Eigentlich nur eine Abart der histogenen Theorie ist die nephrogene, die annimmt, daß das die Niere passierende Bilirubuin hierbei einem Reduktionsprozeß unterworfen werde. Leube hat erstmals diese Theorie aufgestellt. Er konnte im Schweiße eines Patienten, der Urobilin im Harn ausschied, nur Bilirubin feststellen und schloß aus dieser Tatsache auf das Fehlen des Urobilins in den Körperflüssigkeiten überhaupt. Damit war die Möglichkeit einer Urobilinbildung allerdings an die Grenze der Angehörigkeit zu Körperflüssigkeiten verwiesen, also in die Nierenfilter. Die mannigfachen Umwandlungen oxydativer und synthetischer Art, die in den Nieren bekannt waren, ließen wohl auch Reduktionsprozesse nicht unwahrscheinlich erscheinen, weshalb Leubes Ansicht mehr Fuß faßte, um so mehr als Jaksch in Fällen von Urobilinurie auch im Blute nur Bilirubin und kein Urobilin fand. Auch italienische Forscher schlossen sich dieser Ansicht an, ich nenne nur Patella, Accorimboni u. a. Neuerdings widmete Herrscher eine 110 Seiten lange These derselben Ansicht. Die reduzierenden Fähigkeiten der Niere beweist er aus der Entfärbung der Rindenpartien im Ehrlichschen Alizarinblauversuch, ferner damit, daß er Nieren von Tieren überlebend in eine Bilirubinlösung bringt, das Ganze 48 Stunden lang an der Luft stehen läßt und dann in dem Gemische Urobilin findet, das durch die reduzierende Tätigkeit der Niere entstanden sein soll. Daß die Niere reduzierende Fähigkeiten hat, wird heute niemand mehr bezweifeln, über den Grad derselben sind wir aber durchaus nicht unterrichtet. Daß bei Nichtausschaltung bakterieller Tätigkeit obiger Versuch nichts beweist, brauche ich kaum hervorzuheben, man denke nur an Becks

Versuche. Klinisch stützt Herrscher seine Ansicht damit, daß er in keinem Fall hochgradiger Urobilinurie Urobilin im Blutserum nachweisen konnte, und teilt 55 derartige Beobachtungen mit, welche die verschiedensten Affektionen zeigen. Vor allem sind auch die Leberaffektionen mit herangezogen. Obwohl nun in den meisten dieser Fälle abundante Mengen von Urobilin im Harn waren und obwohl der Nachweis von Bilirubin im Blutserum nach der Gmelinschen Reaktion stets positiv war, so gelang doch niemals der Nachweis des Urobilins. Abgesehen davon, daß viele andere Forscher im Blutserum in Trans- und Exsudaten bei Urobilinurie in denselben auch Urobilin fanden, so beweist der negative Ausfall der Urobilinprobe im Serum bei den meist kleinen zur Verfügung stehenden Mengen gar nichts für das Nichtbestehen einer Urobilinämie. Kann man doch auch Zucker, der im Blut doch in nicht unerheblichen Quantitäten vorhanden ist, erst bei größeren verarbeiteten Blutquantitäten nachweisen und von der Mehrzahl der Stoffwechselprodukte, die im Harn erscheinen, dem Harnstoff, der Harnsäure, Xanthin etc. gilt ganz das gleiche. Auch ist bekannt, wie schon im Harn jede Eiweißbeimischung den Nachweis des Urobilins erschwert und im Blutserum gilt dies bei seinem großen Eiweißgehalt in noch weit höherem Maße. Und obwohl der Amylalkohol wohl das unbestritten beste Lösungsmittel für Urobilin ist, so scheint es doch durch Eiweiß stark mitpräzipiert und auch von Amylalkohol dann nur schwer wieder in Lösung zu bringen zu sein. Somit erscheint es nicht wunderbar, daß Herrscher das Urobilin im Serum so oft vermißt hat. Immerhin bliebe seine Versuchsreihe in hohem Maße für die vorgebrachte Idee der Umwandlung des Bilirubins in Urobilin durch die Niere wahrscheinlich, wenn sie nicht gerade bei sehr hochgradigem Ikterus ihren Dienst vollkommen versagte, nämlich in den Fällen, in denen es sich um einen absoluten Verschluß des Gallengangs handelt. In diesen Fällen erscheint im Harn nur Bilirubin und das Urobilin verschwindet. Er nimmt an, daß die Niere bei abundanter Bilirubinzufuhr „en quel sorte stupéfié perd son pouvoir reducteur". Das physiologische „être stupéfié" ist eine inkommensurable Größe, mit der wir gerade deshalb nicht rechnen dürfen. So muß also die renale Theorie, so fein sie erdacht ist, bis auf weitere exaktere Beweise zurückgewiesen werden. Zu erwähnen wäre noch, daß F. Müller an der überlebenden Niere, die er mit Blut und Bilirubin durchströmte, in den wenigen Tropfen des abgesonderten Harns nur Bilirubin, kein Urobilin fand.

Wieder war es eine Reihe klinischer Beobachtungen, die zu einer fester begründeten Theorie der Urobilinurie führte, der hepatogenen. Das ungemein häufige Auftreten des Urobilins bei Leberaffektionen (Ikterus, alkoholische Cirrhose, biliäre Cirrhose, Muskatnußleber etc.) hatte bei guten klinischen Beobachtern die Überzeugung aufkommen lassen, daß ein ursächlicher Zusammenhang zwischen Leberaffektion und Urobilinurie bestehen müßte. Gubler stellte als erster den Ictère hemaféique dem Ictère biliféique entgegen. Dreyfuß-Brissack, Tissier, Hayem, Mac Mun u. a. traten nachher für dieselbe Lehre ein, teils auf klinische Daten gestützt, teils auf theoretische Betrachtungen. In Frankreich hat Hayem diese Lehre mit besonderem Nachdruck vertreten, wodurch sie heute ein Gemeingut der französischen Ärzte ist. Und zwar erklärt diese Theorie nicht nur die Entstehung der Urobilinurie bei bestehenden Leberveränderungen, die sich durch das pathologische Sekretionsprodukt, das Urobilin, an Stelle des Bilirubin kennzeichnen soll, auch die Urobilinurie nach starken Blutdegenerationen hat ihre Erklärung dabei gefunden, indem überreichlich dem Blut zuströmende Hämoglobinbestandteile nicht in richtiger Weise verarbeitet werden und so zu dem pathologischen Produkt führen sollen. Bei der hämatogenen Theorie' der Urobilinurie habe ich bereits auf Gerhardts Fall hingewiesen, bei dem der durch völlige Gallenabsperrung bis auf Spuren urobilinfreie Darm als Quelle der bestehenden Urobilinurie nicht mehr angesehen werden kann, und in dem der gleichzeitig bestehende hämorrhagische Ascites die Quelle reichlicher Hämoglobinzufuhr zur Leber darstellt. Eine schlechte Verarbeitung der Bluttrümmer bei einer durch das bestehende Karzinom zweifellos geschädigten Leber kann aber sehr wohl in diesem Sinne als Grund der Urobilinurie betrachtet werden. Diese Beobachtung Gerhardts ist äußerst wichtig und dürfte eine ganz hervorragende Stütze für die Ansicht sein, daß gerade die Leber in gewissen Fällen der Ort der Urobilinbildung ist. Natürlich kommen die Gewebe und das Blut ja auch mit in Betracht und ich habe daher diesen Fall auch unter die hämatogene Theorie eingereiht. Bedenkt man aber die gierige Aufsaugung aller Blutfarbreste durch die Leber, so wird man einen solchen Fall gerade deshalb für die hepatogene Form der Urobilinurie verwerten. Für das Bestehen einer hepatogenen Urobilinurie spricht täglich das Krankenbett. Alle Formen der Cirrhose, alle Formen parenchymatöser Affektion, Banti, Weil, akute Leberatrophie, Phosphorleber, gelbes Fieber gehen mit unverhältnismäßig starker Urobilinurie einher. Gerade bei diesen Affektionen finden wir Trans- und Exsudate ebenfalls mit Urobilin überladen, wie das der Ascites vieler Lebercirrhotiker zeigt. Außer Gerhardt verdanken wir derartige Nachweise Ajello, Stich u. a. Es fallen also pathologische Leberveränderungen mit Urobilinurie zusammen, ein Verhältnis, was wir bei der Niere z. B. oder der Gewebstheorie nicht finden. Gerade damit gewinnt die hepatogene Theorie der Urobilinurie eine gesonderte und präzisere Stellung. So sicher nun auch der Zusammenhang zwischen Leberveränderung und Urobilinurie erscheint durch die durchaus nicht etwa seltenen Beobachtungen des Verschwindens des

Urobilins aus dem Harn, bei völligem Gallengangsverschluß erhält auch diese Theorie einen gewaltigen Stoß.

Es war Friedrich Müller vorbehalten, das klassische Experiment anstellen zu können, was offenbar mit der anscheinend gut begründeten hepatischen Theorie in diametralstem Widerspruch stand. Müller führte bei einem an völligem Gallengangsverschluß leidenden Mann per os urobilinfreie Schweinegalle ein und konnte in dem vorher nur bilirubinhaltigen Harn am dritten Tage das Erscheinen von Urobilin konstatieren, nachdem schon tags zuvor im Stuhl Urobilin wieder nachweisbar wurde. Nach Aussetzen der Gallenzufuhr verschwand das Urobilin wieder aus dem Darm und Harn ziemlich gleichzeitig. Eine Wiederholung des Experimentes war wegen Eintretens von Verdauungsbeschwerden bei dem Patienten nicht möglich. Nach dem Ausfall dieses Experimentes ist es durchaus nicht mehr zweifelhaft, daß dieses Urobilin jedenfalls aus dem Darm stammte. Denn der Einwurf Müllers, den er sich selbst macht, daß etwa zu gleicher Zeit aus irgend einem anderen Grunde die Hydrobilirubinbildung wieder eingetreten sei, ist wohl kaum ernstlich zu diskutieren. Mit der Gewinnung dieses Standpunktes hat Müller den Versuch gemacht, die Urobilinurie auf eine rein intestinale Entstehung zurückzuführen, was Maly schon annehmen zu müssen glaubte. Müller nahm an, daß jedesmal bei vermehrter Hydrobilirubinurie auch im Darm der Gehalt an diesem Farbstoff ein vermehrter wäre. So führte er namentlich aus, daß es hiermit sehr verständlich wäre, daß jedesmal nach einem Ikterus, nach einer Gallensteinkolik, starke Urobilinurie auftrete, da „die Menge der Galle, die nach einer derartigen Retention in den Darm sich ergießt, eine abnorm große ist“, ferner ist die vermehrte Urobilinurie bei gewissen Herzfehlern nach ihm vielleicht damit in Zusammenhang zu bringen, daß bei Obduktion solcher Fälle die Galle oft abnorm mit Farbstoff überladen gefunden wird. Auch bei Lebercirrhose müßte eine ähnliche Pleiochromie angenommen werden. Wichtiger ist für diese Erklärung die Urobilinurie nach Blutergüssen, die tatsächlich zur Pleiochromie führt. Müller nimmt hier auf die bekannten Versuche von Stadelmann und Afanasiew Bezug, die bei experimenteller Blutdissolution eine Pleiochromie der Galle konstatieren konnten. Die von Müller selbst ausgeführten Bluteinspritzungen bei Hunden und Katzen hatten keine Urobilinurie zur Folge. Zusammenfassend hebt Müller hervor, daß die intestinale Theorie der Urobilinurie ohne Zwang die bisherigen klinischen Beobachtungen erkläre. Allerdings besteht nach seinen neueren Ansichten auch noch die Möglichkeit der Urobilinentstehung in der Leber und in anderen Geweben des Körpers. Eine wesentliche Stütze für seine Ansicht fand Müller in dem Umstand, daß Neugeborene im Darminhalt nie Urobilin haben, obwohl das Mekonium Massen von

Bilirubin enthält.   Auch der während oder kurz nach der Geburt entleerte Harn der Neugeborenen ließ gleichfalls keine Spur von Hydrobilirubin erkennen, dagegen kann sich schon am dritten Lebenstag
sowohl im Stuhl, wie im Harn der Säuglinge Hydrobilirubin finden.

Müllers Untersuchungen stellen unter all den vorgebrachten
Theorien das einzig Tatsächliche über die Entstehung des Urobilins
dar und doch werden folgende Überlegungen zeigen, daß dies durchaus
noch nicht genügend ist, um zu einer völlig befriedigenden Erklärung
aller klinischen Beobachtungen über Urobilinurie zu gelangen.   Vor
allem ist darauf hinzuweisen, daß ein Parallelismus im Gehalte des
Kotes und des Harnes an Urobilin nicht besteht.   Zum Beweis sei folgende Tabelle eingeschoben, welche ich dem von Noordenschen Handbuch entnehme.

Rekonvaleszent	(D. Gerhardt [4])	im Urin	24,00,	im Kot	1170,00	mg
„	„	„	„	42,00,	„	„	1617,00	„
Phthisis inc.	(Ladage [5])	„	„	73,76,	„	„	120,4	„
Rekonvaleszenz	„	„	„	56,47,	„	„	130,4	„
Pleuritis	„	„	„	67,02,	„	„	128,88	„
Multiple Sklerose	„	„	„	95,54,	„	„	130,64	„
Schwere Herzfehler	(Fr. Müller)	„	„	21,63,	„	„	104,9	„
Fall von hypertr. Lebercirrh.	„	„	„	93,47,	„	„	187,6	„
„ „ „ „	(Ladage)	„	„	178,3,	„	„	158,86	„
„ „ „ „	„	„	„	169,25,	„	„	188,72	„
„ „ „ „	„	„	„	169,73,	„	„	177,47	„
„ „ zweifelh. „	„	„	„	175,6,	„	„	156,8	„
„ „ Leberamyloid „	„	„	„	200,63,	„	„	143,25	„
„ „ Leberkrebs „	(D. Gerhardt)	„	„	208,	„	„	623	„

Wennschon diese Tabelle zeigt, daß die Müllersche Annahme
nicht alle Verhältnisse erklärt, so ist ferner zu erwägen, daß gerade
bei notorischer Minderzufuhr von Galle zum Darm, nämlich im Anfange
vieler Ikterusfälle eine beträchtliche Urobilinurie selbst ohne Bilirubinurie
besteht, die sogar bei nicht völligem Verschluß des Gallenganges während
der ganzen Dauer der Krankheit bestehen kann.   Ich brauche zum
Beweis dieser Fakta nicht eine ausführliche Reihe von Fällen anzuführen,
da man sich leicht bei einem größeren Krankenmaterial von dieser
Beobachtung überzeugen kann und ich dies auch getan habe.   Ich
will nur eine Beobachtung anführen, die mir wegen besonderer Eigentümlichkeit des Kasus auch ein Interesse für weitere Kreise zu bieten
scheint.

V. D., 28 jähr. Mann, vom Vater her tuberkulös belastet, sonst gesunde
Familie, ist verheiratet, Frau und drei Kinder gesund, keine Aborte der Frau.
Anfang der 20er Jahre starker Alkoholabusus (10—12 Schoppen Bier und 1 Liter
Wein), hatte häufig am nächsten Morgen galliges Erbrechen oder starkes Würgen
(Vomitus matutinus) und sah gelb aus. Er wurde dann mäßiger, aber in der Folge
war jeder alkoholische Exzeß von leichter Gelbsucht, die 3—4 Tage dauerte,
begleitet. In den nächsten Jahren trat der Ikterus nun auch ohne vorherigen

Alkoholabusus auf, immer verschwindend und wieder erscheinend, ohne stärkere Beschwerden. Nie Schmerzen, nie eigentliche Kolikanfälle, nie tiefgelbe Färbung. Auf Karlsbader Kur Besserung, war während des Trinkens des Wassers völlig frei von Ikterus, auf den er mit der Zeit sehr acht gab. Aber bald nach der Karlsbader Kur hatte der Patient wieder seine leichten Ikterusanfälle, die kamen und gingen. Öfters bestanden Durchfälle, im übrigen fühlte sich der Patient wohl. Der Urin sah meist dunkel aus, aber nie eigentlich bierbraun, hatte selten gelben Schaum, und zwar war meist der Nachturin recht dunkel, der erste Tagesurin hell, die weiteren wieder dunkel, nie Pruritus. Nach kaltem Bad will der Patient keine Veränderungen des Urins bemerkt haben. Hämoglobinurie, Malaria, Blei oder sonstige Gifte sind ausgeschlossen. Der Patient war bei vielen Ärzten, wurde allmählich sehr ängstlich und kam zur genaueren Beobachtung in die Klinik. Bei der Aufnahme zeigte er leichte ikterische Färbung der Haut und Schleimhäute, keine Abmagerung, keine Luesresiduen. Die Leber ist perkussorisch von normaler Größe, etwas resistenter als normal, die Milz etwas vergrößert, 10 : 8, aber nicht sicher palpabel. Die sonstigen inneren Organe zeigen normalen Befund. Der Urin war dunkel, enthielt aber keinen Gallenfarbstoff, sondern Urobilin. Die Magenverdauung war normal, der Kot mikroskopisch ebenfalls. Unter unseren Augen leichte Zunahme des Ikterus, der nach 3—4 Tagen wieder abklang, zeitweise Bilirubin im Harn, meist nur Urobilin positiv. Leider kann ich die Verdünnungswerte nicht angeben, da ich damals noch nicht in dieser Weise untersuchte und ebenfalls Urobilinogen nicht regelmäßig nachzuweisen pflegte. Das Blut war normal, nach Hämoglobingehalt, Zahl, Form und Art der Blutkörperchen. Auf Kalomel keine Änderungen des Urinbefundes. Mergentheimer Wasser bewirkt Herabminderung der ikterischen Hautfarbe, aber nur vorübergehend, bald stellte sich mit vermehrter Urobilinausscheidung im Urin wieder deutlicherer Ikterus ein. In gleicher Weise versichert der Patient schon jahrelang krank zu sein, nur daß gelegentlich die gelbe Färbung länger anhalte, zeitweise auch allerdings plötzlich verschwinde.

Es handelt sich also hier um einen chronisch rezidivierenden leichten Ikterus, der mit Urobilinurie einhergeht. Auffallend ist, daß der Kot nie völlig entfärbt war, doch zeigte er eine entschieden hellere Färbung als normal, woraus immerhin eine Herabminderung der Normalmenge des Koturobilins geschlossen werden darf. Es ist anzunehmen, daß jahrelang in den Darm eine verminderte Menge von Galle resp. Gallenfarbstoff ergossen wurde und trotzdem dürfte es sicher sein, daß ebenso jahrelang eine nicht unerhebliche Urobilinurie und sehr geringe zeitweise Bilirubinurie bestanden hat. Diesem Fall möchte ich Fälle von atrophischer Lebercirrhose anreihen, die ja meist ebenfalls mit jahrelanger starker Urobilinurie einhergehen. Nehmen wir an, daß eine Pleiochromie der Galle in diesen Fällen bestünde, so kann sie nur durch Zerfall der roten Blutkörperchen zustande kommen. Daß zu solchen Graden der Urobilinurie ein sehr starker Grad des Zerfalls der Blutkörperchen gehört, darf man, wie mir scheint, aus den Beobachtungen bei Hämoglobinurie folgern. Dies jahrelang, ja nur wochenlang fortgesetzt, müßte zu den extremsten Anämien führen, die aber im Bild der Lebercirrhose mindestens selten, ja fast nie vorkommen. Tatsächlich besteht aber bei Lebercirrhose gar keine Pleiochromie der Galle, die Kotwerte

des Urobilins sind nicht exzessiv erhöht, so daß eine rein intestinale
Genese der Urobilinurie durch Pleiochromie gerade für diese Fälle mindestens sehr zweifelhaft erscheint. Es wäre auch sehr sonderbar, daß
bei einer Atrophie des gallenbildenden Parenchyms mehr Galle produziert
werde als in der Norm, da die Gallenprodukte nur durch die Lebertätigkeit nach heutiger Ansicht allein gebildet werden. Ganz ähnliche
Überlegungen gelten für die hohen Werte der Urobilinurie bei Phthi-
sikern im progressiven Stadium, bei welchen wir trotz der sonstigen Kon-
sumtion noch außerdem einen höchst intensiven Blutzerfall annehmen
müßten, um dauernd so hohe Urobilinwerte zu erhalten, wie sie monatelang in den konzentrierten Urinen der Phthisiker zu finden sind. Dem
widerspricht das oft monatelange Hinsiechen der Kranken, die einer
doppelten Schädigung doch gewiß nicht gewachsen sind. Das jahrzehnte-
lange Vorkommen von ziemlich beträchtlicher Urobilinurie bei schweren
Herzfehlern müßte ebenfalls zu den extremsten Anämien führen, wenn
wir eine Pleiochromie der Galle und damit eine Überschwemmung
des Darmes mit Gallenfarbstoff, der durch den Zerfall von roten Blutkörperchen zustande gekommen sein müßte, annehmen wollten.

Dazu im Gegensatz zeigen gerade schwere Anämien, perniziöse
Anämien, Leukämien mit ihrem starken Blutzerfall ja wohl oft erhebliche
Urobilinurie, aber nur äußerst selten erreicht dieselbe so exzessive
Grade wie bei atrophischer Lebercirrhose, hochgradiger Phthise und
anderen Krankheiten.

Aber es gibt noch eine ganze Reihe anderer Beobachtungen, die
sich schwer mit der rein intestinalen Theorie der Urobilinurie vereinigen
lassen. Ich möchte dabei auf die Hirnhämorrhagien hinweisen. Dieselben sind, wenn sie nicht zum Tode führen, doch eigentlich nie sehr
ausgedehnt und man kann, rein dimensional genommen, z. B. bei subkutaner Quetschung viel größere Hämorrhagien beobachten, die durchaus
nicht zu so starker Vermehrung des Urobilingehaltes im Harn führen,
wie sie offenbar gerade nach Apoplexien gefunden werden. Das lenkte
meine Aufmerksamkeit überhaupt zu Hirnaffektionen, und ich war
erstaunt, fast in jedem Fall von Tumor cerebri mit ausgesprochenen
Tumorerscheinungen im Harn reichlich Urobilin zu finden. D. Gerhardt
fand bei einem Hirntumor mit leichtem Ikterus, bei dem eine intra-
zerebrale Blutung anzunehmen war, einen außerordentlich hohen Urobilingehalt, wie er selten beschrieben ist. Immerhin muß der Ikterus hier
als komplizierendes Moment mit herangezogen werden. Meine Fälle von
Tumor cerebri, es sind 6, zeigten aber alle ausgesprochene Urobilinurie,
dunkle Harne ohne Ikterus, allerdings nur dann, wenn ausgesprochene
Hirndruckerscheinungen da waren, dann aber bis jetzt wenigstens
regelmäßig, nur ein Fall war mit mäßigem Fieber kompliziert. Zur
Annahme von Hämorrhagien stärkeren Grades war kein Anlaß vorhanden.

Diese Fälle von Urobilinurie auf eine intestinale Genese zurückzuführen, dürfte entschieden schwer sein und im übrigen passen diese Beobachtungen zunächst überhaupt nicht zu einer der bestehenden Theorien und sie seien daher in dieser Ausnahmestellung hier besonders betont.

Es fragt sich ferner, ob denn jede vermehrte Ausscheidung von Bilirubin in den Darm überhaupt von Urobilinurie gefolgt ist. Es müßte nach der intestinalen Theorie die Möglichkeit bestehen, durch fortgesetzte Zufuhr großer Mengen Galle Urobilinurie zu erzeugen. Eine Beantwortung dieser Frage werde ich erst im zweiten Abschnitt dieser Mitteilungen geben. Für jetzt sei nur noch einmal auf die Experimente Ladages verwiesen, der bei Darreichung von Bilirubin per os in immerhin beträchtlicher Menge im Harn eine äußerst geringe, im Kot eine sehr starke Vermehrung des Urobilins fand. Dagegen fand er bei der Darreichung von Urobilin per os im Harn die sehr starke, im Kot keine Vermehrung des Urobilins. Es ist nicht klar, wie diese Resultate zu erklären sind. Man könnte aber wohl auf die Überschwemmung der oberen Darmabschnitte mit Urobilin rekurrieren, wodurch eine besonders rasche Resorption und auch eine Überschwemmung der Leber mit dem Produkte statthabe. Die Magenresorption schaltete Ladage durch Verabreichung des Urobilins in Keratinpillen aus; aber die seltenen Fälle, in denen Urobilin im Magen auftritt, auf die Meinel zuerst hingewiesen hat, zeigen, daß zwischen Urobilinurie und dem Auftreten von Urobilin im Magen ein gewisser Zusammenhang bestehen kann. Daß das Urobilin dabei allerdings schon vorgebildet mit der Galle in den Magen kommt, erscheint durchaus wahrscheinlich, worauf auch Braunstein hinwies, im übrigen würden sich diese Beobachtungen einer, wir wollen sagen Magenurobilinurie den Erfahrungen Ladages insofern anschließen, als der Magen seiner Gefäßversorgung nach ja auch zu den oberen Darmabschnitten gerechnet werden muß, woraus es ja offenbar besonders leicht resorbiert wird. Meinel berichtet in seinem Fall, daß ein Magenkatarrh bestand, der mit starker Hyperchlorhydrie einherging. Nachdem die Anwesenheit von Urobilin im Magen konstatiert war, wurde im Harn eine sehr beträchtliche Urobilinurie gefunden, die am nächsten Tage schon verschwunden war, aber da wurde auch im Magen das Urobilin vermißt. Nach diesen Beobachtungen erübrigt es sich hier nicht, nochmals auf die Frage der Verteilung des Urobilins im Darminhalt näher einzugehen. A. Schmidt hat mit seiner Sublimatprobe ausgedehnte Versuche über den Gehalt von Urobilin im Darm angestellt. Urobilin gibt mit $HgCl_2$ eine tiefrote Färbung, die sich durch Amylalkohol ausziehen läßt und genau das Absorptionsspektrum des Zinkurobilins zeigt. Eine gelbliche Fluoreszenz charakterisiert die Urobilinquecksilbersalzlösung. Während nun alle bilirubinhaltigen Teile durch Sublimat grün gefärbt werden, nimmt der urobilinhaltige Anteil die rote Farbe an. Urobilinogen bleibt dabei farblos. Diese Methode hat Schmidt zu seinen Versuchsreihen über die Urobilinverteilung im Darminhalt in überaus glücklicher Weise verwendet und festgestellt, daß im Jejunum und Ileum in einem Drittel der Fälle so gut wie kein Urobilin, vorkommt und daß erst an der Bauhinischen Klappe, sicher aber direkt hinter ihr massenhaft Urobilin nachweisbar ist. Mit wenig Variationen scheint dies ein fast konstantes Verhalten des Urobilins zu sein, was um so wunderbarer ist, da normal die Galle nur selten kein Urobilin enthält, soweit man dies aus dem gallehaltigen Erbrochenen und Leichenuntersuchungen erschließen darf. Schmidt berichtet, daß auch Leichen mit Sublimat Einbalsamierter, wie Köster angab, eine derartige Verteilung des Urobilins im Darm zeigten. Die Mitteilungen Nenckis, Macfadyens und Siebers am Darmfistelinhalt Lebender, Schmidts eigene Untersuchungen an einer Patientin mit Darmfistel, Schorlemmers Angaben bestätigen durchaus das Nichtvorhandensein von Urobilin im Dünndarm. Daß etwa die saure Reaktion des Darminhaltes, wie sie von Nencki festgestellt wurde, die Ursache des Fehlens der Fluoreszenz nach Zinkzusatz gewesen sei, ist ausgeschlossen, da auch spektroskopisch kein Urobilin, das in saurer Lösung so empfindlich fein den Absorptionsstreifen zeigt, festgestellt werden konnte. Was das Vorhandensein von Urobilinogen betrifft, so haben diese Untersucher nicht speziell darauf geachtet. Daß es aber wahrscheinlich ebenfalls fehlte, geht daraus hervor, daß bei dem mannigfaltigen Manipulieren am Licht, wobei sich erfahrungsgemäß das Urobilinogen in Urobilin umzuwandeln pflegt, es nicht als solches erschien. Schmidt hat verschiedentlich das Vorhandensein von Urobilinogen aus einer erst spät auftretenden Rotfärbung der Darmabschnitte geschlossen. Auch zeigten die Glyzerin- oder Wasserextrakte der Darmschleimhaut oft die charakteristische Reaktion mit Zinkchlorid erst spät. Er glaubt, daß der in der Darmwand nachweisbare Urobilin- und Urobilinogengehalt durch Resorption dahin gelangt sei. Von 25 untersuchten und an und für sich normalen Därmen zeigte nur einer gar keine Quecksilberchloridreaktion. Dieser stammte von einem 5 Monate alten Fötus. In einem Drittel der Fälle begann die Rotfärbung schon in den oberen Abschnitten des Jejunum, was für Fälle das waren, ist leider nicht erwähnt. Gerade in dieser Richtung weiter angestellte Versuche böten ein dankbares Untersuchungsfeld. Man wird nach diesen Auseinandersetzungen sich wiederholt die Frage vorlegen müssen, was aus dem mit der Galle in offenbar gar nicht geringer Menge abgesonderten Urobilin wird. Das wissen wir eben noch nicht. Auch die interessanten Experimente Harleys, der an zwei Hunden den Urobilingehalt der Därme feststellte, denen der größte Teil des Dünn- und Dickdarms entfernt worden war, brachte keine Klarheit. Bei dem einen Tier enthielt der Darminhalt nur kurz oberhalb des Rektums etwas Urobilin, die Stühle sahen immer bilirubinhaltig aus, das andere Tier hatte schon 40 cm oberhalb des Rektums starken Urobilingehalt, also sehr wenig übereinstimmende Befunde. Als Ausdruck der verminderten Fäulnis im Darm des ersten Hundes wurde im Urin der Gehalt an Indikan ca. 18:1, beim zweiten ca. 7:1 gefunden, was aber noch normalen Werten entspricht. Die Verhältniszahl bedeutet den Gehalt an mineralischem zu aromatischem Schwefel. Es lag nun nahe, nach einem etwaigen Zusammenhang zwischen Fäulnissteigerung im Darm und Urobilinurie zu fahnden. Nun geht aber durchaus nicht starker Indikangehalt mit starker Urobilinurie Hand in Hand. Ich habe lange Zeit jeden stark urobilinhaltigen Harn auf seinen Indikangehalt geprüft und bin zu dem Resultat gekommen, daß in den allerwenigsten Fällen bei starker Urobilinurie auch eine reiche Indikanurie besteht, eher schien mir das entgegengesetzte Verhalten der Fall zu sein.

Alle diese Erfahrungen lassen sich schwer mit der rein intestinalen Genese der Urobilinurie vereinen und wenn wir dazu noch den Fall Gerhardts rechnen, wo bei völligem Gallengangsverschluß bei acholischem Stuhl dennoch Urobilinurie bestand, so läßt sich das Weiterbestehen derselben nach der Erklärung Müllers nicht verstehen. Was die kleinen Mengen von Urobilin in den Fäzes bei völligem Gallengangsverschluß angeht, so glaube ich nicht zu weit zu gehen, wenn ich sage, daß ein völliger Mangel von Urobilin resp. Urobilinogen auch in dem acholischsten Stuhle nie vorkommt. Ich habe lange Zeit jeden acholischen Stuhl untersucht und stets Urobilin resp. Urobilinogen darin finden können, auch ein Stuhl von einer fast schneeweißen Farbe, der von einem Patienten stammte, bei dem eine Ruptur der Gallenblase und Erguß der Galle in eine sekundäre Höhlung stattgefunden hatte, enthielt noch Spuren von Urobilinogen, dabei war der Urin vollkommen urobilinfrei. Schorlemmer erwähnt, daß er in acholischen Stühlen mit zwei Ausnahmen regelmäßig Spuren von Hydrobilirubin gefunden habe, darunter war ein Fall von komplettem Choledochusverschluß, wie sich bei der Operation zeigte. Der Fall Gerhardts stellt nach diesen Erfahrungen also geradezu das umgekehrte Experiment Müllers dar. Solche Widersprüche erheischen natürlich genaueste Überlegung, um in einer so schwierigen Frage den weiteren Ausweg zu finden. Nach Müllers Ansicht entspricht eine vermehrte Urobilinurie einem vermehrten Gehalt an Urobilin im Darm. Trifft dieser Umstand aber auch nur im mindesten bei seinem grundlegenden Experiment selbst zu? Wir wissen, daß die tägliche Menge der von einem Menschen ausgeschiedenen Galle ca. 400—800 ccm beträgt. Der Darm des Patienten Müllers war aber schon tagelang vollkommen gallefrei. Nur wurde mehrmals während einiger Tage Schweinegalle in Mengen von 25—125 g beigebracht. Genauere Angaben hat Müller darüber nicht gemacht. Am dritten Tage war im Harn Urobilin nachweisbar, am zweiten schon im Darm. Daß die Menge der zugeführten Galle wohl nicht einmal das normale Maß des Gallengehalts des Darmes erreicht hat, ist nach diesen Angaben aber wohl durchaus nicht zweifelhaft. Es bestand also sicher auch in dem grundlegenden Versuch Müllers keine Pleiochromie des Darmes. Nach Aussetzen der Gallenfütterung wurde im Harn und im Kot noch zwei Tage lang Urobilin konstatiert, trotzdem in diesen zwei Tagen ja natürlich keine Gallenzufuhr bestand. Von da ab fehlte Urobilin im Harn und Kot wieder vollkommen. Es ist ohne weiteres klar, daß von einer Überladung des Darmes mit Urobilin in diesem Falle nicht gesprochen werden konnte. Damit fällt aber auch Müllers Erklärungsversuch der übrigen Formen von Urobilinurie und nachdem wir die übrigen Einwände, die gegen diese Theorie an und für sich bestehen, schon vorher gewürdigt haben, müssen wir zugestehen, daß trotz des unzweifelhaft bestehenden Zusammenhangs zwischen Anwesenheit von Urobilin im Darm und Urobilinurie eine ausreichende Erklärung für alle Fälle von Urobilinurie aus dieser Kenntnis nicht resultierte. So unzweifelhaft also das Harnurobilin in Müllers Fall aus dem Darm gestammt hat, so schwer verständlich ist trotzdem sein Erscheinen im Harn zu erklären. Es verging eine gewisse Zeit — zwei Tage — bis zu seinem Erscheinen im Kot, was mit der Umwandlung des zugeführten Bilirubins im Darm gut im Einklang steht. Am dritten Tage trat es erst im Harn auf. Zwei Tage nach der Gallenzufuhr schwand es im Darm und Harn gleichzeitig. Der Mechanismus im Darm war also offenbar nicht gestört. Man könnte daran denken, daß die bei Gallenabschluß besonders starken Fäulnisvorgänge im Darm das Urobilin in besonders rascher Weise hätten entstehen lassen, dem aber widerspricht sein spätes Auftreten im Harn ganz entschieden. Meiner Meinung nach bleibt gar keine andere Möglichkeit zur Erklärung seines Auftretens im Harn, als die Annahme eines Versagens des normalen Mechanismus der Regelung der Urobilinverhältnisse jenseits des Darmes. Damit kommt man ganz naturgemäß auf die Rolle der Leber, da alle vom Darm abstammenden Produkte, die nicht mit dem Lymphstrom wandern, durch die Leber gehen müssen, auch wohl das Urobilin. Es ist nicht unwichtig hier einzufügen, daß Müller trotz der genauen Erkenntnis der Genese des Harnurobilins für die diagnostische Bedeutung der Urobilinurie nichts gewann. Er betont dies selbst und schreibt: „Nimmt man die vorgetragene Anschauung von der Entstehung des Urobilins als richtig an, so schrumpft freilich die diagnostische Bedeutung dieses Farbstoffes sehr zusammen" und „es wird nicht mehr gestattet sein, die Urobilinreaktion des Harns als Zeichen einer geheimnisvollen „Insuffisance hépatique" anzusehen." Ganz allgemein pflegt eine genaue

Erkenntnis irgend einer Tatsache bei richtiger Deutung eine Reihe vorher nicht rubrizierbarer Vorgänge unter einen gemeinsamen Gesichtspunkt zu bringen. Die Lage der Urobilinfrage war somit auf einem gewissen toten Punkte angelangt.

In solchen Situationen kann nur genaue klinische Beobachtung weiterhelfen und ich habe hier fast drei Jahre lang alle meine Patienten auf Urobilinurie geprüft, um etwa einen gemeinsamen Gesichtspunkt für das patholgoische Auftreten des Urobilins zu finden. Nach Untersuchungen Harleys war ein Parallelgehen zwischen Fäulnisvorgängen im Darm und Urobilinurie nicht zu finden. Es lag aber der Gedanke nahe, daß bei bestehenden Stauungen etwa rein mechanisch allerlei mehr resorbiert werde, als dies normalerweise vorzukommen pflegt. Aber auch da müßte sich wenigstens ein in großen Zügen bestehender Parallelismus, z. B. mit Indikanurie konstatieren lassen. Das Vermissen eines solchen Parallelismus war es aber nicht allein, das zur Aufgabe dieser Theorie führte. Es gibt eine Reihe von Affektionen, die mit starker Urobilinurie einhergehen, bei denen keineswegs ausgesprochene Stauungserscheinungen vorliegen, so z. B. gewisse Fieberurobilinurien oder Hirnaffektionen. Aber gerade diese Ausnahmen führten mich zu einer Ansicht über ein etwa gemeinsames klinisches Moment der Urobilinurie. In allen Fällen einigermaßen ausgesprochener Urobilinurie läßt sich nämlich ein Sauerstoffmangel wahrscheinlich machen. Vor allem geht keine ausgesprochene Cyanose von längerer Dauer beim Menschen ohne Urobilinurie einher, ich erinnere nur an hochgradiges Emphysem, Lungentuberkulose, akuten Pneumothorax, alle Herzfehler mit Stauung, an Gasvergiftung, an schwere Anämien, an Coma diabeticum, an Fieber im allgemeinen, da bei Erhebung der Temperatur die Gasspannung und somit auch der Sauerstoffgehalt des Blutes abnimmt.

Auch die Hirndruckerscheinungen muß ich hierher setzen, wobei eine Herabsetzung der Erregbarkeit der Zentren der Medulla oblongata, wie bei jedem etwas benommenen Kranken ausgesprochen genug ist und wofür man ja häufig den oft finalen Ausdruck in Cheyne-Stokeschem Atmen findet. Seitdem ich darauf achten gelertnt habe, fällt mir auch häufig eine verlangsamte Respiration und etwas cyanotisches Aussehen derartiger Kranken auf. Am ausgesprochensten ist dies bei frischen Hemiplegien; leider habe ich zu wenig Material gehabt, um eingehender prüfen zu können, ob etwa ein Unterschied zwischen Thrombose und Hirnblutung in vermehrtem oder vermindertem Auftreten von Urobilin im Harn seinen Ausdruck findet. Bis jetzt hatten alle akuten Hemiplegien starken Urobilingehalt, zufällig habe ich eine akute Thrombose resp. Embolie bis jetzt nicht untersuchen können, resp. anatomisch die Diagnose Embolie verifizieren können. Ich versage es mir, hier auf die Bedeutung der Urobilinurie bei Hirnaffektionen näher

einzugehen, weil erst ein großes Material Aufschluß verspricht, möchte
aber doch darauf hinweisen, daß die von Bergmann zuerst gefundene
Urobilinurie bei Hirnblutungen auch auf andere Hirnaffektionen ausgedehnt werden muß. Aus diesem Grunde habe ich auch Bedenken,
die Urobilinurie im Falle Beyers auf Wirkung des Trionals zu setzen,
da im Sektionsprotokoll ausgedehnte Hirnveränderungen erwähnt wurden.

Nun scheint eine Kategorie von Erkrankungen der vorgebrachten
Ansicht eines Zusammenhangs zwischen Sauerstoffmangel und Hydrobilirubinurie zu widersprechen, und das sind die Anfangszustände von
Lebercirrhose, die schon mit beträchtlicher Urobilinurie einhergehen
können. Vergegenwärtigt man sich aber, daß Cirrhosis hepatis erst
dann die ersten Krankheitserscheinungen macht, wenn schon recht
beträchtliche anatomische Veränderungen da sind, wie die Infiltration
der interacinösen Bindegewebszüge mit der naturgemäßen Kompression
der darin verlaufenden Gefäße, bedenkt man, daß dabei schon beträchtliche Inseln von Acinis von der gewöhnlichen Zirkulation ausgeschlossen
sind, so wird man eine rein lokal bedingte Störung des Gasaustausches
in der Leber anzunehmen gezwungen sein. Ein ähnliches Verhalten der
Erschwerung der Zirkulation in der Leber selbst läßt sich auch bei
Ikterusfällen konstatieren, bei denen die strotzend gefüllten Gallenkapillaren und eine häufige Anschwellung der Leber ein Zirkulations-
hindernis in der Leber darstellen dürften. Gerade solche Fälle bewirken
aber eine Veränderung der Leberfunktion und es fragt sich, ob überhaupt
nicht jeder Sauerstoffmangel die Leber in ganz besonderem Maße betrifft.
Das ist ohne weiteres der Fall, da sie nach ihrer anatomischen Lagerung
durch die doppelte Einschaltung zwischen zwei Kapillarsystemen das
am schlechtesten ventilierte Blut bekommt, da die Arteria hepatica
bei ihrer geringen Ausbildung kaum Abhilfe schaffen kann. Es wird
somit in solchen Fällen die Leber ein ganz besonderes Sauerstoffbedürfnis
haben resp. die Reduktionskraft der Leber zunehmen. Wieweit man
diese Umstände für das Entstehen des Urobilins aus Bilirubin direkt
verantwortlich machen kann, man denke an die Reduktionsergebnisse
des Bilirubins bei den Versuchen von Maly und anderen, ist eine noch
offene Frage. Näher liegt die Vorstellung, daß die unter Sauerstoffmangel leidende Leber das ihr von anderer Seite, also vom Darm zugeführte Urobilin nicht weiter oxydieren kann und so allmählich eine
Überproduktion von Urobilin eintritt, die sich als Urobilinurie weiterhin
bemerkbar macht. Das wäre aber schon ein Ausdruck der Insuffizienz,
und diese Vorstellung ist mit der größten Reihe der klinischen Beobachtungen wie mir scheint außerordentlich gut in Einklang zu bringen.

Nun existieren noch einige Untersuchungen, die diese Ansicht
wesentlich stützen können, aber bisher anders gedeutet wurden. Vitali
glaubt, daß das im Darm entstandene und von dort resorbierte Urobilin

von der Leber stets völlig rückresorbiert wird, ja sogar zu Bilirubin umgewandelt wird. Riva erkennt diese Vorstellung durchaus an, da er nach Urobilininjektionen ins Blut nicht Urobilin, sondern Bilirubin im Harn auftreten sah. Auch das Einbringen von Urobilin in das Peritoneum war nicht von Urobilinurie gefolgt. Ich glaube, daß gegen Rivas Deutung zunächst der Einwand erlaubt ist, daß man die Bilirubinurie nach Urobilininjektionen ins Blut nicht unbedingt auf das Urobilin zu beziehen braucht, ferner liegen Beobachtungen vor, bei denen nach Einbringen von Urobilin in das Hundeperitoneum starke Urobilinurie konstatiert wurde. Was ferner Rivas Annahme betrifft, daß die bei Lebererkrankungen produzierte Galle durch gewisse Beimengungen aus der Leber an und für sich reduzierbarer sei, so entbehrt diese Vorstellung einer sicheren experimentellen Begründung. Wenn man sich an die schönen Untersuchungen Ladages hält, so muß man dann Urobilinurie erwarten, wenn der Dünndarm mit Urobilin überschwemmt wird. Dies kann aber unter pathologischen Bedingungen dann erfolgen, wenn mit der Galle ein größeres Quantum Urobilin als normal ausgeschieden wird, was seinerseits durch vermehrte Produktion entweder direkt durch die Leber oder indirekt durch mangelnde Umwandlung des normalerweise in die Leber gelangenden Urobilins geschehen kann. Ladage macht den Versuch, durch quantitative Bestimmungen des Urobilins im Kot und Harn bei Lebercirrhose eine Vermehrung des Gesamturobilins zu konstatieren. Er hat auch bei Lebercirrhose zweifellos vermehrte Gesamtausscheidung von Urobilin gefunden.

Tabelle.

Lebercirrhosen:

Fall I	im Harn	187,3	mg	im Kot	158,8	mg
„ II	„	„ 175,6	„	„	„ 156,8	„
„ III	„	„ 169,5	„	„	„ 188,7	„
„ IV	„	„ 203,6	„	„	„ 143,25	„
„ V	„	„ 169,73	„	„	„ 177,47	„

normale Fälle

Fall I	„	„ 73,76	„	„	„ 120,4	„
„ II	„	„ 56,47	„	„	„ 130,3	„
„ III	„	„ 67,02	„	„	„ 128,8	„
„ IV	„	„ 95,54	„	„	„ 130,64	„

Trotzdem glaube ich, daß man mit dem Schluß, daß die Urobilinbereitung selbst eine wesentlich vermehrte sei, sehr vorsichtig sein muß wegen des eigentümlichen Verhaltens des sog. Kreislaufs des Urobilins vom Darm-Blut-Leber-Galle-Darm. In Fällen, in welchen die normale Verarbeitung des Urobilins herabgesetzt ist oder mangelt, wird sich bei dem Vorhandensein dieses Mechanismus die Galle und der Darm mit Urobilin mit der Zeit sättigen, so daß es zu hohen Werten kommt, immerhin muß mit der Zeit ein konstantes Verhältnis eintreten und der Abfluß aus hohen Gefäßen, die viel fassen, das ist der Sättigungsvergleich, muß schließlich auch dem Zufluß gleich sein, so daß zwar bei Sättigungszuständen die aufgespeicherte Menge Urobilin vermehrt sein kann, aber der dauernd vermehrte Abfluß schließlich auch einer vermehrten Produktion entsprechen muß. Ich habe verschiedene Organe von an Lebercirrhose Verstorbenen untersucht und mit saurem Alkohol extrahiert. Nur in der Leber konnte ich Urobilin nachweisen, in Milz und Niere z. B. nicht. Das Material zu diesen Untersuchungen wurde mir aus dem hiesigen pathologischen Institut von Herrn Geh. Rat Arnold liebenswürdigst zur Verfügung gestellt, wofür ich an dieser Stelle meinen besten Dank sagen möchte. Lebern von Leuten, die nicht an Urobilinurie gelitten haben, gaben keine Urobilinreaktion im Extrakt, obwohl auch deren Galle Urobilin enthält, natürlich habe ich in allen Fällen die größeren Gallengänge möglichst vermieden. Dieses Versuchsergebnis spricht allerdings eher für die Vorstellung einer direkten Bildung des Urobilins in der Leber und nicht nur einer Durchgangsstation daselbst, da eine einfache Filtration bei Vermehrung wohl in den Reservoirs, also der Gallenblase, zu Anhäufung führen kann, nicht gut aber im Gewebe selbst, aus dem es vom Blut und der Galle entführt wird. Um so mehr dürfen diese Vorstellungen Geltung beanspruchen, als die Galle post mortem an Cirrhose Verstorbenen durchaus nicht viel mehr Urobilin enthält als die vieler anderer Kranker ohne Urobilinurie. Damit gewinnt die Urobilinurie der Cirrhotiker eher den Eindruck einer in der Leber selbst liegenden Ursache der Urobilinbildung.

Es werfen sich daher aus den klinischen Beobachtungen folgende Fragen auf:

1. Gibt es eine Urobilinurie ohne Darmquelle des Urobilins?

2. Wo ist die Ursprungsstelle dieser extraintestinalen Urobilinurie?

Es ist klar, daß man in den klinischen Beobachtungen nicht so glücklich sein wird, einwandfreie Fälle zu finden, aus denen man in relativ kurzer Zeit eine Entscheidung dieser Frage erwarten könnte. Man bedarf daher unbedingt des Tierexperimentes zur Unterstützung und Ergänzung der klinischen Vorstellungen. Wenn auch bei den anzustellenden Experimenten gerade der Leber besondere Aufmerksamkeit zuzuwenden ist, wie gleich gezeigt werden wird, so darf doch die Möglichkeit einer außerhalb der Leber stattfindenden Urobilinbildung nicht außer acht gelassen werden. Wie die Frage in bezug auf die Leberexperimente zu fassen ist, läßt sich ja an und für sich klar genug aus dem Vorhergehenden entwickeln. Es gilt, den Darm von Galle frei zu halten, also eine Unwegsamkeit des Choledochus zu veranlassen, dann die Galle nach außen so abzuleiten, daß sie von dem Tiere nicht aufgeleckt werden kann. Diese Forderungen erfüllen die Anlegung einer kompletten Gallenfistel und ein sorgfältiger Verband, in den die Galle abfließt, und der entsprechend häufig gewechselt werden muß. Dann gilt es nach genauerer Beobachtung des Urins, des Darminhalts und der Galle die Lebertätigkeit spezifisch zu verändern und während dieser Zeit ebenfalls Galle, Stuhl und Urin genau zu kontrollieren. Freilich wäre es ja der Versuchsanordnung am entsprechendsten, wenn es gelänge, cirrhotische Veränderungen der Leber zu erzeugen. Die in dieser Richtung angestellten Versuche von Aufrecht u. a. sind nur wenig zahlreich und wegen der Aussichtslosigkeit der Entstehung wirklich typischer Erkrankungen von mir auch nicht wieder aufgenommen worden. Da überdies ja bekannt ist, daß die akut-degenerativen Vorgänge der Leber zu reichlichem Auftreten von Urobilin im Harn führen, so bei Phosphorleber, so lag es am nächsten, dieses Gift für die gedachte Versuchsreihe zu verwenden. Seitdem wir aber durch die Versuche von Brauer wissen, daß auch die akute Amylalkoholintoxikation wenigstens in dem Parenchym der Gallenwege, aber wohl auch im Leberparenchym erhebliche Veränderungen hervorruft, so lag es nahe, auch diese Form der Giftwirkung für die vorliegende Frage zu benützen. Bei allem Schwergewicht, das aber auf die Leberexperimente zu verlegen ist, dürfen die mannigfaltigen Nebenfragen, die im Laufe dieser Erörterung sich ergaben und einer Beantwortung durch das Tierexperiment zugänglich erscheinen, nicht übersehen werden. Ich will daher den experimentellen Teil als gesonderten abtrennen. Es wird dann die Aufgabe eines besonderen Kapitels sein, die Schlüsse, welche das Tierexperiment etwa gestattet, auf die menschliche Pathologie zu übertragen.

II. Teil.

A. Versuche zur Ermittlung der Quellen pathologischer Urobilinurie.

1. Experimente zur Frage des renalen Ursprungs der Urobilinurie.

Wenn ich auch eingangs die renale Theorie der Urobilinurie, die v. Leube aufgestellt hat, als wenig wahrscheinlich zu Recht bestehend bezeichnet habe, so bedarf sie angesichts der von Herrscher aufgestellten, durch eine große Reihe klinisch festgestellter Untersuchungen der Abwesenheit des Urobilins im Blutserum bei vorhandenem Bilirubingehalt desselben nochmals eingehender experimenteller Prüfung. Friedrich Müller hatte sich angelegen sein lassen, Durchströmungsversuche der überlebenden Niere mit Blut und Bilirubin anzustellen und erwähnt, daß er in den sezernierten Harnmengen kein Urobilin nachweisen konnte und auch nicht in dem Blut, das durch die Niere geflossen war. Wer öfters Versuche mit Nierendurchströmungen gemacht hat, kennt die enormen Schwierigkeiten jener Versuche, da aus unbekannten Gründen sich dem Blutstrom bald die stärksten Hindernisse entgegenstellen. Die Menge des sog. Harnes, der dabei sezerniert wird, ist meist eine minimale. Der von Hoffmann und mir seinerzeit bei meinen Versuchen über experimentelle Fettsynthese am überlebenden Organ eingerichtete Pendeldurchströmungsapparat hat sich für die Durchströmung von Kaninchennieren so bewährt, daß ich nochmals einen Versuch mit diesem Apparat machen wollte, den mir Herr Geh.-Rat Arnold bereitwilligst zur Verfügung stellte, wofür ich ihm wiederum zu Danke verpflichtet bin. Ich habe als Durchströmungsflüssigkeit Ringersche Lösung gewählt, nicht Blut, um vor Eiweißausscheidung im Harn sicherer zu sein, die den Nachweis des Urobilins stört. Überdies ist von Müller ja festgestellt, daß Blutdurchströmung offenbar nicht für die Urobilinausscheidung ausschlaggebend zu sein braucht. Reines Bilirubin verdanke ich der Güte des Herrn Prof. Kossel, der mir ein kleines Quantum eines Präparates des hiesigen physiologischen Institutes in liebenswürdigster Weise zur Verfügung stellte. Das Bilirubin brachte ich durch $^1/_{10}$-normale NaOH-Lauge in Lösung, die durch $^1/_{10}$-normale Phosphorsäure neutralisiert wurde. Das Ganze wurde mit Ringerscher Lösung versetzt. Der Prozentgehalt des Farbstoffes betrug etwas über 0,05, die Lösung war urobilinfrei, die Farbe der Flüssigkeit tiefbraun und durchsichtig.

Protokolle.

Versuch 1. Kaninchen 2250 g. Chloralnarkose. Bezüglich der weiteren Technik verweise ich, um Wiederholungen zu vermeiden, auf meine früheren oben zitierten Nierendurchströmungsversuche.

Die Niere wird 3 Stunden lang am Hoffmannschen Pendeldurchströmungsapparat mit der obigen Flüssigkeit durchgespült, der Abfluß aus der Vene ist ein sehr langsamer, der Druck liegt bei 60 mm Quecksilber. Die Menge des sezernierten Urins ist sehr gering, beträgt 3 ccm, er ist trübe, hell gefärbt, reagiert neutral und enthält weder bei der spektroskopischen noch bei der Chlorzinkfluoreszenzprobe nachweisbare Mengen von Urobilin. Auch die Flüssigkeit ist nach dem Durchströmen frei von Urobilin. Es ist nur die eine Hälfte der Niere durchströmt worden, weil die Kanüle soweit in die Arterie vorgeschoben werden mußte, daß die eine Hauptarterie durch dieselbe abgeschlossen war. Der durchströmte Teil der Niere ist leicht grünlich gefärbt und zeigt nach dem Härten in Formol die Glomeruli als feine grünlich braune Punkte. Mikroskopisch findet sich der durchströmte Teil ähnlich einer parenchymatösen Nephritis aussehend. Eine Ablagerung des Pigmentes in den Harnkanälchenepithelien hat nicht stattgefunden, dagegen sehen die Glomeruli wie ausgegossen davon aus, doch ist die Kernfärbung in denselben noch erhalten, wenn auch die Erscheinungen der Pyknose da sind.

Versuch 2. Kaninchen 2250 g. Operation in Chloralnarkose. — Die Übertragung der Niere in den Apparat gelingt leicht und sicher, nur 2—3 Minuten ist die Niere nicht durchströmt.

Durchströmung mit Ringerscher Lösung plus Bilirubin wie oben bei 60—80 mm Quecksilberdruck, Dauer $3^1/_2$ Stunden. Abfluß aus der Vene gut, gute Urinsekretion, 8 ccm von einer halben Kaninchenniere, da die Kanüle ebenfalls zur sicheren Lagerung in eine Hauptarterie vorgeschoben werden mußte.

In dem neutralen, etwas trüben ziemlich dunklen Urin läßt sich weder spektroskopisch noch auf Chlorzinkzusatz Urobilin nachweisen, dagegen Spuren von Bilirubin, die Durchströmungsflüssigkeit ist auch nach dem Experiment frei von Urobilin, im Harn kein Albumen. Die durchströmte Nierenhälfte sieht gelblichgrün aus.

Mikroskopisch findet sich eine intensive Gelbfärbung der Gefäßwandungen namentlich wieder der Glomeruli. Nur in wenigen Harnkanälchenepithelien geringe Gelbfärbung, keine gesonderte Pigmentaufnahme in granulärer Art wie sonst etwa bei Ikterus, sämtliche Kerne kleiner und pyknotisch, Verlust der Kernkörperchen, basaler Stäbchensaum verwischt.

Versuch 3. Partielle Durchströmung einer Hundeniere, $^1/_4$ Stunde nach dem Tode des Tieres entnommen, mit Bilirubin-Ringerlösung bei 80—100 mm Quecksilber am Hoffmannschen Pendeldurchströmungsapparat. Dauer 2 Stunden. Abfluß von nur 3 ccm klaren ziemlich hellen Urins, der weder spektroskopisch noch bei der Fluoreszenzprobe Urobilin enthält, aber eine Spur Albumen.

Mikroskopisch findet sich ein den Kaninchennieren ganz entsprechendes Bild, Gelbfärbung der Gefäßwandungen, leichte parenchymatöse Veränderungen der Harnkanälchenepithelien.

Versuch 4. Kaninchen, 2000 g. Chloralnarkose.

Exstirpation der rechten Niere, Injektion von 10 ccm Bilirubinlösung, ca. 0,1 Pigment in die rechte Vena jugularis, Einführen einer Kanüle in den linken Ureter, reichlicher Abfluß von Urin, der vor der Bilirubindarreichung auf Urobilin untersucht und davon frei befunden wurde. In dem während der folgenden 24 Stunden gesammelten Urin läßt sich weder spektroskopisch noch durch die Fluoreszenzprobe Urobilin nachweisen, dabei deutlicher Gallenfarbstoffgehalt. Die Niere sieht makroskopisch etwas ikterisch aus, mikroskopisch ist sie kaum verändert.

Nach dem Ausfall dieser Experimente stand ich von weiteren Versuchen in jener Richtung ab. Man muß sich aber fragen, ob die Versuche in der Anordnung für die Frage der Möglichkeit renaler Urobilinurien überhaupt verwertbar ist. Ich glaube dies allerdings mit Zuhilfenahme anderer Erfahrungen bejahen zu dürfen. Über die Zulässigkeit der supravitalen Methodik wird wohl nicht zu diskutieren sein. Denn abgesehen von der nachgewiesenen supravitalen Fähigkeit zur Leistung chemischer Vorgänge (Synthesen: Hippursäurebildung, Fettbildung aus Seife und Glyzerin) zeigt eine Harnbildung doch gewiß eine relativ vitale Tätigkeit der Nierenzellen an. Und wenn in dieser Richtung allerdings wohl nur der Fall 2 als beweisend anzusehen ist, da eine Harnmenge von 8 ccm von einer halben Kaninchenniere doch gewiß ein relativ großes Quantum darstellt (das größte Quantum, das ich seinerzeit erhielt, war 11 ccm von einer Nierenhälfte in $3^1/_2$ Stunden), so weist doch die Gleichartigkeit der mikroskopischen Verhältnisse in Versuch 1 und 3 eine große Übereinstimmung mit dem Versuch 2 auf. Ferner sei darauf hingewiesen, daß für eine Reduktion, das wäre ja die Urobilinbildung des Bilirubin im supravitalen Organ bei dem vorhandenen O-Hunger gewiß besonders günstige Verhältnisse vorliegen. Wenn also trotzdem keine Urobilinbildung eingetreten ist, so steht dieser negative Versuchsausfall eben im Einklang mit den klinischen Erfahrungen, die die Verlegung der Urobilinbildung in die Niere durchaus bezweifeln. Dennoch glaube ich, daß eine Versuchsanordnung wie bei Versuch 4 nötig war, um eine sicherere Beurteilung der vorliegenden Frage zu ermöglichen. Zur Verengerung der Strombahn und Mehrbelastung der einen Niere habe ich die andere exstirpiert. Die Einführung der Kanüle in den Ureter der restierenden Niere war nötig zur sauberen Trennung des Urins vom Kot, was ja bei Kaninchen besondere Schwierigkeiten macht. Dann wurde eine reine Bilirubinämie durch Injektion von 0,1 Bilirubin erzeugt. Der ausgeschiedene Urin enthielt Spuren von Gallenfarbstoff, die Niere sah makroskopisch wohl etwas ikterisch aus, mikroskopisch nicht, Urobilin wurde nicht gefunden.

Wenn man auch nach dem Ausfall dieser Experimente eine renale Urobilinurie noch nicht ausschließen darf, so kann man doch wohl sagen, daß sie sicher nicht die Regel ist, und daß sie daher für die folgenden Versuche außer Betracht gelassen werden kann. Die Gewinnung dieses Standpunktes ist aber für alle folgenden Versuche eine Vorbedingung.

2. Experimente zur Frage der Urobilinurie nach Schädigung des hämatopoetischen Systems und der Atmung.

Die wohlgestützte Auffassung, daß Urobilinurie eine Folge von Blutschädigungen ist, schien mir orientierende Versuche nach dieser Richtung notwendig zu machen. Ich habe daher normale und zwei Gallenfistelhunde verschieden schweren Leuchtgasvergiftungen in einem Abzug ausgesetzt, allerdings nur einmal eine so schwere Vergiftung erzielt, daß das Tier taumelte, erbrach und sehr elend schien. Ich lasse das Protokoll folgen.

Hund 1. (Schnauzer) verbringt $2^1/_2$ Stunden im Abzug in einer sehr stark gashaltigen Atmosphäre. Das Tier wird gegen Ende des Versuchs unruhig, erbricht und taumelt etwas. Nach wenigen Stunden ist es aber wieder vollkommen munter. Weder im Urin noch in der Galle trat in den nächsten Tagen Urobilin oder Urobilinogen auf, der Stuhl enthält wie immer Spuren von Urobilin. Es fällt auf, daß die Gallensekretion in den nächsten Tagen stark vermehrt ist, so daß 12 stündiger Verbandwechsel notwendig wird, während bisher 24—48 stündiger genügte. Auch die weiterhin in ähnlicher Weise ausgeführten Experimente ergaben nie einen deutlichen Urobilingehalt in der Galle oder im Urin. Desgleichen reagierten normale Tiere nicht mit Urobilinurie auf schwere Vergiftungen hin.

Dieselben Gallenfisteltiere einige Tage später schweren Morphiumvergiftungen ausgesetzt, zeigten ebenfalls keine Urobilinausscheidung in der Niere oder der Galle. Hund I. 9 kg schwer, bekommt 0,08 Morphium. Nach wiederholtem Erbrechen und wiederholter Stuhlentleerung verfällt das Tier in tiefe Narkose für 12 Stunden, die Herztätigkeit ist verlangsamt, die Atmung desgleichen. Das

Tier reagiert auf äußere Reize überhaupt nicht. Eine Ausscheidung von Urobilin oder Urobilinogen im Harn oder der Galle erfolgt in den nächsten Tagen nicht.

Ich übergehe einige weitere Versuche von intravenöser Hämoglobininjektion, da sie mir wegen zu geringer injizierter Dosen nicht beweisend erscheinen und weder in der Galle noch in dem Urin eine Urobilinproduktion erfolgte.

Nur eine möglichst starke experimentelle Hämoglobinurie konnte weiteren Aufschluß bringen und ich beschloß daher sie durch Aqua destillata zu erzeugen.

In Morphiumchloroformnarkose injizierte ich einem kleinen Schnauzer, dessen Gesamtblut ca. 600 ccm betragen mochte (unter der Annahme, daß das Blut $^1/_{13}$ des Körpergewichts ausmacht), ca. 200 ccm Aqua dest. in die Vena femoralis. Zu meiner Verwunderung überstand das Tier den Eingriff. Das abzentrifugierte Blut war sehr stark hämoglobinämisch. Am nächsten Tag entleert der Hund, 14 Stunden nach der Operation, einen tiefdunkeln, schwärzlich-rötlichen Urin, der eine große Menge Hämoglobin enthielt, ferner auch deutlich Urobilin (Verdünnungswert 10) und Urobilinogen. Der nächst entleerte Urin war noch etwas dunkel, enthielt aber kein Urobilin oder Urobilinogen. Dann erfolgten normale Urinentleerungen, der Stuhl war angehalten, in dem am dritten Tage entleerten Stuhl aber war eine sehr große Menge von Urobilin vorhanden, V.-Wert 2500, die Farbe desselben war eine tiefbraunschwarze, fast teerartige. Es erscheint mir aus diesem Verhalten der Urobilinausscheidung im Darm und im Urin der Schluß ableitbar zu sein, daß die Vermehrung des Darmurobilins in diesem Falle für die Urobilinurie nicht maßgebend sein konnte, da sie nur einen Tag dauerte, der Darm aber mindestens drei Tage lang weit über normale Werte von Urobilin enthielt. Der zufällig in vieler Beziehung günstige Ausfall dieses Versuchs scheint mir recht bemerkenswert und leitet von selbst zu der Frage nach dem Einfluß einer Hypercholie des Darmes über. Ferner gehört hierher das gelegentliche Auftreten von Urobilin nach länger dauernder Chloroformnarkose, wofür man in späteren Kapiteln Belege findet und womit sich u. a. Kast und Mester, sowie Wechsberg beschäftigt haben.

3. Experimente über Zusammenhang der Vermehrung des Koturobilins und der Urobilinurie.

Obwohl ich für die Beantwortung dieser Frage schon aus dem Ausfall des vorstehenden Experimentes einigen Aufschluß erhalten hatte, so glaubte ich noch weitere Versuche in dieser Richtung anstellen zu müssen. Ich habe daher an zwei Hunden, solange keine erheblicheren Störungen bei ihnen eintraten, eine Zufuhr von frischer Ochsengalle

per os ausgeführt, worüber die beiden folgenden Tabellen berichten
sollen.

Tabelle I. Nero (großer Jagdhund).

Tag 1.	Im Urin, Urobilin 0, Urobilinogen 0, im Kot Urob. V. W.				250
„ 2.	(350 ccm Galle) im Urin U. 0, Ubg. 0, im Kot				220
„ 3.	250	0,	0,		350
„ 4.	250	0,	0,		400
„ 5.	250	0,	0,		600
„ 6.	250	0,	0,		1000
„ 7.	300	0,	0,	breiiger Stuhl	1800
„ 8.	300 plus 20 Tropfen Opium 0,		0,	4 dünne Stühle	750
„ 9.	300 „ 30 „ „ Spur,		Spur,	4 „ „	800

Da das Tier erbricht und heftigen Durchfall bekommt, so muß
von weiteren Versuchen Abstand genommen werden.

Immerhin geht aus diesem Versuch hervor, daß auch eine erhebliche
Mehrzufuhr von Gallebestandteilen zum Darmkanal von Hunden eine
stärkere Vermehrung zwar des Fäzes-Farbgehaltes verursacht, für den
Urobilingehalt des Harns aber in den zugeführten Mengen wenigstens
gleichgültig zu sein scheint. Allerdings ist ja am Ende der Periode
auch im Harn dieses Hundes etwas Urobilin nachweisbar, so daß die
Möglichkeit einer Hypercholie des Darmes als Grund einer etwa vorhandenen Urobilinurie nicht von der Hand zu weisen ist.

Es sei noch eingeschaltet, daß die verwendete Ochsengalle, die von
eben frisch geschlachteten Tieren stammte, nur sehr wenig Urobilin und
Urobilinogen enthielt, wodurch sie für diese Versuche noch relativ
brauchbar erscheint.

Ein weiterer Versuch ergab ein ähnliches Resultat.

Tabelle II. Mischling (kleiner Hund).

Tag 1.	Im Urin, Urobilin 0, Urobilinogen 0, im Kot Urobilin V. W.			120
„ 2.	100 ccm Ochsengalle per os im Urin U. 0, Ubg. 0, im Kot V. W.			150
„ 3.	„ „ „	0,	o,	220
„ 4.	„ „ . „	0,	0,	450
„ 5.	„ „ „	0,	0,	1000
„ 6.	„ „ „	Spur,!	0,	1200
„ 7.	„ „ „ (Durchfall)	Spur,	0,	700
„ 8.	„ „ „ (heftiger Durchfall),	0,	0,	400

Der Versuch wurde abgebrochen, da das Tier Durchfall bekam und
eine exakte Scheidung von Kot und Urin unmöglich wurde. Auch
dieser Versuch beweist, daß der Hundedarm eine sehr erhebliche Urobilinmenge enthalten kann, ohne Urobilinurie zur notwendigen Folge zu
haben, schließlich weiß ich nicht einmal, ob nicht der eintretende Durchfall als Ausdruck einer krankhaften Störung anzusehen ist, die an und
für sich ja mit einer Urobilinurie einhergehen könnte. Die Verfütterung

reinen Bilirubins in Substanz ist wegen der Schwierigkeit der Beschaffung des reinen Materials nicht ausgeführt worden.

4. Experimente über Leberschädigungen und Urobilinbildung bei kompletter Gallenfistel.

Die Anstellung der folgenden Versuchsreihe ist die größte und wichtigste dieser Untersuchungen überhaupt. Nachdem nach dem bisherigen Ausfall der angestellten Versuche eine sichere Quelle pathologischer Urobilinbildung außerhalb des Darmes nicht gefunden wurde, mußte der Leber als eventuellem Produktionsort ganz besonderes Interesse entgegengebracht werden. Dabei war vor allem das Darmurobilin auszuschalten, was ja durch Anlegung einer kompletten Gallenfistel anscheinend leicht geschehen konnte.

Um Wiederholungen zu vermeiden sei sogleich die angewandte Methodik beschrieben. Die Unterbindung des Choledochus geschah nach seiner Isolierung in zweifacher Weise, peripher und zentral. Das Zwischenstück wurde durchtrennt und meist auch noch partiell reseziert. Eine Wiedervereinigung der Enden war damit so gut wie ausgeschlossen. Das Unterbindungsmaterial war Seide. Übernähung der Stümpfe fand nicht statt. Die Fixierung der Gallenblase geschah am Ort der geringsten Spannung, meist nahe dem oberen Wundwinkel, in dem parallel dem Rippenbogen geführten Hautmuskelschnitt. Die erste Fixation wurde am Peritoneum gemacht, dann die Wunde so weit durch Etagennähte verkleinert, daß die an der Kuppe gefaßte Gallenblase noch zwischen der Haut hervorsah. Dann wurde die Gallenblase auf der Kuppe angeschnitten und die beiden Ränder mit der Haut durch Seidenknopfnähte möglichst dicht vereinigt. Einlegung eines Drainrohres. Was den Heilungsverlauf dieser Fisteln anlangt, so war er im allgemeinen ein guter, doch ist das Durchschneiden der Seidennähte zum Teil nicht ganz zu vermeiden. Im Anfang empfiehlt sich Schutz der Laparotomienähte durch Kollodiumwatteverband. Schließlich dringt aber die benetzende Galle überall hin und bildet eine Gefahr für das Halten der Naht. Einmal hatte ich ein Platzen der Bauchnaht am 6. Tage nach der Operation zu beklagen. In solchen Fällen empfiehlt sich kein Versuch der Neuverschließung der Wunde, sondern sofortige Tötung der Tiere, die meist sicherer Peritonitis zum Opfer fallen. Am besten schützt Isolierung des Tieres (wegen seines ruhigen Verhaltens) und oft vorgenommener Verbandwechsel mit reichlich hydrophiler Watte, damit die Wunde anfangs möglichst trocken bleibt, vor diesem üblen Zufall. Ich habe ferner den Tieren einen über den Verband anzulegenden Schutzrock von Segelleinen anfertigen lassen, der um den Leib mit zwei Riemen befestigt wird, am Hals durch ein mit Riemen versehenes verstellbares Halsteil. Für die Vorderbeine sind zwei Löcher ausgespart, die Hinterbeine werden durch am Ende angebrachte Schlaufen zur weiteren Befestigung der Schutzdecke mit herangezogen. Für männliche Hunde sorgt ein zwickelartiger Ausschnitt am Hinterende des Schutzrockes für Urinentleerung ohne Beschmutzung des ganzen Verbandes. Im Beginn meiner Versuche hatte ich diesen Schutzrock deshalb angewendet, weil ich ganz sicher gehen wollte, daß die Tiere bei der unvermeidlichen Verschiebung des Bindenverbandes nicht doch irgendwo durchsickernde Galle auflecken könnten. Im Verlauf meiner an ca. 20 Hunden gewonnenen Operationserfahrungen habe ich die Anlegung eines solchen Schutzverbandes von vornherein für zweckmäßig befunden und kann ihn nur empfehlen, da das Tier weniger Bewegungen in dem ihm ungewohnten Anzuge ausführt. Einige Tiere nagen aber schließlich doch alles durch, dort hilft nur noch der Maulkorb. Als einen solchen kann ich eine von mir angewendete Art, die für alle Größenverhältnisse bei Hunden paßt, empfehlen. Sicher schließende Maulkörbe, die die Hunde auf die Dauer nicht drücken, sind im Handel so gut wie nicht aufzutreiben. Der Korb des von mir angewandten Maulkorbs besteht aus feinem Siebdrahtgeflecht und ist stumpfkegelig geformt und an seinem Hinterende mit weichem Leder umsäumt. Vier durchlöcherte Lederriemen sind in der Zirkumferenz befestigt. Hinter dem Kopf wird ein Riemen angelegt, der vier Schnallen trägt, an welche die Riemen des Maulkorbs nach Maßgabe der Größe des Hundekopfes angeschnallt werden können. Der Maulkorb ist sehr leicht, sehr gut zu reinigen und macht auch bei langem Tragen durch die Möglichkeit einer genauen Anpassung in seiner Größe durch Verstellung an den Riemen keine Druckstellen, jedoch ist für ganz kleine Hunde ein kleines, für große ein großes Modell vorrätig zu halten.

Erst so ausgerüstet konnte ich sicher sein, daß kein Tropfen Galle von der Fistel von den Hunden aufgeleckt werden konnte. Beim Fressen müssen sie kontrolliert werden und es ist überdies gut, mit der Eigenart der Versuchstiere möglichst vertraut zu sein.

Die Fistelöffnung zeigt mit der Zeit Veränderungen. Immer besteht die Tendenz der Verschließung und wenn die Gallensekretion sehr gering wird, verwächst sie schließlich wirklich einmal und macht Nachoperationen nötig. Ständiges Tragen eines Drainrohres bewirkt Decubitus und Ekzem. Es bleibt daher nichts anderes übrig als ein einfacher Verband und von Zeit zu Zeit eine Dehnung des Fistelgangs mit Laminaria oder Einführung eines feinen Gazestreifens, damit keine Verwachsungen eintreten. Aber auch wenn so für einen stetigen Abfluß der Galle gesorgt ist, so gelingt doch das erstrebte Ziel, die völlige Freimachung des Darmes vom Urobilin resp. Urobilinogen überhaupt nicht. Anfänglich dachte ich, daß es den Tieren trotz aller auf die Verhütung des Aufleckens von Galle verwendeten Sorgfalt doch gelänge, irgendwo unter dem Verband Galle zu erhalten. Aber nachdem die Tiere wochenlang Maulkorb, Verband und Schutzdecke trugen, überzeugte ich mich, daß Bedenken in dieser Richtung nicht mehr gerechtfertigt waren. Ich muß es als feststehend ansehen, daß der Darm so gut wie nie völlig frei von Gallebestandteilen zu machen ist. Diese Resultate stimmen auch mit den Erfahrungen bei Stuhluntersuchungen von an völligem Gallengangsverschluß leidenden Menschen überein, worauf ich eingangs schon hingewiesen habe. Auch die fast schneeweißen Stühle der Tiere ergaben im alkoholischen Filtrat mit alkoholischer Zinkazetatlösung die Fluoreszenzprobe zwar meist nicht sofort, aber regelmäßig nach längerem Stehenlassen. Ich muß hier noch ein Wort zur Methodik einschalten. Es wurden stets 5 g des festen Stuhles mit 10 ccm Alkohol fein durchgerieben, so daß ein homogener Brei entsteht; dieser wird auf ein Filter gegossen und gut abtropfen gelassen. Bei acholischen Stühlen genügt dies einmalige Ausziehen, da auch wiederholtes Ausziehen bei so kleinen Urobilinquantitäten kein erheblicheres Anwachsen des Urobilingehaltes aufdeckt. Obwohl hier eine Ungenauigkeit in der Methodik besteht, so habe ich dieselbe doch mit in Kauf genommen und da alle Hundestühle so behandelt wurden, kann nur ein relativer Fehler resultieren. Es war mir unmöglich über Monate hindurch täglich an mehreren Hundestühlen genaue Extraktionen zu machen, weshalb ich obige Methodik befolgte. Zunächst scheint überhaupt bei solchen Extraktionen im Filtrat kein Urobilin vorhanden zu sein, da es auch nach Zusatz von alkoholischem Zinkazetat nicht grün fluoresziert. Man muß dies auch als Regel betrachten, wenn die Operation gelungen ist und die Galle guten Abfluß hat. Läßt man das Filtrat aber 12—24 Stunden stehen, so tritt stets Fluoreszenz auf, auch bei anscheinend noch so sicher entfärbten Stühlen. Nicht selten trübt sich das Filtrat aber durch ausfallende Seifen. Diese Trübung läßt sich leicht durch einige Tropfen verdünnter Salzsäure, die dann mit Ammoniak wieder übersättigt wird, beseitigen, nötigenfalls kann man auch abfiltrieren. Bei Gallenfisteltieren enthält also der Darm nur Urobilinogen in geringer Menge, kein Urobilin, die Galle keines von beiden. Immerhin sind die im Stuhl bei Tieren mit kompletter Gallenfistel vorhandenen Urobilinogenquantitäten sehr gering und betragen an Verdünnungswerten zwischen 5 und 50 als Urobilin gemessen, gegen viele 100 bis 1000 normal. Was die Genese dieses Urobilinogengehaltes angeht, so kann er wohl nur aus an das Blut abgegebenen Gallenfarbstoff, der in den Darm ausgeschieden wird, stammen. Hunde werden ja besonders leicht ikterisch und die Mehrzahl der Gallenfistelhunde leidet vorübergehend an subikterischen Zuständen, was man an dem leichten Bilirubingehalt des Harnes öfters konstatieren kann. Aber in Fällen, wo die so feine Gmelinsche Probe auch negativ war, also sicher klinisch kein Ikterus bestand, war doch im Darm Urobilinogen nachweisbar und es bestand zwischen Schwere des Ikterus und höherem Urobilinogen- oder Urobilingehalt des Darmes der Gallenfistelhunde kein direkt proportionales Verhältnis.

Daß etwa Eiweißfäulnisprodukte für den Urobilinogengehalt des Darmes verantwortlich zu machen seien, ist nicht angängig, auch nicht Reste von Blutfarbstoff in der Nahrung. Nur durch die Vermittlung der Leber ist nach den heute maßgebenden Ansichten der Körper imstande Bilirubin zu bilden, das wir als Muttersubstanz der Darmurobiline ansehen müssen. Aus Blut allein entsteht bei Abwesenheit von Galle im Darm kein Urobilin, wie mich speziell nach dieser Richtung angestellte Versuche belehrten. Überhaupt ist, außer wenn Galle der Nahrung beigemengt ist, die Qualität derselben für den Urobilingehalt des Darmes von Gallenfisteltieren anscheinend nicht maßgeblich.

Kürzere oder längere Zeit nach Anlegung der Gallenfistel ist ein dauernder leichter Ikterus bei den Versuchstieren kaum vermeidbar, da dann leichte cholangitische Prozesse einsetzen, die durch die ebenfalls fast unvermeidbare Infektion der Gallenwege bedingt sind. Immerhin gelingt es bei sorgfältigem und sauberem Verbinden schwere Infektionen lange zu vermeiden. Nachdem man lange genug Harn-, Galle- und Stuhlausscheidungen beobachtet hat, kann man an die Versuche selbst herangehen, deren Plan ich ja schon auseinandergesetzt habe. Ich lasse die einzelnen Versuchsprotokolle, so weit sie wichtig sind, folgen.

Protokolle:

Hund 1. (Schnauzer) 9 kg. Operation November 1905. In Chloroformmorphiumnarkose Anlegung einer kompletten Gallenfistel nach der oben beschriebenen Methode, Resektion von ca. 2 cm Choledochus. Die steril entnommene Galle wird bakteriologisch als keimfrei befunden und enthält spurweise Urobilinogen und ziemlich reichlich Urobilin, V. W. 550. Reaktionslose Heilung, komplette Gallenfistel. Der Verband wird vom Tier öfters zernagt und die Galle aufgeleckt, allmählich wird die Fistel aber durch Schutzdecke und Maulkorb so geschützt, daß eine vollkommene Abdichtung der Gallenblase dauernd gelingt. Die Beobachtung während des ersten Monats ergibt entfärbten Stuhl mit stets kleinen Mengen Urobilin. Durchschnittsverdünnungswert 25 im Kot. Wenn ich von Urobilingehalt des Kotes rede, so ist selbstverständlich darunter auch der durch das Urobilinogen bedingte verstanden. Im Harn öfters Spuren von Bilirubin, niemals Urobilinogen oder Urobilin. In der Galle war auch nach der unvermeidlichen Infektion nie Urobilin oder Urobilinogen vorhanden, die vom 4. Tag an verschwunden waren. Das Allgemeinbefinden des Tieres war ein vorzügliches, das Tier sehr munter, der Appetit ausgezeichnet. Anfang Januar traten in der Galle spontan wieder Spuren von Urobilin auf, die allerdings äußerst gering waren und den V. W. 5 selten erreichten, also gerade an der Grenze der Nachweisbarkeit waren. Im Kot blieben die Werte ziemlich gleich, hatten aber die Tendenz, im allgemeinen eher herunterzugehen. Am 6. Januar 1906 Versuch. Das Tier wird mittelst Schlundsonde mit einer Mischung von Amylalkohol 5, Äthylalkohol 25, Wasser ad 100 vergiftet. Wenige Minuten später kann·sich das Tier schon nicht mehr auf den Beinen halten, es folgt dann ein manischer Zustand, in dem der Hund bellt, heult und stark geifert, sowie ungewöhnliche Stellungen einnimmt, dann erfolgt mehrstündiger tiefer Schlaf (Narkose). Nach dem Erwachen ist das Tier etwas unruhig, aber im allgemeinen munter, doch ist die Nase heiß, Freßlust gut. Die Gallensekretion versiegt an diesem Tage, erst am nächsten Morgen wird Galle erhalten. Dieselbe ist etwas dunkler als normal und gibt eine sehr stark positive Fluoreszenzreaktion mit Zinkazetat und spektroskopisch bis zu sehr starken Verdünnungen den Urobilinstreifen zwischen b und f. Am nächsten Tag ist der Urobilingehalt zu den vorher bestehenden minimalen Werten zurückgegangen. Neben dem Urobilin enthielt die Galle auch eine beträchtliche Menge Urobilinogen, das ebenfalls mit dem Urobilin aus derselben verschwand. Die Verdünnungszahl des Urobilins der Galle betrug vor der Vergiftung 5, an dem Tage nach der Vergiftung 150, am nächsten Tage 7. Am Tage des massenhaften Auftretens des Urobilins in der Galle enthielt der bis dahin stets urobilinfreie Urin Spuren von Urobilin, zugleich auch Bilirubin ebenfalls in Spuren. Im Kot waren die Verdünnungszahlen an den gleichen Tagen 20, 25, 30, 15. Dasselbe Experiment habe ich an diesem Tiere noch dreimal wiederholt, und zwar mit dem gleichen Effekt, worüber die folgende Tabelle belehrt:

Tabelle. Hund 1 (Schnauzer).

Datum	Art der Vergiftung	Galle			Urin			Stuhl		
6. I. 1906	Amylalkohol 5									
	Äthylalkohol 25		5			0			20	
7. I. „	—		150			Spur			25	
8. I. „	—		7			0			30	
10. I. „	Amylalkohol 5									
—13. I. „	Äthylalkohol 25	6	180	8	0	Sp.	0	15	25	10
14. I. „	Amylalkohol 5									
—17. I. „	Äthylalkohol 25	3	120	10	0	Sp.	0	7	10	15
20. I. „	Amylalkohol 6									
—23. I. „	Äthylalkohol 30	5	220	15	0	Sp.	0	20	20	25

Wir sehen an dem Ausfall dieser Experimentenreihe

1. die Abhängigkeit des normalen Gehaltes der Galle an Urobilin und Urobilinogen vom Darm, da nach Ausführung der Operation das Urobilin und seine Vorstufe daraus schwindet,
2. die Unmöglichkeit einer vollkommenen Entfernung der Urobiline aus dem Darm,
3. das Wiederauftreten geringster Mengen von Urobilin in der Galle mit der Zeit.

4. die unter diesen Umständen vollkommene Urobilinfreiheit des Harns,
5. das massenhafte Auftreten von Urobilin in der Galle unter dem Einfluß der Amyläthylalkoholintoxikation bei Gleichbleiben des Gehaltes des Darmurobilins,
6. das Auftreten von Harnurobilin auf der Höhe der Vergiftung,
7. das Zurückkehren zum vorherigen Zustand nach Ablauf der Vergiftung.

Dabei leidet das körperliche Befinden des Tieres anscheinend in keiner Weise.

Es drängt sich ja natürlich im Anschluß an dieses Experiment eine große Reihe von Fragen auf, deren exakte Beantwortung nötig, aber, wie wir sehen werden, sehr schwierig ist. Eine der wichtigsten Fragen ist die, ob andere Gifte ebenfalls eine derartige schädigende Rolle spielen. Aus diesem Grunde wurde demselben Tiere Phosphor in Öl gegeben, und zwar wählte ich nach Stadelmanns Vorgang die Applikation per os.

Hund 1. Vergiftung mit 10 ccm Phosphoröl, 2:100. Nach einer halben Stunde erbricht das Tier sehr heftig und dann noch in rascher Folge mehrmals, so daß jedenfalls nicht viel Phosphor bei dem Tiere blieb. Schon am 2. Tag nach der Vergiftung zeigte der Hund nicht unbeträchtliche Mengen von Urobilin in der Galle, danach Urobilin und von da ab nach wiederholten Gaben von Phosphor stets große Mengen davon.

Tabelle. Hund 1 (Schnauzer).

Datum	Stuhl	Urin	Galle
10 ccm P-Öl 26. I.	12	0 U., 0 Ubg.	U. 5. 0 Ubg.
27. I.	15	0 „ 0 „	„ 40 viel Ubg.
28. I.	12	Spur „	„ 110 „
29. I.	15	„ „	„ 220 „
30. I.	25	„ „	„ 90 „
31. I.	30	„ „	„ 80 „
1. II.	10	„ „	„ 150 „
2. II.	40	0 „	„ 180 „

Ich habe dem Tier dann noch mehrmals Phosphoröl gegeben. Eine weitere Steigerung des Urobilingehaltes der Galle hatte dies nicht zur Folge. Er erreichte in der Galle Werte von mehreren Hundert, einmal 450. Im Stuhl gelegentlich namentlich gegen Ende der Beobachtung auch bis 100 Verdünnungseinheiten. Zwischengaben von Amyl-Äthylalkoholmischung erhöhten temporär die Urobilinausscheidung aus der Galle um ca. das Doppelte. Im Urin war fast dauernd eine Spur Urobilin nachweisbar. Trotz guten Fressens ging das Tier immer mehr zurück, so daß ich am 26. Februar 1906 die Obduktion nach Chloroformierung vornahm. Sie ergab eine gute Kommunikation des Choledochus und der Hepatici. Der Choledochus war durchschnitten, die beiden Enden lagen ziemlich weit getrennt voneinander, eine Kommunikation mit dem Darm war nirgends vorhanden, es bestand also eine komplette Gallenfistel. In einem kleinen Leberlappen eitrige Cholangitis, der übrige Teil der Leber frei davon. Die Leber auffallend hart, etwas ikterisch. Schwellung der regionären Lymphdrüsen. Magenschleimhaut auffallend dick, Darmschleimhaut nicht abnorm, Darminhalt völlig entfärbt. Allgemeine hochgradige Abmagerung. Auf den mikroskopischen Befund werde ich später eingehen.

Der Ausfall dieser Experimente ist ein sehr bemerkenswerter und unvorhergesehener. Ich habe mit aller Absicht Phosphor als ein die Leberelemente spezifisch schädigendes Gift gewählt und auch sofort eine Reaktion durch enorme Urobilinausscheidung in der Galle erhalten. Auf der Höhe der Vergiftung trat wieder im Harn Urobilin auf, wenngleich nur Spuren, doch deutlich nachweisbar bis zum Tode. Die Kotmengen des Urobilins resp. Urobilinogens wiesen mit der Zeit eine Steigerung auf, aber ohne jemals annähernd so konstant hohe Werte wie in der Galle zu zeigen. Das ohne Zweifel auffallendste Resultat in diesen Versuchen ist das Konstantwerden der Urobilinausscheidung, auch nachdem die eigentlichen Giftwirkungen völlig aufgehört hatten.

Ich hatte natürlich Parallelversuche an anderen Tieren angestellt und will weiter die Auszüge aus den Versuchsprotokollen geben.

Protokoll.

Hund 2. Cäsar (schottischer Sehäferhund).

Operation in Chloroformmorphiumnarkose am 20. November 1905 in üblicher Weise, Anlegung einer kompletten Gallenfistel, Exstirpation eines Teiles des Choledochus. Die entleerte Galle ist steril, wie die bakteriologische Kontrolle ergibt und enthält frisch deutlich Urobilinogen und Urobilin, V.-W. 900. Im Urin in den der Operation nächstfolgenden Tagen wenig Bilirubin, kein Urobilin, kein Urobilinogen. Die Heilung der Wunde erfolgt gut. Am 8. Tage nach der Operation wurde Galle aufgefangen, sie enthielt kein Urobilin und kein Urobilinogen. Der Stuhl war bald völlig entfärbt, enthält aber stets Urobilinogen resp. Urobilin in geringsten Mengen, im Durschchnitt V.-W. 10—30 als Urobilin berechnet. Der Harn enthält, mit der Gmelinschen Probe kontrolliert, meist geringste eben nachweisbare Mengen von Bilirubin. Nun wird das Tier ca. 1 Monat beobachtet; es gelingt ihm im Anfang öfters den Verband wegzuschieben, schließlich wird aber auch durch Anlegen von Schutzdecke und Maulkorb ein absolut sicherer Abschluß der Gallenfistel erzielt. Das Tier ist wohl, frißt gut, trotzdem tritt Abmagerung auf. Dann wird das Tier Gasvergiftungen und schweren Morphiumvergiftungen ausgesetzt, worüber an anderer Stelle berichtet ist. Am 8. Januar 1906 Vergiftung mit 5 ccm Amylalkohol, plus 25 Äthylalkohol per Schlundsonde. Die braungelbe Galle enthielt seit wenigen Wochen vor Beginn dieses Versuches wieder spontan Spuren von Urobilin. In wenigen Minuten nach Applikationen der Alkoholmischung tritt starke Trunkenheit bei dem Tier ein, das Tier stürzt hin, später kläfft es und geifert stark, dann tritt tiefer Schlaf ein, schließlich Narkose. Das Tier wird noch in Narkose 4 Stunden nach der Intoxikation auf das Gestell zur Auffangung der Galle gebracht. Schon nach dieser Zeit enthielt die Galle erhebliche Mengen Urobilinogen und Urobilinwerte von 120—130 Verdünnungseinheiten. In dem gleichzeitig entleerten Urin war ebenfalls sehr deutlich Urobilin nachweisbar. Am nächsten Morgen war Urobilin nur noch in Spuren in der Galle nachweisbar, im Harn fehlte es. Die Kotwerte betrugen an den 2 Tagen 15 und 40.

Am 12. Januar 1906 erneute Vergiftung, diesmal Amylalkohol 10, Äthylalkohol 25. Die Galle war vorher frei von Urobilinogen, enthielt aber Spuren von Urobilin. Es trat nun sehr starke, fast momentane Trunkenheit ein ohne Exaltationsstadium, dann Koma. Ich fürchtete sehr für das Leben des Tieres. Es lag 10 Stunden ohne sich zu rühren und atmete oberflächlich. An diesem Tage keine Gallensekretion. Am nächsten Tage ist die Galle bedeutend dunkler als sonst und fließt viel zäher aus; sie gibt sehr starke Urobilinogen- und Urobilinreaktion, Verdünnungswert für Urobilin 900, 24 Stunden später sind noch geringe Quantitäten nachweisbar, im Kot stiegen die Werte etwas an. Auf dem Höhestadium der Vergiftung enthält der Harn deutlich Urobilin. Ich habe weiterhin noch mehrere Versuche gemacht, darunter einen mit Äthylalkohol allein, wonach wohl etwas Vermehrung des Urobilingehaltes der Galle auftrat, aber nur gering, das Tier war auch nicht dabei betrunken. Folgende Tabelle (s. unten) belehrt über die weiteren Versuche.

Es sei noch bemerkt, daß während der Vergiftung kein stärkerer Ikterus bei dem Tier auftrat. Die Gallenabflußverhältnisse waren die denkbar günstigsten. Es war nun natürlich von höchstem Interesse zu sehen wie sich das Tier einer leichten Phosphorintoxikation gegenüber verhielt. Ich wählte wieder die Gabe per os 0,2 Phosphor in 10 ccm Öl. Das Tier erbricht nach kurzer Zeit wieder alles. Danach ist dasselbe 2 Tage nicht so munter wie sonst, und zeigt weniger Freßlust. Am 2. Tage enthält die Galle schon starken Urobilingehalt und Urobilin. Fäzes enthalten unveränderte Mengen, der Urin kein Urobilinogen und kein Urobilin. Der Gallengehalt an Urobilin steigt alsbald auf 100—200 an, während der Zeit bleiben die Fäzesgehalte ziemlich gleich, oder gehen eher etwas herab. Im Urin hier und da Spuren von Urobilin nachweisbar. Ich lasse nun aus der Phosphorvergiftungsbeobachtungszeit eine Tabelle folgen, die den Einfluß des Phosphors und der in der Zwischenzeit gereichten Amylalkoholgaben zeigt. (Tabelle s. S. 232.)

Tabelle. Hund 2 (Cäsar).

Datum	Art der Vergiftung	Urin		Galle		Stuhl
		Urob.	Ubgen.	Urob.	Ubgen.	Urob. + Ubgen.
8. I.	Amylalkohol 5					
	Äthylalkohol 25	0	0	3	0	35
9. I.		Spur	0	180	++ pos.	25
10. I.		0	0	8	0	30
12. 1.	Amylalkohol 10					
	Äthylalkohol 20	0	0	5	0	25
13. I.		12	0	900	++ pos.	40
14. I.		0	0	30	Spur	60
20. I.	Amylalkohol 7					
	Äthylalkohol 25	0	0	7	0	30
21. I.		Spur	0	450	++ pos.	35
23. I.		0	0	9	Spur	40
25. I.	Amylalkohol 6					
	Äthylalkohol 25	0	0	5	0	25
26. I.		0	0	300	++ pos.	30
27. I.		0	0	10	Spur	35
30. I.	Äthylalkohol 30	0	0	7	Spur	25
31. I.		0	0	30	Spur	25

Tabelle. Hund 2 (Cäsar).

Datum	Art der Vergiftung	Stuhl		Urin		Galle	
1906		Urob. + Ubgen.		Urob.	Ubgen.	Urob.	Ubgen.
20. II.	0,2 Phosphor per os	10		0	0	10	Spur
21. II.	Amylalkohol 6						
	Äthylalkohol 30	15		Spur	Spur	150	+ pos.
22. II.		8		0	0	90	+ pos.
23. II.		15		0	0	120	+ pos.
24. II.		20		0	0	150	++ pos.
25. II.		25		0	0	80	++ pos.
26. II.		30		Spur	0	90	++ pos.
27. II.		15		0	0	110	++ pos.
28. II.		Spur		Spur	0	300	++ pos.
1. III.		Frei		Spur	0	2000!	++ pos.
2. III.		Frei		Spur	0	200	++ pos.
3. III.		Spur		Spur	0	150	++ pos.
4. III.	Amylalkohol 4						
	Äthylalkohol 30	10		Spur	0	170	++ pos.
5. III.		Spur		0	0	90	++ pos.
6. III.	Amylalkohol 8						
	Äthylalkohol 25	10		5	Spur	170	++ pos.
7. III.		Spur		Spur	0	500	++ pos.
8. III.		Spur		Spur	0	80	++ pos.

Nach diesen Amylalkoholangaben verschwand nun das Urobilin aus der Galle.

Datum	Art der Vergiftung	Urob. = Ubgen.	Urob.	Ubgen.	Urob. + Ubgen.	
9. III.		12	0	0	0	0
10. III.	Phosphor 0,2	50	0	0	0	0
12. III.		110	0	0	0	0
11. III.		20	0	0	Spur	0
13. III.		30	0	0	150	++ pos.
14. III.		90	0	0	250	++ pos.
15. III.		0	Spur	0	150	+ pos.
20. III.		20	Spur	0	220	+ pos.

Von da ab blieb der Urobilingehalt der Galle dieses Hundes immer nachweisbar mit einem Durchschnittsgehalt von 100—200 Urobilineinheiten. Auch im Harn war öfters eine Spur Urobilin. Am 27. März wurde das Tier der Freiheit übergeben und konnte nun die Galle auflecken. Da trat eine höchst bemerkenswerte Störung auf, das Tier bekam eine akute Gastroenteritis mit etwas blutigem Stuhl, auch im Urin traten kleine Mengen Blut und Blutkörperchenzylinder auf. 2 Tage lang fraß das Tier gar nichts und war in höchstenm Grade elend, von da ab wieder wohl. Am 9. April nahm ich das Tier wieder in Verband, am 1. Tage enthielt der Kot 80 Urobilineinheiten, die Galle 2400. Der Urin sehr beträchtlich, 25, natürlich waren in allen Proben auch entsprechende Urobilinogenwerte vorhanden, die Zahlen sanken alsbald auf 20 zu 1200 zu 5, dann 10 zu 300 zu 5, dann 20 zu 150 zu 8 usw. Über das weitere Schicksal des Tieres werde ich später berichten und den makro- und mikroskopischen Befund anführen. Ich will nur hier schon hervorheben, daß die Obduktion eine komplette Gallenfistel ergab, und daß sich nirgends etwa eine Kommunikation mit dem Darm erneut eingestellt hatte. Die Versuche mit diesem Tiere ergaben eine vollkommene Übereinstimmung mit den

Erfahrungen, die der erste Versuchshund gelehrt hatte. Ich werde gemeinsam auf das Übereinstimmende noch zurückkommen und in Kürze die Versuchsdaten der weiteren Tiere mitteilen.

Protokoll.

Hund 3. Ali (schottischer Schäferhund).

In Chloroformmorphiumnarkose Anlegung einer kompletten Gallenfistel, partielle Resektion des Ductus choledochus. Die Operation gelingt gut (7. Januar 1906). In der frischen Blasengalle nur Spuren von Urobilinogen, starker Urobilingehalt, V.-W. 450, die Galle ist steril bei bakteriologischer Prüfung. Am Tage nach der Operation im Harn Bilirubin und Urobilin. Das Tier ist wohl; noch mehrere Tage findet sich Urobilin in Spuren im Urin neben Bilirubin. Das Tier wird 1 Monat beobachtet, die Fistel ist besonders gut gelungen, da die Nähte fast nirgends durchgeschnitten hatten. Das Tier ist dauernd wohl und enthält im Harn öfters Spuren von Bilirubin, kein Urobilin mehr. Die Fäzes enthalten die bekannten kleinen Mengen Urobilin resp. Urobilinogen, die Galle ist völlig frei von Urobilin und Urobilinogen und von dunkelbraungelber und durchsichtiger Farbe. Um mir ein Bild über die Sekretionsgröße innerhalb von 24 Stunden zu machen, habe ich wiederholt den gut schließenden Verband trocken und naß gewogen, d. h. nach seinem Anlegen. Die Gewichtszunahme betrug 300—450 g bei dem 15 kg schweren Tier. Der Verlust durch Verdunstung dürfte nicht hoch anzuschlagen sein wegen des hermetischen Abschlusses des Verbandes. Längere Zeit habe ich das Tier nur mit Milch und Brötchen füttern lassen. Auch in dieser Periode war in den Fäzes immer etwas Urobilinogen oder Urobilin enthalten. In der Galle waren am Ende des Monats Spuren von Urobilin (Sonnenprobe). Am 1. Februar Vergiftung mit 6 ccm Amylalkohol, 30 Äthylalkohol in Wasser 100. Schon nach wenigen Minuten tritt bei dem Tier starke Trunkenheit ein, nach einer Viertelstunde fast völlige Narkose, reagiert nur schwach auf Kneifen. 3 Stunden später Entnahme von 4 ccm Galle, die eine Spur Albumen enthält, dieselbe gibt eine außerordentlich starke Urobilin- und Urobilinogenprobe, V.-W. des Urobilins ist nach 24 Stunden 650, im Kot bleiben die Mengen an Urobilin praeter propter gleich, im Urin auf der Höhe der Vergiftung deutlich Urobilin. Das Tier ist weiterhin sehr munter, ich habe diesem Versuch noch einige folgen lassen, worüber die folgende Tabelle belehrt.

Tabelle. Hund 3 (Ali).

Datum	Art der Vergiftung	Urin		Galle		Stuhl
		Urob.	Ubgen.	Urob.	Ubgen.	Urob. + Ubgen.
31. I.	6 ccm Amylalkohol 25 „ Äthylalkohol	0	0	3	Spur	15
1. II.		5	0	650	++ pos.	25
2. II.		0	0	20	Spur	10
5. II.	5 ccm Amylalkohol 30 „ Äthylalkohol	0	0	5	0	25
6. II.		Spur	0	300	++ pos.	10
7. II.		0	0	10	Spur	30
17. II.	8 ccm Amylalkohol 30 „ Äthylalkohol	0	0	3	0	30
18. II.		8	Spur	450	++ pos.	35
19. II .		0	0	8	Spur	40

Auch diese Versuchsreihe zeigte eine große Übereinstimmung mit den bisher beobachteten, nun nahm ich weiterhin eine Vergiftung mit Toluylendiamin vor. Das Tier bekam täglich 0,2 Toluylendiamin subkutan. Schon am 3. Tage treten größere Urobilinmengen in der Galle auf, V.-W. 220, 150, 250. Der Harn wurde eine Spur ikterisch und enthielt ebenfalls etwas Urobilin. Nach Aussetzen des Mittels verschwand das Urobilin am 2. Tage aus der Galle. Der Gehalt in den Fazes blieb 20, 35, 25. Am 13. Februar Vergiftung mit Phosphoröl 0,05 Phosphor durch Schlundsonde. Nach einer halben Stunde trat sehr heftiges im Dunkeln leuchtendes Erbrechen auf von starkem Knoblauchgeruch. 14. Februar: Das Tier ist wohl, sondert sehr reichlich Galle ab, die massenhaft Urobilin und Urobilinogen enthält, Verdünnungswert 600. Der Kot enthält Spuren von Urobilinogen und Urobilin, wie sonst. Im Urin kein Urobilin. 15. Februar: Gallenproduktion versiegt, Tier munter, im Harn deutlich Bilirubin, kein Urobilin, kein Urobilinogen, 16. Februar: Galle fließt reichlich und enthält noch sehr viel Urobilinogen und Urobilin, V.-W. 250. Kot 35, Urin kein Urobilin, kein Urobilinogen. 17. Februar: Galle sehr hell, gute mittlere Produktion, enthält eben noch nachweisbar Urobilin, im Harn noch Bilirubin, Kotwert 25, Tier sehr munter, frißt gut. Erneute Phosphorvergiftungen 20 ccm einer 2 %igen Lösung. Das Tier erbricht nach kurzer Zeit alles wieder sehr vollständig, schon am 2. Tag tritt in der Galle eine massenhafte Urobilin- und Urobilinogenproduktion ein, die bis zum Tode des Tieres andauert, das sehr elend wird und am 26. Februar zur Obduktion kommt. Gegen Ende stärkerer Ikterus, die Kotwerte des Urobilins sind nicht sonderlich vermehrt und schwanken zwischen 20 und 80.

Die Obduktion ergibt eine wohlgelungene komplette Gallenfistel. Es fehlt jede Kommunikation zwischen Darm und Galle. Die Leber zeigt eine leicht unebene Oberfläche. Nichts von Cholangitis, nichts Sicheres von Cirrhose, die regionären Lymphdrüsen sind geschwollen, das Peritoneum ganz ohne Adhäsionen, leichter allgemeiner Ikterus. Die Resultate der mikroskopischen Untersuchungen werde ich später mitteilen.

Die absolute Übereinstimmung dieser Experimente an drei verschiedenen Tieren veranlaßte mich, in einer vorläufigen Notiz das Wesentlichste der Resultate zusammenzufassen, was ich dann in der Zeitschrift für physiologische Chemie, Bd .48. Heft 4—6, unter dem Titel „Zur Urobilinfrage" tat.

Es galt aber noch weiterhin zu prüfen, ob die soeben gemachten Erfahrungen auch ferner ihre Geltung behielten und da erlebte ich eine große Enttäuschung, wie die folgenden Protokolle beweisen werden.

Protokoll. Hund 4. Ami (Spitz).

Operation in Morphium-Chloroformnarkose, 23. Februar 1906. Anlegung einer Gallenfistel, wie üblich. Gallenblase schwer fixierbar, daher sehr enger Fistelgang. In der Galle viel Urobilinogen und viel Urobilin. Choledochus doppelt unterbunden und teilweise reseziert. Reaktionslose Heilung, Tier sehr munter. Ich lasse nun eine Tabelle (s. S. 235) über die erste Beobachtungszeit folgen.

Wie man aus der Tabelle ersehen kann, ist bei diesem Tier trotz schwerster Amyl-Äthylalkoholvergiftungen nie Urobilin in der Galle aufgetreten. Es war nun zu prüfen, ob sich das Tier gegen Phosphorvergiftung in ähnlicher Weise refraktär verhielte. Vorerst sei aber erwähnt, daß das Tier in der Galle häufig ungewöhnlich große Mengen von Cholecyanin enthielt, wie aus dem spektroskopischen Verhalten und der roten Fluoreszenz der Galle hervorging. Irgend eine

Methodik zur quantitativen Bestimmung dieses Gallenfarbstoffes liegt nicht vor, so daß ich nur die Tatsache als solche erwähne. Ein weiterer Übelstand trat bei dem Tier auf, als am 25 März sich die Fistel schloß Von der Zeit an trat im Harn eine nicht unerhebliche Menge Urobilin und Bilirubin auf, worüber folgende Tabelle belehrt.

Tabelle. Hund 4 (Ami).

Datum	Art der Vergiftung	Stuhl	Urin		Galle	
		Urob. + Ubgen.	Urob.	Ubgen.	Urob.	Ubgen.
27. II.		50	0	0	0	0
28. II.		25	0	0 (Ikter.	0	0
1. III.		12	0	0 (stark (ikter.)	0	0
2. III.		5	0	0 ,,	0	0
5. III.		8		10	0	0
6. III.		10	0	0 (Ikter.	0	0
7. III.		8	0	0 ,,	0	0
11. III.		12	0	0	0	0
12. III.		15	0	0	0	0
16. III.	Amylalkohol 6					
	Äthylalkohol 100	0	0	0	0	0
	(Nach 6 Stunden)	Spur	Spur	0	0	0
	(Nach 8 Stunden)	—	0	0	Spur	0
17. III.		0	0	0	0	0
18. III.		10	0	0 (Ikter.	0	0
	Amylalkohol 8					
	Äthylalkohol 30	Spur	0	0	0	0
19. III.	Amylalkohol 8					
	Äthylalkohol 30	50—60	Spur	0	0	0
20. III.		40	0	0	0	0
21. III.		30	Spur	0	0	0

Tabelle. Hund 4, Ami (Spitz).

Datum	Art der Vergiftung	Urin	Galle	Stuhl
		Urob.		
26. III.		0	fließt nicht	40
27. III.		5 + Ikterus	,,	60
28. III.		8 ,,	,,	fehlt
29. III.		Spur + Ikt.	,,	60
30. III.		10 + Ikterus	,,	60
1. IV.		10 ,,	,,	150
2. IV.		Spur + Ikt.	,, .	fehlt
3. IV.	0,2 Phosphor per os	,,	,,	,,
4. IV.		5 Ikterus	,,	280
5. IV.		Spur	,,	100
6. IV.		,,	,,	90

Ich entschloß mich zu einer Nachoperation, um den Gallenabfluß nach außen hin wieder zu öffnen. Dieselbe gelang ganz gut. In der Blasengalle fand sich zu meiner großen Verwunderung keine Spur Urobilin oder Urobilinogen, dagegen eine auffallende Menge von Cholecyanin. Während der weiteren Beobachtungszeit trat im Harn kein Urobilin mehr auf, in der Galle auch nicht. Im Stuhl war eine abwechselnd große Menge vorhanden, V.-W. 20—100. Ich versuchte noch mehrmals Amylalkoholvergiftungen, ohne daß im Urin oder der Galle Urobilin oder Urobilinogen auftrat. Nun ging ich mit stärkeren Dosen Phosphor vor, aber es bestand derselbe Mißerfolg. Nun gab ich Phosphor und Amylalkohol gleichzeitig. 5 Amylalkohol, 10 ccm Phosphoröl 2:100. Es trat am gleichen Tage der Tod des Tieres unter Erscheinungen wie bei Strychninvergiftung ein, in der Galle trat kein Urobilin oder Urobilinogen auf. Die Obduktion des Tieres am 20. April ergibt die exakte Ausführung der Gallenfisteloperation. Die Leber ist stark ikterisch, sonst nicht verändert, leichte Blutung an den serösen Häuten. Das Tier war sehr abgemagert, an den Schleimhäuten geringe katarrhalische Erscheinungen.

Worin dieses gänzlich abweichende Verhalten von den Versuchsresultaten der übrigen Tiere bestand, konnte ich nicht angeben. Weitere Versuche mußten hier entscheiden.

Protokoll. Hund 5. Flora (Hühnerhund).

20. März 1906. Operation wie üblich in Morphium-Chloroformnarkose, sehr günstige Verhältnisse zur Anlegung der Fistel. In der goldgelben Blasengalle war überhaupt kein Urobilin, sondern nur Urobilinogen vorhanden. Urobilinogenwert als Urobilin am nächsten Tage gemessen 900, sehr gute Heilung, vollkommenes Wohlbefinden. Am 27. April weder im Urin, noch der Galle weder Urobilin noch Urobilinogen. Sorgfältigster Verband des Tieres von vornherein. Die folgende Tabelle berichtet über die vorgenommenen Versuche.

Tabelle. Hund 5 (Flora).

Datum	Art der Vergiftung	Urin		Galle		Stuhl
		Urob.	Ubgen.	Urob.	Ubgen.	Urob. + Ubgn.e
28. III .		0	0	0	0	15
29. III.		0	0	0	0	10
30. III.	8 ccm Amylalkohol					
	30 „ Äthylalkohol	Spur	0	12	Spur	40
31. III.		0	0	15	„	10
1. IV.	8 ccm Amylalkohol					
	3C „ Äthylalkohol	Spur	0	10	„	15
2. IV.	0,1 Phosphor per os	0	0	Cholecyanin	0	20
3. IV.		0	0	0	0	30
4. IV.	0,01 Phosphor subc.	Ikt.	0	0	0	40
5. IV.		Ikt.	0	0	0	30
6. IV.	0,2 Phosphor per os	Spur	0	0	0	40
7. IV.	0,1 Phosphor					
	5 Amylalkohol	Spur	0	0	0	50

Auf die letzte Vergiftung starb das Tier unter Streckkrämpfen noch am selben Tage. Der Ausfall dieser Versuchsreihe schließt sich also in bemerkenswerter Ähnlichkeit dem des Hundes 4 an, ohne daß ich zunächst im geringsten imstande war, auch nur eine plausible Erklärung dafür zu finden. Die Obduktion des Hundes 5 hatte eine vollkommen gute Ausführung der Operation ergeben. Das Peritoneum war nirgends verklebt, Magen-Darmschleimhaut intakt, Leber glatt, etwas verfettet, eine Spur ikterisch. Den mikroskopischen Befund werde ich weiter unten diskutieren.

An der Versuchsanordnung hatte ich gegen früher auch nicht das geringste geändert, höchstens in bezug auf die Zeit, nach der ich die ersten Vergiftungsversuche machte und in bezug auf die ganz besondere Sorgfalt, mit der von vornherein gegen ein Auflecken der Galle vorgegangen wurde, differierten die beiden Versuchsreihen. Um so wichtiger war es, womöglich den Grund dieser auffallenden Differenz aufzudecken. Waren es Rassenverschiedenheiten der Tiere, Altersunterschiede, oder spielten gar äußerliche Faktoren, Nahrung oder bakterielle Einwirkungen eine Rolle? Namentlich letzterer Einwurf schien mir mindestens ganz spezieller Versuchsanordnungen wert. Waren ja doch mit der Zeit bei den ersten drei Versuchstieren quasi von selbst eben nachweisbare Spuren Urobilin in den vorher urobilinfreien Gallen aufgetreten. Einschlägige Versuche sollen sofort berichtet werden.

Hund 11, Schnauzer, 15 Pfd. (Uhl).

In Morphiumchloroformnarkose die übliche Anlegung einer kompletten Gallenfistel am 3. April 1906. In der Galle Urobilin 900, nur Spuren Urobilinogen. Nach 2 Tagen platzte ein Teil der äußeren Basuchnaht, völlige Heilung erst am 15. April. In der Galle bis dahin nie Urobilin oder Urobilinogen. In den Fäzes Gehalt von 5—30. Am 17. April wird dem Tier eine Quantität (10 ccm) Galle von Hund 3, Cäsar, die viel Urobilin enthielt, durch die Fistelöffnung tief in die Gallenwege injiziert. An diesem und den nächstfolgenden Tagen wird die Galle des Hundes genau beobachtet. Sie verändert sich nicht in bezug auf Konsistenz, Farbe und Aussehen, sie enthält am 1. Tag Spuren von Urobilin — wie natürlich — an allen folgenden Tagen nicht.

20. April 1906. Vergiftung mit Amylalkohol 5, Äthylalkohol 25, starker Rauschzustand. In der Galle tritt Urobilin in Spuren auf, in den Fäzes etwas vermehrt, im Urin nichts. Am 22. April Amylalkohol wie vordem plus Injektion von 10 ccm urobilinhaltiger Galle des Hundes 3 (Cäsar). Die nach 4, 6, 16 und 24 Stunden abgeflossene Galle, die teils dunkel und zäh geworden ist, enthält auch unter diesen Umständen nur in den anfänglichen Partien etwas Urobilin, späterhin nicht mehr, wie auch nicht an den folgenden Tagen. 28. April Vergiftung mit 0,05 Phosphor in Öl, nach einer halben Stunde starkes Erbrechen. Die Galle in den nächstfolgenden Stunden und Tagen enthält keine Spur Urobilin oder Urobilinogen, die Fäzeswerte zwischen 20 und 60. Im Urin am Tag nach der Vergiftung eine Spur Urobilin.

30. April. Erneute Vergiftung mit Phosphor 0,1 plus 2,0 Amylalkohol. Nachmittags stirbt das Tier unter Streckkrämpfen wie bei Strychninvergiftung. Die Obduktion ergibt eine vollkommen korrekte Ausführung der Operation, die Leber sieht makroskopisch nicht verändert aus, etwas allgemeiner Ikterus. Die regionären Lymphdrüsen sind geschwollen.

Protokoll. Hund 12 (Fox).

19 Pfund schwer, Operation 14. März 1906, altes Tier.

In üblicher Weise Anlegung einer kompletten Gallenfistel in Morphium-Chloroformnarkose. Die frische Galle ist zäh und enthält 2300 U.-Einheiten und stark positives Urobilinogen. Die Fistel gelingt recht gut, da keine Naht durchschneidet, Heilung in 10 Tagen. Die Beobachtung vom 20.—27. März ergibt einen Durchschnittswert des Fäzesurobilins von 50—60, im Urin kein Urobilin, kein Urobilinogen. In der Galle kein Urobilin und kein Urobilinogen. Am 27. März Injektion von 10 ccm urobilinhaltiger Hundegalle tief in die Fistel hinein. Es tritt in den nächsten Tagen keine Urobilinproduktion der Galle auf, natürlich auch keine Urobilinogenproduktion und auch im Harn nicht. Über die weiteren Versuche berichtet folgende Tabelle.

Tabelle. Hund 12 (Fox).

Datum	Art der Vergiftung	Urin		Galle		Stuhl
		Urob.	Ubgen.	Urob.	Ubgen.	Urob + Ubgen..
31. III .	Amylalkohol 7					
	Äthylalkohol 20	stark ikter.		5	0	50—60
1. IV.	Amylalkohol 10					
	Äthylalkohol 20	5	Spur	20	0	90
2. IV.		Spur	0	10	Spur	20
3. IV.	Toluylendiamin	Spur	0			
	0,4 subkut.			Spur	Spur	50—60
4. IV.		„	0	Spur	Spur	fehlt
5. IV.	Tol. 0,4 subkut.	„	0	Spur		„
6. IV.		„	0	„		180
7. IV.	Tol. 0,4 subkut.	„	0	„		40
8. IV.		„	0	„		15
9. IV.		„	0	„		20

Nach einiger Beobachtungszeit wird das Tier subkutan mit Phosphor vergiftet und obwohl stärkerer allgemeiner Ikterus auftrat und die Kotwerte des Urobilins bis 100 stiegen, traten in der Galle höchstens Spuren von Urobilin auf. Im Harn war meist eine Spur Urobilin nachweisbar. Die am 17. April gemachte Obduktion des Tieres ergab die korrekte Ausführung des Operation, die Leber war etwas dunkel, glatt und wenig ikterisch, keine Zeichen für Cholangitis. Die übrigen Organe sind normal.

Diese Gruppe von 4 Tieren, die in ihren Resultaten übereinstimmte, möchte ich kurz zusammenfassen. Die Versuchsergebnisse dieser Reihe stehen in schroffem Gegensatz zu denen der vorhergehenden. Und nur in einem Punkte berühren sie sich etwas mit denselben, nämlich in dem nicht seltenen Auftreten von Urobilin im Harn auf den Höhepunkten der Vergiftung. Dagegen sind die Urobilinquantitäten, welche in der Galle auftreten, fast verschwindend resp. es tritt überhaupt kein Urobilin auf. Immerhin hat der Ausfall dieser Experimente für die weitere Erkenntnis der Sachlage einen recht erheblichen Wert, da sie so und so viele Möglichkeiten anderer Entstehung des Urobilins in der Galle auszuschließen gestatten. Als eine solche wäre der eventuelle Rasseneinfluß zu nennen oder, was vielleicht näher erscheint, der Altersunterschied der Tiere. Der Jagdhund war etwas über 1 Jahr alt, der Fox wohl über 10, der Spitz war jung, der Schnauzer alt, wie sich dies am Gebiß ja mit ziemlicher Sicherheit feststellen läßt. Es geht daraus hervor, daß weder Rasse noch Alter die Urobilinausscheidung beeinflussen und obwohl diese Möglichkeit nur eine entfernte erscheint, so mußte ich doch daran denken. Wesentlicher ist die Ausschließungsmöglichkeit bakterieller Einwirkung, die etwa so zu denken wäre, daß unter dem Einfluß der Gifte die Bakterien durch nicht näher bekannte Umstände reichlicher wachsen oder andere Eigenschaften entfalten. Durch wiederholte Injektion von urobilinhaltiger Galle des Hundes Cäsar unter verschiedenen Umständen (während einer Vergiftung oder in der vergiftungsfreien Periode) in die Gallenfisteln anderer urobilinfreier Tiere, glaube ich hinlänglich vor Täuschungen durch etwaige akzidentelle Bakterienwirkung nach dem Ausfall der Injektionswirkung gesichert zu sein. Nicht einmal gelang es, durch diese Injektionen Urobilingehalt der Galle hervorzurufen. Ganz andere Gründe mußten für das sonstige Auftreten maßgebend sein. Es galt denselben weiterhin nachzugehen. Möglich war immerhin, daß gewisse individuelle Eigentümlichkeiten der Tiere, größere Resistenz gegen die Vergiftung oder dergleichen eine Rolle spielten, doch schien dies nicht sehr wahrscheinlich, da die klinischen Erscheinungen der Amyläthylalkoholvergiftung sowie der Phosphorvergiftung in allen Fällen bis ins Detail übereinstimmten. Am wahrscheinlichsten erschien mir weiterhin, daß die Leber mit der Zeit durch die dauernden Sekretionsverluste Veränderungen erführe, die eine richtige Verarbeitung des mit dem Blut zugeführten Mutterfarbstoffes, des Bilirubins, nicht mehr gestattete. Es ist nicht unmöglich, daß bei der Versuchsanordnung einer kompletten GallenfistelVerarmungen des Körpers an allerlei Stoffen auftreten, z. B. an Gallensäuren, die sekundäre Leberstörungen verursachen, sei es auf Grund direkter Lokalwirkungen oder entfernter reflektorischer Beziehungen. Die Gallensäuren gehen ja den bekannten Kreislauf Leber—Galle—Darm—Leber. Für eine Reihe anderer Substanzen wird Ähnliches gelten, sicher z. B. auch für den Gallenfarbstoff und seine Derivate. Die Mehranforderungen, die beim Fehlen dieses normalen Mechanismus an den Körper, namentlich aber wohl an die Leber selbst gestellt werden, erweisen sich ja an der dauernden Gewichtsabnahme solcher Gallenfisteltiere, auch wenn sie noch so gut gefüttert werden und fressen. Da aber einige Tiere in einem größeren Zeitraum kein wesentlich vermehrtes Auftreten von Urobilin in der Galle zeigten als der Hund 3 (Ali), der schon 4 Wochen nach der Operation typisch mit Urobilinausscheidung auf Vergiftungen reagierte, so durfte auch in diesen zeitlichen sekundären Leberveränderungen nicht allein der eigentliche Grund des Nichtauftretens des Urobilins bei den Tieren der zweiten Versuchsreihe zu suchen sein.

Schließlich kam ich darauf, daß alle Tiere der ersten Versuchsreihe Gelegenheit gehabt hatten, kürzere oder längere Zeit ihre Galle aus der Fistel auflecken zu können. Da ich erst ganz allmählich durch Verband, Schutzdecke und Maulkorb die exakte Verhütung dieser Möglichkeit bewirkt hatte. Dagegen waren alle Tiere der zweiten Versuchsreihe von vornherein durch sehr sorgfältigen Verband und Schutzdecke daran verhindert worden. Sollte in diesem Unterschied die Ursache der Differenzen gelegen haben? Ich mußte schließlich eben alles probieren, da die Versuchsergebnisse der ersten Reihe sicher standen und die Wiederholung ähnlicher Versuche danach doch möglich sein mußte. Ich lasse nun die Versuchsprotokolle über weitere Versuche an anderen Tieren folgen.

Protokoll. Hund 14 (Bulldogge).

21 kg (Bull.). Operation am 10. April 1906 in Morphium-Chloroformnarkose, Anlegung einer kompletten Gallenfistel in üblicher Weise. Die Operation war recht schwierig, da die Situation der Baucheingeweide ungünstig für den Eingriff war. Doch gelang die Operation schließlich ganz gut. Die Fistelöffnung war absolut einwandfrei, die Heilungsverhältnisse waren vorzügliche. Das Befinden des sehr anhänglichen Tieres ist dauernd ein gutes, die Freßlust eine geradezu fabelhafte. Die Fistel wird von vornherein mit allen Kautelen, guter Abdeckung verbunden. In der Blasengalle viel Urobilin 1500, nur wenig Urobilinogen, völlige Sterilheit der Galle. Im Stuhl war schon am 15. April kein Urobilin oder Urobilinogen nachweisbar, auch der Urin war frei davon, sowie auch frei von Bilirubin. Vom 15. April bis 11. Mai dauerndes Wohlbefinden des Tieres. Im Stuhl während dieser Zeit immer die üblichen Quantitäten von Urobilin und Urobilinogen, V.-W. 5—20. Im Harn nie Urobilin und Urobilinogen, desgleichen in der goldgelben klar durchsichtigen Galle nie, deren tägliche Sekretionsmenge zwischen 250 und 500 g betrug. Ab Anfang Mai traten nun in der Galle Spuren von Urobilin (Sonnenprobe) wieder auf. Nun habe ich wiederholt Amylalkoholvergiftungen bei dem Tiere gemacht, worüber die folgende Tabelle belehrt.

Tabelle. Hund 14 (Bull.)

Datum	Art der Vergiftung	Urin		Galle		Stuhl
1906		Urob.	Ubgen.	Urob.	Ubgen.	Urob. + Ubgen.
11. V.	10 ccm Amylalkohol					
	30 „ Äthylakoholl	0	0	5	Spur	25
12. V.		0	0	10	Spur	20
13. V.		0	0		Spur	10
14. V.	12 ccm Amylalkohol					
	30 „ Äthylalkohol	Spur	0		„	25
15. V.		0	0		„	25
17. V.	15 ccm Amylalkohol					
	30 „ Äthylalkohol	Spur	0	15	„	30
18. V.		Spur	0	5	„	35

Aus der Tabelle geht klar hervor, daß das Tier auf die Vergiftungen genau so reagierte wie die Tiere der zweiten Gruppe. Phosphor ließ ich zunächst wegen des mir wertvollen Tieres aus dem Spiel.

Am 18. Mai habe ich das Tier freigelassen, nicht mehr verbunden und schon nach kurzer Zeit fing es an die Galle aufzulecken. Nun trat bei dem bis dahin stets gesunden Tiere ein recht schweres Krankheitsbild auf, es erbrach wiederholt bis nur Schleimmassen kamen, bekam vielfache fast wässerige Entleerungen, die sehr stark stanken, und wurde vollkommen kraftlos, lag fortwährend in den Ecken umher, was bei dem äußerst kräftigen Tiere, dessen Gewohnheiten ich sehr gut kannte, ganz besonders auffiel. Am 1. Tage wurde kein Urin entleert. Der Urin des folgenden Tages war blutig, das Tier verweigerte jede

Tabelle. Hund 14 (Bull.).

Datum	Art der Vergiftung	Urin		Galle		Stuhl
		Urob.	Ubgen.	Urob.	Ubgen.	Urob. + Ubgen.
29. V.		0	0	Spur	0	25
30. V.	12 ccm Amylalkohol					
	30 „ Äthylalkohol	0	0	500	++ pos.	30
31. V.		Spur	Spur	3500!	++ pos.	50
1. VI.		Spur 0	0	50	pos.	80
2. VI.		0	0	Spur		40
3. VI.		0	0	„		15
4. VI.		0	0	„		20
5. VI.		0	0	„		15
6. VI.		0	0	0	0	15
7. VI.		0	0	0	0	15
8. VI.	10 ccm Amylalkohol					
	30 „ Äthylalkohol	Spur	0	400	++ pos.	20
9. VI.		Spur	0	600	++ pos.	15
10. VI.		0	0	Spur		40
11. VI.		0	0	0	0	20
12. VI.	Toluylendiamin 0,1 subkut.	0	0	Spur		20
13. VI.	Tol. 0,1 subkut.	0	0	Spur		25
14. VI.	„	0	0	450	++ pos.	20
15. VI.	„	Spur	0	500	++ pos.	40
16. VI.		0	0	Spur		60
17. VI.		0	0	0	0	20
18. VI.	0,2 Phosphor per os	0	0	Spur		20
19. VI.		0	0	80	pos.	30
20. VI.		0	0	3000!	++ pos.	40
21. VI.		20	Spur	2500!	++ pos.	60
22. VI.		Spur	0	900	++ pos.	80
23. VI.		0	0	20	Spur	40
24. VI.		0	0	Spur		25

Nahrung, die Gallensekretion war spärlich. Schon 24 Stunden später war das Tier wesentlich wohler und nahm Wasser und Milch, ohne daß Erbrechen auftrat. Bis zum 25. Mai hatte das Tier dann Gelegenheit, seine Galle aufzulecken, was es sehr sorgfältig tat. In diesen Tagen trat vollkommenes Wohlbefinden des Tieres ein, die Freßlust war eine sehr gute, das Tier springt wieder umher wie sonst. In der Galle trat reichlich Urobilin auf, V.-W. 200—250, auch reichlich Urobilinogen.

Am 26. Mai wieder sorgfältiger Verband mit Abschluß der Galle. Schon am 29. Mai war in der Galle kein Urobilin und kein Urobilinogen mehr vorhanden, das Tier blieb wohl. Im Stuhl Durchschnittswerte 25. Nun versuchte ich erneut die Vergiftung, worüber die vorausgehende Tabelle (s. S. 241) berichtet.

Man sieht aus dieser Tabelle in einer geradezu frappierenden Weise die genaueste Wiederholung der Versuchsergebnisse der ersten Tierreihe sich wiederholen, und zwar scheint es nicht zweifelhaft, daß dieselben in ursächlichem Zusammenhange mit der vorher veranlaßten Aufleckung der Galle stand. Vor allem stehe ich in bezug auf die Schwere des daraufhin resultierenden Krankheitsbildes vor einem vollkommenen Rätsel, dessen Erklärung natürlich nur im Bereich von Vermutungen liegen kann. Daß die Galle die Peristaltik anregen kann, ist ja bekannt, daß sie aber zur heftigsten Gastroenteritis bei Eingabe per os führt, ist unbekannt, noch weniger, daß hierbei eine hämorrhagische Nephritis auftritt. Zylinder habe ich im Harn des Tieres allerdings nicht auffinden können, wohl aber Nierenepithelien, so daß eine nephritische Reizung sichersteht. Das ganze Verhalten des Tieres gewinnt aber im Verein mit den nun folgenden 2 Beobachtungen und einer früheren, nämlich der Beobachtung bei Hund 2 (Cäsar) eine nicht unwichtige weitere Ergänzung. Bei der Freilassung des Hundes 2 am 27. März ist ja, wie ich schon erwähnt habe, ebenfalls ein heftiger Brechdurchfall aufgetreten, wie man daselbst nachlesen kann. Der Verlauf war durchaus gleich dem bei dem Tiere Bull auftretenden. Erst nachträglich kann ich diesem Zustand die richtige Deutung geben, nachdem ich auf die Ätiologie dieser Erscheinung durch den vorhergehenden Versuch aufmerksam wurde.

Protokoll. Hund 15, Fox (Leo), 15 kg.

Am 14. April 1906 in Morphium-Chloroformnarkose Anlegung einer Gallenfistel. Operation gelingt leicht, die Heilung geht rasch vonstatten. Die Fistelöffnung verändert sich etwas wegen frühzeitigen Durchschneidens der Nähte. In den nächsten Tagen dauerndes Wohlbefinden. Im Urin Spur Bilirubin und Urobilin, die aber beide alsbald verschwinden. Der Stuhl entfärbt sich und enthält nach kurzem nur Spuren von Urobilinogen und Urobilin, V.-W. 10—30. Die ganz klare dunkelgelbe Galle zeigt nach 5 Tagen kein Urobilin und kein Urobilinogen. Die Blasengalle, welche bei der Operation gewonnen wurde, enthielt viel Urobilin und Urobilinogen. V.-W. 1600. Bis zum 15. Mai wurde das Tier beobachtet, an diesem Tage mit Amylalkohol in üblicher Weise vergiftet mit den bekannten klinischen Folgeerscheinungen. Es tritt aber in den nächstfolgenden 2 Tagen kein Urobilin und kein Urobilinogen in der Galle auf. Darauf wird der Verband weggelassen und das Tier fängt alsbald an die Galle aufzulecken.

Schon am nächsten Tage erkrankt der Hund an einem äußerst heftigen Brechdurchfall, ist ungeheuer elend und frißt gar nichts und liegt beständig in den Ecken umher. Nach 3 Tagen wieder Wohlbefinden, frißt, ist munter. Der Urin zeigt normales Verhalten, enthält aber jetzt Spuren von Urobilin, die Galle in der Zeit ebenfalls V.-W. 200. Nach 5 tägigem Weglassen des Verbandes wird wieder auf das Sorgfältigste verbunden. Die Beobachtung ergab noch 8 Tage lang Urobilinausscheidung durch die Galle, V.-W. 200, 150, 80 etc. Während dieser ganzen Zeit war im Harn Urobilin in Spuren nachweisbar, ein völliges Verschwinden des Urobilins in der Galle trat nun nicht mehr auf, dauernd waren Werte von 5—10 vorhanden. Über das weitere Befinden des Tieres und die Versuche, die an ihm ausgeführt wurden, belehrt die folgende Tabelle:

Tabelle. Hund 15, Fox (Leo).

Datum	Art der Vergiftung	Urin		Galle		Stuhl
		Urob.	Ubgen.	Urob.	Ubgen.	+ Ubgen.
31. V.		Spur	0	8	Spur	30
1. VI.	Amylalkohol 6, Äthylalkohol 30	,,	0	220	+ + pos.	25
2. VI.		,,	0	350	+ + pos.	40
3. VI.		0	0	5	0	30
4. VI.		0	0	10	Spur	40
5. VI.		Spur	0	8	0	30
6. VI.		0	0	fließt nicht		50
7. VI.		Spur	0	Gallenf. geschl.		60
8. VI.	0,2 Phosphor	8 Ikt.	0	,,	,,	70
9. VI.		5 ,,	0	,,	,,	120
13. VI.		15 ,,	0	,,	,,	250

Leider läßt sich die Gallenfistel nicht wieder in die Reihe bringen, das Tier ist leicht ikterisch und scheidet jetzt im Kot fast normale Hundekoturobilinwerte aus, ca. 200—400 V.-W. Während dieser ganzen Zeit sind im Harn für einen Hund reichliche Mengen Urobilin bis zu 20 Verdünnungswert nachweisbar. Am 20. April wird zur Nachoperation geschritten, um die Gallenfistel wieder herzustellen. Die Operation gelingt gut, in der Galle der Gallenblase findet sich massenhaft Urobilin und Urobilinogen, V.-W. 1700. Der Choledochus ist gut abgeschlossen, das Tier wohl. Fernerhin verschwindet aus dem Kot die erhebliche Menge U., aus der Galle aber nicht ganz vollständig, leider schließt sich die Gallenfistel von neuem, so daß das Tier zu Versuchen unbrauchbar wird.

Protokoll. Hund 16. 22 kg, gr. schottischer Schäferhund (Wolf).
Operation in Chloroform-Morphiumnarkose, Anlegung einer kompletten Gallenfistel in üblicher Weise am 30. Mai 1906. Die Operation gelingt gut, in den nächsten 2 Tagen ist das Tier aber weniger wohl wie sonst die Tiere nach der Operation sind, keine Zeichen peritonitischer Reizung. Es erfolgt baldige Heilung und es resultiert eine ziemlich gute Gallenfistel. Stuhl ist vom 5. Tage frei von U., die Galle desgleichen. Im Harn weder U., noch Urobilinogen, noch Bilirubin. Am 17.—20. Juni wird das Tier aufgebunden und sich selbst überlassen. Erst am 2. Tag leckt das Tier ordentlich Galle auf. Es erbricht aber nicht, nur profuse

16*

Durchfälle treten auf. Am 22. wieder Verband, am 23. Juni enthält die Galle noch Spuren von U., der Kotwert beträgt 15. Vergiftung mit Amylalkohol 12 ccm, Äthylalkohol 30. Es resultiert keine schwere Vergiftung, doch kann das Tier nicht mehr stehen. Nach 4 Stunden wird die Galle entnommen, dieselbe enthält eine sehr große Menge Urobilinogen und U,. V.-W. 1000, am nächsten Tage noch 200, am nächsten 15. Über das weitere Verhalten gibt die Tabelle Bescheid.

Tabelle. Hund 16 (Wolf).

Datum	Art der Vergiftung	Urin		Galle		Stuhl
		Urob.	Ubgen.	Urob.	Ubgen.	Urob. + Ubgen.
23. VI.		0	0	30	Spur	15
24. VI.	Amylalkohol 12					
	Äthylalkohol 30	0	0	Spur	Spur	15
	Nach 4 Stunden	0	0	2000	++ pos.	30
25. VI.		Spur	0	200	pos.	40
26. VI.		0	0	Spur	0	30
27. VI.	0,2 Phosphor	0	0	1000	++ pos.	40
28. VI.		Spur	0	3500	++ pos.	30
29. VI.		Spur	Spur	150	pos.	90
30. VI.		0	0	Spur	Spur	60

Wir sehen, daß auch die letzten beiden Hunde in der nämlichen Weise auf die Vergiftungen verschiedener Art reagieren, wie dies der Hund 16 (Bull.) tat und daß die größte Übereinstimmung dieser Gruppe mit der ersten besteht.

Es gilt nun zusammenfassend einen Blick auf die ganze Experimentenreihe zurückzuwerfen und für die Frage der Urobilinentstehung zu verwerten. Normalerweise enthält Hundegalle in vivo stets Urobilinogen, meist auch Urobilin, wie die folgenden Zusammenstellungen beweisen, die an den Gallen bei den operierten Tieren aufgestellt wurde.

Tabelle.

			Operiert	Gestorben		U. V.-W.
Hund	I.	Schnauzer	Novbr. 1905	28. II. 1906	Ubgen. wenig	550
„	II.	Cäsar	20. IX.	10. VI.	„ deutl.	900
„	III.	Ali	7. I. 1906	20. II.	„ viel	450
„	IV.	Ami	23. II.	20. IV.	„ „	600
„	V.	Flora	20. III.	7. IV.	nur Ubgen.	900
„	XI.	Uhl	3. IV.	30. V.	wenig „	900
„	XII.	Fox	14. III.	17. IV.	· viel „	2300
„	XIV.	Bull	10. IV.	—	wenig „	1500
„	XV.	Leo	14. IV.	—	wenig „	1500
„	XVI.	Wolf	30. V.	—	viel „	900
„	VI.	Schnauzer	an Peritonitis gestorben		deutl. „	150
„	VIII.	Schnauzer	„ „ „		deutl. „	1600
„	X.	Mischling	„ „ „		viel „	1700

Bei der Überblickung dieser Tabelle fällt der außerordentlich wechselnde Gehalt an Urobilin und Urobilinogen auf, es sind Verdünnungswerte von 150—2300 verzeichnet. Worauf dies im einzelnen beruht, kann ich nicht sagen. Der Durchschnittswert berechnet sich auf ca. 1000 V.-W. Die Galle der Gallenblase kann im allgemeinen als steril angesehen werden, wie ich dies bakteriologisch nachprüfte und unfreiwillig im Tierexperiment bei Entleerung der Galle in die Peritonealhöhle, wobei eine Infektion nicht erfolgte. Der normale Gehalt der Blasengalle an Urobilin und Urobilinogen ist jedenfalls abhängig von dem Gehalt des Darmes an diesen Substanzen, da zugleich mit der Absperrung der Galle durch Unterbindung des Ductus choledochus in kürzester Frist die Galle kein Urobilin mehr enthält. Diese Tatsache ist ein Kriterium für das Gelungensein der Anlegung einer kompletten Gallenfistel. Immerhin muß auffallen, daß es nie gelingt, unter diesen Umständen den Darm völlig urobilinfrei zu machen, vielleicht richtiger gesagt urobilinogenfrei, denn es tritt ja beim Zusammenbringen des Fäzesextraktes mit alkoholischer Zinklösung zunächst keine Fluoreszenz auf, sondern meist erst nach Stunden. Es ist nicht leicht zu sagen, woher dieser Urobilinogengehalt des Darmes stammt, jedenfalls ist derselbe unabhängig von der Art der zugeführten Nahrung, solange dieselbe nicht Galle enthält. Große Mengen Blut, die der Nahrung zugefügt werden und im Darm der Fäulnis verfallen, bewirken keine Zunahme des Urobilin- oder Urobilinogengehaltes des Darmes. Ich habe in zwei verschiedenen Reihen Hunden bis zu $^1/_4$ l frisches Ochsenblut in der Nahrung gereicht, die Tiere hatten exquisit teerartige Stühle, ohne daß diese Veränderungen des Darminhaltes für den Urobilingehalt im mindesten maßgebend waren, weder im Darm, noch in der Galle, noch im Urin. Ferner habe ich zwei Gallenfistelhunde je 8 Tage lang nur mit Milch und Weißbrot füttern lassen, ohne den Urobilin- und Urobilinogenghalt des Darmes beeinflussen zu können. Also müssen wohl endogene Einflüsse dafür maßgebend sein. Ikterus, der so leicht bei Gallenfistelhunden auftritt, beeinflußt wohl nur, wenn er recht hochgradig wird, das Darmurobilin z. B. in den Fällen, wo sich die Gallenfistel schließt, in denen sogar normale Kotwerte des Urobilins auftreten können (s. Tabelle Hund 4, Ami). Im höchsten Grade auffällig muß dabei sein, daß in der Galle jenes Tieres trotz der hohen Darmurobilinwerte kein Urobilin in der Galle auftrat. Nicht weniger wunderbar ist, daß erst nach einigen Tagen völligen Gallenabflusses im Kot höhere Werte als im Durchschnitt auftraten. Leichter Ikterus, der sich nur durch genaueste Kautelen mit der Gmelinschen Probe im Harn nachweisen läßt, beeinflußt jedenfalls den Darmurobilingehalt von Gallenfisteltieren nicht.

Was aber vor allem auffällt, das ist der Umstand, daß trotz der in den Därmen von vornherein bei Gallenfisteltieren vorhandenen kleinsten Urobilinmengen im Anfang der Operationszeit in der Galle wohl aller dieser Tiere auch mit den schärfsten Proben Urobilin oder Urobilinogen sich nicht nachweisen läßt, daß aber nach einer gewissen Zeit sich wieder etwas Urobilin, wenn auch meist in schwächster Konzentration, in der Galle zeigt. Wo in den Därmen eine Resorptionsmöglichkeit des Urobilins vorhanden ist, da ist auch seine Ausscheidung in der Galle äußerst wahrscheinlich. Für das abweichende Verhalten in den vorliegenden Fällen ist das Wahrscheinlichste, daß so geringe Quantitäten, wie sie im Darm von Gallenfisteltieren vorhanden sind, von den Fäzes festgehalten werden, die ja bekanntlich nur schwer wirklich völlig frei von urobilinartigen Substanzen zu machen sind. Ferner ist die Möglichkeit nicht ausgeschlossen, daß bei Resorption so kleiner Quantitäten in der Leber irgendwelche Umwandlungsprodukte derselben entstehen, vielleicht Bilirubin. Für eine derartige Möglichkeit sprechen Versuche von Vitali, die von Riva anerkannt werden. Wenn ich auf Grund dieser Versuche die beobachteten Verhältnisse des Wiederauftretens kleiner Urobilinmengen in der Galle als eine Störung dieser offenbar normalen Leberfunktion annehmen wollte, dann müßte das jeweilige Wiederauftreten von Urobilin in der Galle den Zeitpunkt kennzeichnen, an dem diese normale Funktion in Ausfall gerät. Von da ab dürfte die geringste Mehrausscheidung von Bilirubin in den Darm sofort eine Urobilinurie hervorrufen. Ich habe auf Grund dieser Überlegung dem Hunde Uhl 0,1 g reines Bilirubin per os gereicht, für das kleine Tier gewiß eine nicht zu unterschätzende Menge, aber weder in der Galle, noch im Harn erschien Urobilin in den nächstfolgenden Tagen, obwohl der Stuhl etwas vermehrtes Urobilin enthielt. Aber auch die normalen Schwankungen des Darmurobilingehaltes der Gallenfisteltiere gehen nicht parallel denjenigen in der Galle selbst, die ja allerdings oft an der Grenze der Meßbarkeit stehen. Andere Gründe müssen für das Wiederauftreten der besagten kleinsten Urobilinmenge in der Galle maßgebend sein, die ich noch nicht kenne. Ich muß diese Verhältnisse um so eingehender würdigen, als sie bei der Frage des Urobilingehaltes der Galle bei den Vergiftungen eine große Rolle spielen werden, denn es wirft sich jetzt ganz natürlich die Frage auf, woher kommt die Vermehrung des Urobilin- und Urobilinogengehaltes der Galle und die geringe Urobilinurie bei den verschiedenen Vergiftungen? Damit trete ich in den Brennpunkt der früher aufgeworfenen und am Ende des klinischen Teils aufgestellten Fragen.

1. Gibt es eine extraintestinale Entstehung des Urobilins?

2. Wo ist dieser Entstehungsort?

Ich habe schon früher erwähnt, daß zur Beantwortung dieser Fragen alle Bestrebungen darauf gerichtet sein mußten, den Darm urobilinfrei zu machen. Schon früher habe ich erörtert, daß dies bisher nur unvollkommen gelingt, daß aber der Urobilin- und Urobilinogengehalt des

Darmes durch die Anlegung der kompletten Gallenfistel auf ein Minimum reduzierbar ist. Es erhebt sich daher die Frage, ob man dieses Minimum bei ihrer Beantwortung vernachlässigen kann, resp. unter Berücksichtigung dieses minimalen Gehaltes die Hauptfrage entscheiden darf. Denn es gibt ja nur drei Möglichkeiten für die Vermehrung der Urobilinausscheidung in der Galle unter den Vergiftungseinflüssen, nämlich die Abstammung aus dem Darm oder der Leber oder aus beiden.

Wenn der Gehalt an Urobilin und Urobilinogen im Darm ein minimaler ist, so müssen, falls sie die Ursache des Auftretens dieser Substanzen in der Galle sind (infolge der Vergiftungen), die ausschlaggebenden Werte gering sein. Das ist eine einfach logische Forderung. Und in dieser einfachen Weise betrachtet, erscheint es zunächst über allen Zweifel erhaben, daß der minimale Gehalt des Darmes von Tieren mit kompletter Gallenfistel an urobilinartigen Substanzen sicher nicht maßgebend sein kann für das Auftreten so enormer Werte jener Körper in der Galle unter den Vergiftungseinflüssen. Dieselben übertreffen den Gehalt im Darm, am Kotwert gemessen, um das Vielhundertfache. Zu solchen Werten sind also disponible Mengen im Darm einfach nicht vorhanden. Eine Erscheinung bedarf dabei doch einer näheren Überlegung, das ist der Umstand, daß unter dem Einfluß der Vergiftung der Urobilingehalt des Darmes sich meist — nicht immer — etwas vermehrt oder gleichbleibt, jedenfalls in den seltensten Fällen sich vermindert. Zunächst schien mir dies ein um so schlagenderei Beweis für die Auffassung, daß das Darmurobilin sicher nicht die Quelle des Gallenurobilins .unter Vergiftungswirkung sein könnte. Woher aber die Vermehrung? Konnte nicht durch die Vergiftungen vorübergehend Bilirubinämie erzeugt werden, die sekundär zu einer stärkeren Ausscheidung des Bilirubins in den Darm führte und damit auch zur Vermehrung des Darmurobilins? Da ich über die Größe solcher hypothetischer intermediärer Vorgänge durchaus nicht unterrichtet war, so schien mir dies ein wohl zu berücksichtigender Einwurf gegen die Auffassung, daß das Gallenurobilin in solchen Fällen nicht aus dem Darm stammte. Es galt daher zunächst Anhaltspunkte für die Größe einer solchen Bilirubinämie zu finden. Das war nicht schwer. Denn im Anschluß an solche Vergiftungen, namentlich Amylalkoholvergiftung, trat jeweils ein allerdings nur sehr geringer Bilirubingehalt des Harns auf, und zwar meist erst an dem der Vergiftung folgenden Tage. Im Blutserum war während der Vergiftung, wie ich mich an drei Fällen überzeugen konnte, keine Spur Bilirubin nachweisbar. Jedenfalls bestand also keine irgendwie erhebliche Bilirubinämie und auch kein Ikterus, den man ja leicht an den Schleimhäuten der Tiere (vorderes Zahnfleisch) erkennen kann. Folglich konnte die Menge des unter diesen Umständen via Blut in den Darm gelangten Bilirubins höchstens eine geringe sein. Überdies ist bekanntlich die Schleimhaut des Darmes auch bei hochgradigem Ikterus für Bilirubin sehr wenig permeabel, wie alltägliche klinische Erfahrungen an acholischen Stühlen bei den höchsten Graden des Ikterus zeigen. Ja, es gab seinerzeit eine Kontroverse darüber, ob überhaupt Bilirubin vom Blut in den Darm abgeschieden werde, eine Frage, die nach den Erfahrungen des konstanten Urobilin- oder Urobilinogengehaltes auch noch so entfärbter Stühle doch wohl bejaht werden muß. Um aber so hochgradige Werte von Urobilin und Urobilinogen, wie wir sie unter den Vergiftungserscheinungen in der Galle finden, von einem etwaigen Gehalt dieser Körper im Darm abhängig machen zu wollen, müßten wir mindestens eine so große Menge derselben im Darm voraussetzen, wie wir sie unter ganz normalen Verhältnissen daselbst finden, also einen bis 100 fach größeren Gehalt des Kotes daran, als wir ihn unter den obigen Verhältnissen tatsächlich konstatieren können. Damit dürfte dieser Einwand nicht als stichhaltig anzusehen sein und kann somit zurückgewiesen werden.

Obwohl nach diesen Überlegungen schon ein Entscheid gegen den erhobenen Einwurf zu finden ist, so gibt eine zweite Überlegung derselben Auffassung in einer anderen Weise recht, und zwar läßt sich diese Deduktion aus den zeitlichen Ausscheidungsverhältnissen des Urobilins ableiten. Wenn wir einen Gallenfistelhund aufbinden und er sofort sämtliche Galle anfängt aufzulecken, so dauert es doch mindestens 24 Stunden, bis in der Galle die ersten Urobilinmengen erscheinen. Die Höhe der Ausscheidung beginnt aber erst nach längerer Zeit, mit anderen Worten, es dauert die Umwandlung des Bilirubins im Darm zu Urobilin und sein Wiedererscheinen in der Galle eine erhebliche Zeit. Ich führe den Versuch Friedrich Müllers am Menschen an, wo erst am 3. Tage nach Einführung der Schweinegalle in den Magen im Urin Urobilin auftrat, im Kot schon am 2. Tage. Nach chirurgischen Operationen, die den Abfluß der Galle in den Darm ermöglichen, kommt ebenfalls das Urobilin im Urin und der Galle nicht sofort wieder zum Vorschein, sondern erst in den nächsten Tagen. Es decken sich daher klinische und experimentelle Erfahrungen.

Bei meinen Amylalkoholvergiftungen kann aber schon in den ersten Stunden die Höhe der Ausscheidung mit enormen Urobilin- und Urobilinogenwerten in der Galle eintreten, ein Verhalten, was mit den eben auseinandergesetzten Erfahrungen in erheblichem Gegensatz steht. Wenn man annehmen wollte, daß der Mechanismus des Urobilinauftretens in den Vergiftungsfällen via Blut—Darm stattfände, so dürfte diese Differenz mit den klinischen Erfahrungen nicht bestehen, zumal ein geringer Ikterus meist erst an dem der Vergiftung nachfolgenden Tage nachweisbar zu sein pflegt. Also auch diese Erfahrung weist auf eine andere Entstehungsquelle als den Darm.

Es wirft sich nach dem Gesagten die Frage auf, ob überhaupt eine Vermehrung des Darmurobilins durch die geschilderten Vergiftungen infolge von Eintreten leichten Ikterus zustandekommt. Hierbei ist zu erwähnen, daß Ikterus nicht regelmäßig eintritt, eine Vermehrung des Darmurobilins aber fast immer. Eine Entscheidung dieser Frage könnte ich mir erst dann gestatten, wenn ich für die Messung der Schwere des Ikterus einen Maßstab hätte. Ich lasse daher diese Frage in suspenso, betone aber, daß folgende Möglichkeit der Vermehrung des Darmurobilins unter den Vergiftungserscheinungen die größere Wahrscheinlichkeit zu haben scheint. Wir sahen auf der Höhe der Urobilinausscheidung in der Galle regelmäßig auch eine schwache Urobilinausscheidung im Urin eintreten, was beweist, daß Urobilin oder Urobilinogen ins Blut übergetreten war und von da in den Harn. Es ist nun durchaus wahrscheinlich, daß es mit dem Blut auch in den Darm gelangt und daß seine leichte Ausscheidung in den Darm bei seiner vorzüglichen Resorbierbarkeit aus demselben wohl nicht in Frage zu ziehen ist. Als Stütze für eine solche Auffassung scheinen mit einige Beobachtungen zu sprechen, die ich an den Tieren machte, welche auf Amylalkohol und Phosphorvergiftung nicht reagierten. Da blieb trotz verschiedener Vergiftungsversuche in einigen, allerdings nicht in allen Fällen der Darmurobilingehalt gleich, resp. es trat keine Vermehrung desselben auf, und auch in der Galle waren ja höchstens nur Spuren von Urobilin aufgetreten. Nun gibt es ja Mittel und Wege, die urobilinartigen Substanzen aus dem Darm womöglich noch radikaler zu entfernen wie ich dies bisher tat, nämlich durch starkes Abführen der Tiere. Ich habe daher einen Versuchshund (Bull.) mit gehörigen Dosen Oleum ricini, die bei ihm Erbrechen und heftigen Durchfall hervorriefen, abgeführt und am nächsten Morgen mit Amylalkohol vergiftet. In den letzten Stuhlresten war nach 24 Stunden Stehenlassen des Kotextrakts mit alkoholischer Zinklösung auch im Sonnenlicht keine Urobilinfluoreszenz mehr nachweisbar. Die folgende Tabelle belehrt über den Ausfall des Versuchs:

Tabelle. Hund 14 (Bull.).

Datum	Art der Vergiftung	Urin		Galle		Stuhl
		Urob.	Ubgen.	Urob.	Ubgen.	Urob. + Ubgen.
25. VI.	Oleum ricini	0	0	0	0	0
26. VI.	Amylalkohol 10					
	Äthylalkohol 30	Spur	0	1000	++ pos.	Spur
27. VI.		Spur	0	35	pos.	35

Ich glaube nach diesem Ausfall der Probe dürfte auch bei großem Skeptizismus eine Darmquelle des Urobilins und Urobilinogens für die vorliegenden Fälle mit Sicherheit auszuschließen sein. Alle Versuche, den Gehalt der Galle an diesen Körpern bei Tieren mit kompletten Gallenfisteln nach Vergiftungen vom Darme abzuleiten, halten also genauester Kritik nicht stand, aber wo entstehen sie dann?

Damit komme ich zur Beantwortung der zweiten gestellten Kardinalfrage, wo ist der Ort der anzunehmenden extraintestinalen Urobilin- und Urobilinogenbildung? Hier ist die Beantwortung leichter, alles weist auf die Leber hin. Die eingeführten Stoffe sind bekannte exquisite Lebergifte, der Phosphor obenan, der Amylalkohol nicht minder (s. die Versuche von Brauer und Pilzecker), das Toluylendiamin gilt allerdings mehr als Blutgift, doch glaubt Stadelmann, daß es auch spezifisch leberverändernd ist und wirklich schließen sich an länger dauernde Toluylendiaminvergiftung nicht unerhebliche Veränderungen der Leberstruktur an.

Wenn wir nun sehen, daß bei der Einwirkung von Substanzen, die alle Leberschädlinge sind, eine Funktionsänderung der Leber derart auftritt, daß zwar ein dem Bilirubin sehr nahestehender Körper, das Urobilin resp. dessen Bausteine, das Urobilinogen, in der Galle auftritt, so darf man wohl den Schluß ziehen, daß die Leber der Ort der Urobilinentstehung ist, insbesondere da es nicht bekannt ist, daß ein anderes Gewebe außer Lebergewebe imstande ist, im lebenden Organismus Urobilin oder seine Vorstufe, das Urobilinogen, zu bilden. Mithin darf der Satz aufgestellt werden, daß die Leber unter gewissen pathologischen Bedingungen statt Bilirubin Urobilin bildet. Daß dies durch verschiedene Schädlichkeiten bewirkt wird, darf nicht wundernehmen und paßt durchaus zu dem, was aus der Pathologie überhaupt von dem Auftreten des Urobilins bei den verschiedenartigsten Lebererkrankungen bekannt ist.

Es konzentriert sich somit die Aufmerksamkeit auf die Leber und es wird hier am Platze sein, über den mikroskopischen Befund der Leber der Tiere einige Mitteilungen zu machen. Im ganzen stehen mir 7 Hundelebern zur Verfügung. Über den Leberbefund der noch lebenden Versuchstiere werde ich später einmal berichten. Auch hier werde ich die Befunde an den Lebern der Tiere der ersten Gruppen zusammenfassen und der zweiten gegenüberstellen.

Hund 1, Schnauzer, lebte fast 4 Monate als Gallenfistelhund. Die Ausscheidung des U. in der Galle war schließlich konstant geworden. Makroskopisch war die Leber auffallend hart, leicht ikterisch und von normaler Größe. In einem kleinen Lappen bestand eitrige Cholangitis. Im mikroskopischen Präparat zeigte die Leber nicht unwesentliche Veränderungen. Zweifellos ist eine Vermehrung des interacinösen Bindegewebes vorhanden; die Züge desselben sind gegen die Norm verbreitert mit vereinzelt sehr derben größeren Zwischenfasern. In unmittelbarer Umgebung der Gallengänge ist öfters eine Anhäufung epitheloider Zellen vorhanden, über deren Genese ich aber nichts Näheres aussagen kann. Die Gallengänge selbst zeigen in dem Lappen mit eiteriger Cholangitis pericholangitische und cholangitische Infiltrate. Sonst in der Leber sind sie nicht verändert. Die zelligen Elemente der breiten Bindegewebsbalken haben außer den fibrösen Fasern noch vereinzelte Leukozyten und Lymphozyten aufzuweisen. Im Acinus selbst ist an den Leberzellen auffallend die unscharfe Begrenzung gegeneinander, eine trübe Schwellung des Protoplasmaleibes, großer Fettgehalt und unscharfe Ausprägung der Kerne, ikterisches Pigment ist nur in vereinzelten an der Peripherie gelegenen Zellen nachweisbar. Kleine Stücke der Leber wurden in konzentriertem Sublimat gehärtet unter der Voraussetzung, daß etwa Urobilinpigment irgendwo in der Leber abgelagert sein könnte, was sich ja dann mit Sublimat rot färben müßte. In den mikroskopischen Schnitten ließen sich nirgends rote Körnchen oder diffuse Rotfärbungen nachweisen, was nach A. Schmidt für U. etwa hätte verwertet werden können. Um die Zentralvene, die öfter in ihren Wandungen verstärkt ist, bemerkt man vereinzelte Rundzellen und Leukozyten.

Im großen ganzen zeigt sich eine recht erhebliche Veränderung dieser Leber, die wohl am ehesten als beginnende interstitielle und parenchymatöse Hepatitis aufzufassen ist.

Hund 2, Cäsar. 7 Monate Gallenfisteltier. Dauernde Urobilinausscheidung in der Galle in den letzten 4 Monaten. Das Tier stirbt schließlich an Schwäche. Die Sektion ergibt die korrekte Ausführung der Operation. Die Leber ist makroskopisch etwas verkleinert und zeigt ganz kleine Unebenheiten ihrer Oberfläche. Auf dem Durchschnitt ist der normale Charakter der Leberzeichnung verwischt und hat einem mehr fleckigen Charakter Platz gemacht, nirgends besteht deutliche Abschnürung von Knötchen, kein Ikterus, keine Cholangitis, typisch-cirrhotische Veränderungen sind ebenfalls nicht zu finden; mancherlei pathologische Befunde in anderen Organen übergehe ich.

Den makroskopischen Veränderungen des anatomischen Befundes entsprach eine viel stärkere mikroskopische Veränderung. Es fällt sofort eine sehr starke Vermehrung des bindegewebigen Anteils der Leber auf. Eine große Menge bindegewebiger Brücken trennen die Acini, von denen einzelne ganz klein und allseitig von Bindegewebe umschlossen sind, andere nur an ihrem Rande von dem eindringenden Bindegewebe ergriffen werden. Ein oberflächlicher Blick auf dieses Verhalten von Bindegewebe und Parenchym lehrt, daß hier eine ausgesprochene Cirrhose in ihrem Beginn vorliegt.

In den Bindegewebsbalken bilden die fibrösen Züge weitaus den größten Anteil desselben, dazwischen finden sich Anhäufungen von größeren und kleineren Rundzelleninfiltraten, auch von Leukozyteninfiltration. Die Gallengänge zeigen ein gut erhaltenes Epithel und die gewohnte Gestalt, doch sind sie der Zahl nach vermehrt, vermutlich durch Neubildung. Dazwischen finden sich im Bindegewebe Reste von Leberzellenbalken, die in die bindegewebige Wucherung mit einbezogen wurden.

Im Acinus selbst sind die Leberzellen gut erhalten, gut und distinkt färbbar, aber klein und mit dunklerem Protoplasmaleib. Der Fettgehalt ist ein mäßiger. In und neben den Blutgefäßen sieht man ziemlich viele Leukozyten und es liegen noch Zellen sehr verschiedener Art und Abkunft daselbst, was ich vielleicht an einem anderen Ort genauer erläutern will. Die Kupferschen Sternzellen sind zweifellos ebenfalls vermehrt. Die Wand der Zentralvene ist verdickt und mit Rundzellen und Leukozyten teilweise infiltriert.

Besonders schön läßt sich die Vermehrung des Bindegewebes mit der von Weigert modifizierten van Gieson-Methode zeigen, womit auch die bindegewebige Natur der interacinösen Brücken und Balken sichergestellt ist. Nach diesen Befunden dürfte es kaum zweifelhaft sein, daß wir hier eine beginnende Cirrhose vor uns haben. Es läßt sich schwer sagen, ob man den Typus der Laënneeschen oder der Hanotschen Cirrhose annehmen will, falls man überhaupt Vergleiche mit der menschlichen Pathologie wagt. Für Hanotsche Cirrhose spräche die wohl nicht unerhebliche Vermehrung der Gallengänge, obwohl dieselbe ja auch zum Bilde der Laënnecschen Cirrhose, bis zu einem gewissen Grade wenigstens, gehört. Gegen Hanot spricht vor allem das Fehlen jeglichen stärkeren Ikterus. Nur ganz vereinzelte Leberzellen enthalten ikterisches Pigment, das ja bei der Hanotschen Cirrhose (der biliären Cirrhose) massenhaft abgelagert ist. Eine genaue Entscheidung dürfte daher schwer sein, doch scheint mir die Annahme einer Cirrhose mehr nach dem Typus der Laënnecschen die wahrscheinlichere. Schnitte an in konzentrierter Sublimatlösung gehärteten Leberstückchen ergaben nirgends Rotfärbung, die etwa für den Gehalt an Urobilin hätten in Betracht gezogen werden können.

Hund 3, Ali, schottischer Schäferhund, war nicht ganz 2 Monate Gallenfisteltier. In der letzten Zeit dauernde Urobilinausscheidung. Der makroskopische Sektionsbefund ist schon früher mitgeteilt, mikroskopisch finden sich nicht unerhebliche Veränderungen. Vor allem ist der bindegewebige Anteil der Leber entschieden etwas, wenn auch nur wenig vermehrt. Vereinzelt kommen breite, bindegewebige Züge und Balken vor, die zwischen die Acini eingestreut sind. Um die Gallengänge sieht man Infiltrationen mit ziemlich großen Rundzellen epitheloider Natur. Die Gallengänge sind nicht vermehrt und haben ein gutes Epithel.

Die Leberzellen sind hier stärker degeneriert als in den vorhergehenden Fällen, vor allem zeigt sich ein sehr viel größerer Fettgehalt derselben, kleinste und recht große Fetttropfen liegen in jeder Zelle. Die Kerne sind wenig gut färbbar, das Zellprotoplasma erscheint dunkel.

Ein Befund erscheint mir aber ganz besonderer Aufmerksamkeit wert. Von den bindegewebigen Begrenzungen der Acini sieht man entlang den Venae interlobulares sich eine Zellart schieben, die sich am besten mit Zellen bei Gefäßsprossung in frischem Bindegewebe, das sich organisieren will, vergleichen lassen. Man könnte auch an besonders deutliche Kupfersche Sternzellen denken. Bei der Weigert-van Gieson-Färbung färbt sich ein Teil dieser Zellen rot. Sie scheinen also bindegewebiger Abkunft zu sein und stellen vielleicht die erste Stufe zur Wucherung des interacinösen Bindegewebes dar. Ihre Verbreitung im Gewebe ist eine fleckweise, ohne daß man sagen könnte, daß besondere Stellen bevorzugt wären.

Also auch in dieser Leber finden sich erhebliche pathologisch-anatomische Veränderungen.

Zusammenfassend läßt sich das Verhalten dieser drei Lebern dahin charakterisieren, daß die Veränderungen des bindegewebigen Anteils die hervorragendsten sind, daß aber auch parenchymatöse Prozesse bestehen. Aber auch bei den Lebern der Tiere der zweiten Gruppe finden sich pathologische Veränderungen.

Hund 4, Ami, lebte ca. 3 Monate lang als Gallenfisteltier, mikroskopisch fand sich bei ihm in der Leber eine viel stärkere Ablagerung von ikterischem Pigment als in irgend einem der vorhergehenden Fälle. Das Pigment liegt meist peripher an Anfängen der Gallengänge in Leberzellen, welche dort benachbart sind. Diese selbst zeigten ein mehr durchsichtiges Protoplasma, guten Kern und einen recht erheblichen Fettgehalt. Eine sichere Vermehrung des interacinösen Bindegewebes läßt sich aber nicht konstatieren, dagegen findet man auch hier vereinzelte Infiltrate um die Gallengänge.

Hund 5, Flora, lebte nicht ganz 3 Wochen als Gallenfisteltier. Die Sektion ergab eine durchaus normale Leber. Entsprechend der kurzen Einwirkung der Vergiftungen und der Fistel und der letzten schweren Phosphorvergiftung fand sich bei diesem Tier mikroskopisch in der Leber nur eine allerdings recht starke Verfettung, sonst gar nichts Pathologisches.

Hund 11, Uhl, lebte fast 2 Monate als Gallenfisteltier. Bei der Obduktion ergab sich makroskopisch, abgesehen von Ikterus mäßigen Grades nichts sicher Krankhaftes an der Leber. Mikroskopisch fand sich eine starke Anhäufung von ikterischem Pigment in der Peripherie der Acini in den Leberzellen, die nahe den Anfängen der Gallengänge liegen. Keine sichere Vermehrung des interacinösen Bindegewebes, doch fanden sich an den Venae intralobulares hier und da ähnliche Infiltrationsbilder mit Rundzellen und Leukozyten wie im Fall 1. Die Leberzellen selbst waren ziemlich fetthaltig, gleichmäßige Durchsetzung mit mittelgroßen bis kleinen Fetttröpfchen. Das Zellprotoplasma war hell, die Kerne distinkt und gut färbbar.

Hund 12, Fox, lebte über 1 Monat als Gallenfisteltier. Die Obduktion ergibt eine etwas ikterische, aber sonst normale Leber; dieselbe bietet mikroskopisch keinen anderen Befund als den vorstehend skizzierten, weshalb ich darauf verweise.

Soll man eine Zusammenfassung der mikroskopischen Befunde dieser Gruppe geben, so geht dies schlechterdings schwer, es sind eben nur relativ sehr geringe Veränderungen da, die sich nicht präzis fassen lassen. Es besteht somit ein nicht unerheblicher Gegensatz zu den Befunden bei den Tieren der ersten Gruppe. Aber frägt man, wodurch denn diese Veränderungen, wie sie so schön bei Hund 2 (Cäsar) ausgeprägt waren, von denen ich daher auch zwei Abbildungen gebe[1]), bedingt sind, so dürfte darauf nur äußerst schwer eine exakte Antwort zu geben sein. Ob man dieselbe als die direkte Folge der Einwirkung so erheblicher Intoxikationen mit Phosphor, Amylalkohol, Toluylendiamin, die ja oft genug wiederholt wurden, ansehen soll, erscheint mir um so fraglicher, als die Hunde der zweiten Gruppe ja dieselben Vergiftungen durchmachten, allerdings in kürzerer Zeit. Aber die Vergiftungen als solche liefen doch ab, hörten auf. Es erscheint mir fast wahrscheinlicher, daß eine andere Ursache für eine so protrahierte Wirkung auf die Leber anzunehmen ist, die zu so erheblichen Veränderungen führte, zumal ja das schließliche Fortbestehen der Urobilinabscheidung in der Galle ein Zeichen dafür ist, daß eine dauernde Funktionsstörung bestand. Ich glaube nicht fehlzugehen, wenn ich die Veränderungen der Leber und die Urobilinausscheidung in der Galle als parallele und nicht als subordinierte Vorgänge auffasse. Obwohl ich mich hier auf das Gebiet des Hypothetischen begebe, da ich keine direkten Beweise erbringen kann, so möchte ich doch als Stütze dieser Ansicht den so eigenartigen Symptomenkomplex akuter Gastroenteritis bei denjenigen Tieren heranziehen, die ihre eigene Galle aufleckten, nachdem ihr Darm vorher länger völlig gallenfrei war. Normale Hunde bekommen keine Gastroenteritis nach Gallenzufuhr per os, nur die Gallenfisteltiere. Es setzt mithin die Gallenzufuhr bei demselben einen gewaltigen Reiz, der sich aber nicht allein auf die Magendarmschleimhaut beschränkt, sondern auch auf andere Gewebe, so z. B. auf die Niere so heftig einwirken kann, daß sogar eine akute hämorrhagische Nephritis entsteht. Dies

---

[1]) Beim Neudruck weggelassen.

legt natürlich den Gedanken nahe, daß für die Leber eine ähnliche Einwirkung bestehen könnte und es erscheint mir nicht unmöglich, daß unter solchen Umständen vielleicht dauernde, derartige Autointoxikationseinflüsse in Erscheinung treten können, die der Leber dann mit der Zeit schaden. Die Vergiftungen mögen ihr Teil dazu beitragen, daß dies rascher und vollkommener eintritt. Ich habe ein Experiment, das in dieser Richtung aufklärend wirken könnte, noch nicht gemacht, da mir andere Fragen zunächst näherstanden, werde es aber nicht versäumen.

Aber noch eine andere Beobachtung ist es, die ich hier zur Stütze mit anführen will und die zu den interessantesten Befunden gehört, die ich während dieser Experimentation gefunden habe, aber zunächst noch nicht weiter verfolgte.

Es fiel mir am ersten Hunde, den ich mit Phosphor vergiftete, auf, daß nach 2—3 Tagen an der vorher monatelang ganz unveränderten Gallenfistel Veränderungen auftraten; die Wundränder verfärbten sich an einzelnen Stellen blaurot und wurden unregelmäßig begrenzt, und ohne daß ein Geschwür oder Eiterung eingetreten wäre, entstand an jenen Stellen eine Einschmelzung des Gewebes. Nach wenigen Tagen hatte sich der Substanzverlust wieder regeneriert. Bei den folgenden Versuchen mit Phosphorvergiftung wiederholte sich der Vorgang bei dem größten Teil der Versuchshunde. Einige bekamen 2 Fistellöcher durch Unterminierung der Haut. Das konnte kein Zufall sein. Und da die Wunden wie angedaut aussahen, so prüfte ich die Galle vor und zur Zeit der Entstehung der Veränderungen an der Fistel auf etwaige verdauende Kraft. Während die Galle vor den Zeiten der Phosphorvergiftung keine verdauende Kraft entwickelte, verdaute die Galle der Phosphorperiode tatsächlich in der Zeit der Entstehung der Fistelveränderungen eingebrachte Fibrinflocken ziemlich rasch. Ich fühle mich verpflichtet, diese Beobachtungen hier mitzuteilen, behalte mir aber jede weitere Untersuchung in dieser Richtung vor.

Nach diesen Abschweifungen möchte ich nochmals auf die Bedeutung der gefundenen pathologischen Veränderungen der Lebern zurückkommen, die mir — unabhängig von ihrer Genese — darin zu liegen scheinen, daß die Lebern in Fällen von Urobilinurie und Urobilinocholie, die unabhängig vom Darm bestehen, wobei also nur die Leber als Ort ihres Entstehens in Betracht kommen kann, daß gerade diese erhebliche pathologische Veränderungen aufweist, die doch gewiß als Ausdruck der gestörten Leberfunktion gelten dürfen. Dies ist der für meine Deduktionen wichtige Punkt. So wird der pathologisch-anatomische Befund eine wertvolle Stütze für die Ansicht, daß die Leberfunktionen gestört sind, und darin besteht durchaus eine Kongruenz zwischen diesen und den chemischen Befunden.

Wir müssen daher der Leber eine ganz besondere Stellung bei dem Urobilinhaushalt des Körpers unter normalen und pathologischen Zuständen zubilligen. Mit der starken Urobilin- und Urobilinogenproduktion in der Galle setzt aber auch stets eine Urobilinurie ein, da sich immer auf der Höhe der Vergiftung Urobilin im Harn nachweisen ließ. Es ist damit zugleich gesagt, daß das Leberurobilin unter diesen Umständen auch die Quelle des Harnurobilins ist. Es muß aber auffallen, daß die Menge dieses Harnurobilins so gering ist. Doch ist dies nur eine Folge der Versuchsanordnung. Nehmen wir an, daß die Leber bei normalen Ausführungsverhältnissen der Gallenwege auch noch in sich Urobilin produziere, so ergießt sich in den Darm eine reichliche Menge Urobilin und Urobilinogen neben Bilirubin. Der Gesamtgehalt des Darmes an urobilinartigen Substanzen steigt damit erheblich und da offenbar ein großer Teil dieser Darmurobiline normalerweise wieder resorbiert wird, so bekäme die Leber in jenen Fällen eine Unsumme von Urobilin zugeführt, deren Bewältigung sie wohl kaum gewachsen wäre. Daß daher ein erheblicher Teil desselben an das Blut abgeführt wird, woraus die Urobilinurie resultiert, ist ein notwendiges Postulat, wofür ich experimentelle Beweise noch anführe. Bei den gleichen Bedingungen bei Gallenfisteltieren wird die gesamte Galle ja aber nach außen ergossen und im Darm ist ja nur eine minimale Menge urobilinartiger Substanzen vorhanden, so daß sowohl der vom Darm unter normalen Verhältnissen stets vorhandene Zufluß von Urobilin als auch der pathologische, durch Urobilinproduktion in der Leber selbst bedingte, in diesen Fällen vollkommen fehlt. Damit ist verständlich, daß Urobilin im Harn unter diesen Umständen nur in geringen Mengen auftreten kann. Ferner aber sei schon jetzt gesagt, daß bei Hunden überhaupt Urobilinurie nur äußerst schwer auftritt. Aus diesen Gründen finden wir bei den Experimenten jeweils nur eine geringe Urobilinurie.

Mit diesen Untersuchungen ist zum ersten Male auf Grund eines großen experimentellen Materiales prinzipiell festgestellt, daß Leberschädigungen aus sich heraus der Anlaß einer vermehrten Urobilin- und Urobilinogenproduktion werden können. Es muß daher die weitere Frage erhoben werden, ob immer in Fällen von Urobilinurie eine Leberschädigung anzunehmen ist. Damit komme ich nochmals auf die Frage, welche Rolle spielt die Leber im normalen Urobilinhaushalt? Als feststehend ist anzusehen, daß der normalerweise vom Darm via Pfortadersystem ziehende Urobilinstrom von der Leber sorgfältig in die Galle gesammelt und so wieder in den Darm ergossen wird. Dieser Mechanismus wird natürlich wie jeder andere seine Grenzen haben und gelegentlich versagen können. Wir sahen schon, daß er beim Hund recht erhebliche Anforderungen bewältigen kann (s. die Versuche über Galleneingießung bei normalen

Hunden). Andererseits bewirkt eine starke Überlastung der Leber mit den chemischen Bausteinen des Urobilins und Urobilinogens, also z. B. mit Hämoglobin eine Urobilinurie auch beim normalen Hunde. Unter diesen Umständen schien es mir wichtig, durch Spezialversuche festzustellen, was für Schicksale Urobilin erleidet, wenn es jenseits der Pfortader resp. mit Umgehung derselben dem Tierkörper einverleibt wird.

Ich habe zu diesem Zwecke einem Kaninchen, das einige Tage vorher auf Urobilinurie beobachtet wurde, subkutan ca. 0,2 g Urobilin beigebracht, das ich mir aus menschlicher Galle dargestellt hatte, die mir in ausgiebiger Weise vom Sektionsmaterial des hiesigen pathologischen Institutes durch Liebenswürdigkeit meines früheren Chefs, des Herrn Geh.-Rat Arnold zur Verfügung gestellt wurde, wofür ich ihm bestens danken möchte. Darauf entleerte das Tier nach 4 Stunden einen tiefbraunen, sehr phosphatreichen Urin, in dem eine recht erhebliche Menge Urobilin (V.-W. 30) nachweisbar war. In den folgenden Tagen entleerte es weiterhin Urobilin, dann nicht mehr. Einen für die vorliegende Frage aber viel besseren Versuch habe ich dem Zufall zu verdanken.

Hund 9, Cäsar 2 (mittelgroßer langhaariger Mischling), in Morphium-Chloroformnarkose wurde die Anlegung einer kompletten Gallenfistel versucht. Leider streifte sich vom zentralen Ende des Ductus choledochus nach seiner Durchtrennung die Ligatur ab und es ergoß sich die gesamte Blasengalle ins Peritoneum. Ich konnte das sich retrahierende Ende zwar späterhin wieder fassen, doch war ich meiner Sache nicht ganz sicher, aber ich legte doch noch die Fistel an, gab das Tier aber verloren. In den ersten 4 Tagen bestand hochgradiger Ikterus und eine sehr erhebliche Urobilinurie mit V.-W. bis 25. Am 4. Tage kam aus der Fistel etwas dicke Galle, der Ikterus wurde geringer und es stellte sich eine Art Gallenfistel her. Die Urobilinurie bestand aber noch weiter, einmal mit V.-W. bis 40, eine Zahl, die ich bei einem Hund überhaupt nicht mehr erhalten habe, auch hochgradiger Ikterus bestand weiter. Nach einiger Zeit schloß sich die Gallenfistel wieder, es trat hochgradige Albuminurie auf und damit verschwand das Urobilin. In der Folgezeit muß sich eine neue Kommunikation zwischen Darm und Gallenwegen gebildet haben, da das Tier jetzt ganz munter ist, keinen Ikterus hat und der Kot normal gefärbt ist.

Ein drittes Experiment zeigte ähnliche Resultate. Subkutan appliziertes Urobilin zweimal ca. 0,2 verursachte bei einem jungen gesunden Hund, der vorher völlig urobilinfreien Harn ausgeschieden hatte, eine nicht unerhebliche Urobilinurie mit V.-W. bis 20.

Nach diesen Erfahrungen scheint es mir durchaus gesichert, daß eine erheblichere Urobilineinführung in den Körper mit Umgehung der Leber von Urobilinurie gefolgt ist. Ob dies aber regelmäßig der Fall ist, kann ich natürlich danach noch nicht sagen. Auch kenne ich die Grenze nicht, die die Urobilinämie erreichen muß, daß das Urobilin das Nierenfilter passiert.

Es sei hier erwähnt, daß Riva nach Urobilineinspritzung ins Blut keine Urobilinurie, sondern Bilirubinurie beobachtete. Dies ändert an dem Ausfall meiner in der Richtung angestellten Versuche durchaus nichts und ich erinnere im Gegensatz zu Rivas Versuch noch an den von Nencki und Zaleski mit Hämopyrol, das sie einem Kaninchen subkutan beibrachten, welches ja ebenfalls Urobilinurie bekam. Die Differenz mit Rivas Versuchen darf daher nicht zu hoch angeschlagen werden, insbesondere, da wir ja gar nicht wissen, wie sich Urobilin und Bilirubin im Körper gegenseitig beeinflussen und es nicht unmöglich ist, daß eventuelle reversible Prozesse mit im Spiele sind, deren genaue Erkenntnis eben noch zu erstreben ist. Man muß aber jedenfalls die Existenz eines Modus der Urobilinurie zugeben, der dadurch hervorgebracht wird, daß die Leber nicht mehr imstande ist, alles ihr vom Darm zugeführte Urobilin festzuhalten, was dann ins Blut tritt und durch die Nieren ausgeschieden wird. Nach dem Gesagten ist es gewiß verständlich, daß schon bei relativ geringen Störungen in der Leber, z. B. bei einfachem katarrhalischen Ikterus, wo ihre Zellen mit Farbstoff überladen sind und gerade die Abfuhrwege der Farbstoffe gewiß versperrt sind, Urobilinurie eintreten muß, wenn fort und fort bei nicht völligem Verschluß des Choledochus aus dem Darm mit dem Blut Urobilin herangeführt wird. Es ist auch verständlich, daß, sowie dies aufhört, i. e. bei Verschluß des Choledochus, auch die Urobilinurie aufhört, da die Leber selbst noch nicht so tief verändert ist, daß sie aus sich heraus Urobilin produziert. Sie wird aber ceteris paribus um so weniger den Darmurobilinstrom bewältigen können, je mehr Parenchym sie verloren hat, resp. je schwerer das Gesamtparenchym gestört ist.

Ich versuchte mir daher Beweise für die Insuffizienz der Leber in solchen Fällen zu verschaffen und da boten sich die Lebern derjenigen Versuchstiere dar, die auf Amyl- und Phosphorvergiftung mit Urobilin- und Urobilinogenausscheidung antworteten, die also in ihrer Funktion erheblich geschädigt waren. Das Verhalten der Lebern dieser Tiere gegen erneute Zufuhr von Urobilin vom Darme aus mußte einen gewissen Entscheid in dieser Frage bringen. Ich hatte schon darin einen Beweis dafür, daß diese Lebern tatsächlich nicht mehr imstande waren, einen ungefähr normalen Urobilindarmstrom zu bewältigen, daß nach dem Aufbinden der Tiere, wenn sie ihre eigene Galle aufleckten, nicht allein in der Galle wieder Urobilin auftrat, sondern auch im Urin, ich verweise dafür auf die Tabelle bei Hund 2, Cäsar, der nach längerem Aufgebundensein im Urin einen V.-W. von 25 Urobilineinheiten zeigte.

Weiterhin kann man zeigen, daß Zufuhr von Galle bei einem Tiere mit geschädigter Leber Urobilinurie erzeugt oder bestehende verstärkt. Ich benutzte dazu meinen ältesten noch lebenden Versuchshund Cäsar, der dauernd viel Urobilin in der Galle ausschied und im Harn dauernd Spuren.

 Experimente dazu.

Tabelle. Hund 2 (Cäsar).

Datum	Art der Einwirkung	Harn		Galle		Stuhl
		Urob.	Ubgen.	Urob.	Ubgen.	Urob. + Ubgen.
9. VI.		Spur	Spur	250	++ pos.	40
10. VI.	250 ccm Ochsengalle					
	per os	15	Spur	300	++ pos.	50
11. IV.	„	30	Spur	450	++ pos.	220
12. VI.	„	20	Spur	300	++ pos.	250

Es tritt leider starker Brechdurchfall auf, das Tier ist äußerst schwach und stirbt bald. Man sieht immerhin die erhebliche Zunahme des Harnurobilins unter diesen Versuchsbedingungen. Ein weiterer Versuch mußte mehr entscheiden.

Tabelle. Hund 16 (Wolf).

Datum	Art der Einwirkung	Harn		Galle		Stuhl
		Urob.	Ubgen.	Urob.	Ubgen.	Urob. + Ubgen.
1. Tag		0	0	Spur	0	15
2. „	250 ccm Ochsengalle					
	per os	0	0	20	0	25
3. „	„	5	Spur	56	pos.	150
4. „	300 „	10	Spur	120	++ pos.	300
	20 Tropfen Opium					
	(Stuhl breiig					
5. „	„	15	Spur	150	++ pos.	450
6. „	· „	10	Spur	150	++ pos.	350
7. „	„	10	Spur	120	++ pos.	150
	Durchfall					

Aber auch noch auf eine andere Weise schien mir die Insuffizienz einer pathologischen Leber in der normalen Verarbeitung der chemischen Baustoffe des Bilirubins klar darlegbar zu sein, nämlich bei der experimentellen Hämoglobinämie. In einem früheren Versuch beim normalen Hund konnte man die nach Hämoglobinämie auftretende Urobilinurie auch als eine intestinal bedingte ansehen, obwohl das rasche Auftreten des Urobilins im Harn etwas dagegen sprach. Ich habe daher bei Gallenfisteltieren, deren Lebern auf Amyl- und Phosphorintoxikationen mit reichlicher Urobilinausscheidung reagierten, experimentelle Hämoglobinämien erzeugt. (Siehe beide folgende Tabellen.)

Tabelle. Hund 14 (Bull.).

Datum	Art der Einwirkung	Harn		Galle		Stuhl
		Urob.	Ubgen.	Urob.	Ubgen.	Urob. + Ubgen.
1. Tag	Injektion v. 200 ccm Aq. dest. in die Vena femoralis (starke Hämoglobinämie)	0	0	Spur	0	20
	Nach 12 Stunden	Spur	0	350	pos.	30
2. „		Spur	0	1500	++ pos.	40
3. „		10	0	500	pos.	50
4. „		Spur	0	30	pos.	20
5. „		0	0	Spur	0	45

Tabelle. Hund 16 (Wolf).

Datum	Art der Einwirkung	Harn		Galle		Stuhl
		Urob.	Ubgen.	Urob.	Ubgen.	Urob. + Ubgen.
1. Tag	Injektion v. 200 ccm Aq. dest. in die Vena femoralis (starke Hämoglobinämie)	0	0	Spur	0	45
	Nach 4 Stunden	Spur	0	Spur	++ pos.	—
	„ 8 „	Spur	0	350	++ pos.	—
2. „		10	0	1800	++ pos.	40
3. „		Spur	0	120	pos.	40
4. „		Spur	0	50	pos.	60
5. „		Spur	0	80	pos.	25
6. „		0	0	Spur	0	20

Nach dem übereinstimmenden Ausfall dieser Versuche scheint es mir nicht mehr zweifelhaft zu sein, daß wir die Leber als das Organ ansehen müssen, welches normalerweise den Urobilinhaushalt des Körpers reguliert. Sie kann dabei offenbar auf die verschiedenste Art und Weise insuffizient werden, teils vorübergehend, teils dauernd. Letzteres deutet wohl in allen Fällen auf eine sehr schwere, vielleicht irreparable Störung der Leberfunktion.

Mit dem Ausspruch dieser Sätze ist auf Grund eines ausführlichen experimentierenden Materials bei der ganzen Genese der Urobilinurie der Leber die ausschlaggebende Rolle für das Entstehen derselben zugesprochen, so zwar, daß sie zumeist das Darmurobilin nicht in richtiger Weise bewältigt, eventuell aber selbst noch zur Urobilinproduktion beiträgt.

III. Teil.

Übertragung der Versuchsergebnisse auf Fragen der menschlichen Pathologie.

Die Antworten auf die Fragen, die sich aus den klinischen Beobachtungen und Überlegungen ergaben, sind durch die Versuchsergebnisse am Tier zum Teil sehr präzis gegeben worden. Es bleibt mir übrig zu erwägen, ob sie ohne weiteres auch auf die menschliche Pathologie übertragen werden dürfen. Es sei darauf hingewiesen, daß der Grundmechanismus des Auftretens des Urobilins unter normalen Bedingungen bei Hund und Mensch der gleiche ist. Das mit der Galle in den Darm ergossene Bilirubin wird durch bakterielle Tätigkeit zu Urobilin umgewandelt, mit dem Pfortaderstrom zum Teil der Leber zugeführt und in der Galle wieder ausgeschieden. Das ergibt sich unmittelbar aus den Beobachtungen bei Operierten mit Gallengangsverschluß und den übereinstimmenden Befunden beim Tier nach Anlegung einer kompletten Gallenfistel. Worin Hund und Mensch differieren, das ist die Verschiedenheit in der Ausscheidung von Urobilin oder seiner Vorstufen im Harn zunächst schon unter normalen Verhältnissen. Während der gesunde Mensch stets mit dem Harn Urobilin oder Urobilinogen ausscheidet, tut dies der normale Hund offenbar nie. Urobilinurie auch schwächsten Grades bedeutet beim Hunde somit schon eine sehr erhebliche Störung seines Urobilinhaushaltes. Es mag diese geringe Ausscheidbarkeit des Urobilins damit zusammenhängen, daß im Hundeorganismus an und für sich der relative Vorrat an Urobilin und seinen Vorstufen offenbar wesentlich geringer ist als beim Menschen, der recht viel davon im Darm enthält. Zu den regelmäßigen Gallenumwandlungsprodukten des Hundedarms gehört z. B. auch das Cholecyanin, was beim Menschen in größerer Menge offenbar nicht regelmäßig im Darm vorkommt. Diese Differenzen im Urobilinhaushalt des Hundes und .des Menschen lassen den Hund als Versuchstier zum Studium über Urobilin nicht sehr geeignet erscheinen. Die Hundeleber bewältigt offenbar eine sehr viel größere Menge von Urobilin als die menschliche Leber, dagegen scheint sie Bilirubin relativ leicht ans Blut abzugeben, worin ebenfalls eine Differenz zwischen dem menschlichen und dem Hundeorganismus besteht. Doch sind alle diese Verschiedenheiten nicht imstande, einen ernstlichen Einwand gegen die Zulässigkeit der Übertragung der Versuchsergebnisse am Hunde auf die menschliche Pathologie darzustellen. Im Gegenteil werden sich manche im Tierexperiment nur relativ gering ausgefallene Ausscheidungen von Urobilin an entsprechenden klinischen Beobachtungen als viel bedeutender herausstellen. Freilich hat die Größe der

Urobilinausscheidung beim Menschen wohl nicht die in vielen Fällen üble Bedeutung, wie sie es für den Hund hat.

Schon aus den gesammelten klinischen Beobachtungen ging mit Evidenz hervor, daß die Störung beim Eintreten von Urobilinurie oder Urobilinogenurie in der Leber liegen müsse. Die Resultate der experimentellen Untersuchungen geben uns aber erst die Berechtigung, diese Annahme als eine richtige anzusehen. Die Vorstellung, daß die Leber der Regulator der Urobilinverteilung im menschlichen Körper ist, läßt die ungeheuer komplizierten sonstigen Erklärungsversuche für das Auftreten von Urobilin im Harn leicht entbehren und durch relativ einfache ersetzen. Gewisse vorübergehende Urobilinurien, z. B. bei Infektionskrankheiten oder Ikterus, sind so zu erklären, daß der normal vom Darm herkommende Urobilinstrom nicht mehr in richtiger Weise reguliert wird, sei es bei fieberhaften Affektionen, z. B. durch fehlerhafte Funktion der Leberzellen selbst, wegen der vermehrten Stoffwechselansprüche und des relativen Sauerstoffmangels, sei es, z. B. beim Ikterus, durch vorübergehende Verstopfung der Abführwege (Paracholie). Denn mit der Annahme einer geringen Schädigung des Leberparenchyms wird die beim Menschen schon physiologischerweise vorhandene Durchlässigkeit der Leber für Urobilin oder Urobilinogen offenbar beträchtlich erhöht. Ob die Art der Schädigung nun immer gerade an die Störungen des Gasaustausches in der Leber gebunden ist, wie es sich mir aus klinischen Beobachtungen zu ergeben schien, kann ich nicht mit Sicherheit behaupten. Immerhin ist das Vorhandensein anderer Möglichkeiten theoretisch durchaus zuzugeben, doch scheint der Sauerstoffmangel das mit der Urobilinurie weitaus am häufigsten gleichzeitig bestehende schädigende Moment zu sein. Mit dem Aufhören der Leberschädigung verschwindet auch die Urobilinurie. Weintraud hat im Handbuch der Pathologie des Stoffwechsels, das v. Noorden herausgibt, eine ähnliche Auffassung der Entstehung der Urobilinurie geäußert, indem er ausführt, daß die Leber normalerweise den Kreislauf des Urobilins von Darm—Leber—Darm reguliert. Er sagt ferner, „versagt sie aber in dieser Hinsicht infolge funktioneller Insuffizienz bei überreichlichem Angebot von Farbstoff oder infolge anatomischer Erkrankung schon bei einer die Norm nicht überschreitenden Inanspruchnahme, dann wird das Urobilin nicht genügend zurückgehalten und umgeprägt, und jetzt wird es aufgenommen in die Blut- und Lymphbahnen etc.". Die hier entwickelte Auffassung stellt vollkommen meine Ansicht dar, die ich durch einen Teil meiner Experimente zu beweisen versuchte. Sie stellt aber nicht die Möglichkeit auch einer in der Leber selbst entstehenden Urobilin- und Urobilinogenproduktion dar. Es ist klar, daß z. B. bei Cirrhosis hepatis nicht die Grundbedingung für die Gallenbildung — der normale Blutzerfall — gestört ist, sonst müßten irgendwelche

Erscheinungen am Blut zu den regelmäßigen klinischen Zeichen der Lebercirrhose gehören, sondern daß nur die Verarbeitung der Farbstofftrümmer des Blutes Schwierigkeiten macht. Bei der reduzierten Menge des Parenchyms kann es seiner normalen Leistung nicht mehr nachkommen und da wir jetzt experimentell wissen, daß die veränderte Leber statt Bilirubin Urobilin produzieren kann, so müssen wir gerade in solchen Fällen die gleiche Annahme machen. Leider habe ich bis jetzt noch keinen klinischen Fall in Beobachtung bekommen, wo bei Lebercirrhose ein kompletter Gallengangsverschluß aufgetreten wäre. Daran würde sich manches von meinen Vorstellungen verifizieren lassen, u. a. namentlich eine Vorstellung darüber zu gewinnen sein, welche Grade der Leberschrumpfung zur Urobilinentstehung in ihr selbst nötig sind. Ich erinnere hier nochmals an den von Gerhardt publizierten Fall, den ich dem Müllerschen Experiment gegenüberstellte. Die Deutung, daß das Urobilin im Harn dieses Gerhardtschen Patienten nicht aus dem Darm, sondern aus der Leber gestammt hat, gewinnt nach den experimentellen Erfahrungen wesentlich an Beweiskraft.

Wenn nun auch in seltenen Fällen die Leber die Quelle der Urobilinbildung werden kann, so ist es nach dem grundlegenden Versuch Friedrich Müllers doch nicht im mindesten zweifelhaft, daß der Darm als eigentliche Quelle des Urobilingehaltes des Harns unter normalen und den meisten pathologischen Bedingungen anzusehen ist. Es ist jetzt aber ausführlich gezeigt, daß auch bei dieser Quelle des Urobilins die Leber für sein Auftreten im Urin eine unbedingt ausschlaggebende Rolle besitzt.

Insofern stellt die Urobilinurie wohl das feinste Reagens auf Leberfunktionsstörung dar, was wir jetzt kennen gelernt haben. Aber es wird noch vieler genauer klinischer Beobachtungen bedürfen, bis wir den Symptomenkomplex der Urobilinurie und Urobilinogenurie am Krankenbette richtig beurteilen lernen werden. Namentlich interessant sind ja die Perspektiven, die sich für die Beurteilung der Lebertätigkeit bei den allerverschiedensten Affektionen eröffnen. Es wird vielleicht die Urobilinurie im Gefolge gewisser Belastungsproben der Leber ein feines klinisches Diagnostikum für beginnende Störungen der Lebertätigkeit darstellen und ich denke mir eine klinische Durchführung dieser Idee der alimentären Glykosurie oder der Lävuloseprobe analog. Hat ja doch auch das Urobilinspeicherungsvermögen der Leber eine gewisse Ähnlichkeit mit der Glykogenspeicherung. Ich bin daran, klinische Proben in der angedeuteten Richtung ausfindig zu machen und ihr diagnostisch-praktisches Interesse zu prüfen.

Literaturverzeichnis.

1. Ajello, Contributo sperimentale alla genesi dell' urobilina nei liquidi cistici, transsudati ed essudati. Morgagni. 1893. Ref. im Zentralbl. f. klin. Med. 15. 1894. S. 502.
2. Aufrecht, Über experimentelle Lebercirrhose. Deutsches Arch. f. klin. Med. Bd. 58.
3. Afanasijew, Über Ikterus und Hämoglobinurie. Zeitschr. f. klin. Med. Bd. 6.
4. Derselbe, Diskussion über Hämoglobinurie. Verhandl. des Kongrsses f. inn. Med. 1883.
5. Bauer, Die Ehrlichsche Aldehydreaktion im Harn und Stuhl. Zentralbl. f. innere Med. 1905.
6. Baumstark, Bestimmung der Fäulnisprodukte etc. Münch. med. Wochenschr. 1903.
7. Beck, A., Über die Entstehung des Urobilins. Wien. klin. Wochenschr. 1895. Nr. 35.
8. v. Bergmann, Die Hirnverletzungen mit allgem. und mit Lokalsymptomen. Volk. klin. Vorträge 190.
9. Beyer, Über Trionalvergiftung. Deutsche med. Wochenschr. 1896.
10. Brauer, L., Untersuchungen über die Leber. Hoppe-Seylers Zeitschr. f. physiol. Chem. Bd. 40.
11. Braunstein, Über Entstehung und Vorkommen des Urobilins im menschl. Magen. Zeitschr. f. klin. Med. Bd. 50.
12. v. Bunge, Lehrbuch der physiologischen Chemie. II. Aufl. 1905.
13. Dick, Über den diagnostischen Wert der Urobilinurie für die Gynäkologie. Arch. f. Gynäkol. 1884. Nr. 23.
14. Disqué, Über Urobilin. Hoppe-Seylers Zeitschr. f. physiol. Chemie. Bd. 2. 1877/78.
15. Dreyfuß-Brissak, De l'ictère hémaphéique. Diss. Paris 1878.
16. Ehrlich, Über die Dimethylamidobenzaldehydreaktion. Die med. Woche. 1901. Nr. 15.
17. Erben, Die Urobilinurie als Symptom der Autohämolyse. Prag. med. Wochenschrift 1904.
18. Fischler, Über experimentelle Fettsynthese am überlebenden Organ. Virch. Arch. Bd. 174.
19. Garrod and Hopkins, On urobilin. Journ. of Physiol. XX.
20. Dieselben, On urobilin. Part. II. The Per-Centage Composition of Urobilin. Journ. of Physiol. Bd. 22. S. 451 ff.
21. Garod, Note on the Origin of the yellow Pigment of Urine. Journ. of Physiol. Vol. 21. 1897.
22. Grimm, Über Urobilin im Harn. Virchows Arch. Bd. 124.
23. Gerhardt, C., Über Urobilinurie. Wien. med. Wochenschr. Nr. 77.
24. Gerhardt, D., Über Hydrobilirubin und seine Beziehungen zum Ikterus. Diss. Berlin 1889.
25. Derselbe, Über Urobilin. Zeitschr. f. klin. Med. Bd. 32. 1897. S. 303.
26. Derselbe, Zur Pathogenese des Ikterus. Münch. med. Wochenschr. 1905. S. 889.
27. Hayem, Sur la Valeur diag. u. prognostique de l'urobilinurie. Gazette des Hôpitaux 1889.
28. Harley, Über die Bildung des Urobilin. Brit. med. Journ. 1896.
29. Hildebrandt, Studien über Urobilinurie und Ikterus. Zeitschr. f. klin. Med. Bd. 59. H. 2—4.

30. **Hoppe-Seyler**, F., Handb. der physiol. und path. chemischen Analyse.

31. **Hoppe-Seyler**, G., Über die Ausscheidung des Urobilins in Krankheiten. Virchows Arch. Bd. 124.

32. **Hoffmann**, Zirkulations- und Pulsationsapparat zur Durchströmung überlebender Organe. Pflügers Arch. Bd. 100.

33. **Jaffé**, Beitrag zur Kenntnis der Gallen- und Harnpigmente. Zentralbl. f. med. Wissensch. 1868.

34. **Derselbe**, Über Fluoreszenz des Harnfarbstoffes. Zentralbl. f. die med. Wissensch. 1869.

35. **Derselbe**, Über das Vorkommen von Urobilin im Darminhalt. Zentralbl. f. die med. Wissensch. 1871.

36. **Derselbe**, Zur Lehre von den Eigenschaften und der Abstammung der Harnpigmente. Virchows Arch. Bd. 47.

37. **v. Jaksch**, Klinische Diagnose innerer Krankheiten. 4. Aufl. S. 96.

38. **Derselbe**, Zeitschr. f. Heilkunde. Nr. 16. S. 95.

39. **Kast und Mester**, Über Stoffwechselstörung nach länger dauernder Chloroformnarkose. Zeitschr. f. klin. Med. Nr. 18. 1891.

40. **Katz**, Die klin. Bedeutung der Urobilinurie. Wien. med. Wochenschr. 1891.

41. **Kimura**, Untersuchungen der menschlichen Blasengalle. Deutsch. Arch. f. klin. Med. Bd. 79. 1904.

42. **Kunkel**, Über das Auftreten verschiedener Farbstoffe im Harn. Virchows Arch. Bd. 79. 1880.

43. **Ladage**, A. A., Bijdrage tot de kennis de Urobilinurie. Diss. Leiden 1899.

44. **v. Leube**, Ein Beitrag zur Lehre vom Urobilinikterus. Verhandl. der Würzb. physik.-med. Ges. 1888.

45. **Derselbe**, Klin. Diagnostik. 5. Aufl. 1898.

46. **Langstein**, Über paroxysmale Hämoglobinurie. Med. Klinik Nr. 1. 1905.

47. **Macfadyen, Nencki und Sieber**, Untersuchungen über die chemischen Vorgänge im menschlichen Dünndarm. Arch. f. exp. Path. u. Pharm. Bd. 28.

48. **Maly**, Künstliche Umwandlung von Bilirubin in Harnfarbstoff. Zentralbl. f. d. med. Wissensch. 1871. 849.

49. **Derselbe**, Untersuchungen über die Gallenfarbstoffe. Ann. d. Chemie. Bd. 185.

50. **Meinel**, Über das Vorkommen und die Bildung von Urobilin im menschlichen Magen. Zentralbl. f. innere Med. 1903.

51. **Derselbe**, Zur Genese der Urobilinurie. Zentralbl. f. innere Med. 1903.

52. **Méhu**, Journ. de Pharm. u. Chir. .1875 (zit. nach **Gerhardt**).

53. **Müller, Frdr.**, Über Ikterus. Verhandl. der schlesisch. Gesellsch. f. vaterl. Kultur 1892.

54. **Derselbe**, Diskussion auf dem Kongreß für innere Med. Bd. 11. 1892.

55. **Derselbe**, Handbuch der Ernährungstherapie. Herausg. von **Leyden**, Kapit.: Allgem. Pathol. d. Ernährung.

56. **Macmun**, On the Origin of Urohaematoporphyrin and of Normal and Pathological Urobilin in the Organism. Journ. of Phys. Bd. 10.

57. **Nencki und Sieber**, Untersuchungen über Blutfarbstoff. Ber. d. deutsch. chem. Gesellsch. zu Berlin. 1884. S. 2275.

59. **Dieselben**, Über das Hämatoporphyrin. Arch. f. exp. Pathol. u. Pharm. Bd. 24. 1888.

59. **Nencki und Zaleski**, Über Red.-Produkte der Hämine. Berichte. Bd. 34. 1, S. 993.

60. **Neubauer, Otto**, Über die neue Ehrlichsche Reaktion mit Dimethylamidobenzaldehyd. Sitzungsber. d. Gesellsch. f. Morphol. u. Physiol. München 1903.

61. **le Nobel**, Über die Einwirkung von Reduktionsmitteln auf Hämatin und das Vorkommen der Reduktionsprodukte im pathologischen Harn. Pflügers Arch. Bd. 40.

62. v. Noorden, Neuere Arbeiten über Hydrobilirubinurie. Berl. klin. Wochenschrift Nr. 92.
63. Derselbe, Handb. der Pathol. des Stoffwechsels 1906, I. Teil.
64. Pilzecker, Über Gallenuntersuchung nach Phosphor- und Arsenvergiftung. Zeitschr. f. physiol. Chem. Bd. 40.
65. Patella und Accorimboni, L'urobilinuria nell' itterizia. Rivista clin. 1891.
66. Quincke, Beiträge zur Lehre vom Ikterus. Virchows Arch. Bd. 95.
67. Riva, Neues über die Genese des Urobilins. Ref. in Malys Jahresber. 1897.
68. Derselbe, Semiologie des Urobilins im Darmkanal. Ref. in Malys Jahresber. 1898.
69. Rohde, Über Farbenreaktionen der Eiweiße. Zeitschr. f. physiol. Chem. Bd. 44.
70. Saillet, Über das Urobilin im normalen Harn. Rev. d. Mediz. 1897.
71. Salkowski, Praktikum der physiol. und pathol. Chemie.
72. Derselbe, Über den Nachweis von Albumosen im Harn und die Darstellung von Urobilin. Berl. klin. Wochenschr. 1894.
73. Schlesinger, H., Zum klinischen Nachweis des Urobilins. Deutsche med. Wochenschr. 1903.
74. Schmidt, Ad., Über Hydrobilirubinbildung im Organismus unter normalen Verhältnissen. Verhandl. d. Kongr. f. innere Med. 1895.
75. Derselbe, Beobachtungen über die Zusammensetzung des Fistelkotes. Arch. f. Verdauungskrankheiten Bd. 4.
76. Derselbe, Über den Nachweis und die Bestimmung des Indols in den Fäzes mittelst der Ehrlichschen Dimethylamidobenzaldehydreaktion. Münch. med. Wochenschr. 1903.
77. Stadelmann, Das Toluylendiamin und seine Wirkung auf den Tierkörper. Arch. f. exper. Pathol. u. Pharmakol. Bd. 14.
78. Derselbe, Zur Kenntnis der Gallenfarbstoffbildung. Bd. 15 u. 16.
79. Derselbe, Arch. f. exper. Pathol. und Pharmakol. Bd. 15 u. 16.
80. Derselbe, Die chronische Vergiftung mit Toluylendiamin. Ebenda. Bd. 23.
81. Derselbe, Der Ikterus. Stuttgart 1891.
82. Stich, Urobilin in Ascitesflüssigkeit. Münch. med. Wochenschr. 1901.
83. Stokvis, Zeitschr. f. Biol. Bd. 34.
84. Tissier, Sur la pathologie de la sécrétion biliaire. Thèse de Paris Tom. 89.
85. Ury, Die Ehrlichsche Reaktion im Stuhl. Zentralbl. f. inn. Med. 1906. H. 2.
86. Vanlair und Masius, Über einen neuen Abkömmling des Gallenfarbstoffes im Darminhalt. Zentralbl. f. med. Wissensch. 1871.
87. Vierordt, Das Absorpt.-Spektrum des Urobilins. Zeitschr. f. Biol. B. 9.
88. Viglezio, Sulla patogenesi dell' urobilinuria. Lo sperimentale 1891.
89. Vitali, Pathogenesi e significato semiotico della urobilinuria. Morgagni 39. 1897.
90. Ancora sulla pathogenesi e significato semeilogico del urobilinuria. Clin. med ital. 1900. (Ref. in Virchow-Hirsch, Jahresber. 1900).
91. Wechsberg, Zur Lehre vom Chloroform-Ikterus. Zeitschr. f. Heilk. Nr. 23.

Druck der Königl. Universitätsdruckerei H. Stürtz A. G., Würzburg.